THE BIBLE OF BAKING FOR BEGINNERS

VOLUME Ⅱ

新手烘焙从入门到精通

Ⅱ

手工蛋糕、蛋糕卷、慕斯、纯素与无麸质蛋糕不失败秘诀全图解

胡涓涓　编著

辽宁科学技术出版社

·沈阳·

图书在版编目（CIP）数据

新手烘焙从入门到精通. Ⅱ / 胡涓涓编著. —沈阳：辽宁科学技术出版社，2019.5
ISBN 978-7-5381-9740-2

Ⅰ. ①新… Ⅱ. ①胡… Ⅲ. ①烘焙－糕点加工 Ⅳ. ①TS213.2

中国版本图书馆CIP数据核字（2018）第301276号

出版发行：辽宁科学技术出版社
（地址：沈阳市和平区十一纬路25号 邮编：110003）
印 刷 者：辽宁新华印务有限公司
经 销 者：各地新华书店
幅面尺寸：185 mm × 260 mm
印　　张：17
字　　数：340 千字
出版时间：2019 年 5 月第 1 版
印刷时间：2019 年 5 月第 1 次印刷
责任编辑：卢山秀
封面设计：魔杰设计
版式设计：袁　舒
责任校对：尹　昭　王春茹

书　　号：ISBN 978-7-5381-9740-2
定　　价：88.80 元

使用本书之前您必须知道的事

本书材料单位标示方式

• 大匙→T；茶匙→t；克→g；毫升→ml

重量换算

• 1千克（1kg）＝1000克（1000g）

• 1台斤＝16两＝600g；1两＝37.5g

容积换算（请注意：中国台湾地区使用的量杯容量与欧美一样，如果你用的是日式量杯，容量只有200cc。）

• 1L＝1000cc；1杯＝240cc＝16T；1ml=1cc

• 1大匙（1 Tablespoon，1T）＝15cc＝3t

• 1茶匙（1 teaspoon，1t）＝5cc

烤盒圆模容积换算

• 1英寸＝2.54cm

如果以8英寸蛋糕为标准，换算材料比例大约如下：6英寸：8英寸：9英寸：10英寸＝0.6：1：1.3：1.6

• 6英寸圆形烤模分量乘以1.8＝8英寸圆形烤模分量

• 8英寸圆形烤模分量乘以0.6＝6英寸圆形烤模分量

• 8英寸圆形烤模分量乘以1.3＝9英寸圆形烤模分量

• 圆形烤模体积计算：3.14×半径平方×高度＝体积

食材容积与重量换算表

项目＼量匙	1T（1大匙）	1t（1茶匙）	1/2t（1/2茶匙）	1/4t（1/4茶匙）
水	15	5	2.5	1.3
牛奶	15	5	2.5	1.3
低筋面粉	12	4	2	1
粘米粉	10	3.3	1.7	0.8
糯米粉	10	3.3	1.7	0.8
绿茶粉	6	2	1	0.5
玉米淀粉	10	3.3	1.7	0.8
奶粉	7	2.3	1.2	0.6
无糖可可粉	7	2.3	1.2	0.6
太白粉	10	3.3	1.7	0.8
肉桂粉	6	2	1	0.5

项目＼量匙	1T（1大匙）	1t（1茶匙）	1/2t（1/2茶匙）	1/4t（1/4茶匙）
细砂糖	15	5	2.5	1.3
蜂蜜	22	7.3	3.7	1.8
枫糖浆	20	6.7	3.3	1.7
奶油	13	4.3	2.2	1.1
朗姆酒	14	4.7	2.3	1.2
白兰地	14	4.7	2.3	1.2
盐	15	5	2.5	1.3
柠檬汁	15	5	2.5	1.3
速发干酵母	9	3	1.5	0.8
植物油	13	4.3	2.2	1.1
固体油脂	13	4.3	2.2	1.1

备注：奶油1小条＝113.5g；奶油4小条＝1b＝454g

How to Use This Book ? ｜ 如何使用本书

5

本题提问人的署名，并非每一题都有提问者，有的是作者综合许多读者的疑问整理而成。

1

关于制作甜点过程中的问题。搜罗了许多读者对于制作各式甜点的种种疑问。

2

作者对于此提问的详尽解说。

3

解答本提问的示范甜点。

4

每款甜点赏心悦目的完成图。

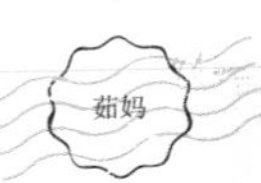

失败的蛋糕如何再利用?

在烘焙的过程中，一定或多或少有做出失败成品的经验，可能是外观上的不完美，比如说没有烤透造成回缩，或是部分位置烤焦，组织不蓬松或出现大孔洞等状况。成品没有做好一定很失望，不只浪费材料和时间，也让原本开心期待的心情受到打击。其实我自己在制作这些甜点时也同样做出过很多失败品，这都是必经之路，有失败的经验才能够修正过程，得以做得更好。这一章节想介绍一些失败品或是围边剩下来的剩料再利用的方式，除了不浪费材料，也能够让原本不讨人喜欢的成品重新得到家人青睐，甚至变成更讨人喜欢的伴手小礼品。

如何利用失败的蛋糕来制作鲜奶油蛋糕百汇?

烘烤出外观不是非常完美的蛋糕，也许是因为回缩或是膨胀不完全。可以将外表比较不规则的部位切除，装盘挤上打发动物性鲜奶油及果酱，就变成美味的鲜奶油蛋糕百汇。

鲜奶油蛋糕百汇 分量 适量

材料
- 失败的蛋糕适量
- 打发的动物性鲜奶油适量
- 果酱及新鲜水果块适量

1 将失败的蛋糕外表比较不规则的部位切除。

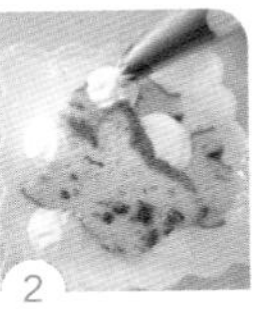

2 放入盘中，挤入适量打发的动物性鲜奶油。

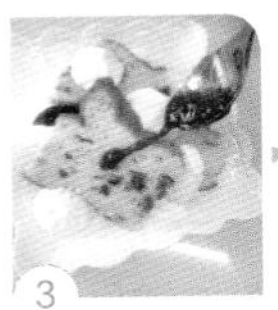

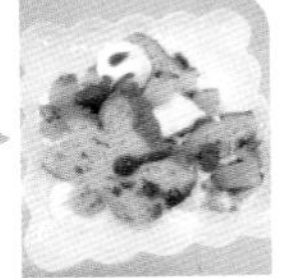

3 随意淋上果酱及新鲜水果块即完成。

如何利用剩余的蛋糕制作蛋糕生巧克力？

做甜点常常会有一些剩下的蛋糕边或切完造型不整齐的部分，稍微花点儿心思加工一下，就变身成为口感特别的蛋糕生巧克力。

蛋糕生巧克力

分量 > 10个

材料

- 剩余蛋糕 90 ~ 100g
- 综合坚果 20g
- 苦甜巧克力砖 50g
- 动物性鲜奶油 20g
- 朗姆酒 1 大匙
- 装饰用苦甜巧克力砖 100g
- 白巧克力 15g

小叮咛

1. 剩下的蛋糕：海绵蛋糕、戚风蛋糕、磅蛋糕、蜂蜜蛋糕皆可。
2. 苦甜巧克力可以用牛奶巧克力代替。
3. 朗姆酒可以用白兰地、威士忌、君度橙酒、白葡萄酒或牛奶代替。
4. 动物性鲜奶油可以用牛奶 15g 代替。
5. 坚果可以使用喜欢的种类或直接省略。
6. 成品请密封冷藏保存。
7. 自制挤花纸卷做法，请参考《新手烘焙从入门到精通 I》115 页。

1 剩余蛋糕捣碎。

2 综合坚果切碎。

3 苦甜巧克力砖 50g 切碎。

6

对于制作甜点的问题。本书共分成两册18大类，每册9大类。

7

此款甜点材料表中所做出的成品分量。

8

材料一览表，正确的分量是制作甜点的关键。

9

操作过程中的重要提醒，有作者贴心的小叮咛。

10

制作分解图，可让您对照操作方式来判断自己是否正确。

11

详细的步骤解说，让您在操作过程中更容易掌握制作重点。

Contents | 目录

PART 1 认识奶酪蛋糕 CHEESE CAKE

PART 2 认识磅蛋糕 POUND CAKE

PART 3 认识海绵蛋糕 SPONGE CAKE

PART 4 认识戚风蛋糕 CHIFFON CAKE

PART 6 认识慕斯 MOUSSE

PART 7 何谓纯素与无麸质蛋糕 VEGETARIAN CAKE

THE BIBLE
OF BAKING FOR
BEGINNERS
BAKING SODA
VANILLA SUGAR

PART 1

认识乳酪蛋糕

CHEESE CAKE

何谓乳酪蛋糕?

各式各样的乳酪蛋糕一直都是非常受欢迎的甜点，因为其制作简易变化又多，已然成为家庭甜点的首选。乳酪蛋糕以奶油奶酪（Cream Cheese）为主要材料，奶油奶酪是由全脂牛奶提炼，脂肪含量高，属于天然、未经熟成的新鲜干酪。质地松软细腻，奶味香醇且带点儿咸味，是最适合做乳酪蛋糕的材料。依照奶油奶酪添加的分量与做法，又可以分为重乳酪蛋糕、免烤乳酪蛋糕与轻乳酪蛋糕三种。

重乳酪蛋糕

免烤乳酪蛋糕

轻乳酪蛋糕

如何制作重乳酪蛋糕?

此类乳酪蛋糕添加奶油奶酪比例较高，材料中面粉分量较少或没有，成品组织较为扎实无气孔，口感浓郁。此类蛋糕操作方式较为简易，只要依照顺序将所有材料混合均匀就可以进烤箱烘烤。

A > 斑马纹乳酪蛋糕

分量 > 1个（6英寸烤模）

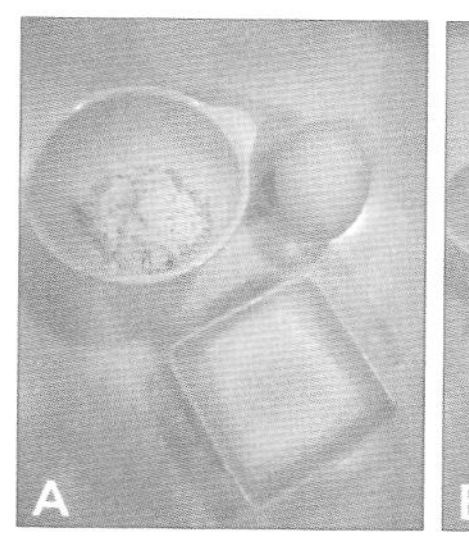

材料

A 底部海绵蛋糕

鸡蛋 1 个（室温，净重约 50g）

细砂糖 25g、低筋面粉 15g

B 奶酪馅

奶油奶酪 300g、细砂糖 80g

鸡蛋 2 个（净重约 100g）、蛋黄 1 个

原味酸奶（含糖）80g、玉米淀粉 1 大匙

动物性鲜奶油 180g、柠檬汁 1 大匙

香草酒 1/2 茶匙、苦甜巧克力砖 35g

一 事前准备工作

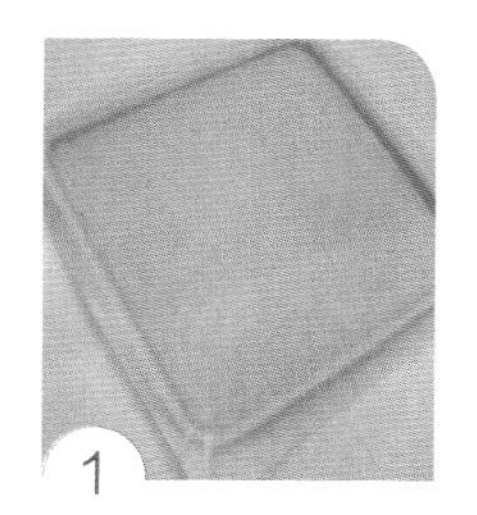

1 20cm×20cm 正方形烤盘铺上一张硅油纸。

2 6 英寸分离式烤模底板包覆一张铝箔纸。

二 制作底部海绵蛋糕

3 鸡蛋 + 细砂糖打散。

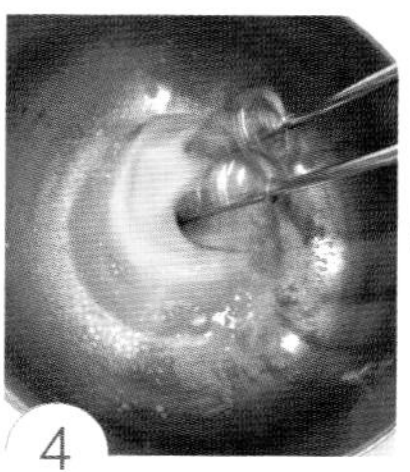

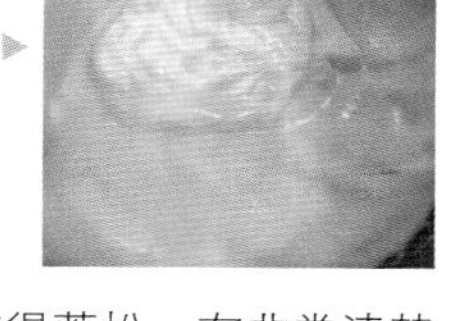

4 中高速持续打发 6～8 分钟，至鸡蛋糊变得蓬松、有非常清楚的折叠痕迹即完成。

5 将低筋面粉分两次用滤网过筛至打发的全蛋糊中。

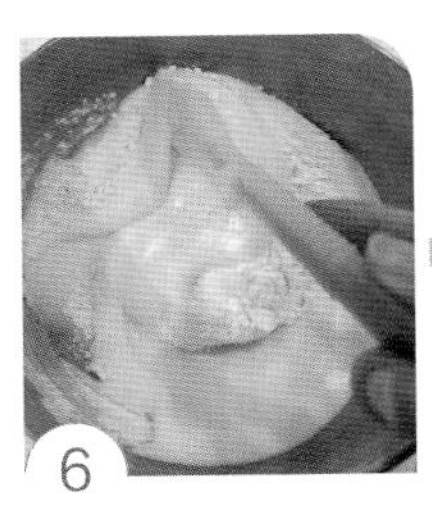

6 以切拌的方式混合均匀。

7 倒入烤盘中抹平整。

8 放入上下火已经预热至170℃的烤箱中，烘烤12分钟，至表面金黄取出。

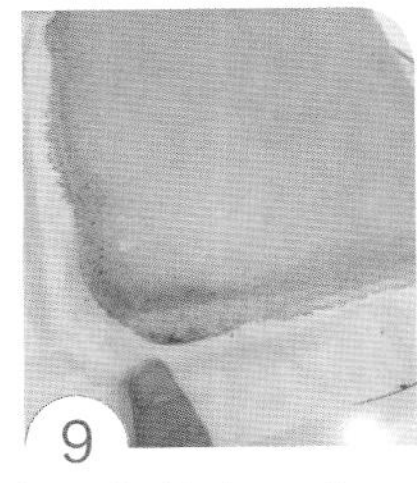

9 移出烤盘，将四周硅油纸撕开，待完全冷却。

10 将底部硅油纸撕开。

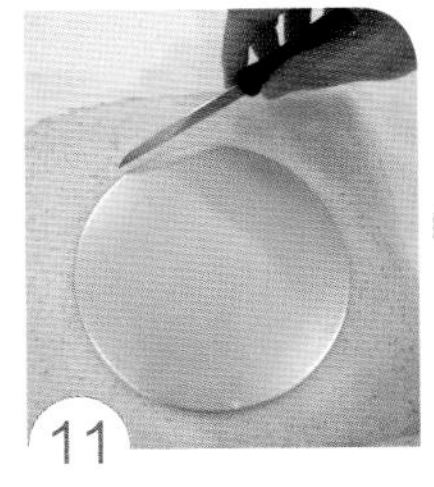

11 依照6英寸烤模底板大小，裁切出蛋糕底。

12 放入烤模中备用。

三 制作奶酪馅

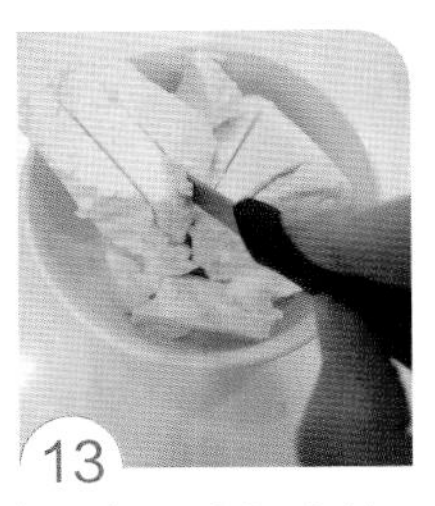

13 奶油奶酪切小块，回复室温，放入盆中。

14 用打蛋器将奶油奶酪搅拌成均匀的乳霜状。

15 加入细砂糖搅拌均匀。

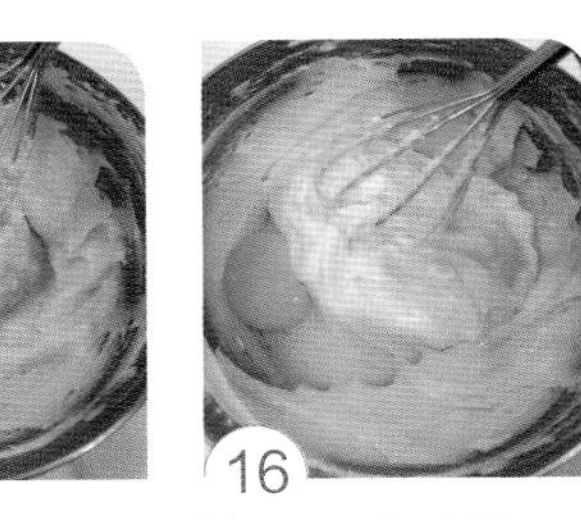

16 加入2个鸡蛋及1个蛋黄搅拌均匀。

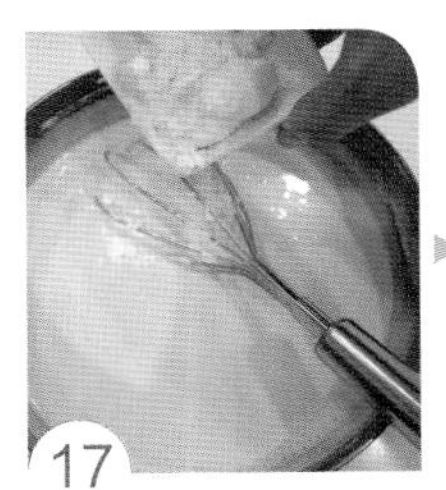

17 加入原味酸奶、玉米淀粉、动物性鲜奶油、柠檬汁及香草酒搅拌均匀成面糊。

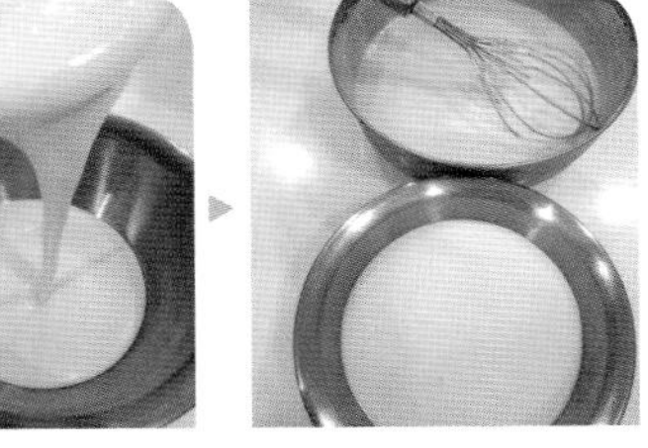

18 搅好的面糊倒出一半分量（约350g）。

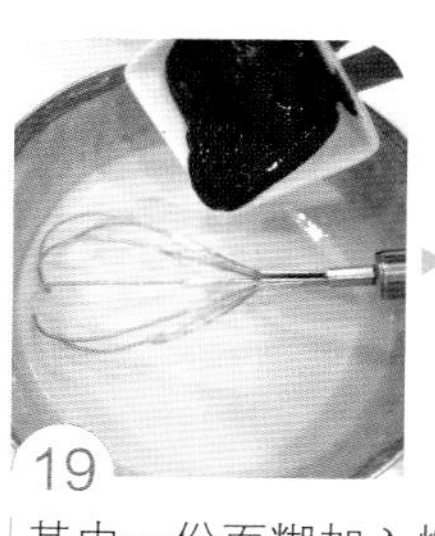

19 其中一份面糊加入熔化的苦甜巧克力砖搅拌均匀。

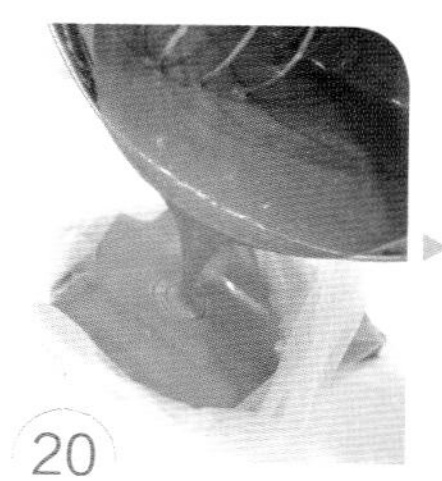
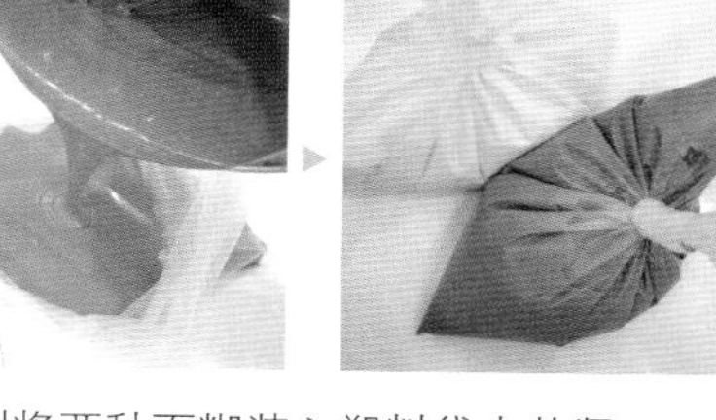

20 分别将两种面糊装入塑料袋中扎紧。

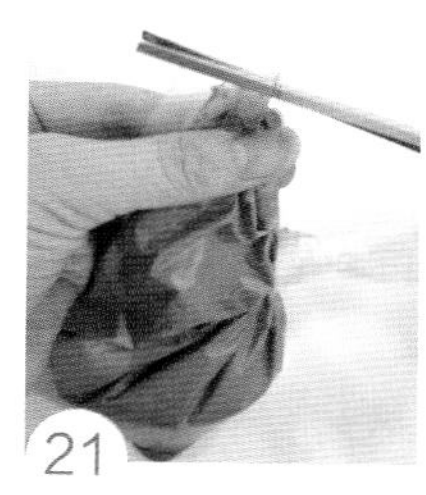

21 塑料袋前端剪出一个小孔。

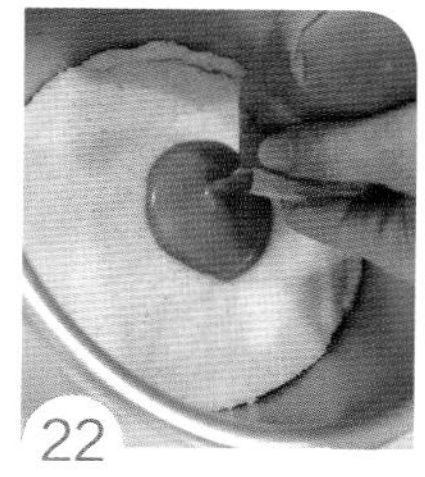
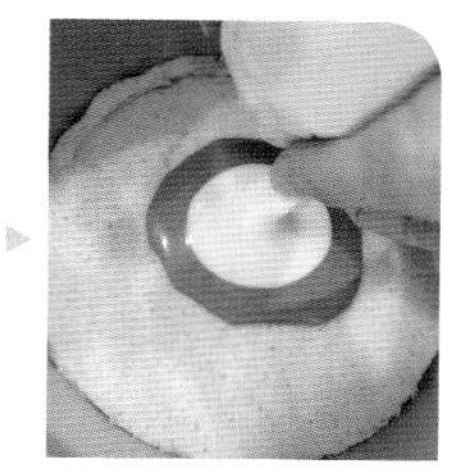

22 两种面糊分别交错在铺上蛋糕的烤模中心点，挤出适量。

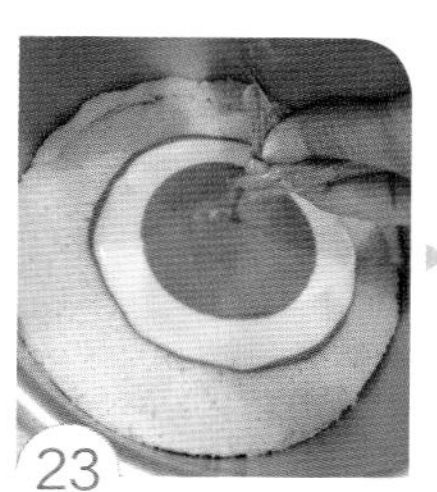

23 反复交错，直到两种面糊用完为止。

24 操作过程中，可以将塑料袋开口朝上放入杯子中，才不会让面糊流出来 。

25 烤模底部包覆2~3层铝箔纸，防止进水。

26 放入深烤盘中，深烤盘中注入沸水500cc（分量外）。

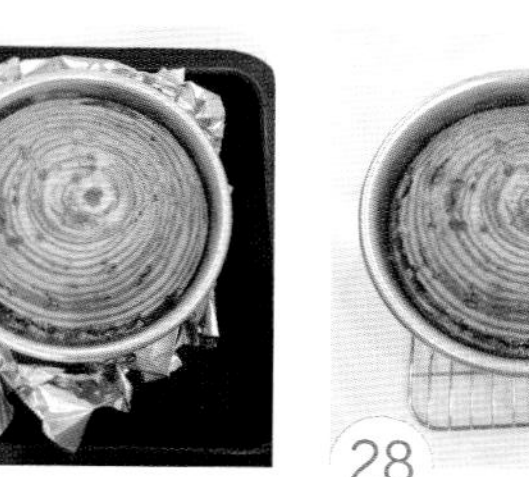

27 放入上下火已经预热至200℃的烤箱中，烘烤15分钟，然后降温至150℃，再烘烤50分钟至竹签插入没有液状组织粘黏即可出烤箱。

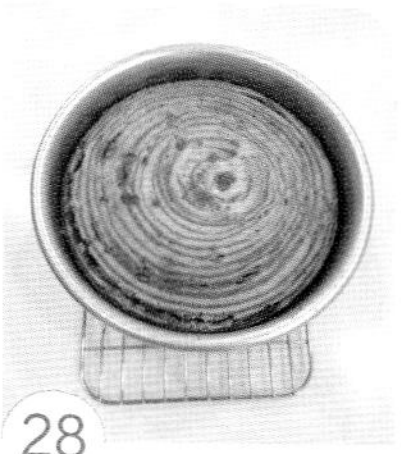

28 移出深烤盘，放至冷却。

29 表面包覆保鲜膜，放入冰箱冷藏一夜。

30 从冰箱取出后，用一把扁平刀沿着烤模边缘划一圈，脱模即可。

31 一手拿着蛋糕，另一只手将底部铝箔纸撕掉。刀稍微加温一下再切，会切得比较漂亮。

小叮咛

1 玉米淀粉可以用低筋面粉代替。
2 蛋糕底也可以使用简易饼干底代替做法，请参考免烤生乳酪蛋糕，28 页。
3 此配方是使用含糖的原味酸奶，若使用无糖酸奶，另外可以多加 5 ~ 8g 的糖调整。
4 香草酒也可以用市售香草精或朗姆酒代替。香草酒做法，请参考《新手烘焙从入门到精通 I》41 页。
5 苦甜巧克力砖熔化方式，请参考《新手烘焙从入门到精通 I》72 页的巧克力酱做法。

B > 奥利奥乳酪蛋糕

分量 > 1个（6英寸慕斯模）

材料

A 饼干底

- 无盐黄油 20g
- 奥利奥夹心饼干 80g（8 片）

B 奶酪馅

- 奶油奶酪 350g
- 细砂糖 50g
- 鸡蛋 2 个（净重约 50g）
- 酸奶 50g
- 香草酒 1 茶匙
- 奥利奥夹心饼干 180g（分成 100g + 80g）

一 制作饼干底

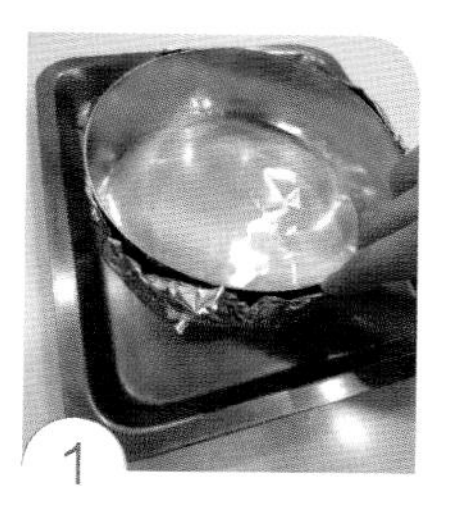

1 慕斯模底部包覆两层铝箔纸。

2 无盐黄油加温熔化成液状。

3 奥利奥夹心饼干（连同夹馅）放入厚塑料袋中敲碎。

4 将熔化的无盐黄油倒入饼干屑中，混合均匀。

二 制作奶酪馅

5 倒入烤模，用汤匙压平整，备用。

6 奥利奥夹心饼干180g（连同夹馅）放入厚塑料袋中敲碎，分成100g + 80g。

7 奶油奶酪回复室温，切小块。

8 用打蛋器搅拌成滑顺的乳霜状。

9 加入细砂糖搅拌均匀。

10 再加入鸡蛋、酸奶及香草酒搅拌均匀成面糊。

11 将100g的奥利奥夹心饼干倒入奶酪糊中，混合均匀。

12 奶酪糊倒入铺好饼干底的烤模中抹平整。

13 表面铺撒上剩下的 80g 饼干碎。

14 烤盘中倒入沸水 500cc（分量外）。

15 放入上下火已经预热至 140 ℃的烤箱中，烘烤 45～50 分钟。烤好移出烤箱，放置冷却。

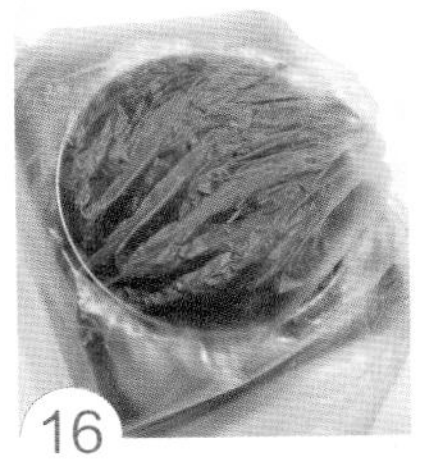

16 连同烤模密封包覆放入冰箱冷藏一夜。

17 完全冰透后，用小刀沿着烤模边缘划一圈脱模。

18 刀稍微温热一下再切会切得比较漂亮。

小叮咛

1. 内馅及表面的奥利奥夹心饼干分量可以自行调整。
2. 奥利奥夹心饼干夹馅可以依照个人口味自行刮除或保留。
3. 烤模可以用分离式，烤模外部要包覆两层铝箔纸避免进水，若使用不分离式烤模，烤模内部要铺一层铝箔纸才方便脱模。
4. 香草酒的做法，请参考《新手烘焙从入门到精通 Ⅰ》41 页。

C > 焦糖巧克力香蕉乳酪蛋糕

分量 > 1个（6英寸烤模）

材料

A 巧克力饼干底
- 无盐黄油 30g
- 低筋面粉 40g
- 无糖纯可可粉 10g
- 杏仁粉 25g
- 细砂糖 25g

B 焦糖香蕉
- 香蕉 2 条（去皮净重约 140g）
- 细砂糖 60g
- 水 2 大匙

C 巧克力奶酪馅
- 奶油奶酪 200g
- 细砂糖 50g
- 朗姆酒 1 大匙
- 鸡蛋 2 个（净重约 100g）
- 低筋面粉 20g
- 牛奶 50g
- 无糖可可粉 8g

一 制作巧克力饼干底

1 慕斯圈底部包覆一层铝箔纸。

2 无盐黄油加温熔化成液状。

3 低筋面粉 + 无糖纯可可粉混合均匀，使用滤网过筛。

4

将剩下的干性材料依序放入盆中混合均匀。

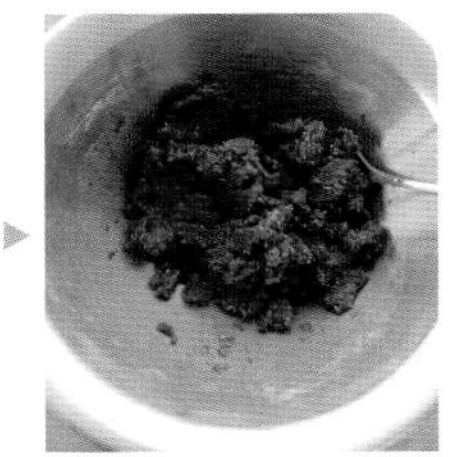

5

最后将无盐黄油倒入，快速混合成团状。

6

将巧克力杏仁面团倒入烤模中压紧实。

7

放进上下火已经预热至 170 ℃ 的烤箱中，烘烤 12 ~ 15 分钟，取出放凉备用。

二 制作焦糖香蕉

8

香蕉切片。

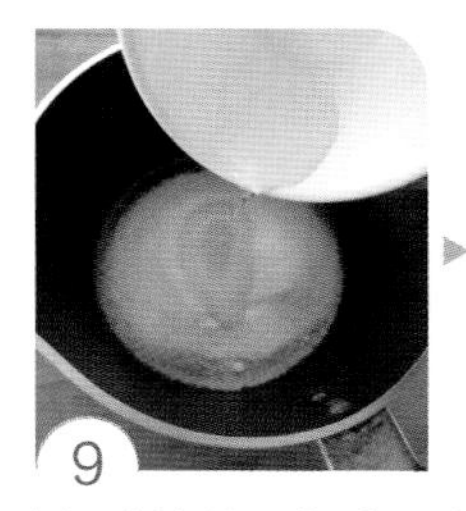

9

细砂糖放入锅中，倒入 1 大匙水，轻轻摇晃锅使得糖和水混合均匀。

10

加热至糖浆成为咖啡色（熬煮的过程不要搅拌以免反砂）。

11 倒入香蕉及 1 大匙水混合均匀。

12 再煮 3～4 分钟至浓稠状备用。

三 制作巧克力奶酪馅

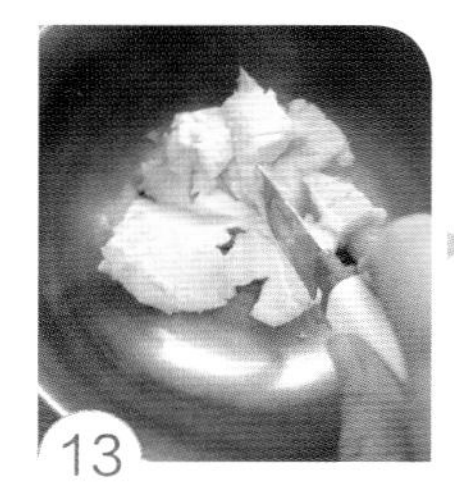

13 奶油奶酪切小块回温，搅拌成乳霜状。

14 加入细砂糖搅拌均匀。

15 加入朗姆酒搅拌均匀。

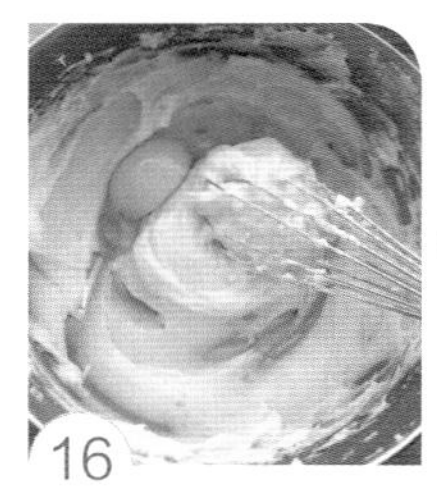

16 鸡蛋分两次加入搅拌均匀。

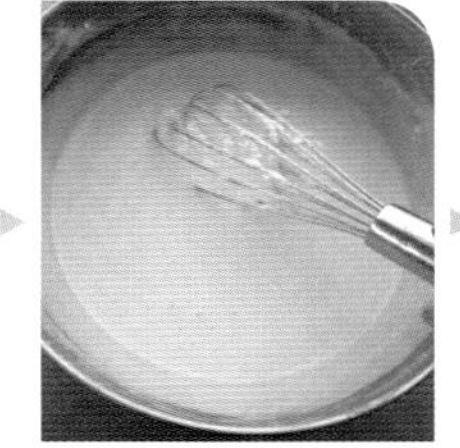

17 加入过筛的低筋面粉及牛奶搅拌均匀。

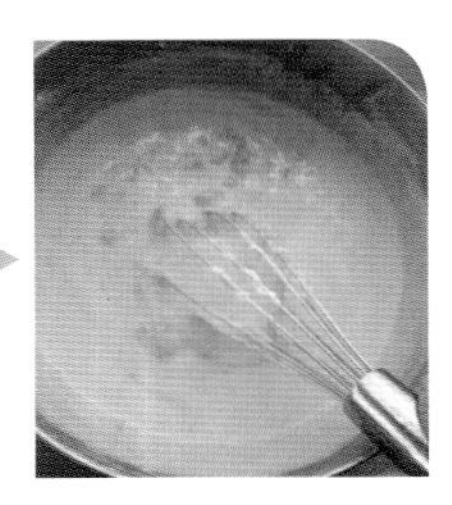

18 加入事先完成的焦糖香蕉混合均匀。

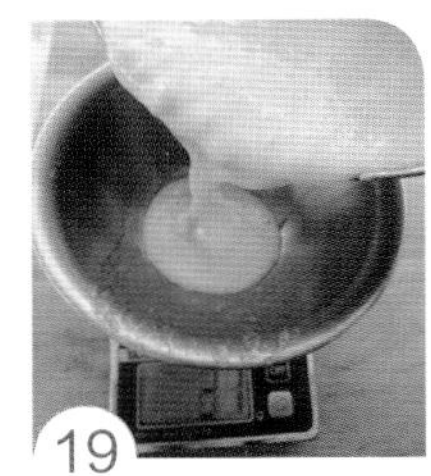

19 倒出 100g 的奶酪馅。

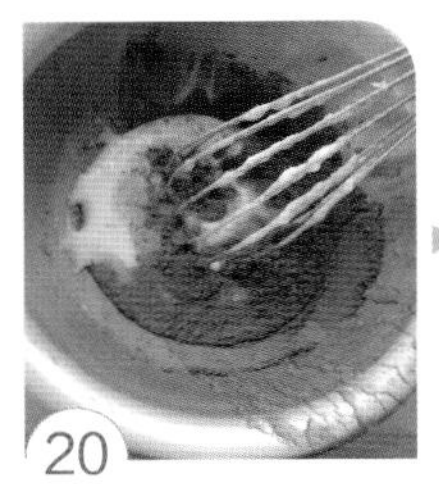
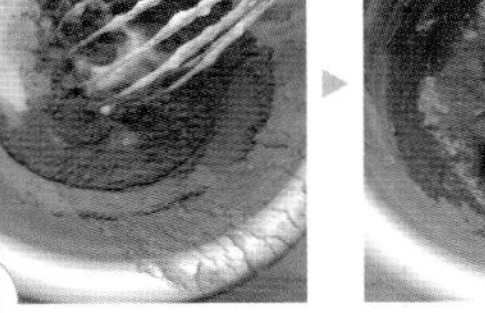

20 加入过筛的无糖可可粉混合均匀。

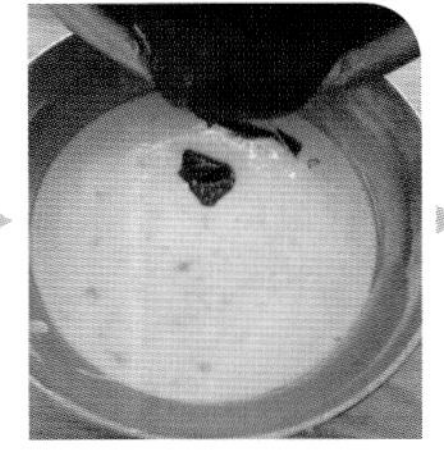

21 再倒回奶酪馅中，快速搅拌 3～4 下即可。

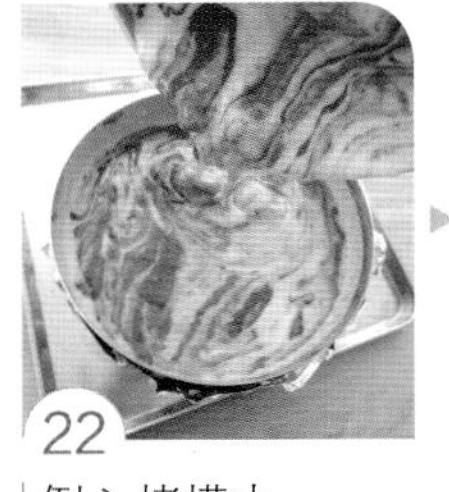

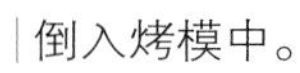

22 倒入烤模中。

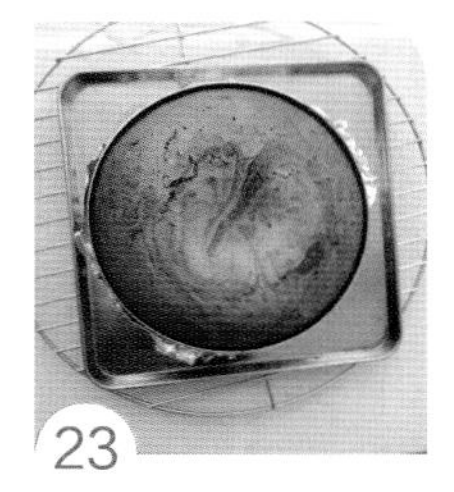

23 放入上下火已经预热至 200℃的烤箱中，烘烤 15 分钟后，将温度调整至 160℃，再烘烤 30～35 分钟，至竹签插入蛋糕中心没有液态奶酪糊粘黏，即可从烤箱取出。

24 完全冷却后，密封放入冰箱冷藏一夜。

25 使用扁平小刀沿着模具边缘划一圈即可脱模。

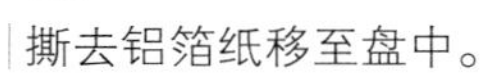

26 撕去铝箔纸移至盘中。

27 刀稍微加温一下会切得比较平整。

小叮咛

1 成品冷藏可以保存 4～5 天。
2 香蕉选择熟软一点儿的才不会有涩味。
3 巧克力饼干底饼也可以用奇福饼干 70g + 无盐黄油 35g 代替。

D > 乳酪球

分量 > 12个（直径4.5cm的挞模）

材料

A **饼干挞皮**
- 低筋面粉 40g
- 无盐黄油 25g
- 细砂糖 10g

B **奶酪馅**
- 奶油奶酪 100g
- 无盐黄油 10g
- 细砂糖 20g
- 蛋黄 2 个
- 香草酒 1/2 茶匙
- 玉米淀粉 5g

一 事前准备工作

1 挞模涂抹一层无盐黄油（分量外）。

2 再撒上一层低筋面粉（分量外），多余的面粉倒出。

3 无盐黄油切小块回温。

4 低筋面粉过筛。

5 奶油奶酪切小块回温。

二 制作饼干挞皮

6 无盐黄油放入盆中搅拌成乳霜状。

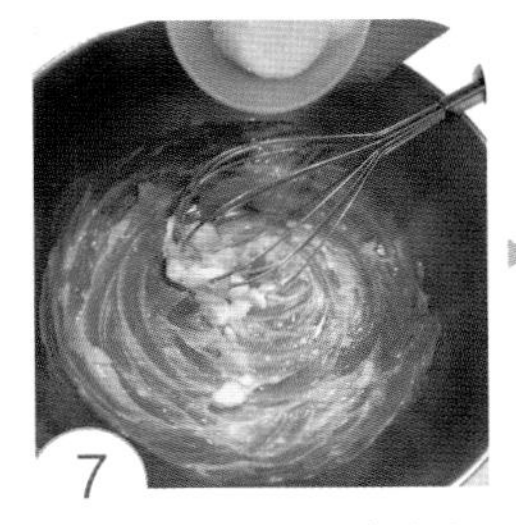

7 加入细砂糖搅拌均匀。

8 低筋面粉分两次加入，混合成松散状。

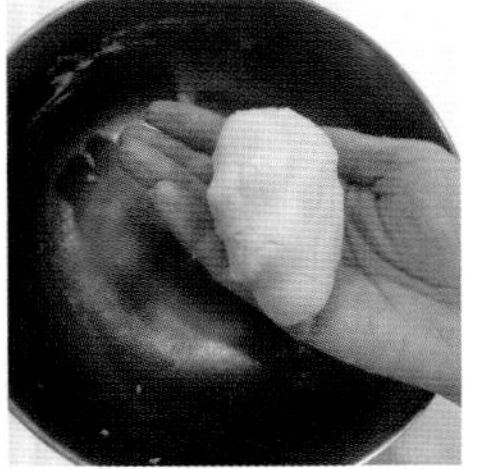

9 用手直接将面团捏紧。

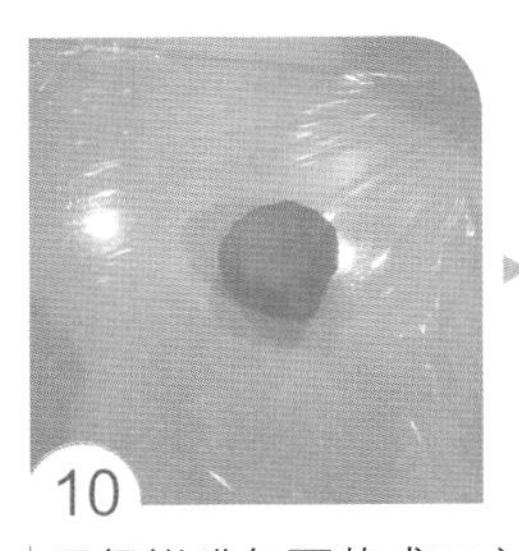

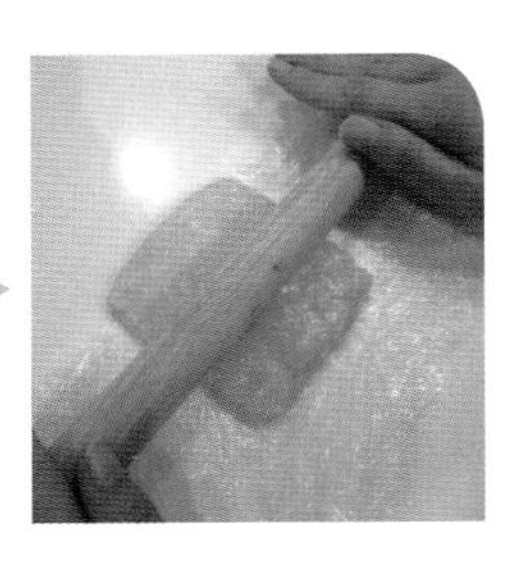

10 用保鲜膜包覆整成正方形。

11 面团平均切成 12 等份。

12 面团捏紧压入烤模中。

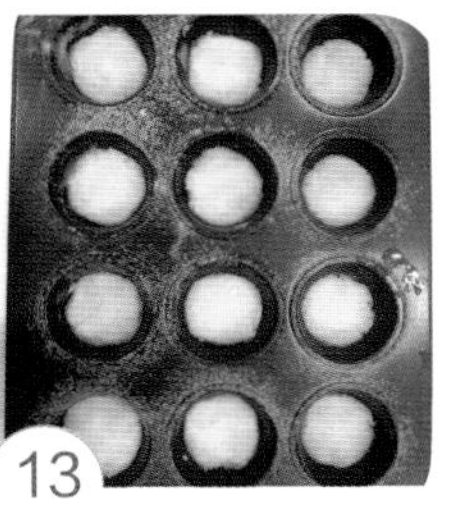

13 放入上下火已经预热至 160℃的烤箱中，烘烤 15 分钟，取出备用。

三 制作奶酪馅

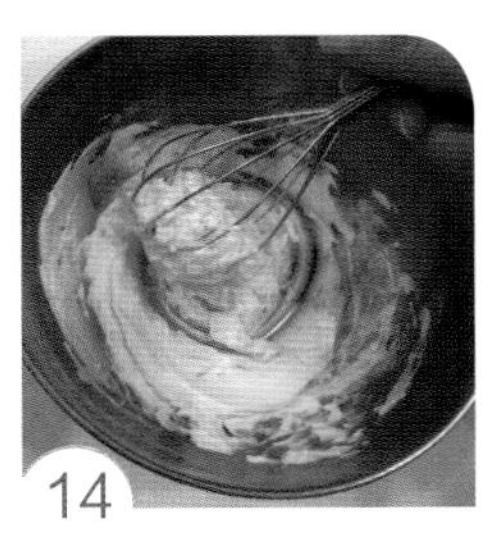

14 奶油奶酪放入盆中，搅拌成乳霜状。

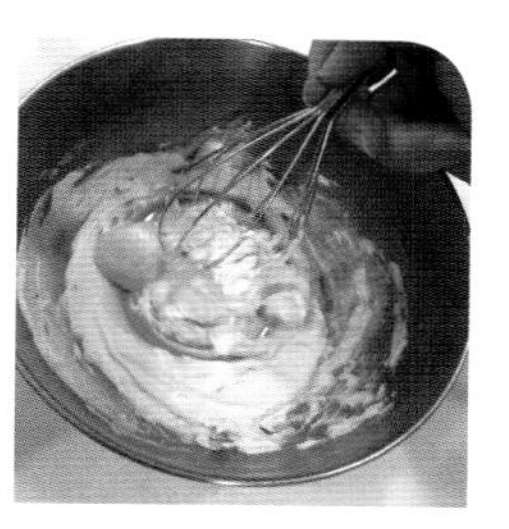

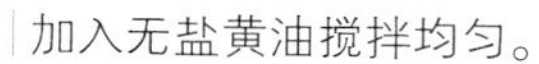

15 加入无盐黄油搅拌均匀。

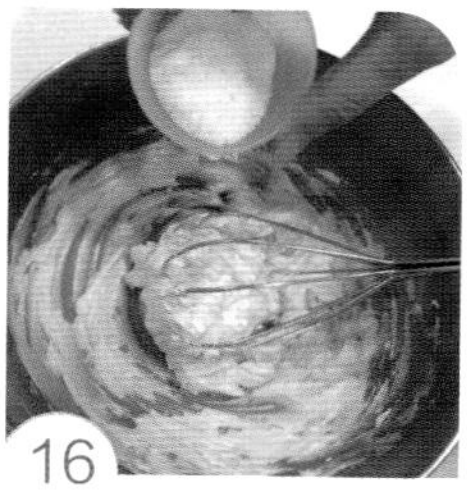

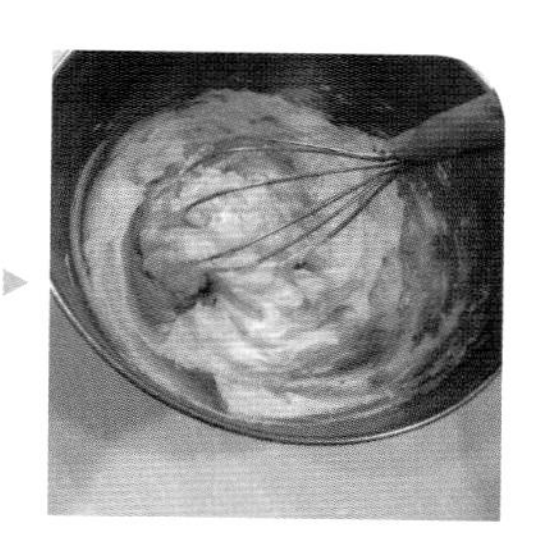

16 加入细砂糖搅拌均匀。

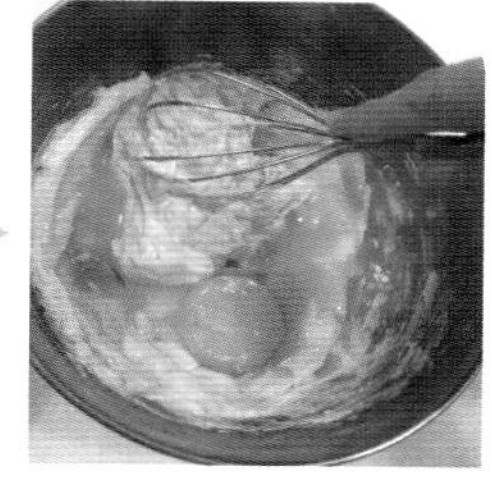

17 再依序将蛋黄、香草酒及玉米淀粉加入搅拌均匀。

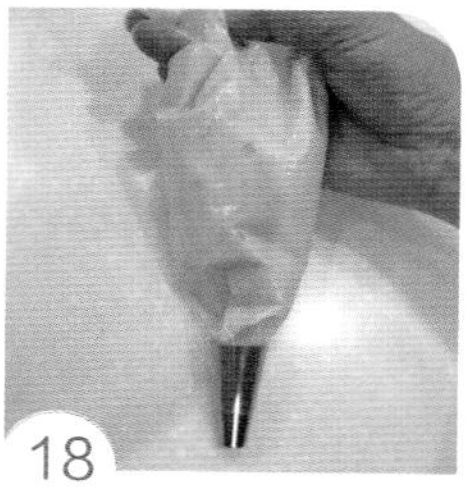

18 面糊装入挤花袋中。

19 平均挤入烤模中。

20 烤模放桌上轻敲数下。

21 放入上下火预热至180℃的烤箱中，烘烤12分钟，再将温度调降至160℃，再烘烤12分钟至金黄色取出。

22 完全冷却后，在桌上轻敲几下脱模。

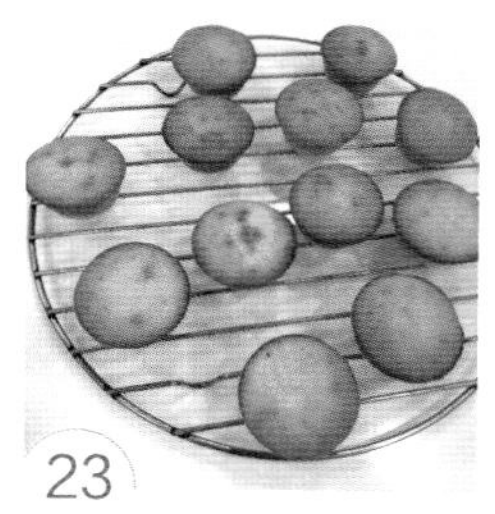

23 乳酪球放置网架冷却，冷藏后再吃口感更佳。

小叮咛

香草酒也可以用香草精或朗姆酒代替。香草酒做法，请参考《新手烘焙从入门到精通Ⅰ》41页。

如何制作免烤乳酪蛋糕?

这一类乳酪蛋糕不需要烘烤，而是利用吉利丁来凝固材料，成品口感滑软、类似奶冻，可以加入水果做出许多变化，也因为操作容易不需要烘烤而受到欢迎。不过此类蛋糕因为使用吉利丁作为凝结剂，离开冰箱冷藏时间不能太久，不然会熔化成液态。

A > 免烤生乳酪蛋糕

分量 > 1个（6英寸烤模）

材料

A 饼干底
- 奇福饼干（或消化饼干）100g
- 无盐黄油 40g

B 奶酪馅
- 柠檬汁 30g
- 吉利丁片 6g
- 冷开水及冰块适量（浸泡吉利丁片）
- 动物性鲜奶油 70g
- 奶油奶酪 200g
- 细砂糖 50g
- 原味酸奶 130g

一 制作饼干底

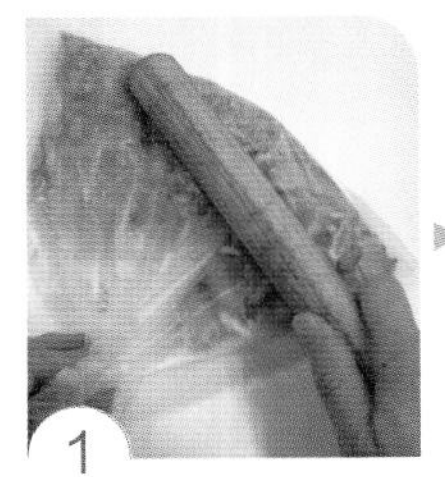

1 将奇福饼干装在塑料袋中，用擀面杖敲打及碾压成碎末状。

2 把熔化的无盐黄油加入饼干碎，用汤匙搅拌均匀。

3 6英寸慕斯圈底部包覆一层铝箔纸。

4 将搅拌好的饼干底放入模中，用汤匙压实。

5 先放入冰箱冷藏备用。

二 制作奶酪馅

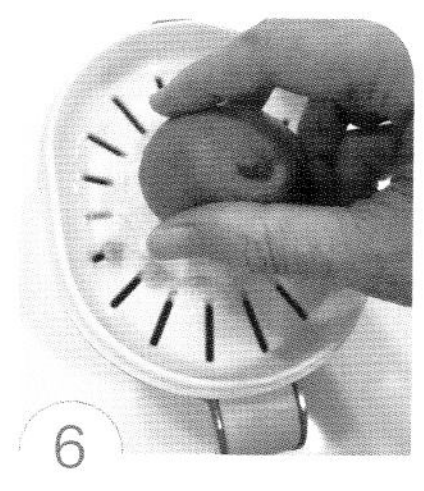

6 柠檬榨汁取30g。

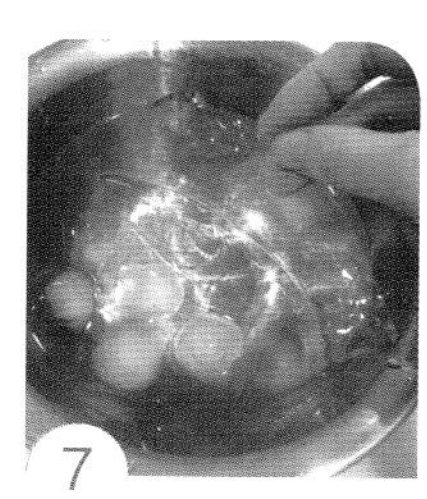

7 吉利丁片一片一片放入冷开水及冰块中，浸泡5~8分钟至完全软化。

8 将泡软的吉利丁片捞起，多余水分挤干。

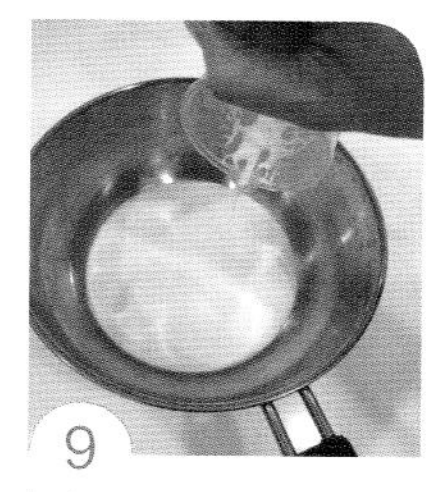

9 动物性鲜奶油倒入锅中煮沸。

10 将吉利丁片放入煮沸的动物性鲜奶油中，搅拌混合均匀备用。

11 奶油奶酪回温，切成小块，搅拌成乳霜状。

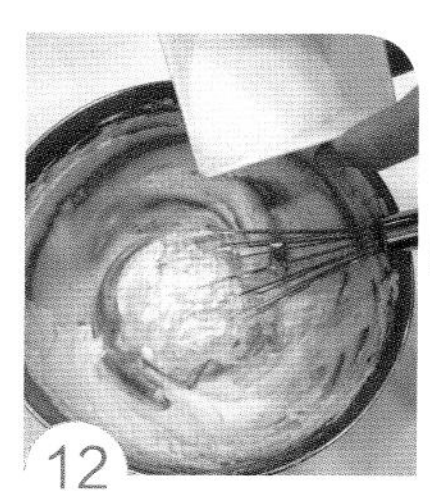

12 加入细砂糖混合均匀。

13 再依序将原味酸奶、柠檬汁及做法 10 的动物性鲜奶油加入搅拌均匀。

14 完成的奶酪馅倒入烤模中。

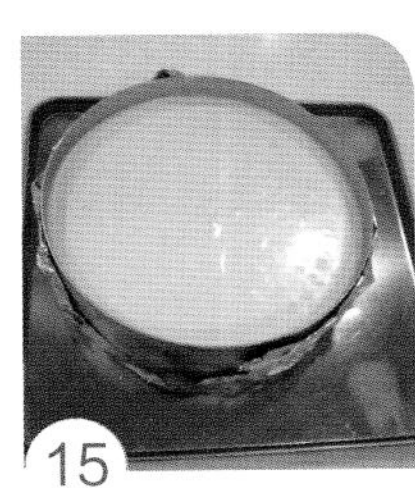

15 放入冰箱冷藏一夜至完全凝固。

16 用小刀紧靠着 6 英寸慕斯圈边缘划一圈脱模即可。刀稍微温热一下，就可以切得漂亮。搭配喜欢的果酱一块食用。

小叮咛

1 动物性鲜奶油也可以使用牛奶 60g 代替。
2 用吉利丁片制作的成品不能离开冰箱冷藏太久，以免溶化。
3 使用吉利丁粉分量一样，但必须先用 3 倍的水泡至膨胀，然后隔热水加温溶化，再将溶化的吉利丁液添加在煮沸的鲜奶油中。

B' > 生巧克力乳酪镜面蛋糕

分量 > 1个（6英寸烤模）

材料

A **饼干底**

无盐黄油 40g

牛奶饼干（或消化饼干）70g

B **巧克力奶酪馅**

奶油奶酪 150g + 细砂糖 20g

君度橙酒 1 大匙

动物性鲜奶油 150g + 细砂糖 20g

苦甜巧克力砖 130g

C **淋酱**

镜面巧克力酱 200g

D **表面装饰**

熟坚果适量

一 制作饼干底

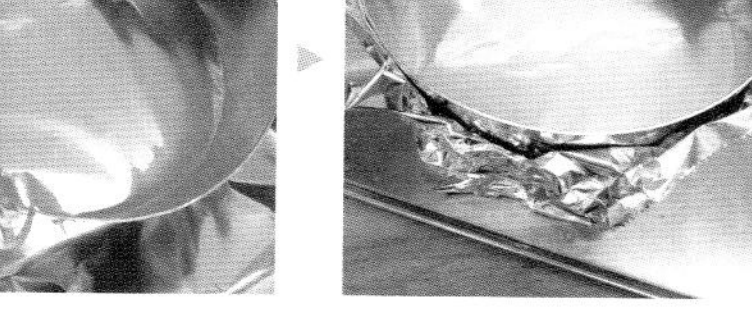

1 6 英寸慕斯圈底部用铝箔纸包覆起来。

2 无盐黄油加温熔化成为液状。

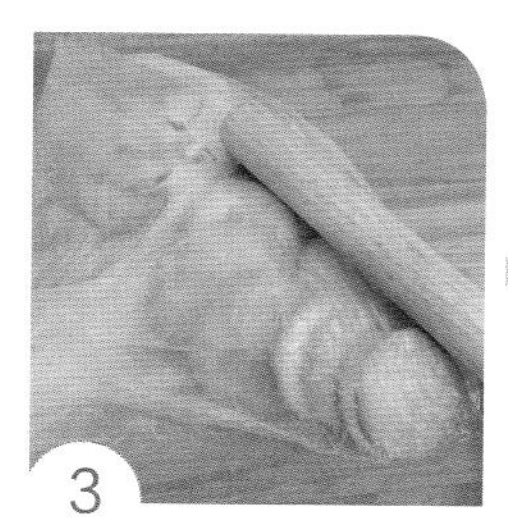

3 将牛奶饼干装在塑料袋中，用擀面杖敲打及碾压成碎状。

4 把熔化的无盐黄油加入，用汤匙搅拌均匀。

5 将搅拌好的饼干底放入模中，用力压实。放至上下火已经预热至 150℃ 的烤箱中，烘烤 10 ~ 12 分钟。

6 取出冷却备用（若没有烤箱，饼干底可以省略烘烤步骤，烘烤过饼干底口感会比较酥脆）。

二 制作巧克力奶酪馅

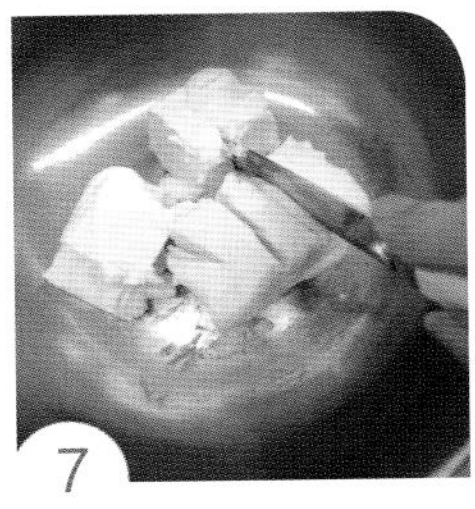

7 奶油奶酪回温，切成小块，搅拌成乳霜状。

8 加入细砂糖混合均匀。

9 再加入君度橙酒搅拌均匀。

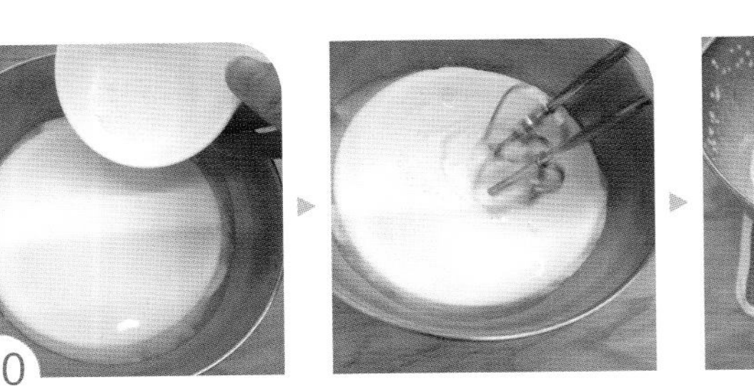

10 动物性鲜奶油 + 细砂糖放在钢盆中（天气热，钢盆底部可以垫冰块）。

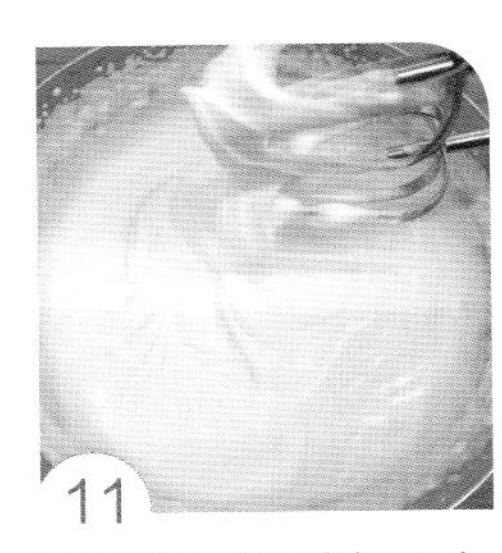

11 打蛋器用低速打至九分发（即尾端挺立的程度，若夏天天气热，可以先放入冰箱冷藏备用）。

12 准备一盆水煮至 50℃。

13 苦甜巧克力砖切碎。

14
将装有苦甜巧克力碎的盆子，放在已经煮至50℃的水中，用隔水加温的方式熔化（融化过程需7～8分钟，中间稍微搅拌一下，会加快速度，若水变冷，可以再加温到50℃）。

15
将苦甜巧克力浆趁温热倒入打发的鲜奶油中。

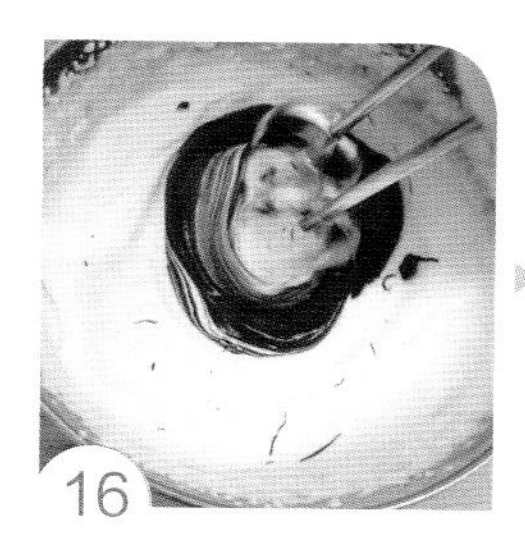

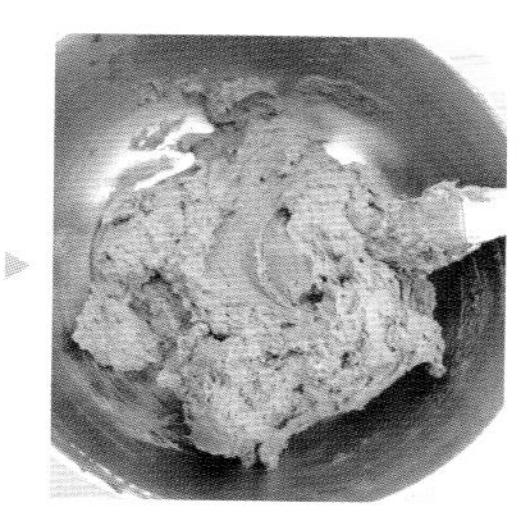

16
中低速混合均匀。

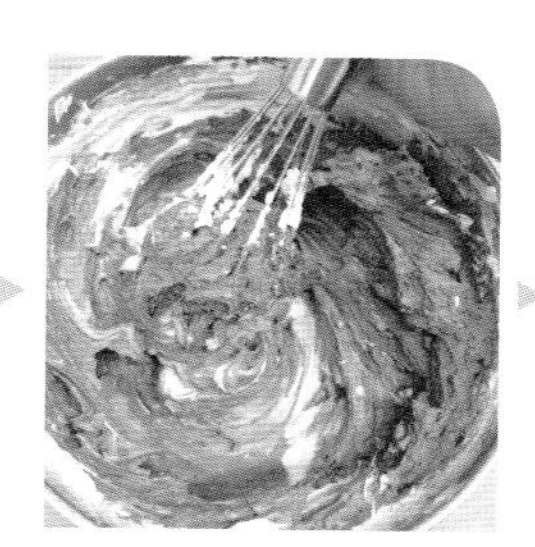

17
加入奶油奶酪中搅拌均匀。

18
倒入烤模中抹平整。

19
放冰箱冷藏一夜凝固。

小刀紧靠着 6 英寸慕斯圈边缘划一圈即可脱模。

镜面巧克力酱调至适当浓度。

由蛋糕中间淋上镜面巧克力酱。

放入冰箱冷藏 30 分钟，至镜面巧克力酱凝固。

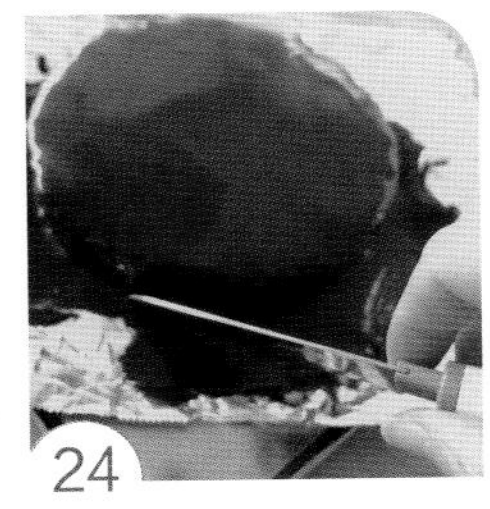

用小刀沿着蛋糕边缘，切开底部凝固的镜面巧克力酱，就可以将蛋糕移至盘子上。

表面装饰喜欢的熟坚果即完成。成品必须放入冰箱冷藏保存。

小叮咛

1. 苦甜巧克力砖也可以使用其他口味巧克力。
2. 镜面巧克力酱材料及做法，请参考《新手烘焙从入门到精通 I》69 页。

如何制作轻乳酪蛋糕?

轻乳酪蛋糕因为添加大量蛋白霜，并使用“水浴法”方式烘烤，所以组织轻柔绵密且湿润。注意蛋白霜打发的程度为尾部弯曲的状态即可，不要打太挺，烘烤温度不要太高，就能够烤出外观完美的成品。

轻乳酪蛋糕

分量 1个（6英寸烤模）

材料

A **奶酪糊**
- 无盐黄油 20g
- 奶油奶酪 100g
- 玉米淀粉 10g
- 低筋面粉 25g
- 蛋黄 2 个
- 细砂糖 15g
- 牛奶 85g

B **蛋白霜**
- 蛋白 2 个
- 柠檬汁 1/2 茶匙
- 细砂糖 40g（分 2 次加）

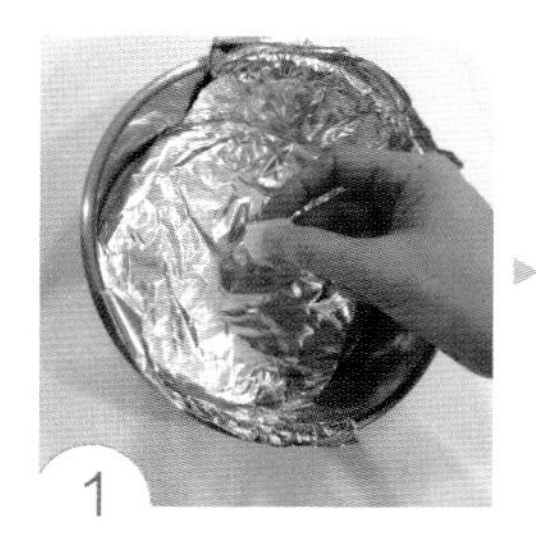

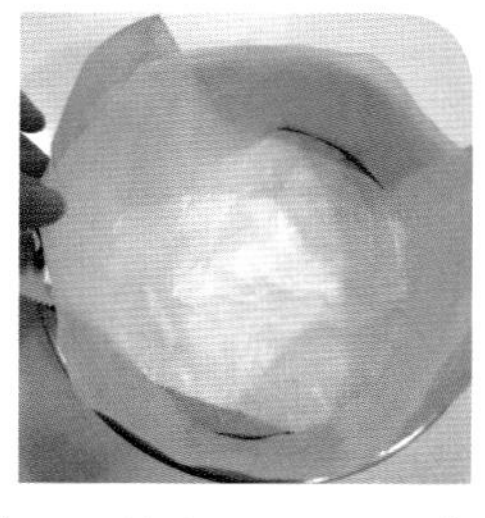

1 烤模中先铺一层宽铝箔纸，抹上一层无盐黄油（分量外），再铺上硅油纸。

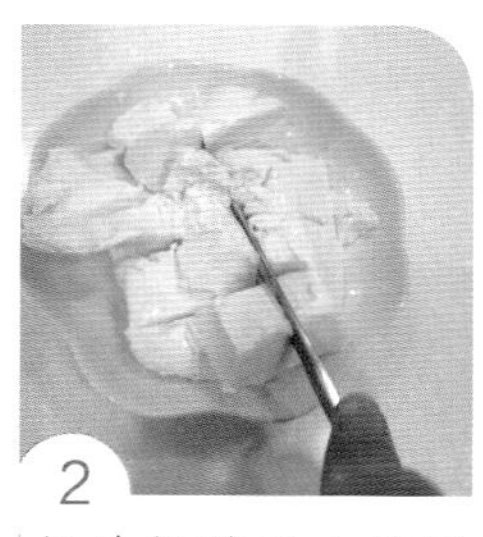

2 奶油奶酪切小块回温。

3 玉米淀粉及低筋面粉一块过筛。

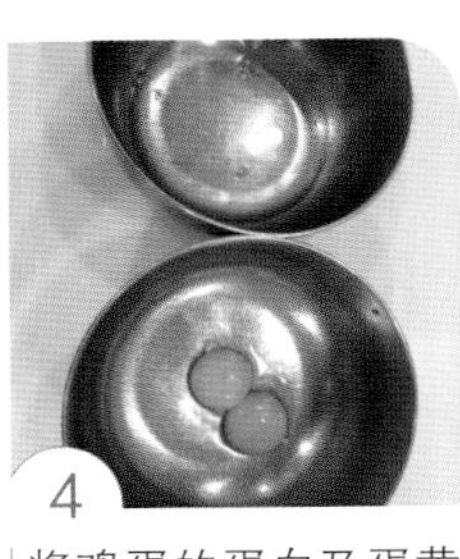

4 将鸡蛋的蛋白及蛋黄分开。

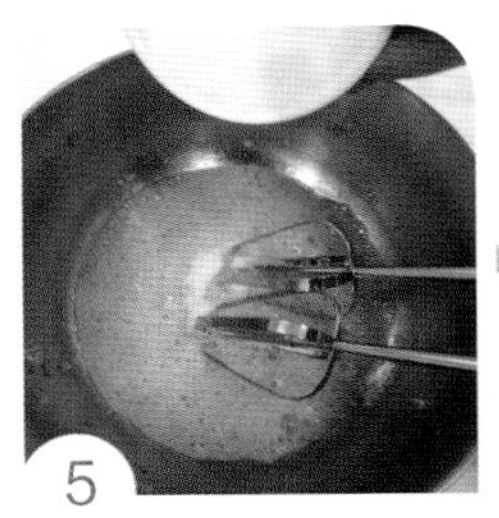

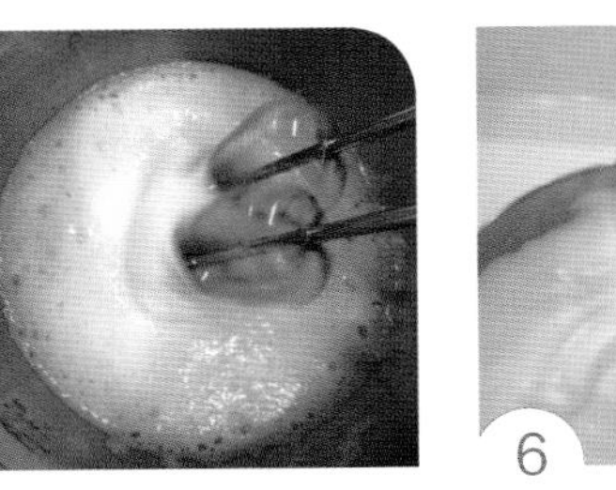

5 蛋白用打蛋器先打出少许泡沫，然后加入柠檬汁及 1/2 分量的细砂糖，以高速搅打。

6 泡沫变多时，加入剩下的细砂糖，以高速搅打到尾端弯曲的状态（湿性发泡）备用。

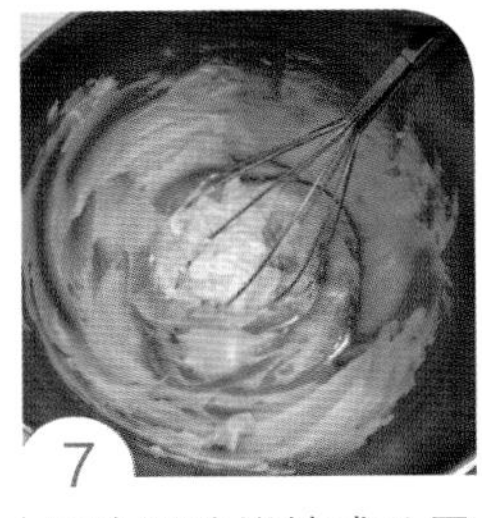

7 奶油奶酪搅拌成乳霜状。

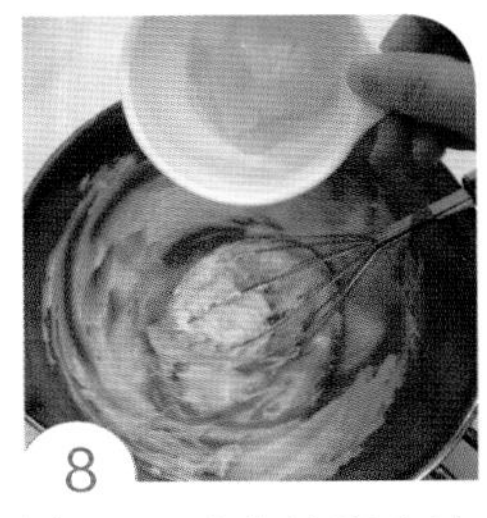

8 加入无盐黄油混合均匀。

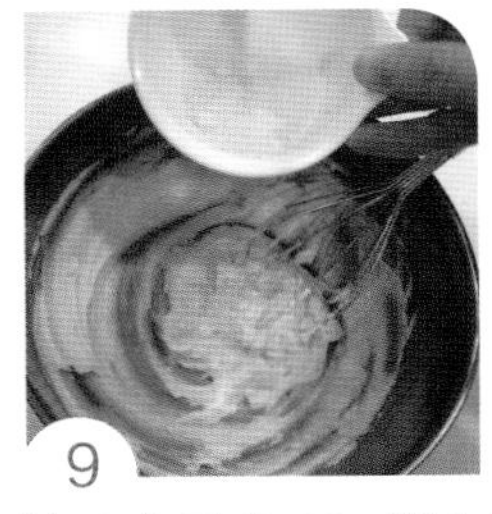

9 加入细砂糖 15g 混合均匀。

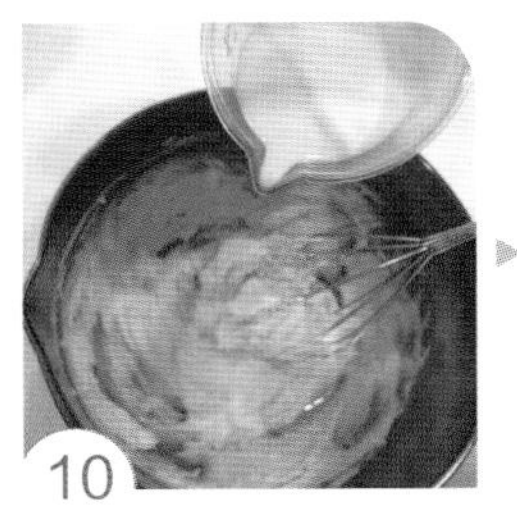

10 加入牛奶混合均匀，加温至约 50℃。

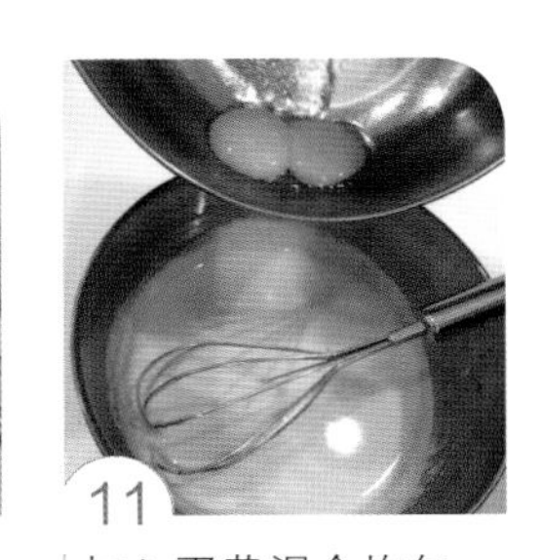

11 加入蛋黄混合均匀。

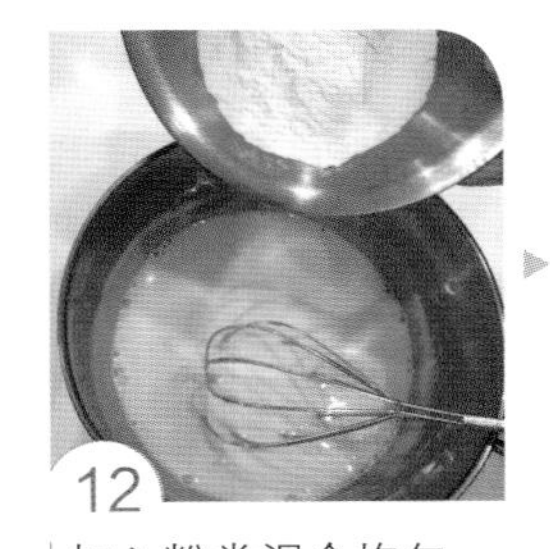

12 加入粉类混合均匀。

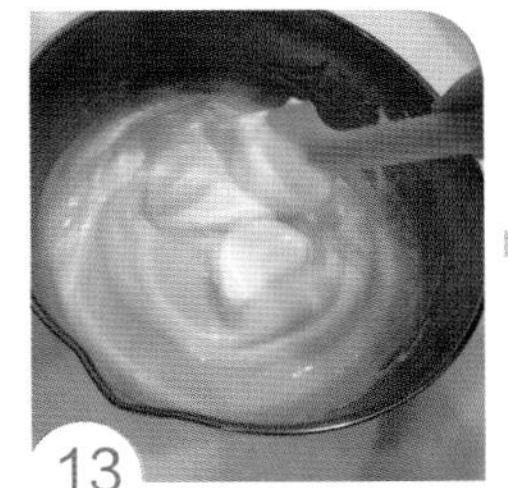

13 取 1/3 分量的蛋白霜加入混合均匀。

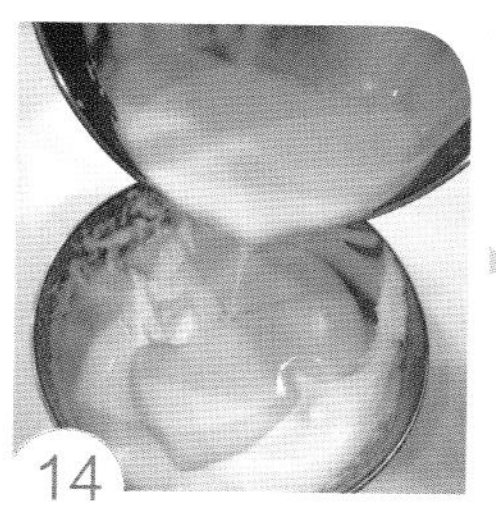

14 再倒入剩下的蛋白霜中混合均匀。

15 倒入烤模中，在桌上轻敲几下放入深烤盘中。

16 烤盘中倒入沸水300cc（分量外）。

17 放入上下火已经预热至180℃的烤箱中，烘烤15分钟，到表面上色后，将烤箱温度调整到120℃，继续烤35～40分钟至竹签插入没有液态材料粘黏。

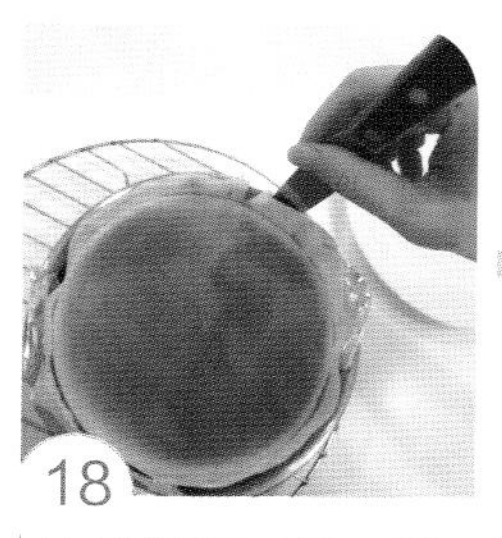
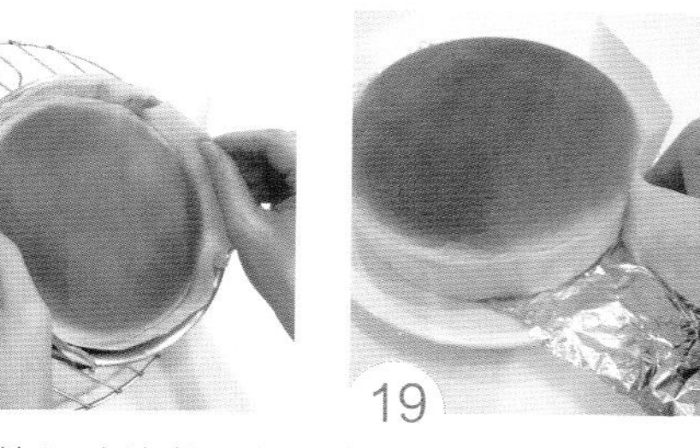

18 边缘用刮刀划一圈，提着铝箔纸边缘将蛋糕移出烤模。

19 撕开硅油纸放至冷却。

20 表面刷上一层镜面果胶（分量外，也可不用）。

21 密封冷藏。

小叮咛

鸡蛋使用冷藏的，每一个净重约50g。

为什么烘烤轻乳酪蛋糕时，要使用水浴法?

1

2

烘烤过程中在烤盘中添加热水一块进烤箱，称为水浴法。这样可避免蛋糕底部因温度太高而导致过度膨胀影响表面，烘烤出来的轻乳酪蛋糕组织湿润，气孔细腻，表面也光滑平整（图 1、图 2）。操作水浴法时最好要准备一个深烤盘，如果烤盘太浅，热水分量不足就会影响烘烤效果。如果家中没有深烤盘，我们可以先将浅烤盘放烤箱中，然后再倒入热水。但是在烘烤中间要随时注意烤盘中的水是否烤干，若水量不足可以随时打开烤箱补充，以免烤盘中水太少导致蛋糕组织膨胀过快，造成表面破裂影响美观。

百香果轻乳酪蛋糕

分量 1个（6英寸烤模）

材料

A **奶酪糊**

- 奶油奶酪 100g
- 玉米淀粉 10g
- 低筋面粉 30g
- 冰蛋黄 2 个
- 无盐黄油 20g
- 百香果酱 50g
- 牛奶 70g

B **蛋白霜**

- 冰蛋白 2 个
- 柠檬汁 1/2 茶匙
- 细砂糖 30g（分 2 次加）

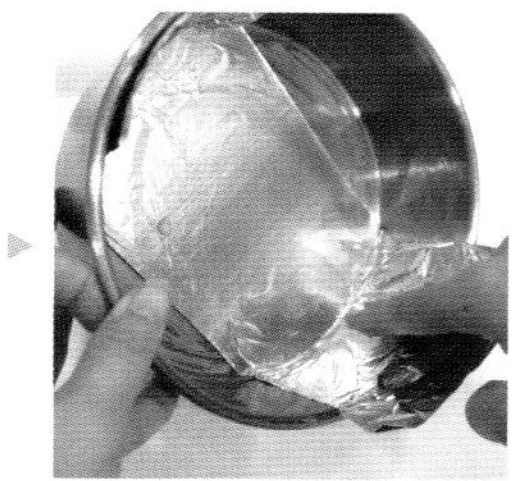

1 烤模中先铺一层宽铝箔纸，抹上一层无盐黄油（分量外），再铺上硅油纸。

2 奶油奶酪切小块回温。

3 玉米淀粉及低筋面粉一块过筛。

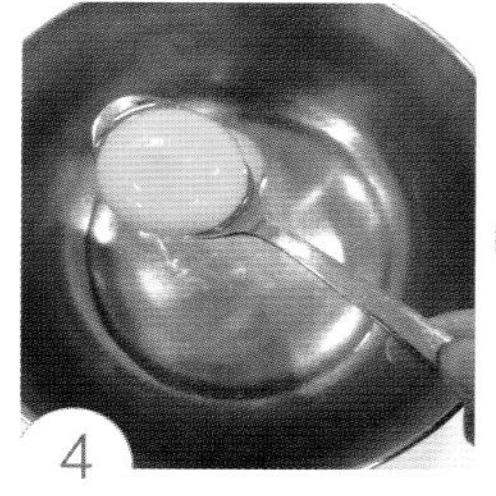
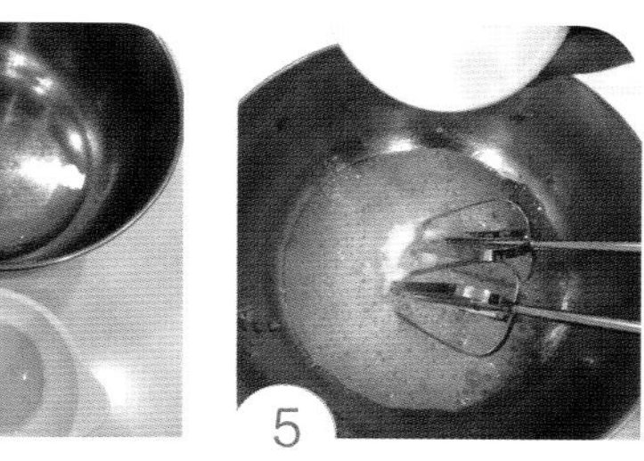

4 将冰鸡蛋的蛋白及蛋黄分开。

5 冰蛋白用打蛋器先打出少许泡沫，然后加入柠檬汁及 1/2 分量的细砂糖，以高速搅打。

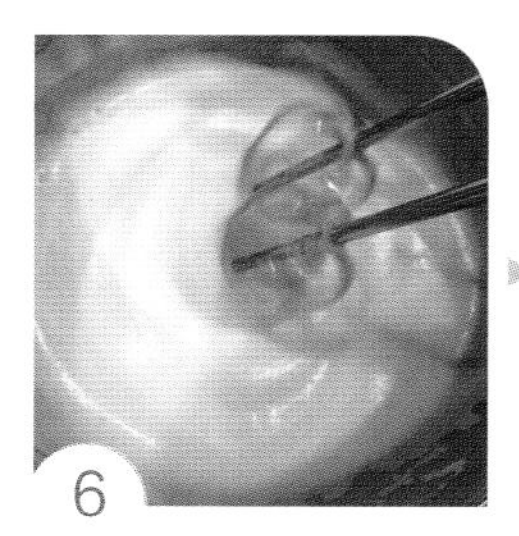
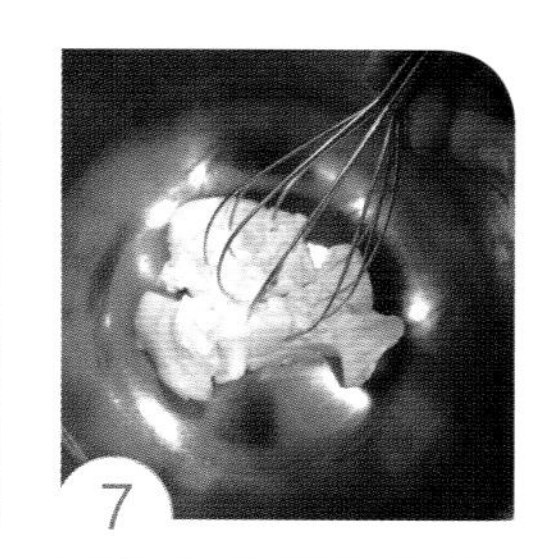

6 泡沫变多时，加入剩下的细砂糖，以高速搅打到尾端弯曲的状态（湿性发泡）备用。

7 奶油奶酪搅拌成乳霜状。

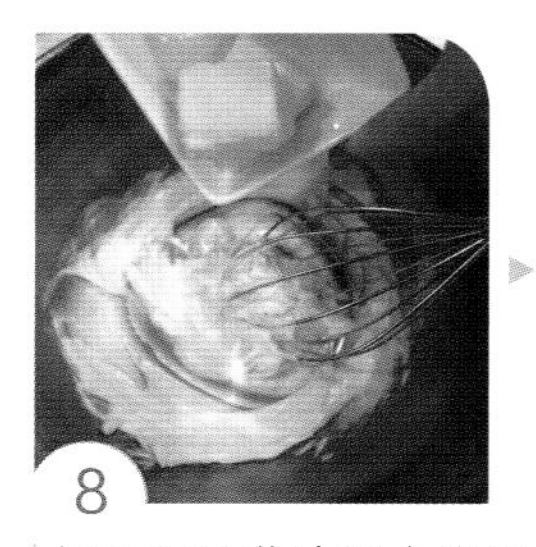
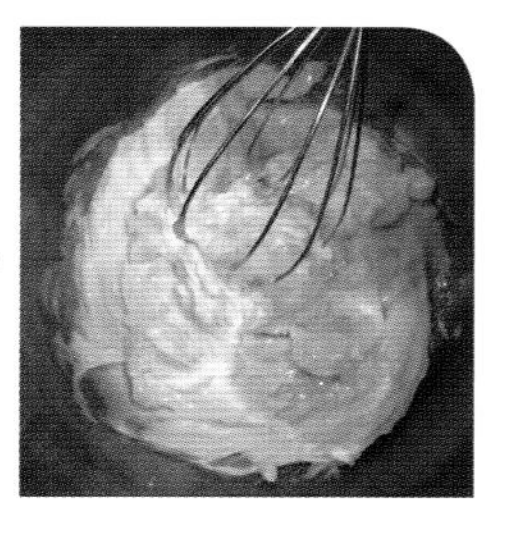

8 加入无盐黄油混合均匀。

9 加入百香果酱混合均匀。

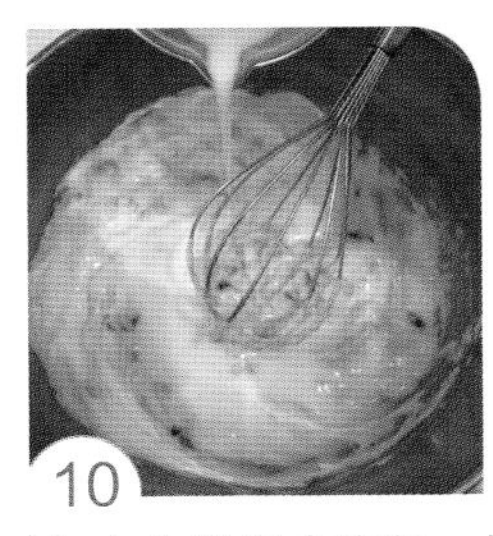
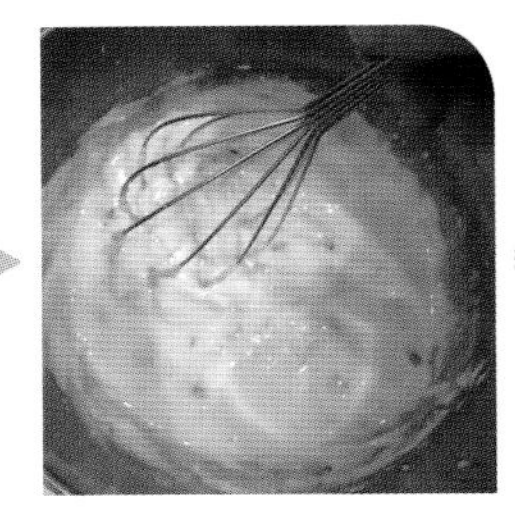

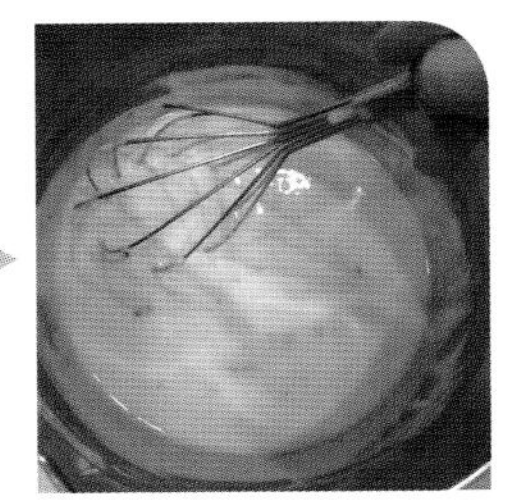

10 加入牛奶混合均匀，加温至约 50℃（不需要到沸腾）。

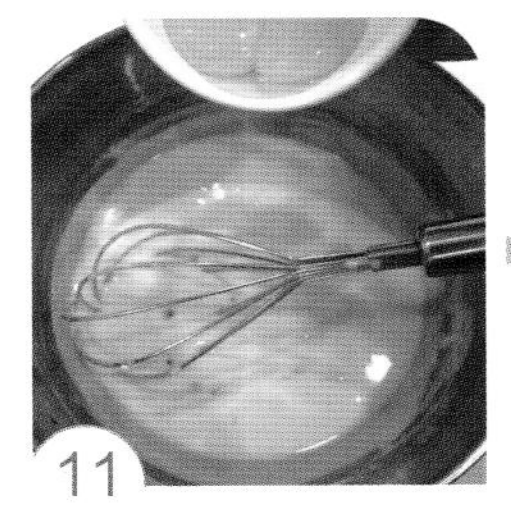
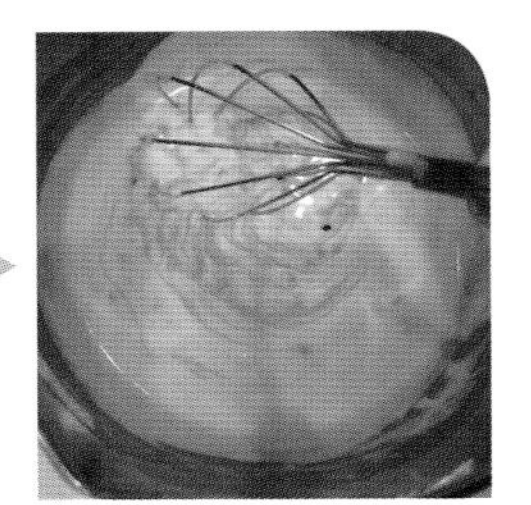

11 加入冰蛋黄混合均匀。

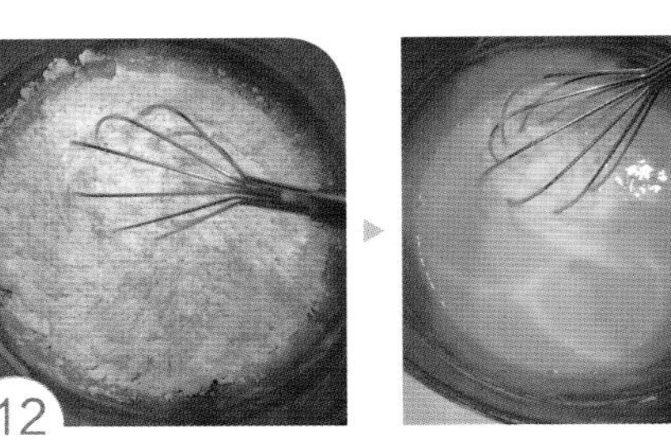

12 加入粉类混合均匀。

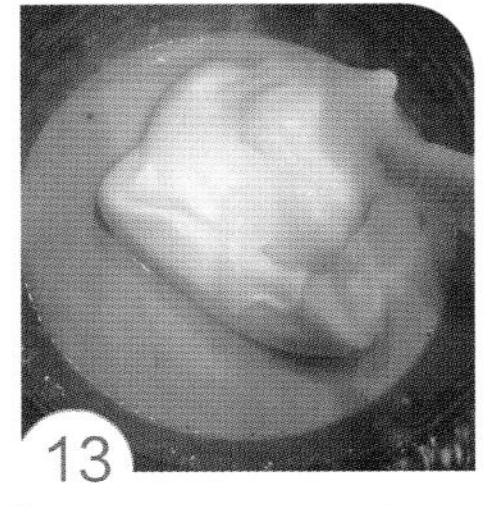
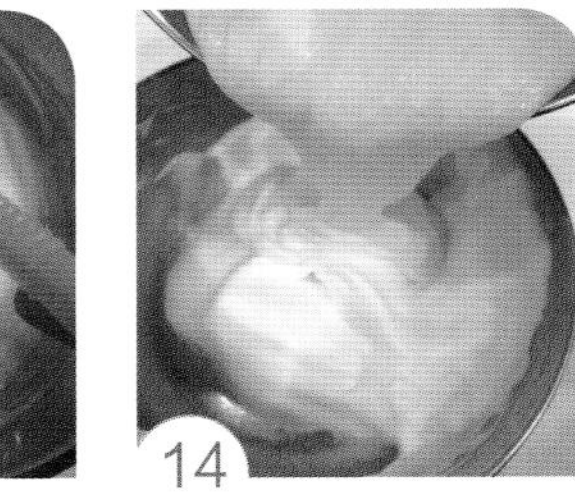

13 取 1/3 分量的蛋白霜加入混合均匀。

14 再将粉糊倒入剩下的蛋白霜中混合均匀。

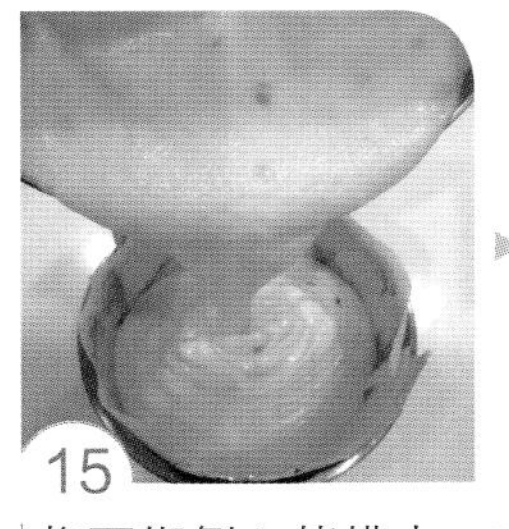

15 将面糊倒入烤模中，在桌上轻敲几下放入深烤盘中。

16 烤盘中倒入沸水 300cc（分量外）。

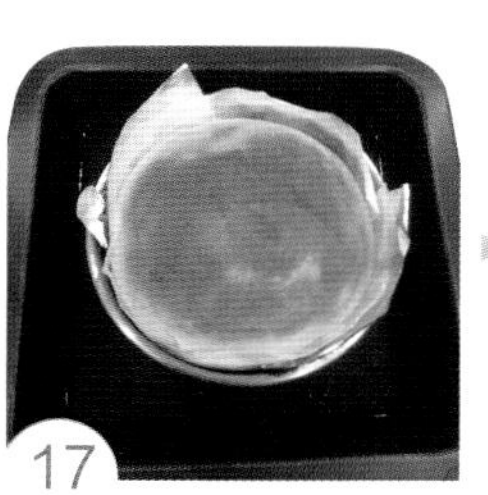
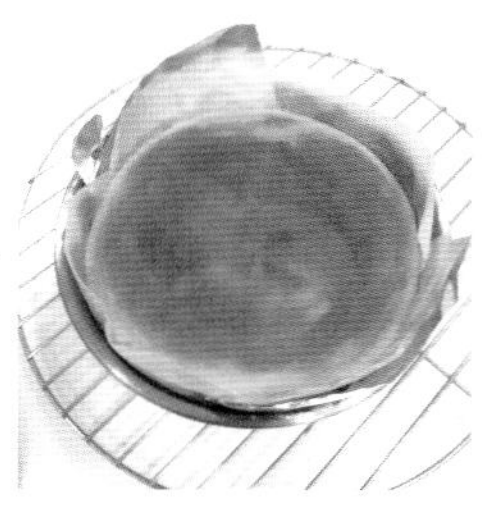

17 放入上下火已经预热至 180℃的烤箱中，烘烤 15 分钟，到表面上色后，将烤箱温度调整到 120℃，继续烤 35～40 分钟。

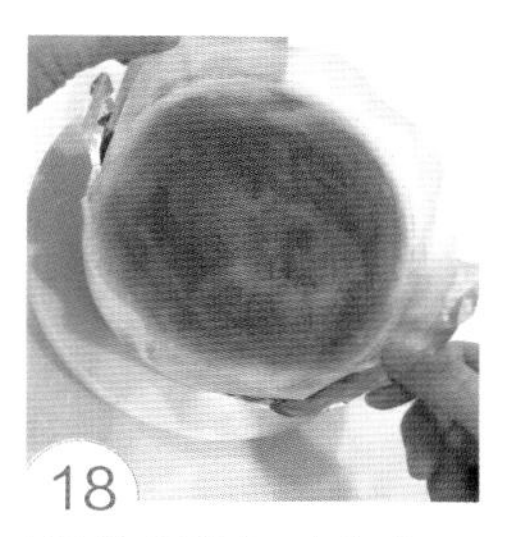

18 提着铝箔纸边缘将蛋糕移出烤模。

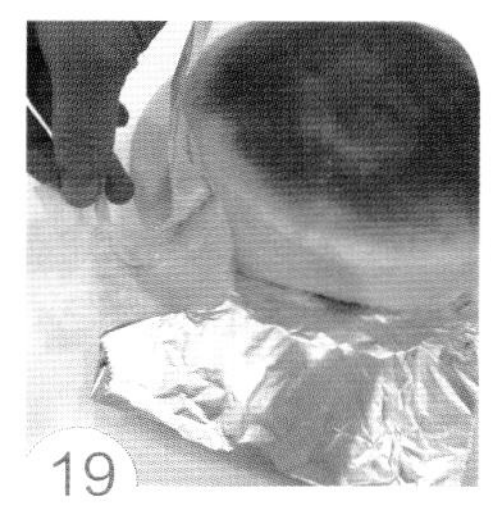

19 撕开铝箔纸放至冷却，密封冷藏后再吃。

小叮咛

鸡蛋使用冷藏的，每一个净重约 50g。

百香果酱的材料与做法

制作百香果酱的材料与做法说明如下：

材料

百香果肉200g、细砂糖80g

做法

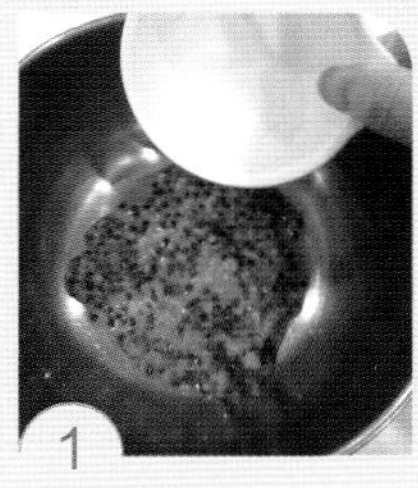

1 细砂糖与百香果肉混合均匀。

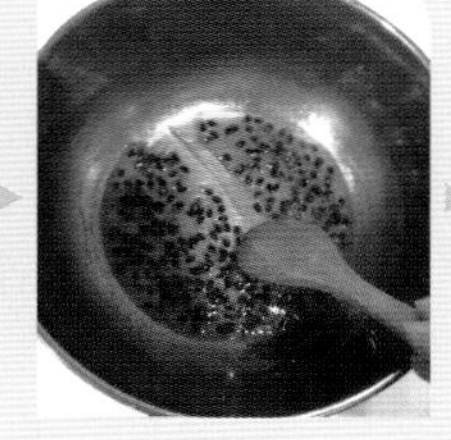
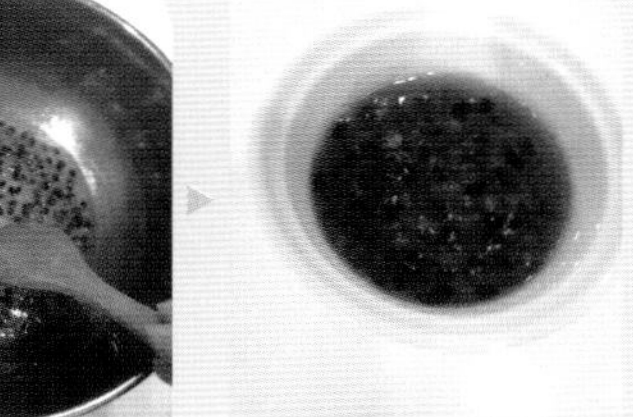

2 小火加热，边煮边搅拌至木匙刮底有痕迹即可。

制作水浴法蛋糕，烤盘中添加的水是冷水还是热水？

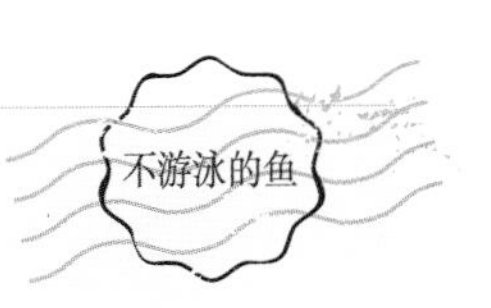

水浴法是成品进烤箱前，在烤盘中注入适量的热水一起放进烤箱烘烤，烤模底部约 1cm 高的部位都浸泡在热水中，底部温度不会过高，目的是希望制作出来的蛋糕组织细致，整体膨胀不要太快，表面就能烘烤得平整美观。水浴法烤盘中添加的热水必须是刚刚煮沸的水，若温度太低会导致温度不足成品无法烤熟，造成失败。

抹茶轻乳酪蛋糕

分量 1个（5英寸烤模）+2个（3英寸烤模或6英寸烤模1个）

材料

A 奶酪糊
- 奶油奶酪 100g
- 玉米淀粉 10g
- 抹茶粉 5g
- 低筋面粉 22g
- 冰蛋黄 2 个
- 无盐黄油 20g
- 细砂糖 15g
- 牛奶 85g

B 蛋白霜
- 冰蛋白 2 个
- 柠檬汁 1/2 茶匙
- 细砂糖 40g（分 2 次加）

1 烤模中先铺十字形宽铝箔纸，抹上一层无盐黄油（分量外），再铺上硅油纸。

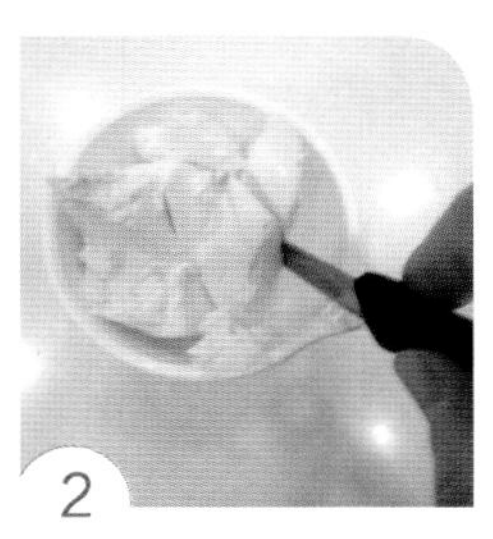

2 奶油奶酪切小块回温。

3 玉米淀粉、抹茶粉及低筋面粉一块过筛。

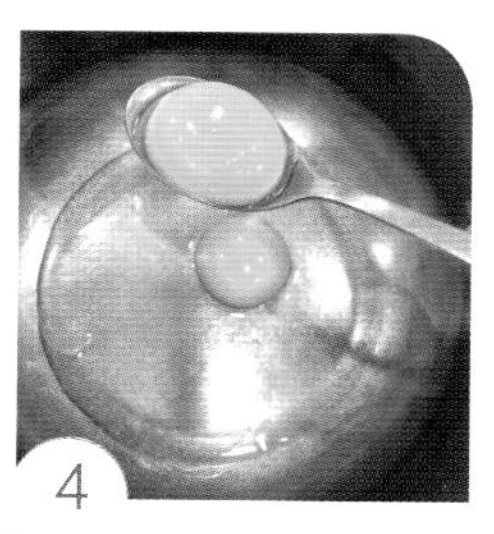
4
将冰鸡蛋的蛋白及蛋黄分开。

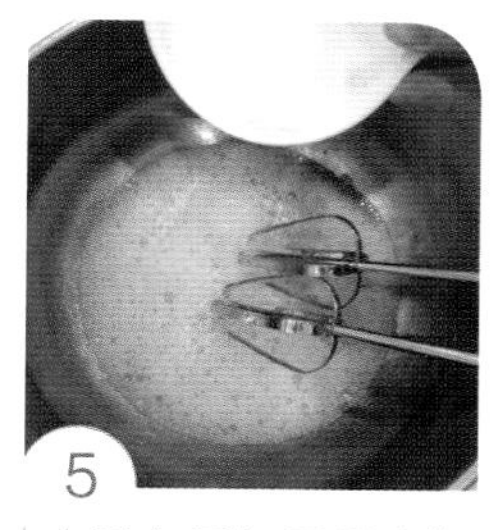
5
冰蛋白用打蛋器先打出少许泡沫，然后加入柠檬汁及 1/2 分量的细砂糖，以高速搅打。

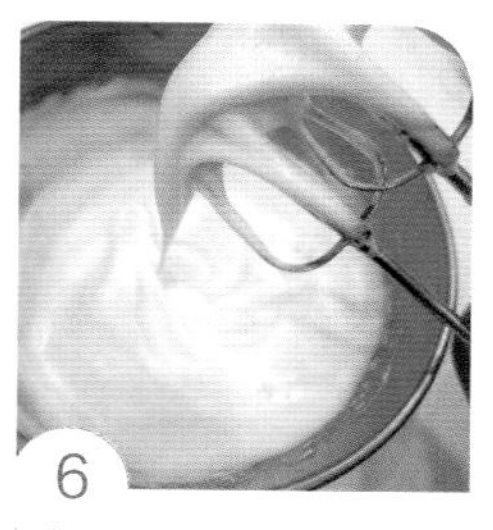
6
泡沫变多时，加入剩下的细砂糖，以高速搅打到尾端弯曲的状态（湿性发泡）备用。

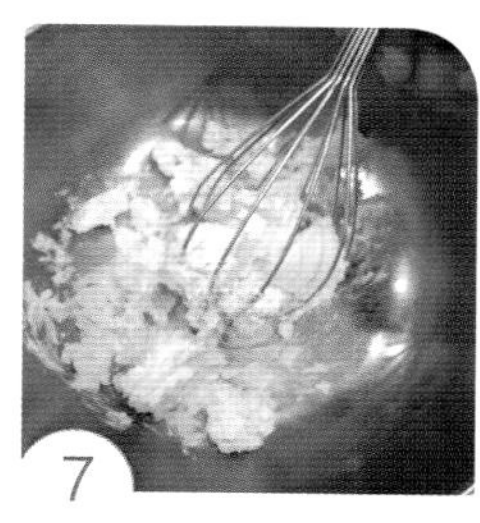
7
奶油奶酪搅拌成为乳霜状。

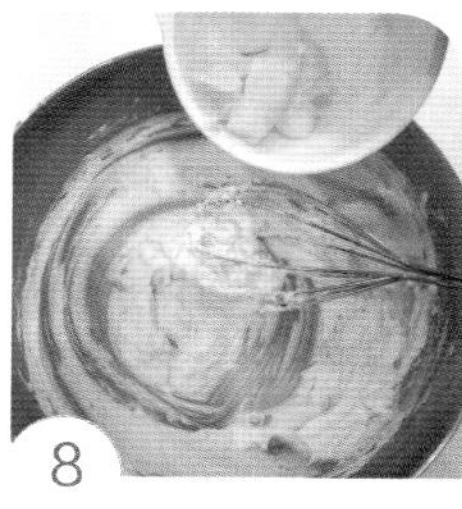
8
加入无盐黄油混合均匀。

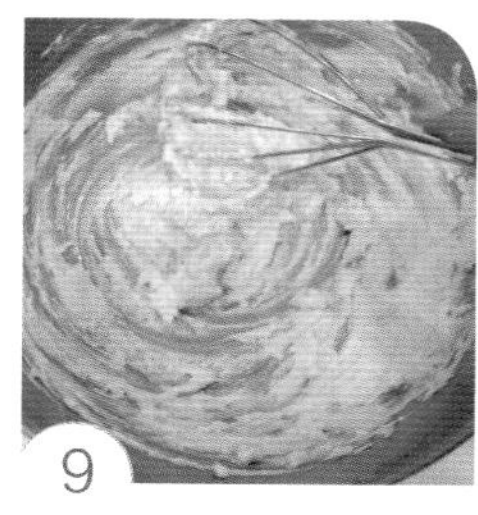
9
加入细砂糖 15g 混合均匀。

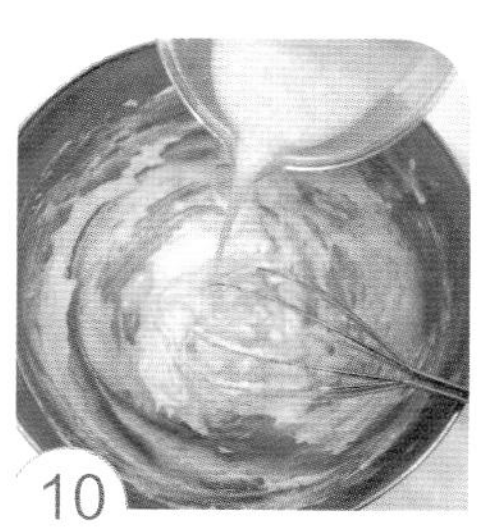
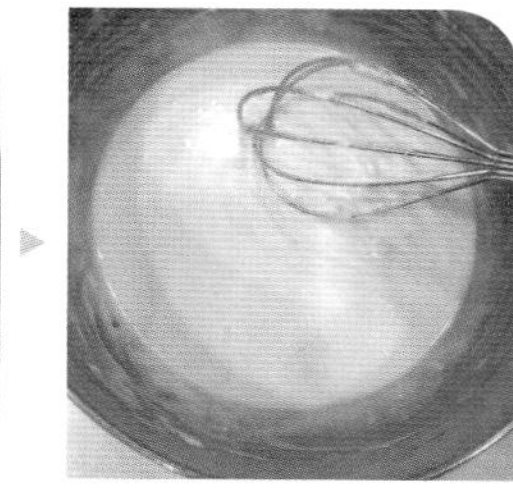

10
加入牛奶混合均匀，然后加温至约 50℃关火（不需要到沸腾）。

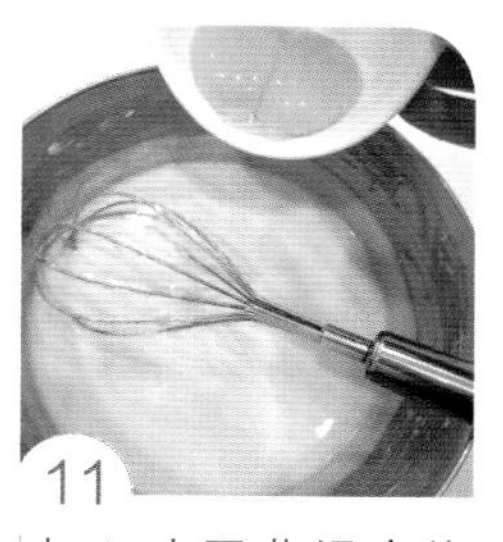
11
加入冰蛋黄混合均匀。

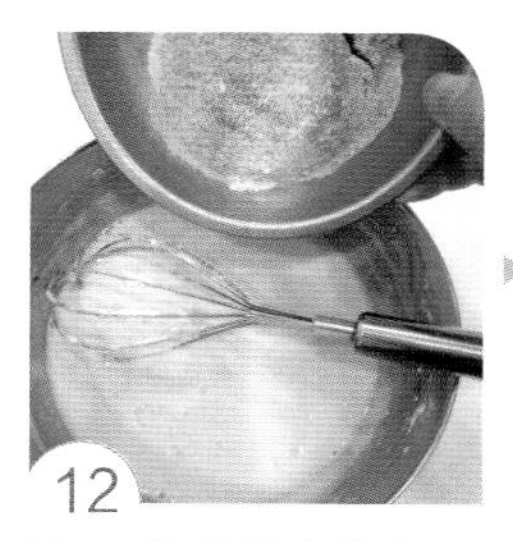
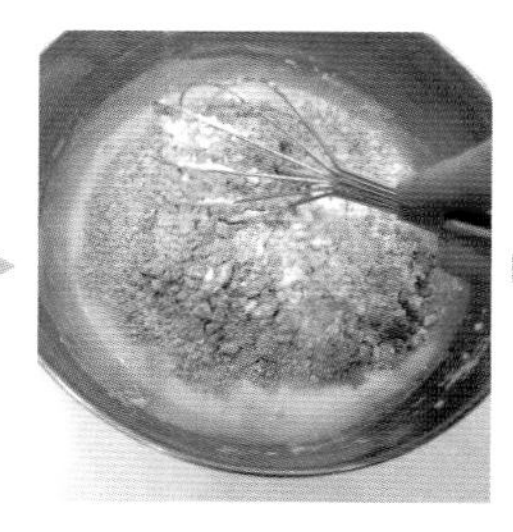
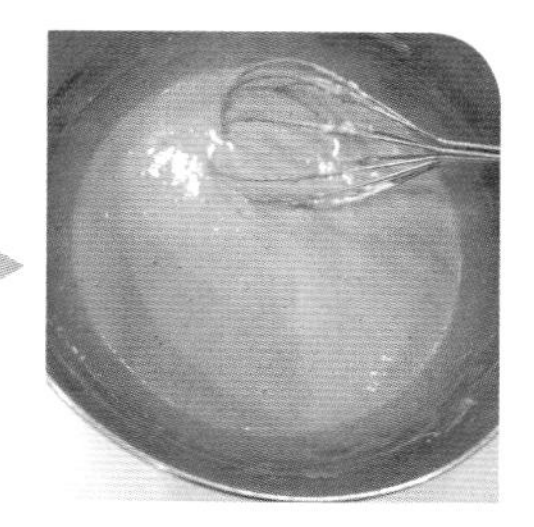
12
加入粉类混合均匀。

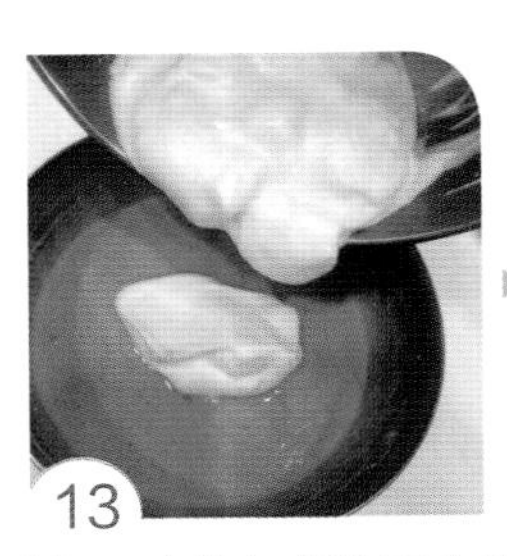
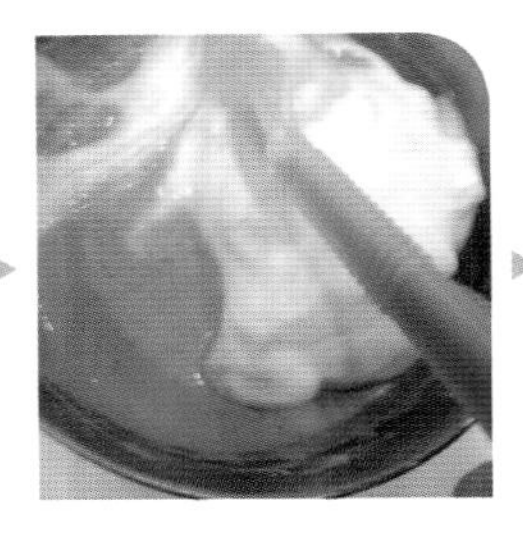

13

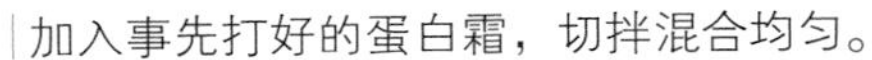

加入事先打好的蛋白霜，切拌混合均匀。

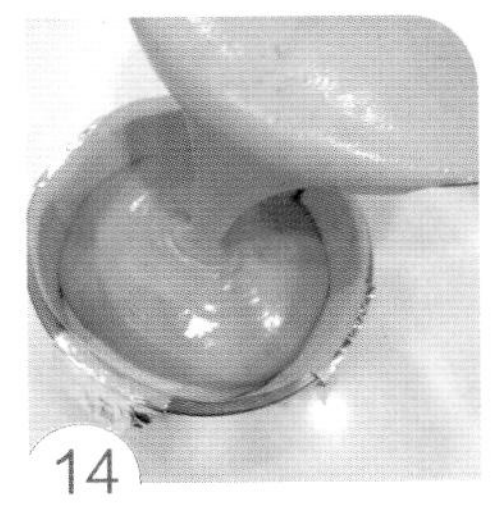

14

面糊倒入烤模中，在桌上轻敲几下，放入深烤盘中。

15

烤盘中倒入沸水300cc（分量外）。

16

放入上下火已经预热至180℃的烤箱中，烘烤15分钟，到表面上色后，将烤箱温度调整到120℃，继续烤32～35分钟（3英寸的成品要提早出烤箱，在180℃的烤箱中，烘烤13～15分钟，至表面上色，再以120℃继续烤12～15分钟）。

17

出烤箱，马上提着铝箔纸边缘，将蛋糕移出烤模。撕开周围铝箔纸，放至冷却，密封冷藏。

18

表面可以刷上一层镜面果胶（分量外）增加光泽。切的时候刀稍微温热一下会切得比较漂亮。

小叮咛

1. 6英寸烘烤温度及时间为：上下火预热至180℃的烤箱中，烘烤15分钟至表面上色，120℃继续烤35～40分钟。
2. 抹茶粉也可以使用绿茶粉代替。
3. 若烘烤快结束前10分钟表面都没有上色，可以将烤模往上层加热管移动，并且提高上方温度，有均匀板设计的烤箱，建议将均匀板取下，以利表面上色。
4. 注意：这是6英寸烤模的容量，但我用5英寸烤模，再加上2个3英寸布丁模来烘烤，试着做出比较迷你尺寸的成品。不过3英寸布丁模要提早15～17分钟出烤箱，避免烘烤过干。大家也可以直接使用1个6英寸烤模来操作，烘烤时间要比5英寸烤模多5～8分钟。
5. 鸡蛋使用冷藏的，每一个净重50～55g。

如何判断轻乳酪蛋糕已经烤熟了?

轻乳酪蛋糕是属于组织较湿润的蛋糕，所以用竹签测试只要粘黏的状况不是液体就表示熟了，有一些散的组织粘黏是正常的。

无粉简易轻乳酪蛋糕

分量 > 1个（6英寸烤模）

材料

冰鸡蛋 3 个（净重约 150g）

奶油奶酪 200g

柠檬汁 1 茶匙

细砂糖 50g

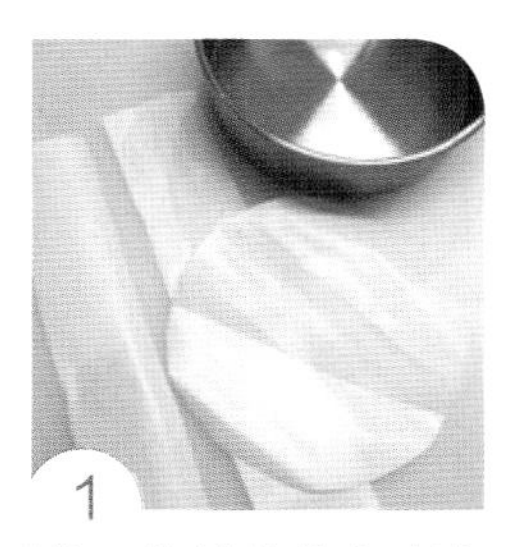

1 依照烤模裁剪出硅油纸纸形。

2 烤模涂抹一层薄薄的无盐黄油（分量外）。

3 放入一张长方形的铝箔纸（两端边缘要突出烤模）。

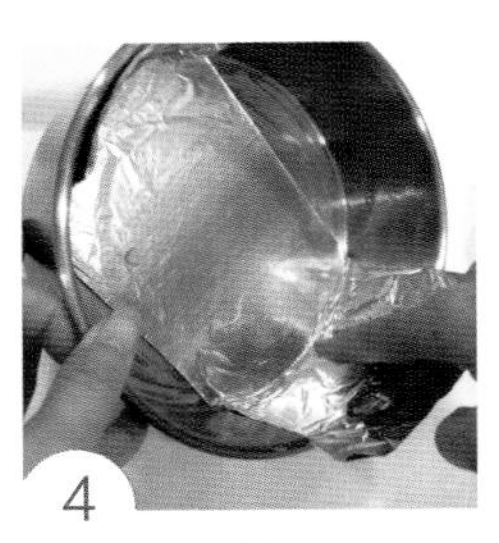

4 铝箔纸擦拭一层无盐黄油。

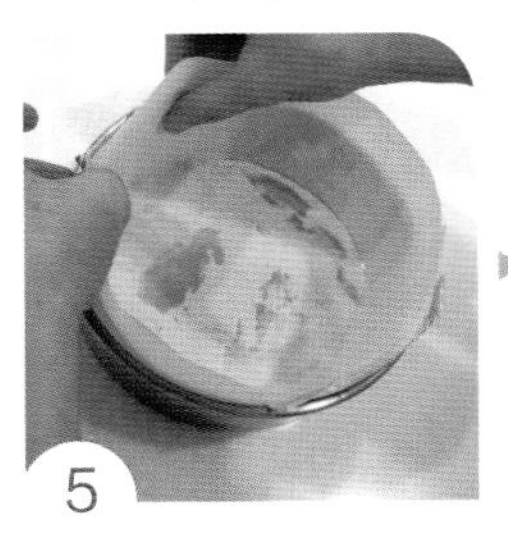

5 铺放上裁好的纸形。

6 将冰鸡蛋的蛋白及蛋黄分开。

7 奶油奶酪切小块回温（若天气太冷，可以将奶油奶酪微波20～30秒钟回温）。

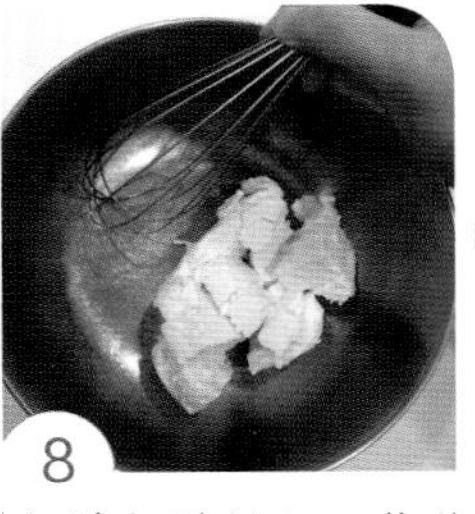
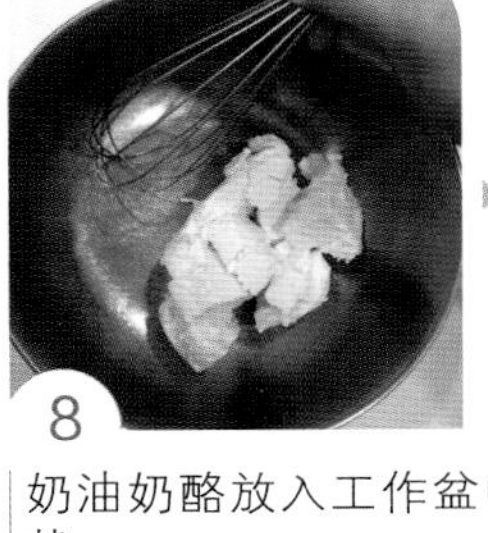

8 奶油奶酪放入工作盆中，搅拌成均匀的乳霜状。

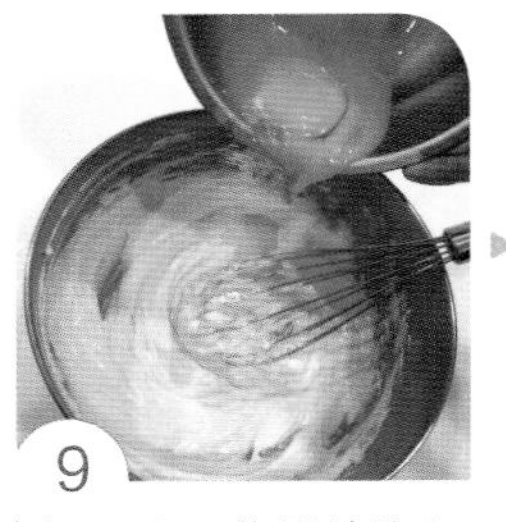
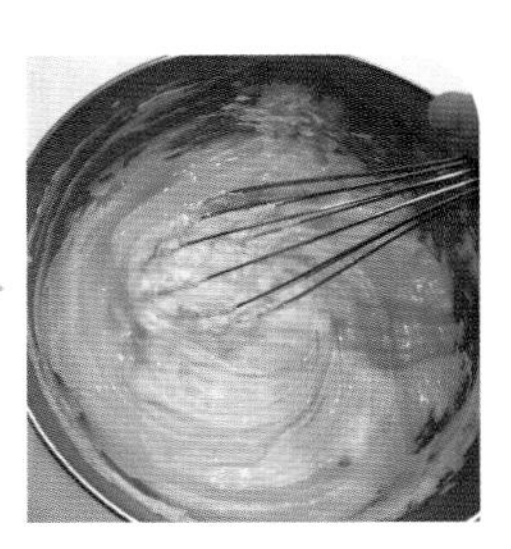

9 加入冰蛋黄搅拌均匀。

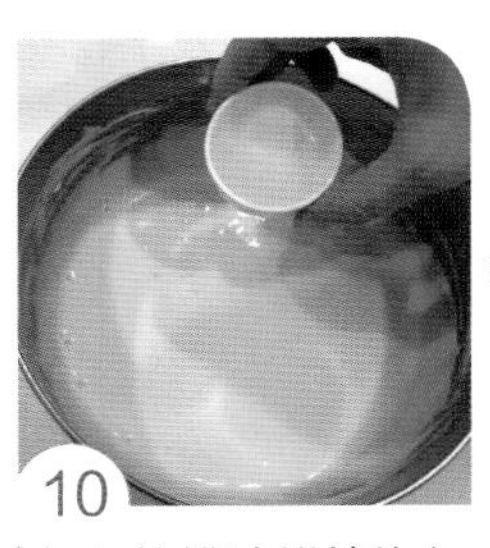
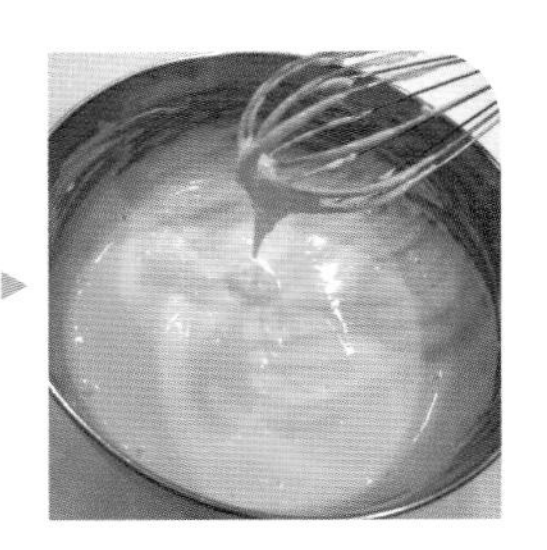

10 加入柠檬汁搅拌均匀。

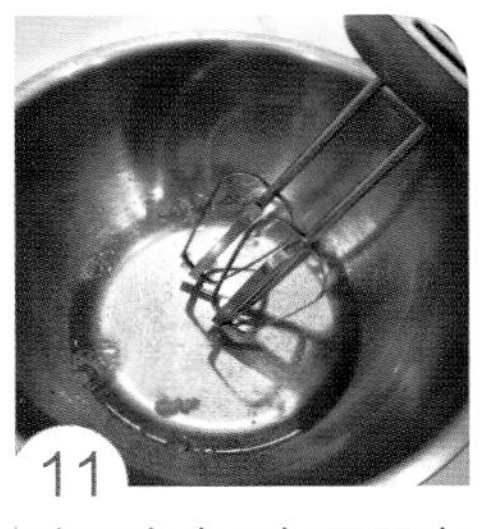

11 冰蛋白先用打蛋器中速打出泡沫。然后加入1/2分量的细砂糖，以高速打发至蓬松。

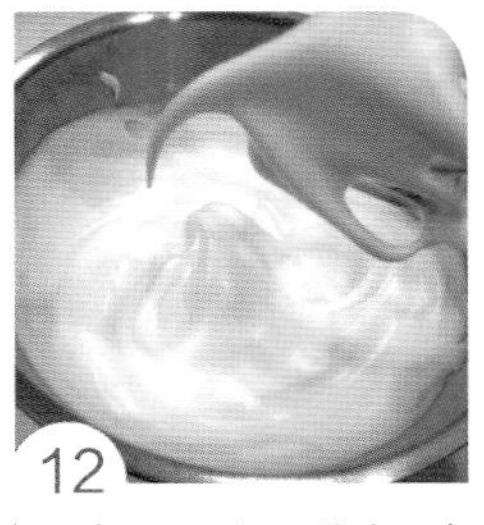

12 再加入剩下的细砂糖，以高速打发至尾端弯曲状态（湿性发泡）。

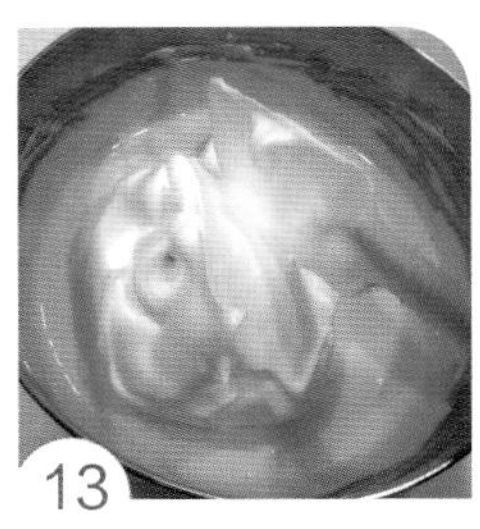

13 取1/3分量的蛋白霜混入蛋黄面糊中，用橡皮刮刀沿着盆边翻转，以切拌的方式搅拌均匀。

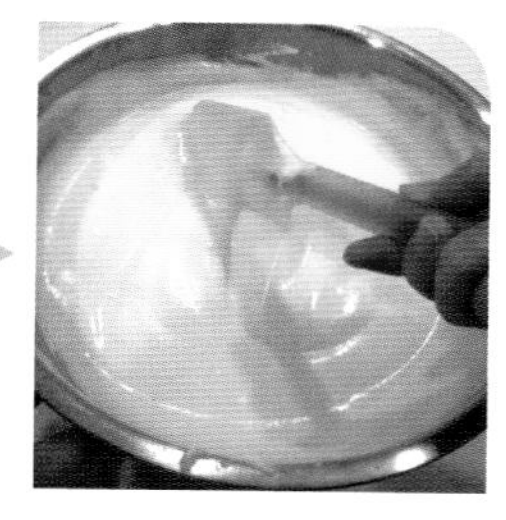
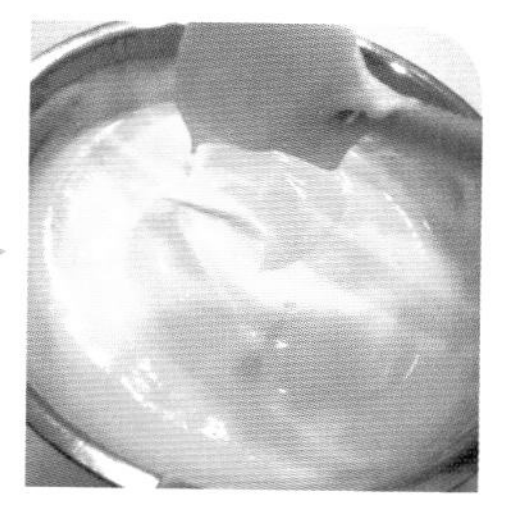

14 然后再将拌匀的面糊倒入剩下的蛋白霜中混合均匀。

15 奶酪糊倒入烤模中，进烤箱前在桌面轻敲几下。

16 烤盘中倒入沸水300cc（分量外）。

17 放入上下火已经预热至160℃的烤箱中，烘烤30分钟，然后将温度调整成140℃，再烘烤25分钟。

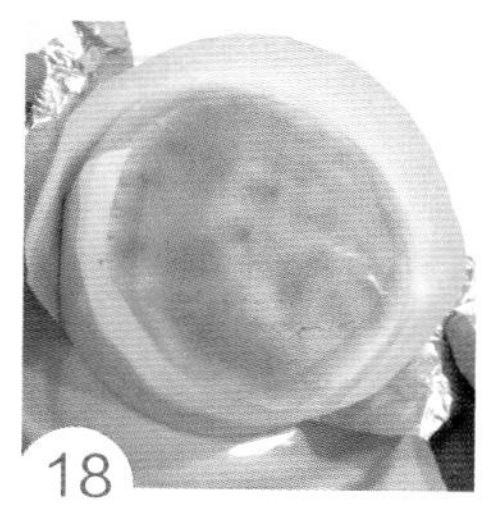

18 提着铝箔纸边缘移出烤模静置冷却。

19 完全冷却后撕去硅油纸。

20 表面可以依照个人喜好撒上糖粉（分量外）。

为什么轻乳酪蛋糕表面出现裂痕？如何改善？

一般烘烤轻乳酪蛋糕，都希望成品表面平坦光滑没有裂痕产生（图 1），出现裂痕虽然不影响口感，但却不美观。成品出烤箱时，表面出现裂纹，或是如火山爆发般龟裂（图 2、图 3），这样的情形通常都是因为烤箱温度太高，或是烤盘中添加沸水不足，导致温度过高，或是蛋白霜打发得太挺，导致蛋糕膨胀太快造成。我们可以试着用以下方式改善：

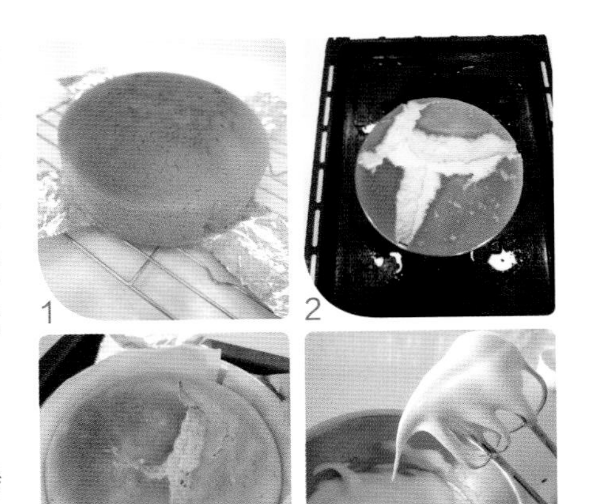

1. 烤箱的温度再调低一些。
2. 下一次蛋白霜务必不要打得太挺，提起打蛋器尾端是呈现弯曲状态（图 4），也就是湿性发泡。打太挺蛋白霜中的气泡会较大较多，也就膨胀得多。
3. 如果在烘烤过程中，发现蛋糕膨胀太快，马上将烤箱门打开散热，或是放几个冰块在烤盘中降温。

为什么轻乳酪蛋糕的边缘会分离裂开？

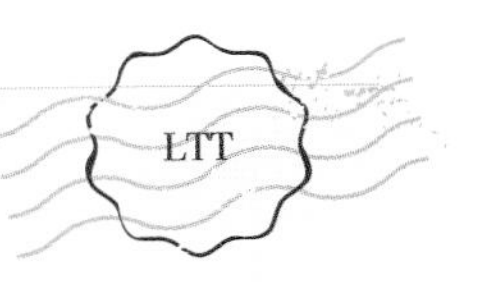

轻乳酪蛋糕边缘会分离裂开，通常都是与硅油纸接触的地方裂开。（图 1 / 由 Shiauling Chen 提供）。可能的原因是，烤模中硅油纸边缘铺得不够高，蛋糕组织一受热膨胀就容易从硅油纸边缘裂开（图 2 / 由王佩佩提供）。硅油纸裁剪尽量高出烤模 1～2cm，这样蛋糕就能够有支撑力均匀往上膨胀，而不会裂开（图 3～图 6）。

1

2

3

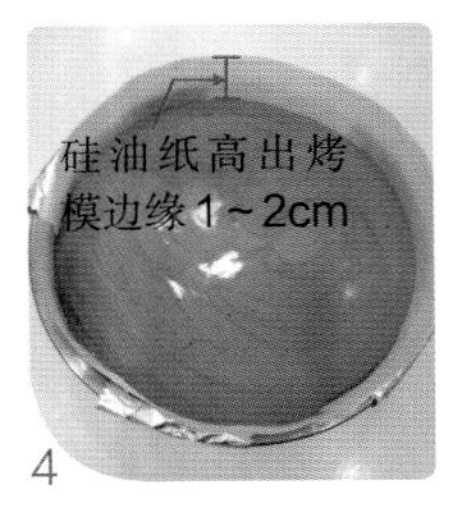

4

5

6

为什么轻乳酪蛋糕在倒扣出烤模的过程中就坍塌了?

制作轻乳酪蛋糕是使用不分离烤模，所以传统做法是在成品烘烤好后，要倒扣出烤模，再覆盖上另外一个盘子，然后将蛋糕转正（图 1 ~ 图 7）。进行倒扣的时候要小心，翻转的时候，上下盘子不能紧压，不然蛋糕会被压垮分离。这样的方式对于很多新手来说比较困难，常常在倒出烤模的时候将蛋糕压坏（图 8）。如果没有办法顺利倒扣脱模，可以在烤模底部铺上两条宽约 5cm 的铝箔纸，十字形摆放，边缘部分稍微要高出烤模。铺好铝箔纸后，再铺一层硅油纸，这样成品出烤箱后，就可以提着十字形铝箔纸把蛋糕移出烤模，省去倒扣的步骤（图 9 ~ 图 15）。

为什么轻乳酪蛋糕的表皮掉落?

轻乳酪蛋糕出烤箱时表面非常漂亮，但一倒扣出烤模表皮就粘黏掉落，这种情形是因为烘烤时间不足，或是烤箱温度不足，可以延长烘烤时间，或调高烤箱温度（图 1 / 由 Kelly Ngw 提供）。

THE BIBLE
OF BAKING FOR
BEGINNERS
BAKING SODA
VANILLA SUGAR

PART 2

认识磅蛋糕

POUND CAKE

何谓磅蛋糕？如何操作？

磅蛋糕属于面糊类蛋糕（Batter Type Cake），由来最早可以追溯至18世纪，是一款传统的西式蛋糕，因为其中使用的材料面粉、奶油、鸡蛋及糖各为1磅（450g），所以也称为磅蛋糕。磅蛋糕组织较为扎实细腻，味道浓郁，因使用大量奶油所以材料成本较高。主要材料为以下4种：

1	**面粉**	以低筋面粉最佳，组织不易出筋，口感较细致蓬松。
2	**无盐黄油**	油脂可以使用无盐黄油或液体植物油脂制作（图1、图2），使用无盐黄油做出的成品味道香气较佳，操作时，必须先将无盐黄油回温至手指压下有明显痕迹的程度。液体植物油做的成品香气味道相对会差一些。若选择液体植物油，分量可以减少至50%～60%，以免吃起来油味过重。 1 2
3	**鸡蛋**	选择新鲜室温鸡蛋，除了能够调节面糊浓稠度，也是水分的来源。
4	**糖**	选择细砂糖才能够顺利溶化，奶油打发才能够更顺利。

制作方式有以下4种，可以依照个人喜好及习惯选择：

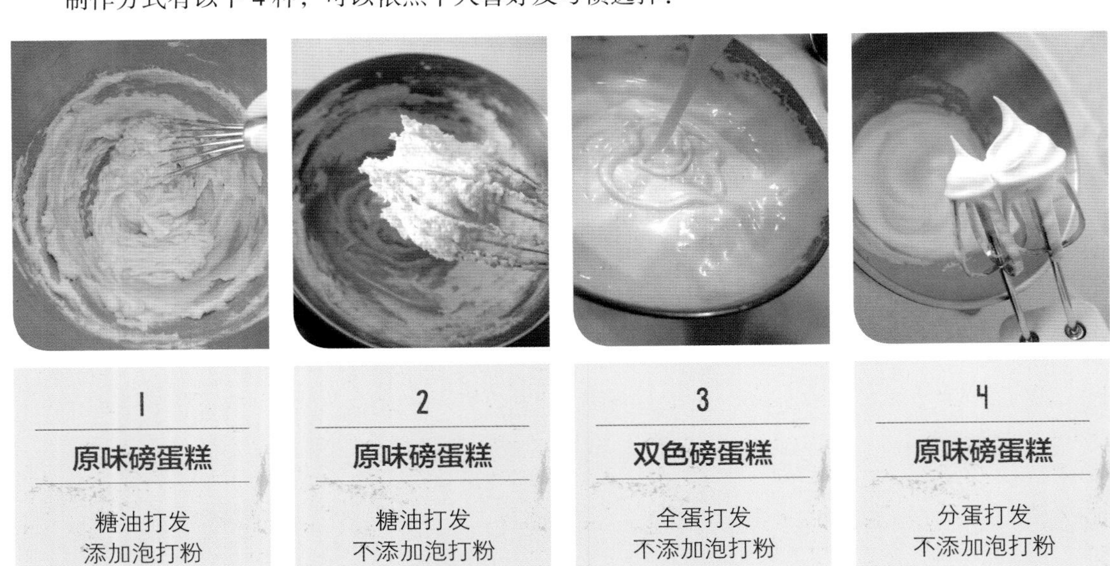

1	2	3	4
原味磅蛋糕	**原味磅蛋糕**	**双色磅蛋糕**	**原味磅蛋糕**
糖油打发 添加泡打粉	糖油打发 不添加泡打粉	全蛋打发 不添加泡打粉	分蛋打发 不添加泡打粉

原味磅蛋糕若添加泡打粉应如何操作?

糖油打发并添加少许泡打粉时，油脂可选择无盐黄油或液体植物油，只要依序将所有材料混合均匀即可。此方式因为有添加少许膨大剂，所以只要注意不要过度混合，造成油脂分离，烤温合适，就能够顺利完成。此方式比较适合入门新手操作。

基本磅蛋糕（添加泡打粉做法）

分量 1个（8cm×17cm×6cm长方形烤模）

材料

无盐黄油 100g
低筋面粉 100g
泡打粉 2g
鸡蛋 2 个
（室温，净重约 100g）
细砂糖 100g
白兰地 1/2 茶匙

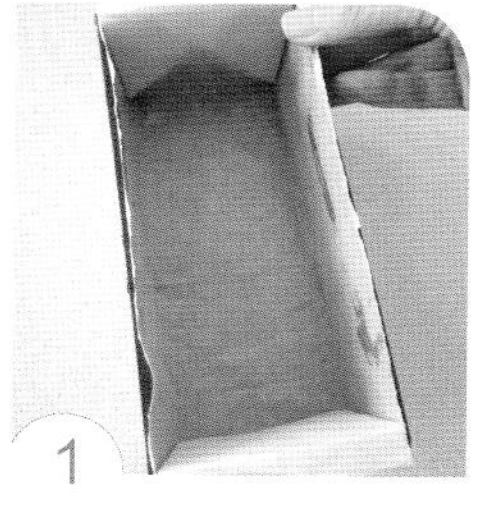

1

烤模涂抹一层薄薄的无盐黄油（分量外），铺上一层硅油纸。

2

无盐黄油切小块回温。

3

低筋面粉加入泡打粉混合均匀。

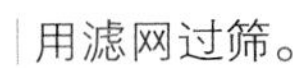

4 用滤网过筛。

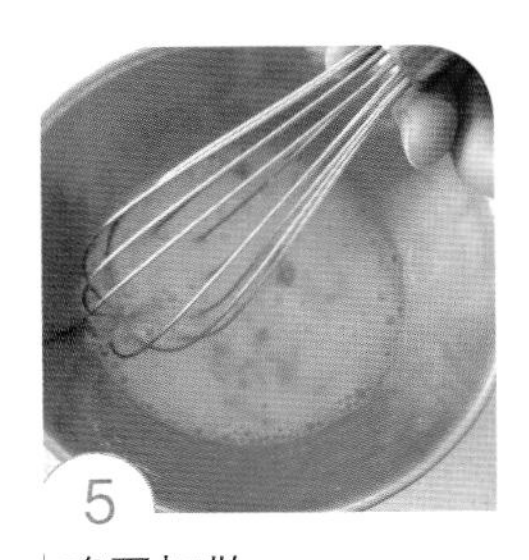

5 鸡蛋打散。

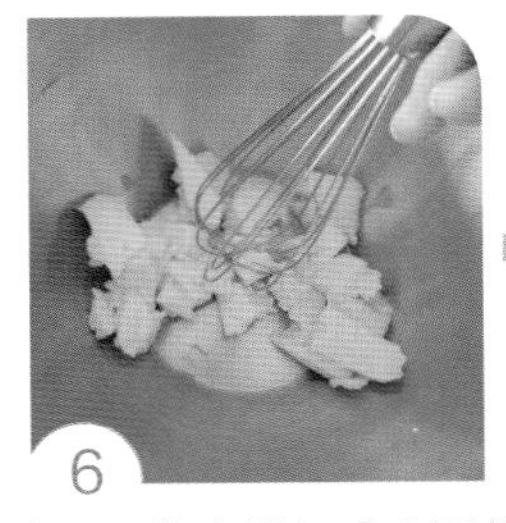

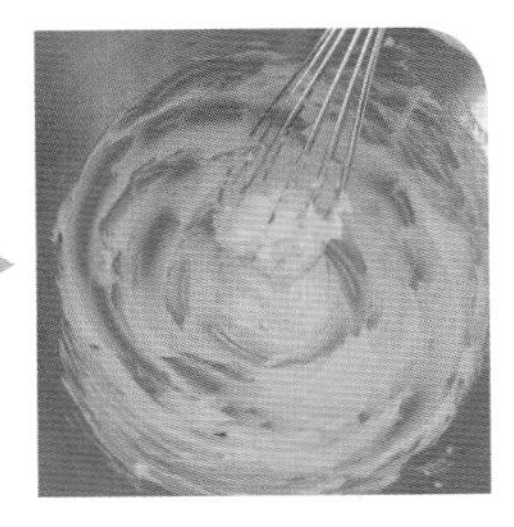

6 无盐黄油搅打成乳霜状。

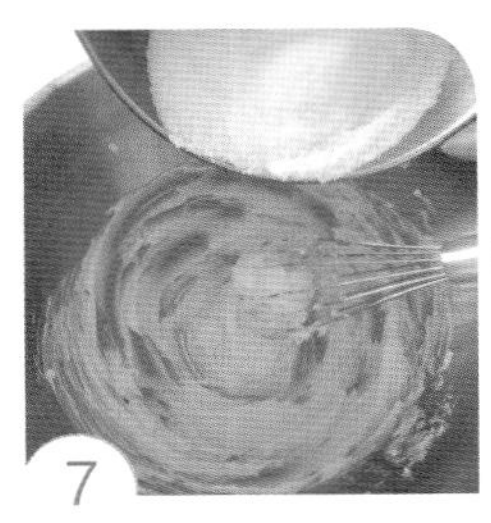

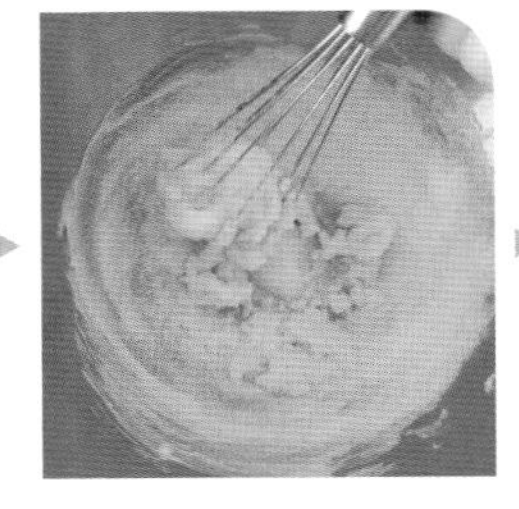

7 加入细砂糖搅拌 1 ~ 2 分钟至挺立，加入白兰地酒搅拌均匀。

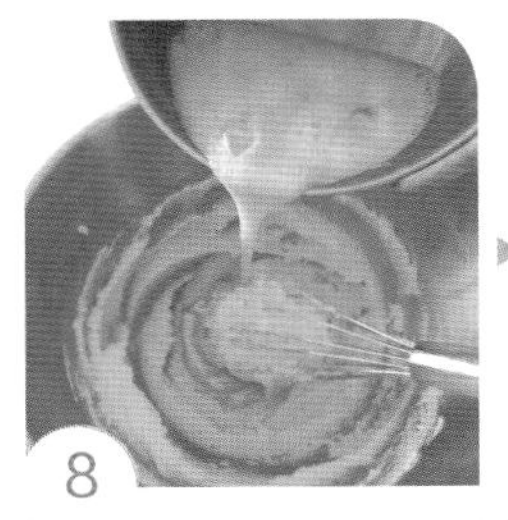

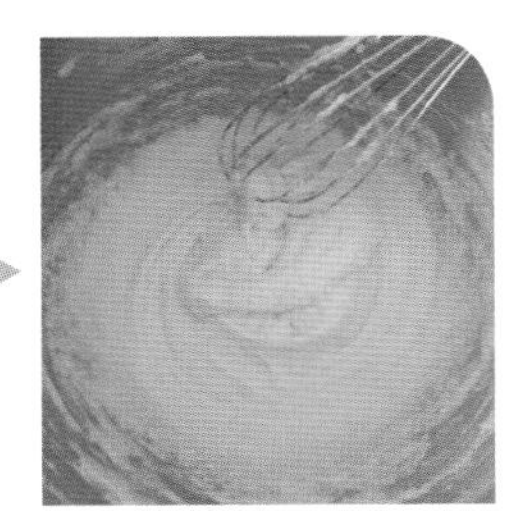

8 蛋液分 3 ~ 4 次加入搅拌均匀。

9 过筛的粉分两次加入。

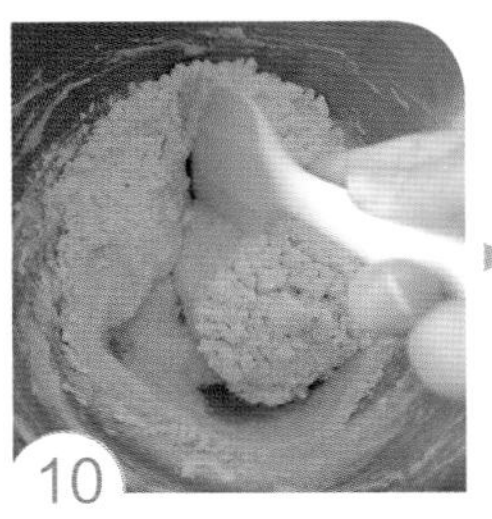

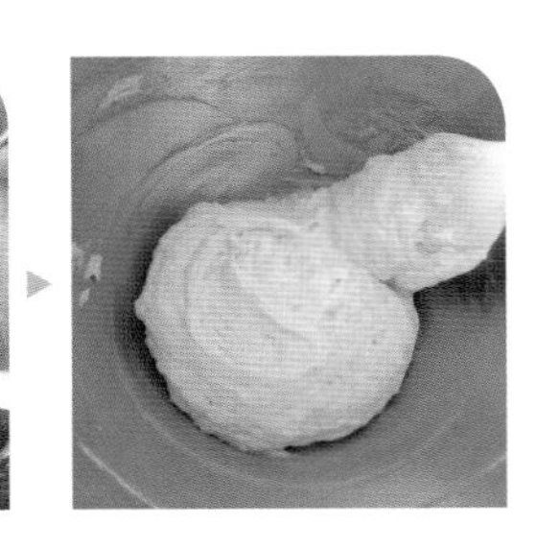

10 以切拌方式将材料混合均匀。

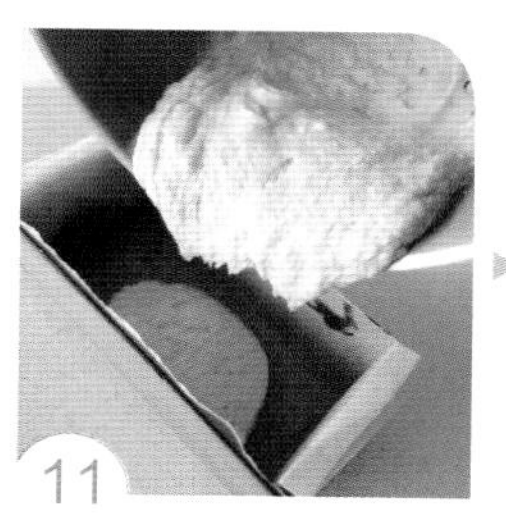

11 倒入烤模中抹平整。

12 进烤箱前在桌上轻敲几下。

13 放入上下火已经预热至180℃的烤箱中，烘烤40～45分钟，至竹签插入蛋糕中心，没有粘黏即可。

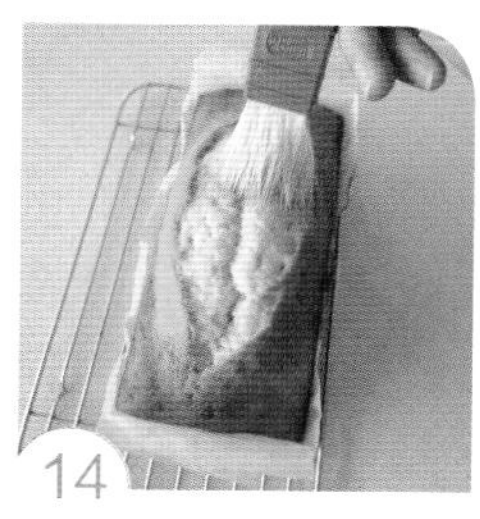

14 出烤箱马上移出烤模。表面刷上一层白兰地酒（分量外，不喜欢可以省略）。

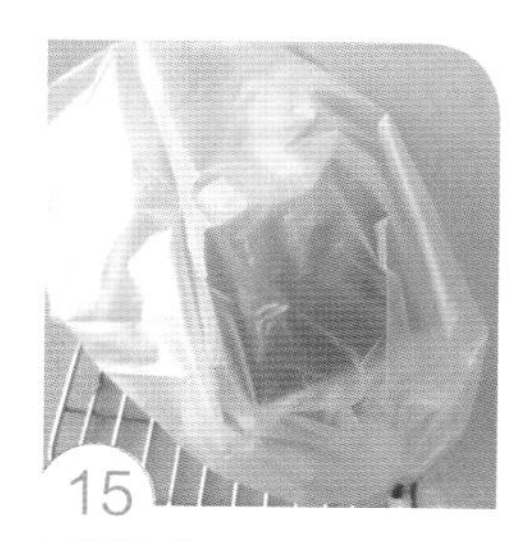

15 稍微冷却后，密封保存避免干燥。

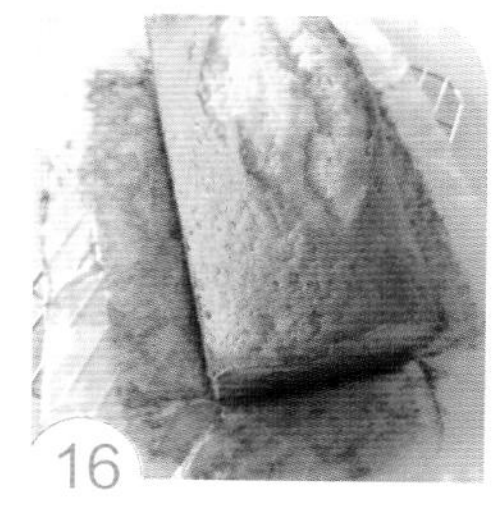
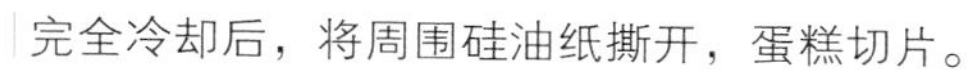

16 完全冷却后，将周围硅油纸撕开，蛋糕切片。

小叮咛

1 白兰地可以用朗姆酒、威士忌、香草精或君度橙酒代替，也可以直接使用牛奶代替。
2 成品尽快吃完，密封室温可以保存5～6天，冷藏会变硬影响口感。若冷藏变硬可以稍微加热或完全回温即可恢复。
3 糖可以自行减少，但减少越多成品越干。

原味磅蛋糕糖油打发，若没加泡打粉要如何操作？

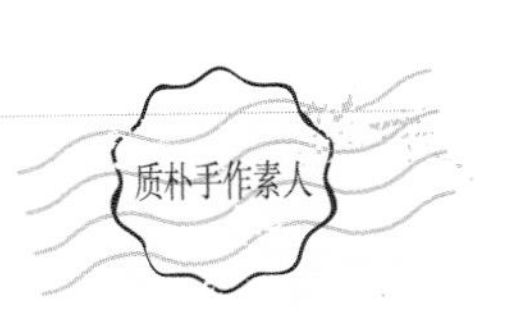

糖油打发不添加泡打粉时，必须选择无盐黄油来操作，因为在搅拌过程中，奶油可以拌入大量空气，蛋糕组织就能够自然膨胀产生气孔。另外，选择室温的鸡蛋，才不会因为太冰导致奶油凝固硬化而没有办法完全溶合。蛋液事先打散，然后分次加入奶油中混合均匀，可以确保奶油与蛋充分乳化。因为没有添加膨大剂，组织会稍微紧实。

原味磅蛋糕（糖油打发无泡打粉）

分量 1个（8cm×17cm×6cm长方形烤模）

材料

- 无盐黄油 100g
- 低筋面粉 100g
- 鸡蛋 2 个（室温，净重约 100g）
- 细砂糖 100g
- 白兰地 1/2 茶匙

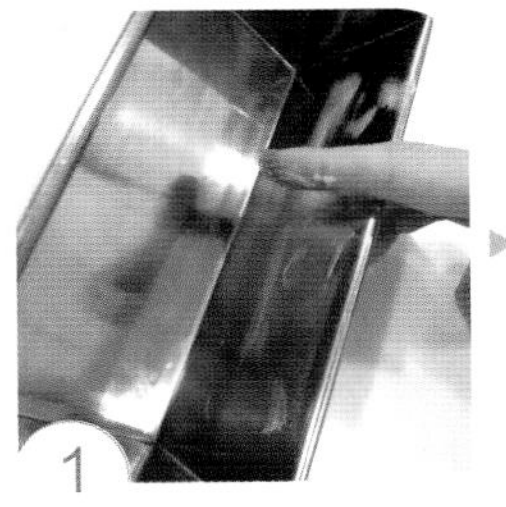

1 烤模涂抹一层薄薄的无盐黄油（分量外），铺上一层硅油纸。

2 无盐黄油切小块回温。

3 低筋面粉用滤网过筛。

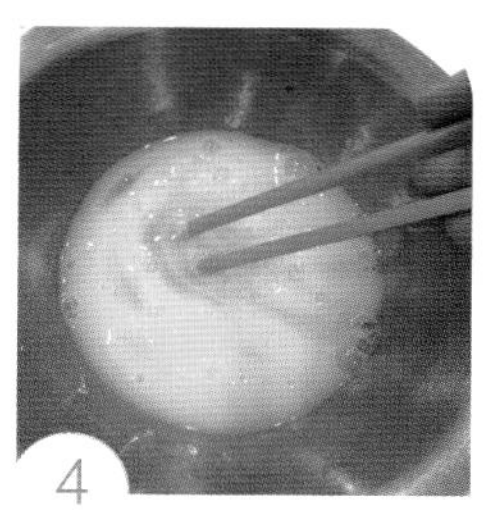

4 鸡蛋打散。

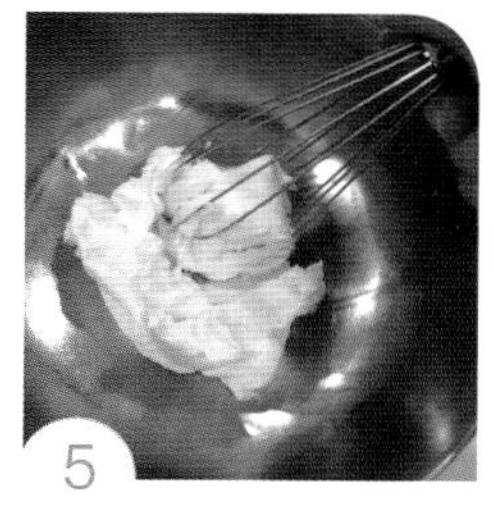
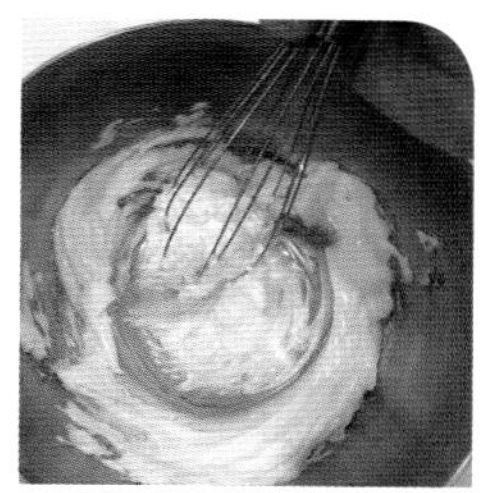

5 无盐黄油搅打成乳霜状。

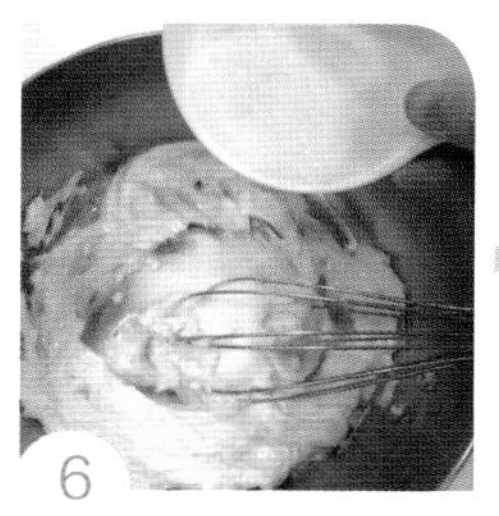

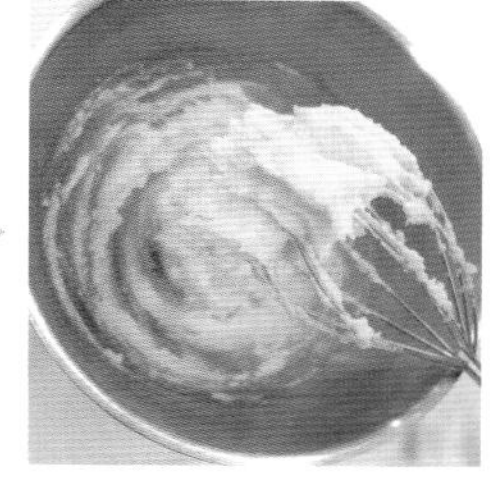
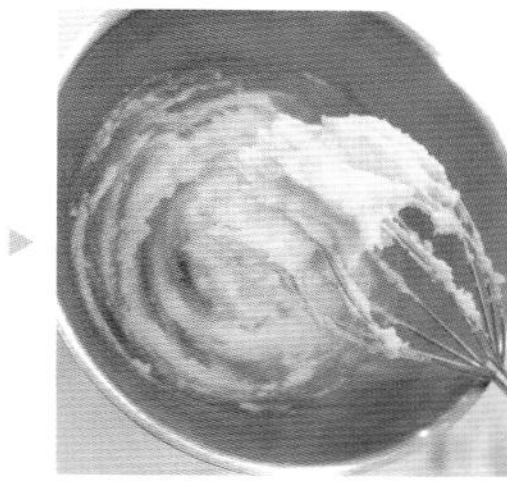

6 加入细砂糖搅拌 1～2 分钟至挺立。

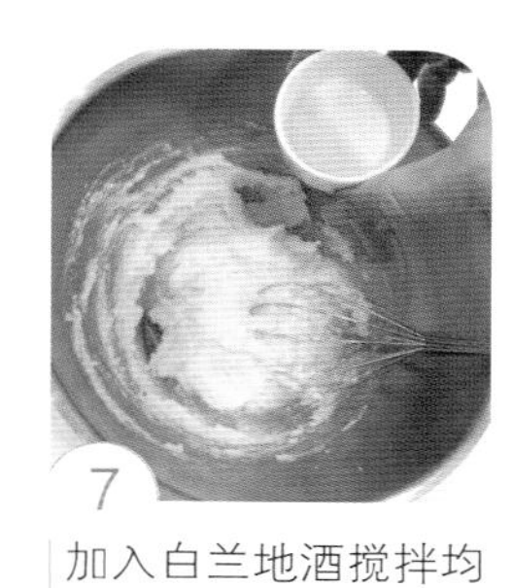

7 加入白兰地酒搅拌均匀。

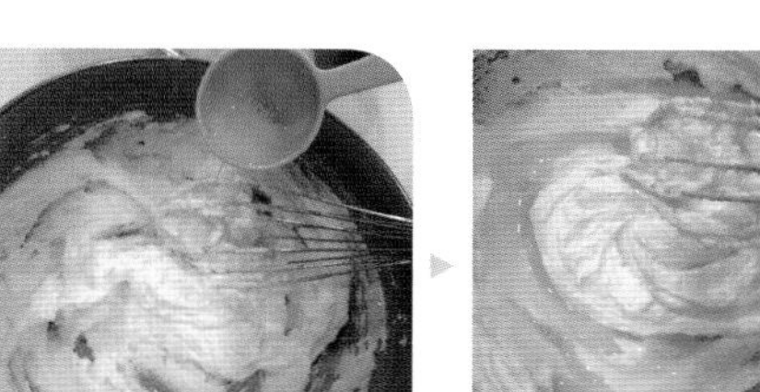
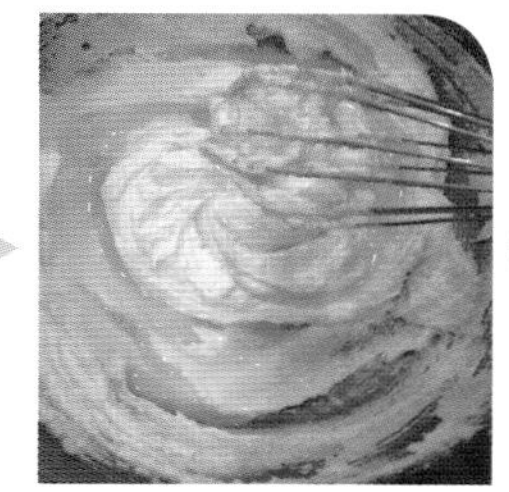
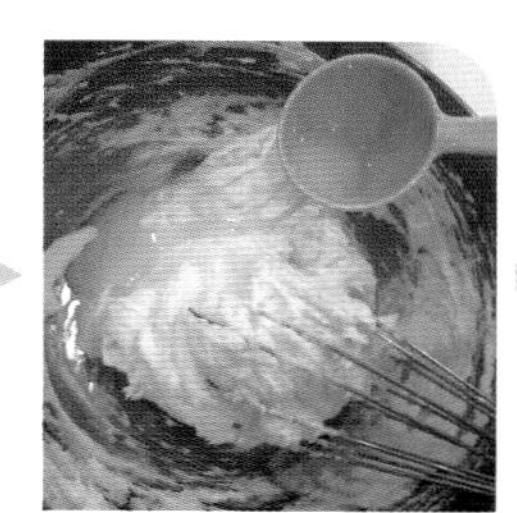
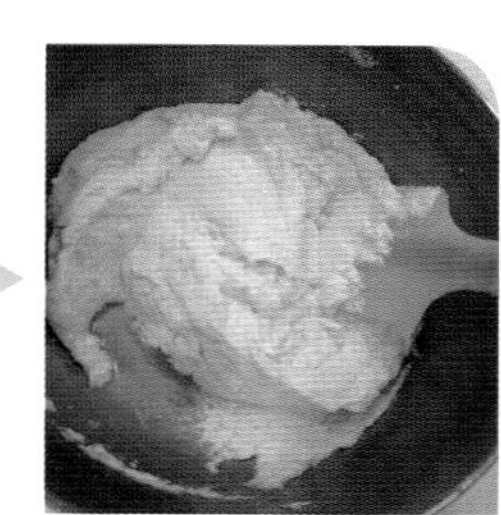

8 蛋液分 4～5 次加入搅拌均匀。

9 过筛的低筋面粉分两次加入，以切拌方式混合均匀。

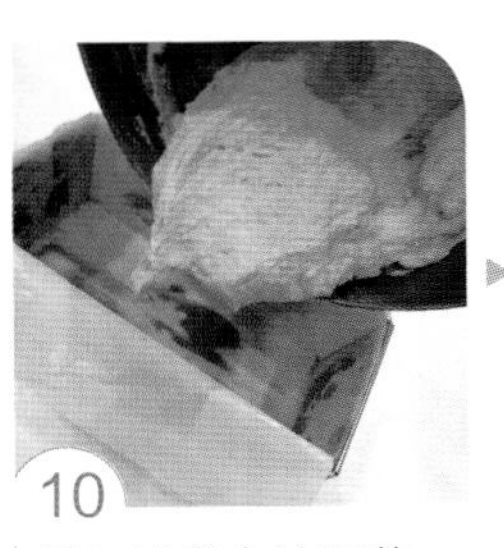
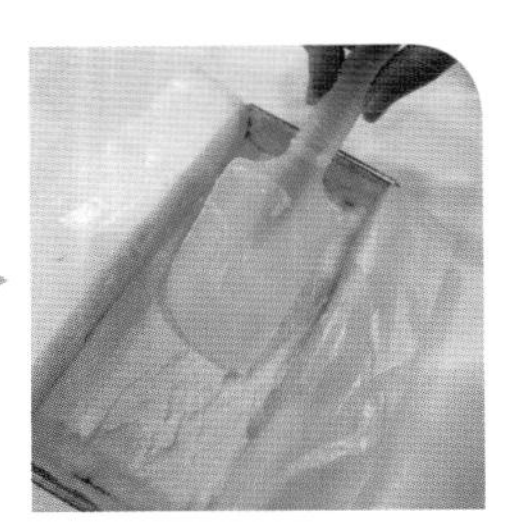

10 倒入烤模中抹平整。

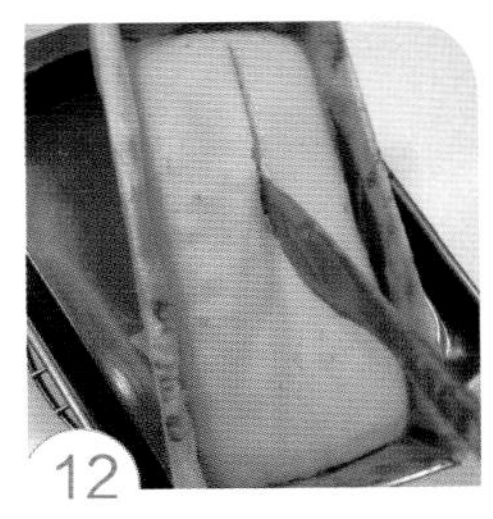

11 进烤箱前在桌上轻敲几下。

12 放入上下火已经预热至 170℃的烤箱中，烘烤 15 分钟取出，并在蛋糕中央划一道线。

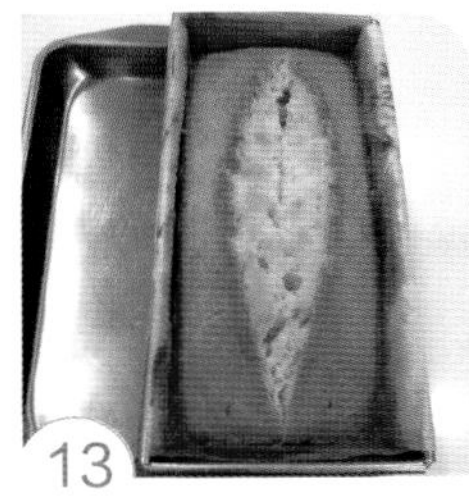

13 再放回烤箱中，继续烘烤 25～30 分钟，至竹签插入蛋糕中心没有粘黏即可。

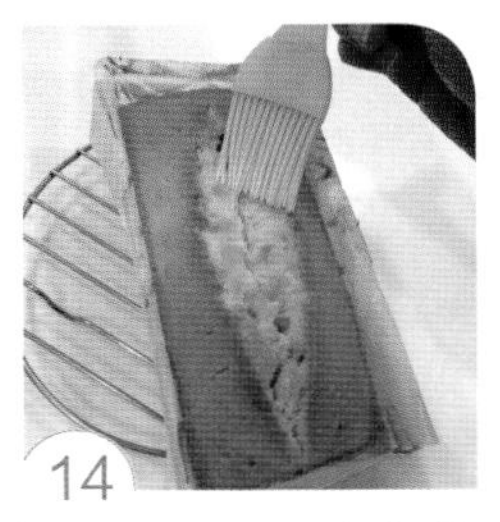

14 出烤箱马上移出烤模。表面刷上一层白兰地酒（分量外，不喜欢可以省略）。

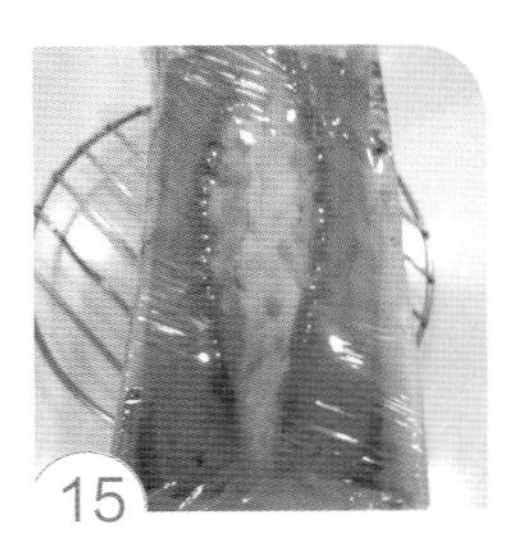

15 稍微冷却后，密封保存避免干燥。

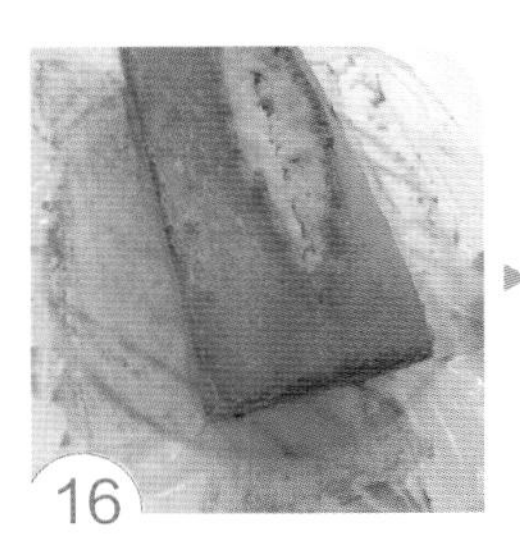
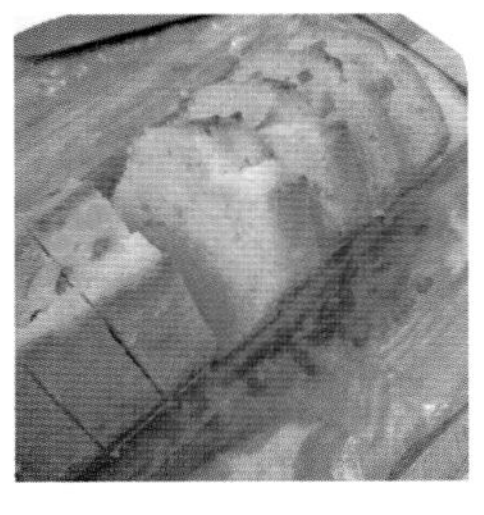

16 完全冷却后，将周围硅油纸撕开，蛋糕切片。

小叮咛

1 白兰地可以用朗姆酒、威士忌、香草精或君度橙酒代替，也可以直接使用牛奶代替。
2 成品尽快吃完，室温密封可以保存 5～6 天，冷藏会变硬影响口感。

原味磅蛋糕若为分蛋做法，也不加泡打粉，应如何操作?

分蛋打发不添加泡打粉时，鸡蛋使用冰的，并将蛋黄、蛋白分开，油脂使用无盐黄油，先打发再与蛋黄及面粉混合均匀，然后与蛋白加糖打发成挺立的蛋白霜混合成面糊。此方式制作的成品气孔组织均匀细致，口感湿润柔软。

原味磅蛋糕（分蛋做法）

分量 1个（8cm×17cm×6cm长方形烤模）

材料

无盐黄油 100g
低筋面粉 100g
冰鸡蛋 2 个（净重约 100g）
细砂糖 100g（分为 40g 及 60g）
白兰地 1/2 茶匙
柠檬汁 1 茶匙

1

烤模涂抹一层薄薄的无盐黄油（分量外），撒上一层薄薄的低筋面粉（分量外）。

2

无盐黄油切小块回温。

3

低筋面粉用滤网过筛。

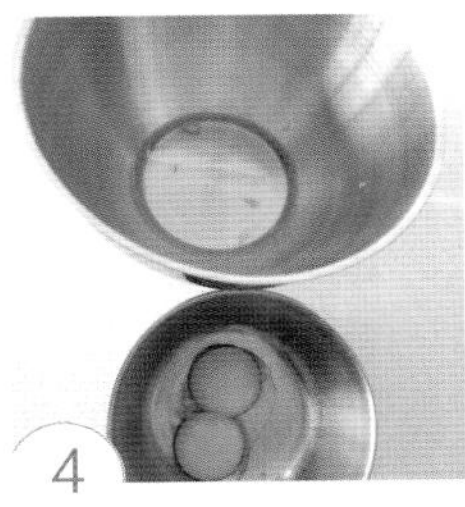

4

将冰鸡蛋的蛋黄、蛋白分开（蛋白不可以沾到蛋黄、水分及油脂）。

5

无盐黄油放入盆中，搅打成乳霜状。

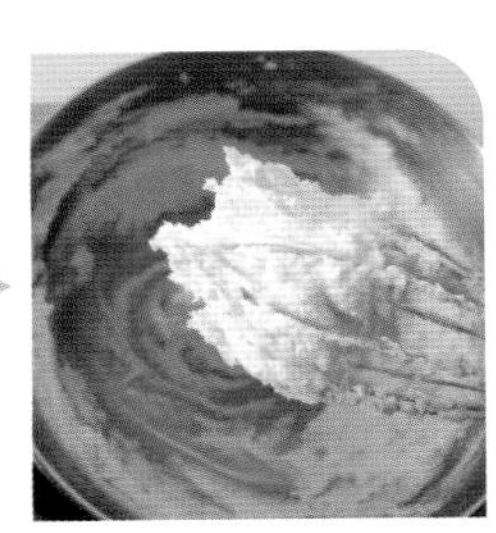

6

加入 40g 细砂糖，打发至泛白呈现蓬松的状态，打蛋器拿起尾端呈现角状。

7

冰蛋黄加入无盐黄油中搅拌均匀。

8

白兰地加入无盐黄油中搅拌均匀。

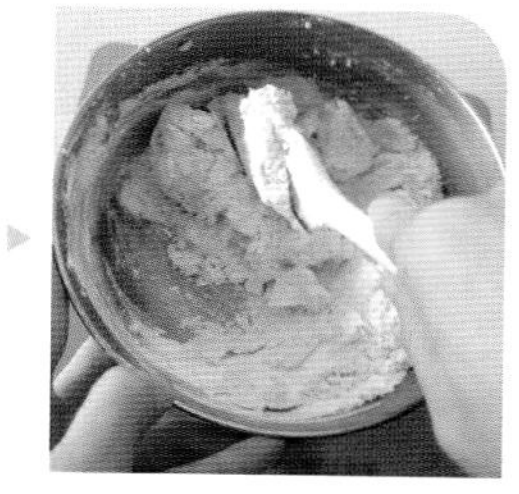

9
低筋面粉分两次加入，以刮压方式混合均匀。

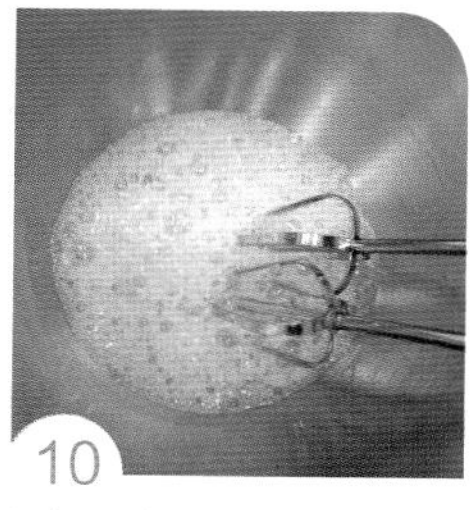

10
冰蛋白用打蛋器先打出一些泡沫。

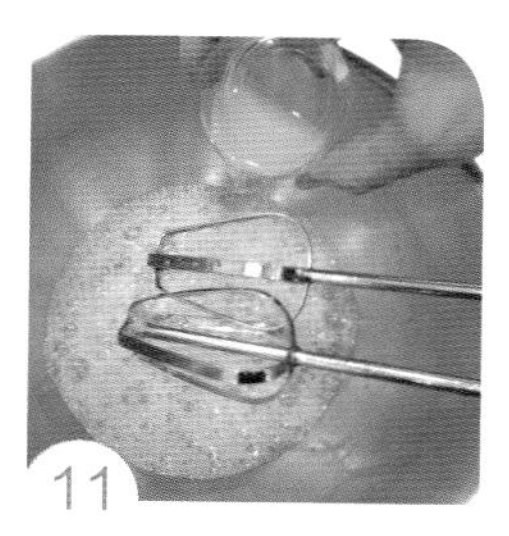

11
加入柠檬汁及细砂糖30g，使用高速搅打。

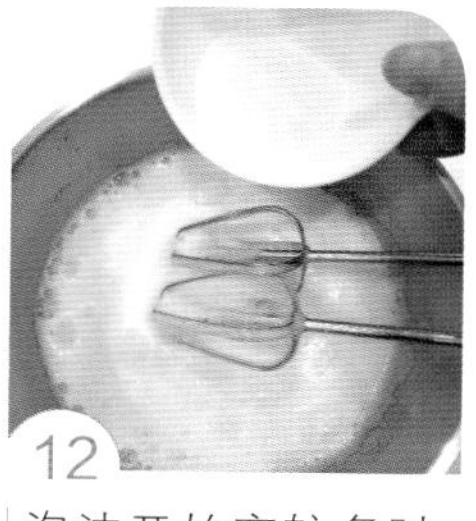

12
泡沫开始变较多时，加入剩下的30g细砂糖。

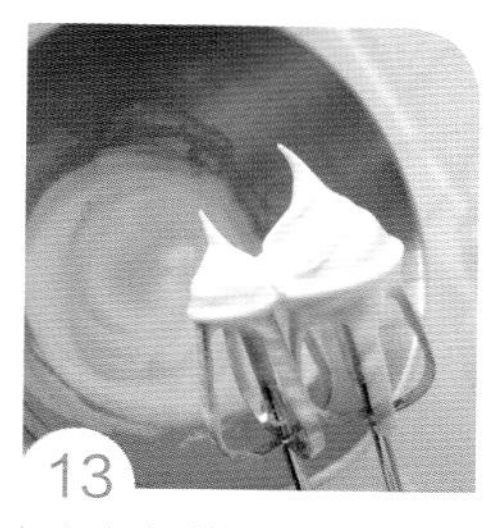

13
速度保持高速，将蛋白打到拿起打蛋器尾巴呈现挺立的状态即可。

14
取1/3分量的蛋白霜混入蛋黄面糊中，用橡皮刮刀以切拌方式搅拌均匀。

15
然后再将剩下的蛋白霜倒入面糊中，以切拌方式混合均匀。

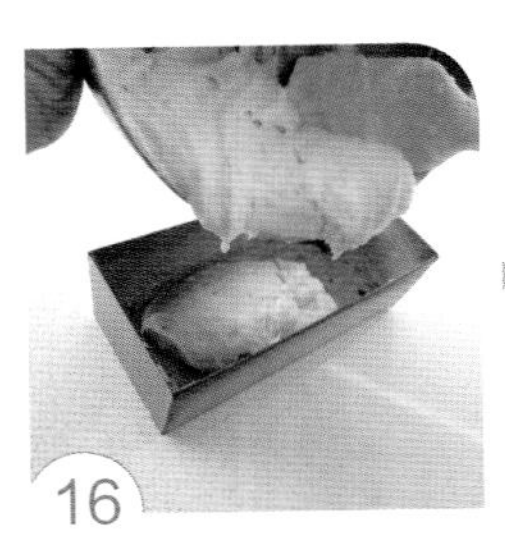

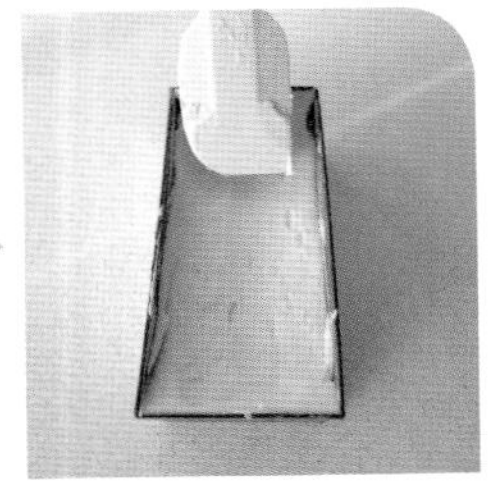

16 完成的面糊倒入烤模中抹平整。

17 进烤箱前在桌上轻敲数下。

18 面糊抹成边缘高中间低的状态。

19 放入上下火已经预热至 160℃的烤箱中，烘烤 45～50 分钟，至竹签插入没有粘黏即可。

20 出烤箱马上将蛋糕倒出放到铁网上。表面刷上一层白兰地酒（分量外，不喜欢可以省略）。

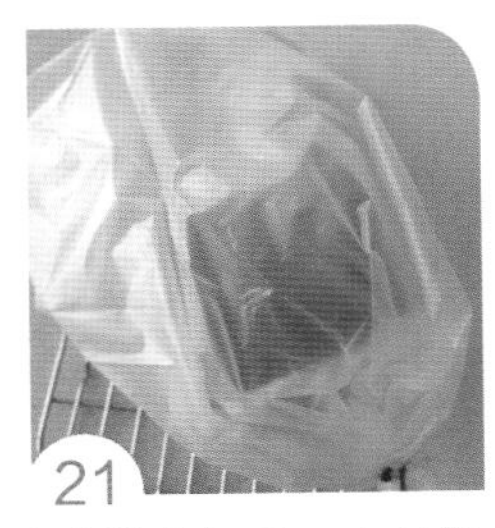

21 稍微冷却后，密封保存避免干燥。

22 完全冷却后，将周围硅油纸撕掉，蛋糕切片。

小叮咛

1 白兰地可以用朗姆酒、威士忌、香草精或君度橙酒代替，也可以直接使用牛奶代替。
2 成品尽快吃完，密封室温可以保存 5～6 天，冷藏会变硬影响口感。

双色磅蛋糕若为全蛋做法，不加泡打粉，应如何操作？

全蛋打发不添加泡打粉时，鸡蛋使用室温或稍微加温至体温程度，加糖打发至蓬松，再分次拌入面粉；油脂可选择无盐黄油或液体植物油，若选择无盐黄油必须事先加温熔化成为液态，在最后混入面糊中即可。此方式制作的成品组织气孔细腻，口感较为蓬松柔软。

浓情蜜意双色磅蛋糕

分量 > 1个（8cm × 17cm × 6cm长方形烤模）

A

B

材料

A 柠檬磅蛋糕（14cm × 20cm烤模）
鸡蛋1个（室温，净重约50g）、低筋面粉45g、无盐黄油45g、细砂糖40g、柠檬汁1茶匙

B 巧克力白葡萄酒磅蛋糕
鸡蛋2个（室温，净重约105g）、低筋面粉75g、无糖可可粉15g、无盐黄油90g、细砂糖80g、白葡萄酒2茶匙（不甜）

C 表面装饰
白巧克力15g

一 制作柠檬磅蛋糕

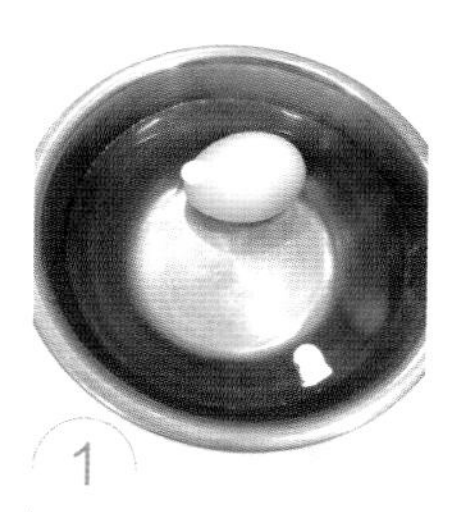

1 鸡蛋放入50℃的温水中，浸泡5~6分钟。

2 烤模铺上一层硅油纸。

3 低筋面粉过筛。

4 无盐黄油加温熔化成液体。

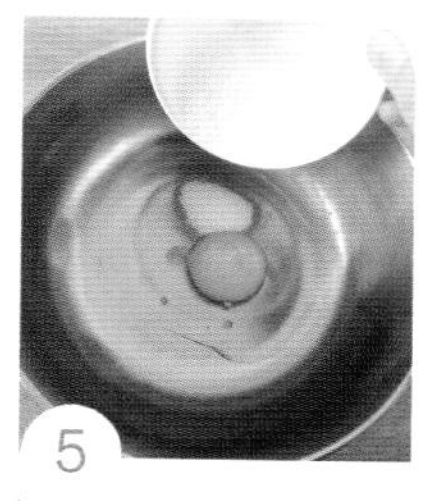

5 温热完成的鸡蛋放入盆中，加入细砂糖，用打蛋器打散混合均匀。

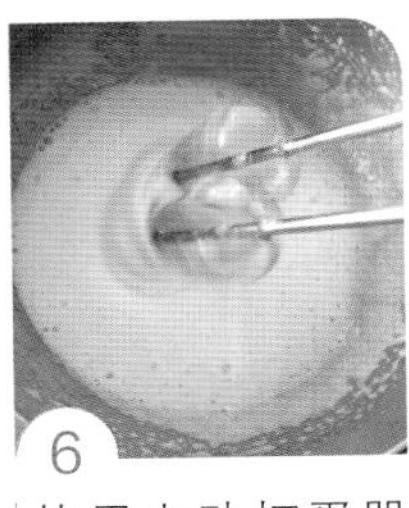
6

使用电动打蛋器高速搅打将全蛋打发。

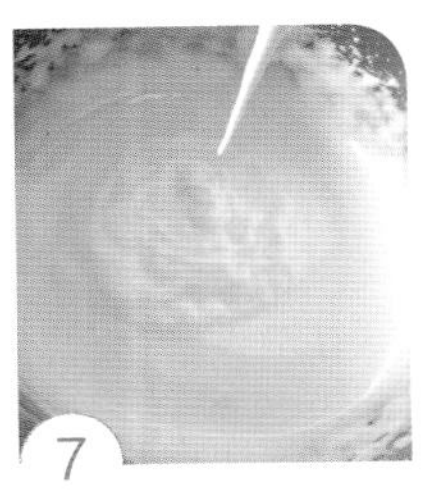
7

打到蛋糊蓬松泛白，拿起打蛋器滴落下来的蛋糊有清楚的折叠痕迹就是打好了（全程6～10分钟）。

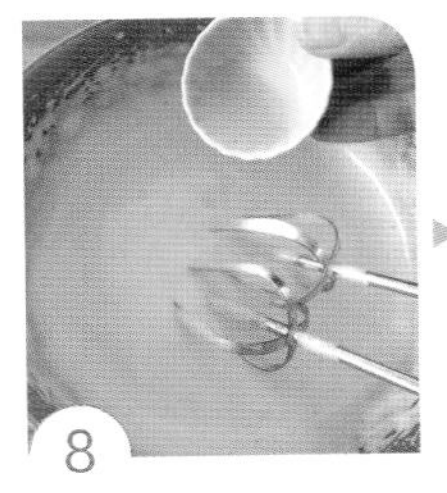
8

柠檬汁加入混合均匀。

9

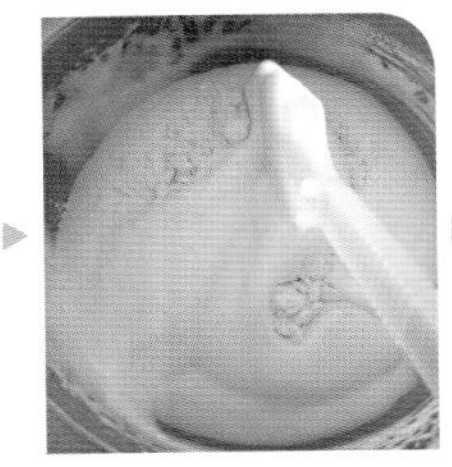

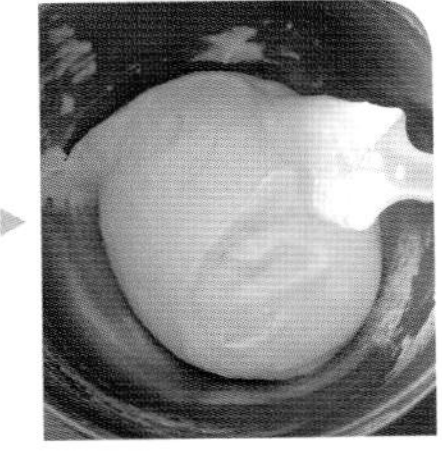

低筋面粉分两次加入，以切拌方式混合均匀。

10

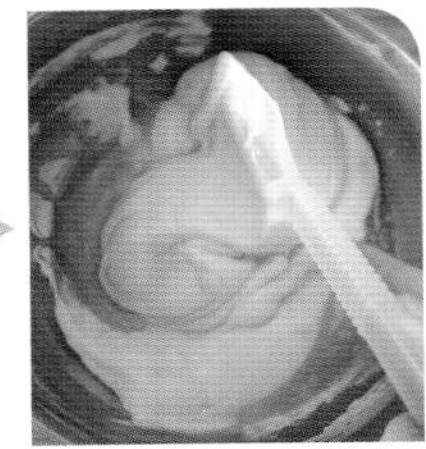

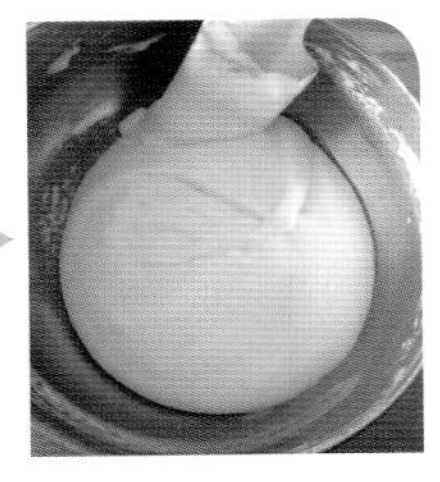

最后将无盐黄油加入，以切拌方式混合均匀。

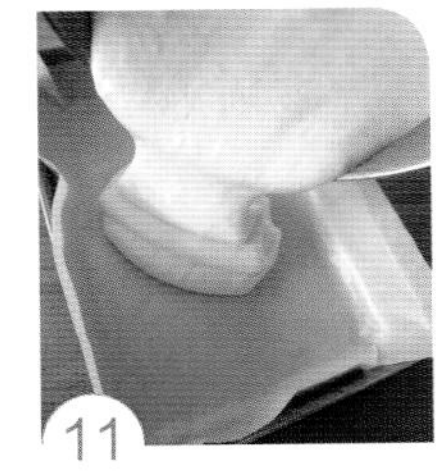
11

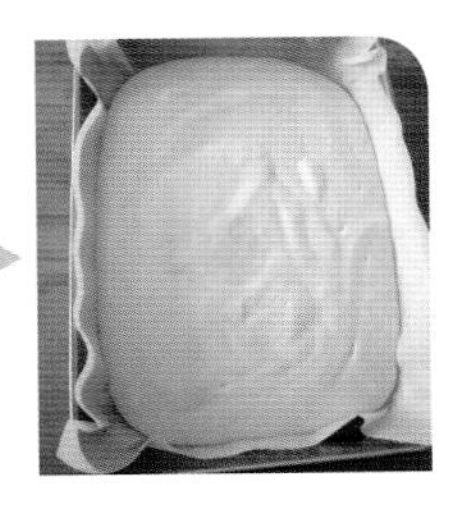

面糊倒入烤模中，在桌上轻敲几下。

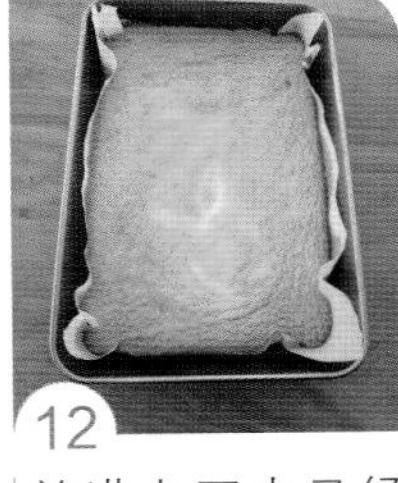
12

放进上下火已经预热至160℃的烤箱中，烘烤18～20分钟，至竹签插入中央没有粘黏即可出烤箱。

13

移出烤模冷却，完全凉透再将纸撕开。

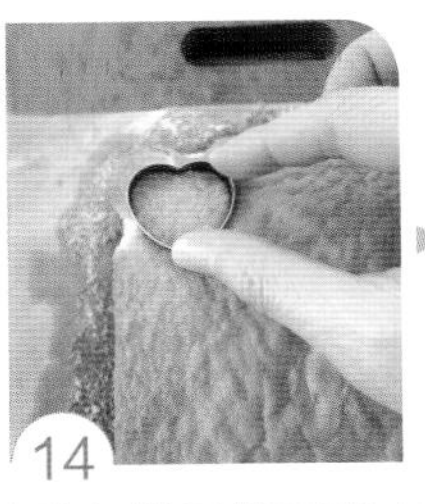
14

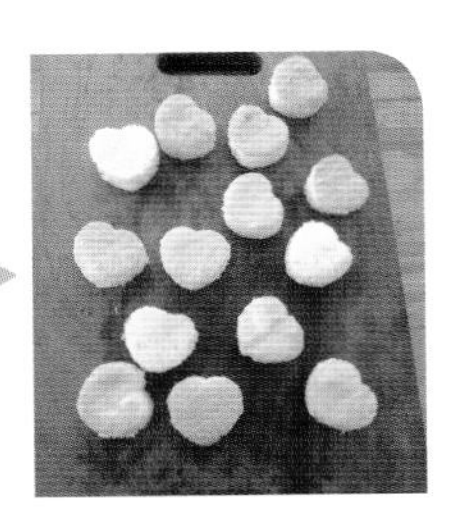

爱心饼干模压出10～12个爱心形状的小蛋糕备用。

二 制作巧克力白葡萄酒磅蛋糕

15 鸡蛋放入50℃的温水中浸泡5～6分钟。

16 烤模抹上一层薄薄的无盐黄油（分量外），铺上一层硅油纸。

17 低筋面粉＋无糖可可粉过筛。

18 无盐黄油加温熔化成液体。

19 温热完成的鸡蛋放入盆中，加入细砂糖用打蛋器打散，混合均匀。

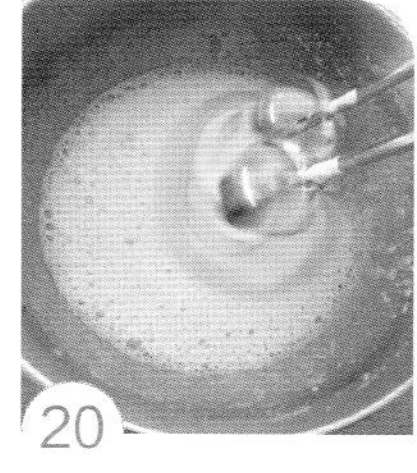

20 使用电动打蛋器高速搅打将全蛋打发。

21 打到蛋糊蓬松泛白，拿起打蛋器滴落下来的蛋糊能够有清楚的折叠痕迹就是打好了（全程6～8分钟）。

22 白葡萄酒加入混合均匀。

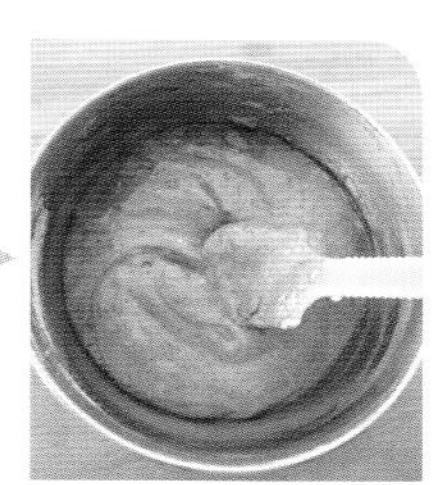

23 粉类分两次加入，以切拌方式混合均匀。

24 最后将无盐黄油加入，以切拌方式混合均匀。

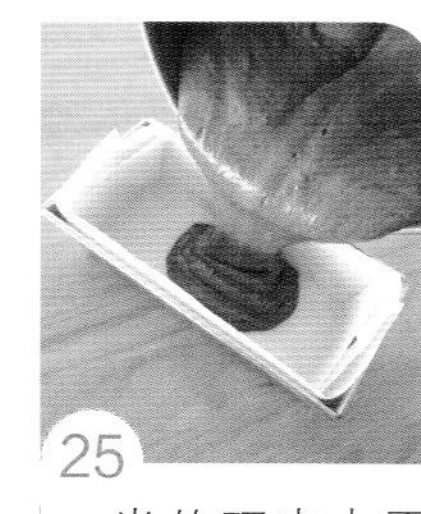

25 一半的巧克力面糊倒入烤模中。

26 爱心柠檬磅蛋糕整齐摆入面糊中央。

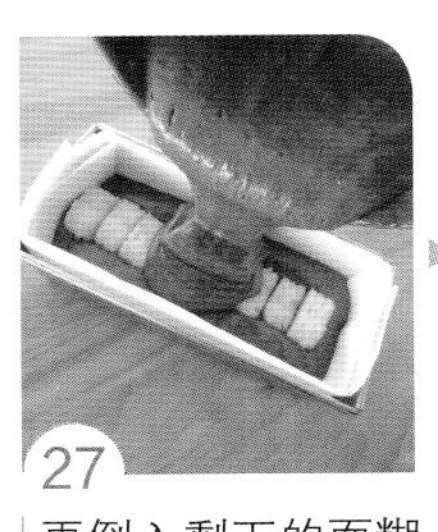

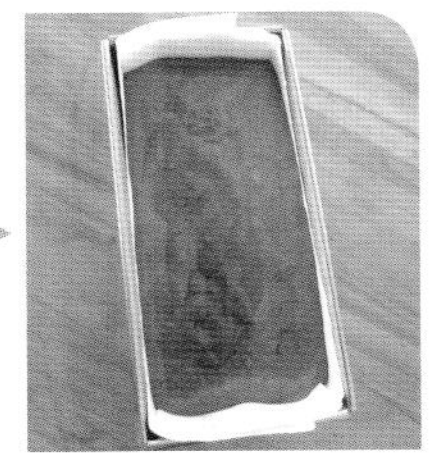

27 再倒入剩下的面糊。

28 放入上下火已经预热至160℃的烤箱中，烘烤到12分钟的时候拿出来，用一把刀在蛋糕中央划一道线，再放回烤箱中，继续烘烤20～25分钟，至竹签插入中央没有粘黏即可出烤箱。移出烤模，完全冷却后将硅油纸撕开。

29 白巧克力切碎。

30 隔50℃温水将白巧克力碎熔化成液态。

31 装入挤花纸卷中，前端用剪刀剪一个小孔。

32 在蛋糕表面挤上喜欢的图案即完成。

小叮咛

1 白葡萄酒可以用白兰地、威士忌、君度橙酒或朗姆酒代替。
2 自制挤花纸卷做法，请参考《新手烘焙从入门到精通Ⅰ》115页。

如何制作半熟的巧克力软心杯子蛋糕?

蛋糕不要烘烤至全熟，内部组织会呈现软滑半熟状态，可以吃到全熟与半熟不同的口感，非常特别。制作的重点就是烘烤时间不要太久，完成的面糊可以预先做好放入冰箱冷藏，想吃时，再取出直接烘烤，如此就能够做出半熟成品。

巧克力软心杯子蛋糕

分量 2个（直径6cm纸杯）

材料

苦甜巧克力砖 50g（67%）
无盐黄油 15g
鸡蛋 1 个（室温，净重约 50g）
细砂糖 20g
低筋面粉 10g

1 苦甜巧克力砖切碎。

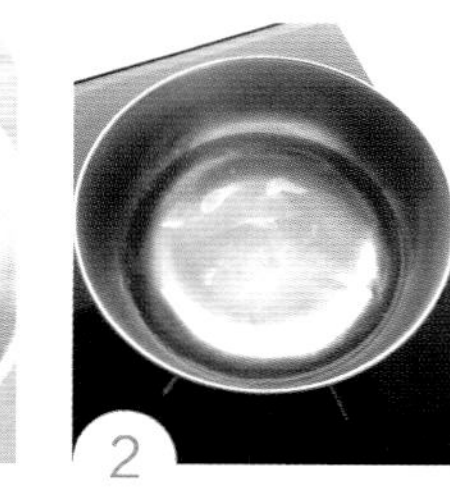

2 找一个比工作的钢盆稍微大一些的容器装上水，煮至50℃。

3
苦甜巧克力砖及无盐黄油放在已经煮至50℃的水中，用隔水加温的方式熔化（熔化过程需7～8分钟，中间稍微搅拌一下会加快速度，若水温变冷，可以再加温到50℃）。

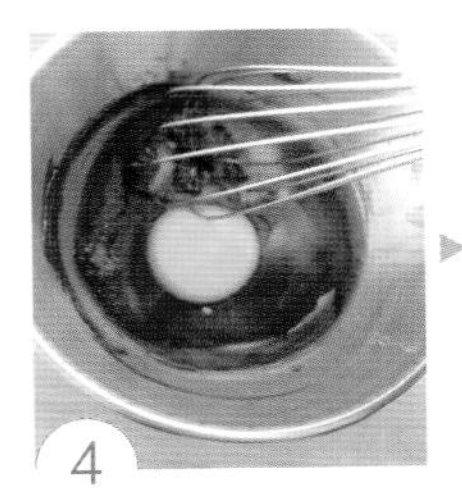
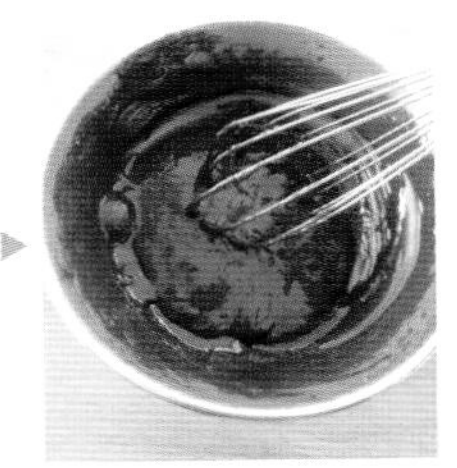

4
加入鸡蛋及细砂糖，快速混合均匀。

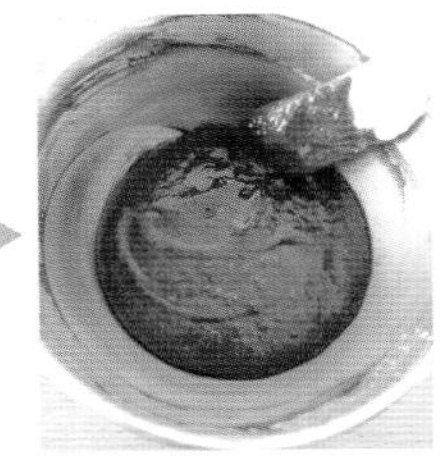

5
加入过筛的低筋面粉，以切拌的方式混合均匀。

6
平均倒入纸模中。

7
在桌上轻敲几下。

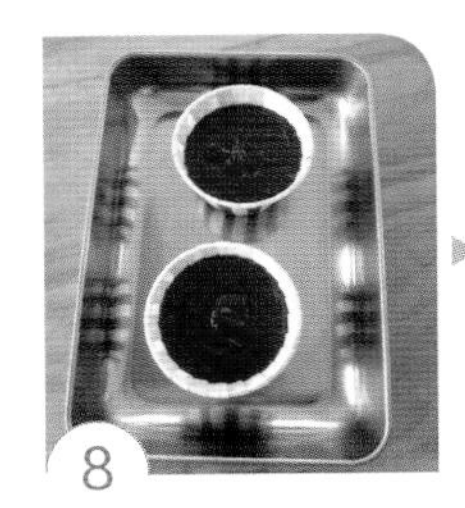

8
放入上下火已经预热至180℃的烤箱中，烘烤8～9分钟即是软心状态，趁热享用。

小叮咛

1 苦甜巧克力砖也可以用牛奶巧克力代替，糖可以减少5g。
2 烘烤时间请自行斟酌，希望内馅流动性强就减少烘烤时间。
3 融化苦甜巧克力砖的水温勿超过50℃，以免巧克力油脂分离变成团状导致失败。
4 面糊可以事先做好放入冰箱冷藏，吃之前不需要回温，180℃烘烤8～9分钟即是软心状态。

如何利用液体植物油做出磅蛋糕？

使用奶油做出的磅蛋糕成品味道及香气较佳，若为身体因素考虑，也可以使用液体植物油来制作。但做出来的成品香气味道，相对地会比奶油制作的差一些。若选择液体植物油，可以使用任何烹调使用的液体植物油，如橄榄油、芥花油、玉米油或葵花籽油等。分量可以减少至50%～60%，以免吃起来油味过重。

抹茶红豆磅蛋糕（液体植物油）

分量 1个（8cm×17cm×6cm长方形烤模）

材料

- 低筋面粉 90g
- 抹茶粉 5g
- 小红豆甘纳豆 60g
- 鸡蛋 2 个（室温，净重约 110g）
- 细砂糖 80g
- 液体植物油 60g

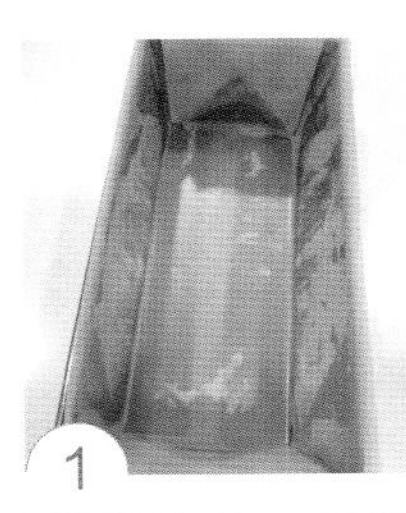

1 烤模涂抹一层薄薄的无盐黄油（分量外），铺上一层硅油纸。

2 低筋面粉加入抹茶粉混合均匀。

3 用滤网过筛。

4 小红豆甘纳豆中加入1茶匙低筋面粉（分量外）混合均匀，多余的低筋面粉倒出。

5 鸡蛋放入50℃的温水中，浸泡5～6分钟。

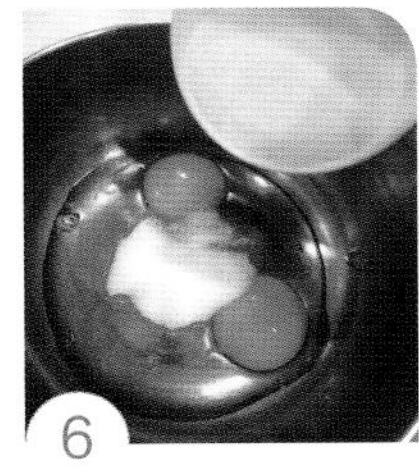

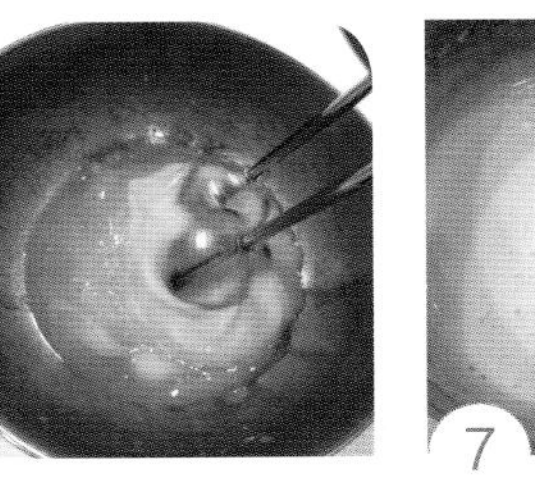

6 温热完成的鸡蛋放入盆中，加入细砂糖，用打蛋器打散混合均匀。

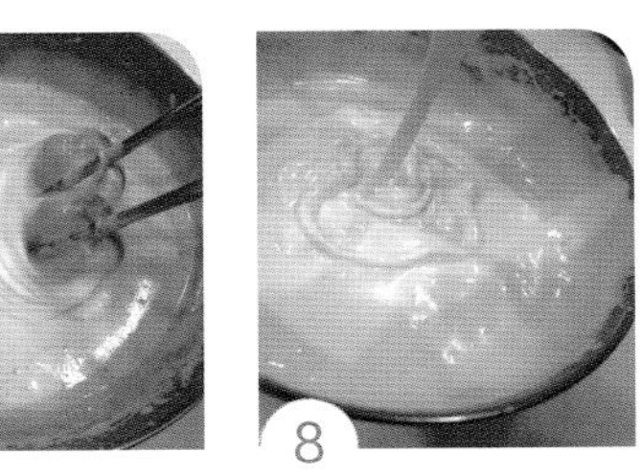

7 高速搅打将全蛋打发。

8 打到蛋糊蓬松泛白，拿起打蛋器滴落下来的蛋糊能够有清楚的折叠痕迹就是打好了（全程6～8分钟）。

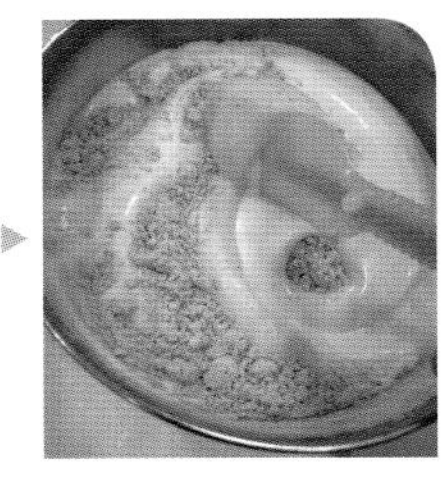

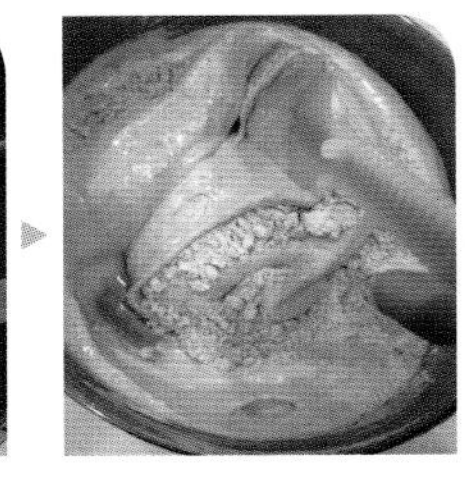

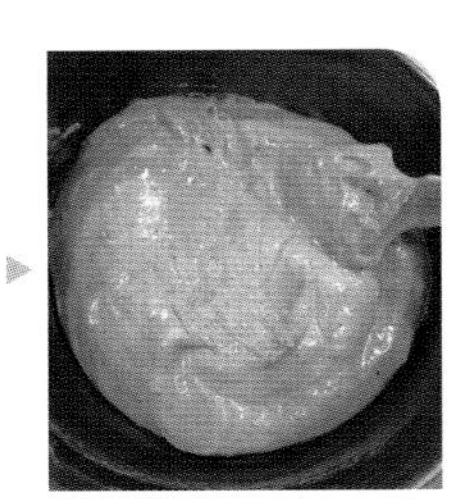

9 过筛的粉类分两次加入，以切拌方式混合均匀。

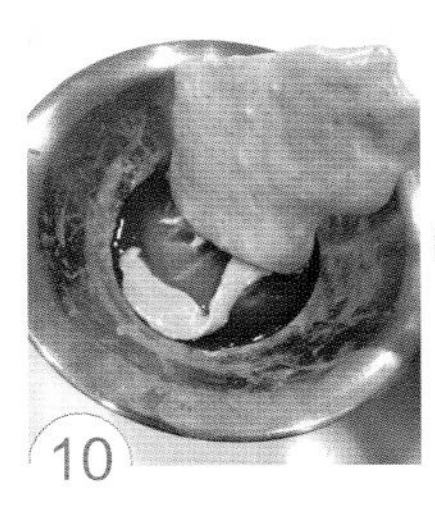

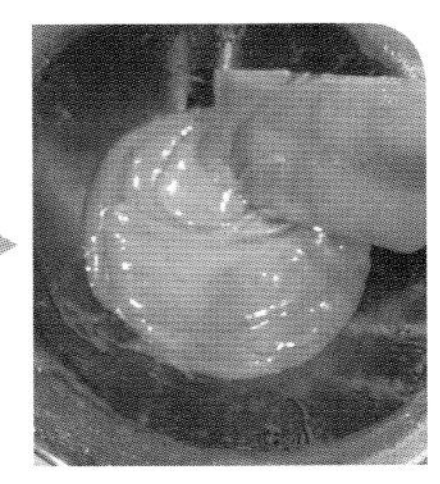

10 面糊倒出约1/4分量，与液体植物油以切拌方式混合均匀。

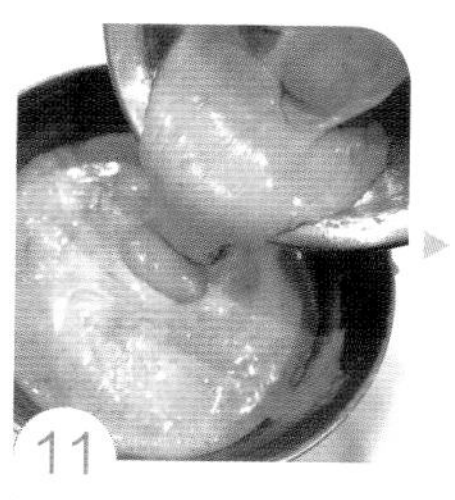
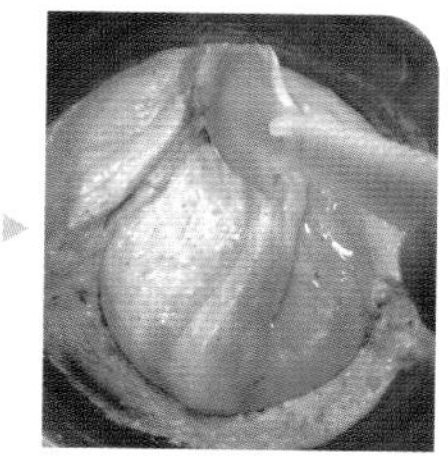
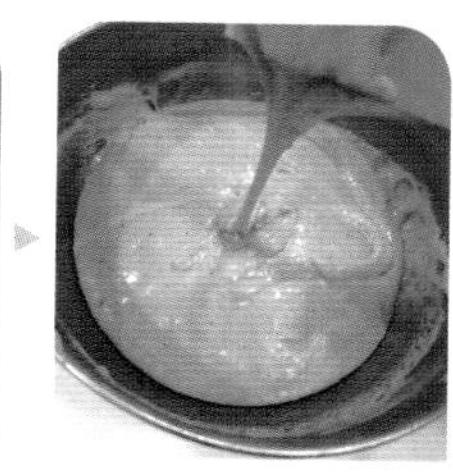

11
倒回剩下的面糊中，以切拌方式混合均匀。

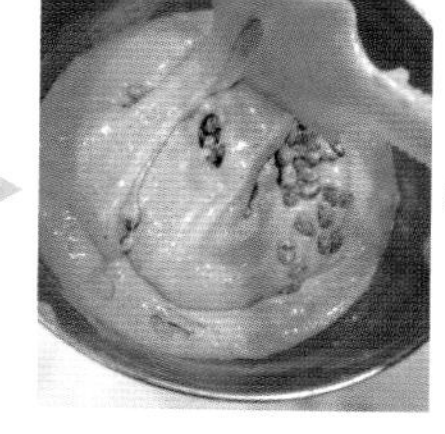
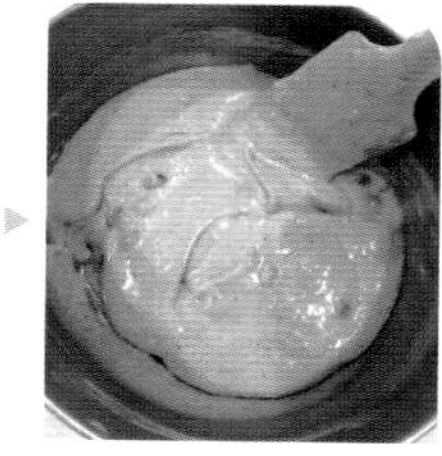

12
加入小红豆甘纳豆，快速混合均匀。

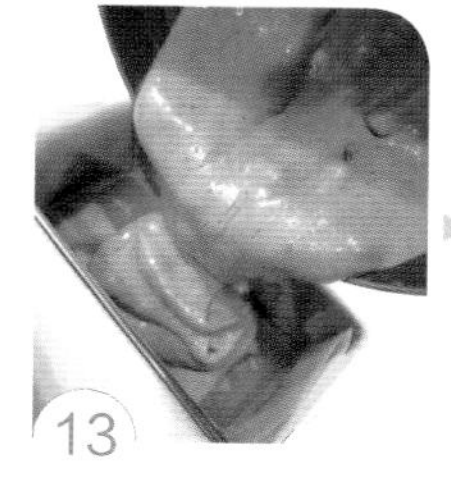

13
面糊倒入烤模中抹平整。在桌上轻敲几下。

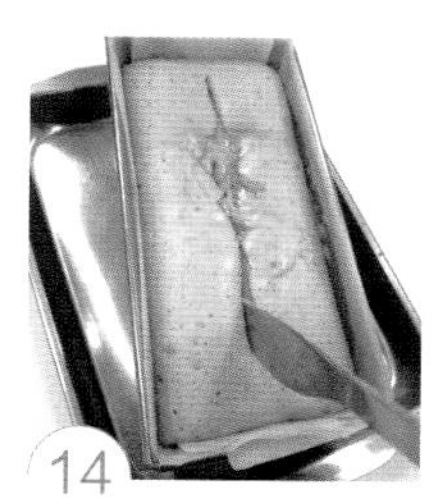

14
放进上下火已经预热至 160℃的烤箱中，烘烤 12～15 分钟，至表面形成一层硬壳取出，在中央划一道线。

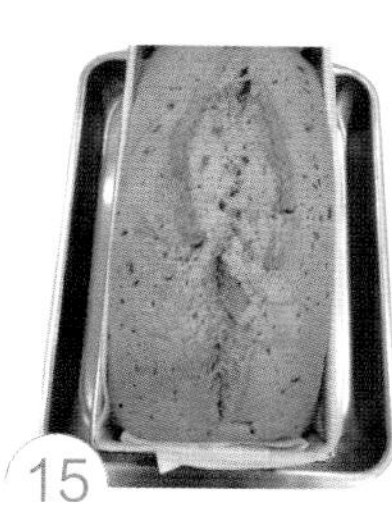

15
再放回烤箱中，继续烘烤 25～30 分钟，至竹签插入中央，没有粘黏即可出烤箱。蛋糕移出烤模。

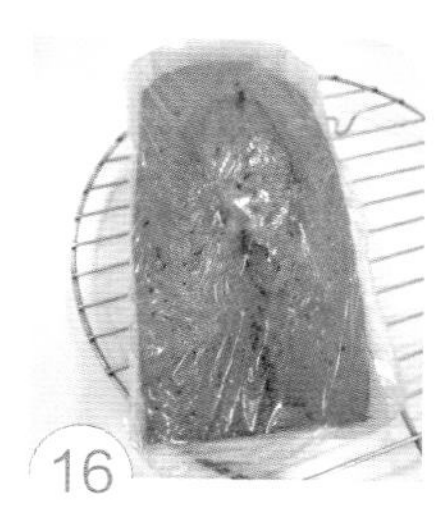

16
稍微冷却后，密封保存避免干燥。

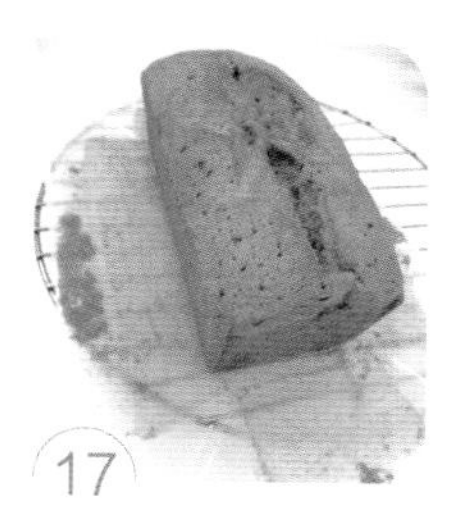

17
完全冷却后，将周围铝箔纸撕开再切片。

如何制作出不同口味的玛德琳贝壳蛋糕?

玛德琳贝壳蛋糕小巧精致，是很受欢迎的重奶油小蛋糕，只要学会一种基本口味，再将其中的部分材料自行换成无糖可可粉、抹茶粉或速溶咖啡粉，就能够制作出多种不同口味。

柠檬玛德琳贝壳蛋糕

分量 > 8个

材料

- 柠檬汁 2 茶匙
- 柠檬屑 1 个
- 低筋面粉 60g
- 无盐黄油 60g
- 细砂糖 60g
- 鸡蛋 1 个（室温，净重约 60g）

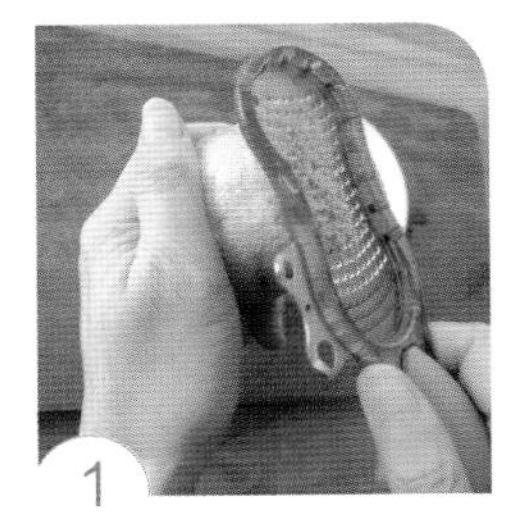

1 将柠檬的皮刮下。

2 挤出柠檬汁，取 1 大匙。

3 贝壳烤模涂抹一层薄薄的固体无盐黄油（分量外）。

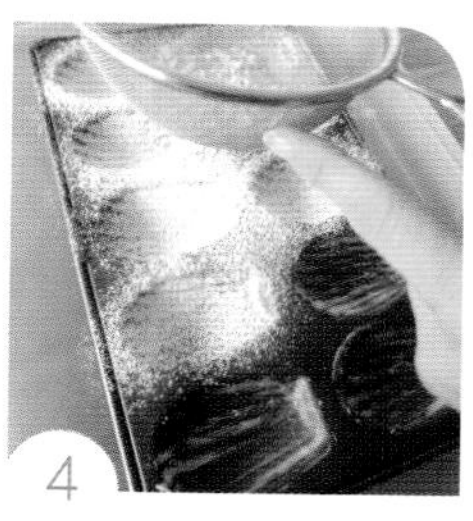

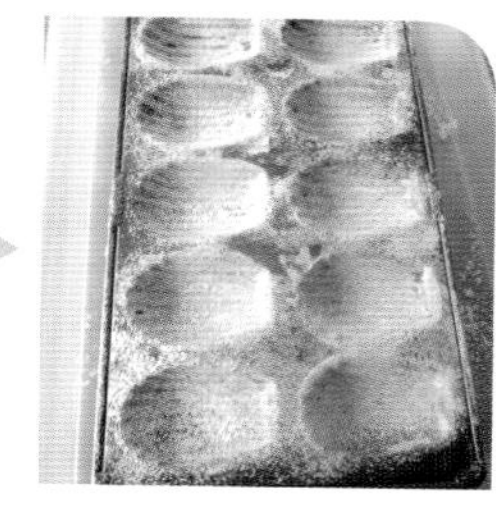
均匀撒上一层低筋面粉（分量外），并倒掉多余的面粉。

低筋面粉过筛。

无盐黄油加温熔化成为液体。

细砂糖加入鸡蛋中。

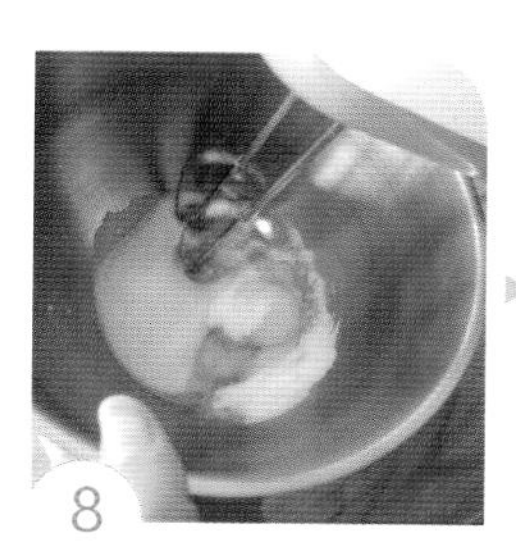

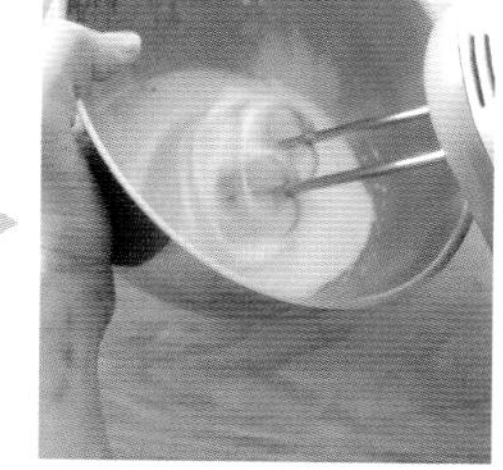

高速打发至蓬松并且有清楚的折叠痕迹。

加入 2 茶匙的柠檬汁混合均匀。

加入柠檬皮屑混合均匀。

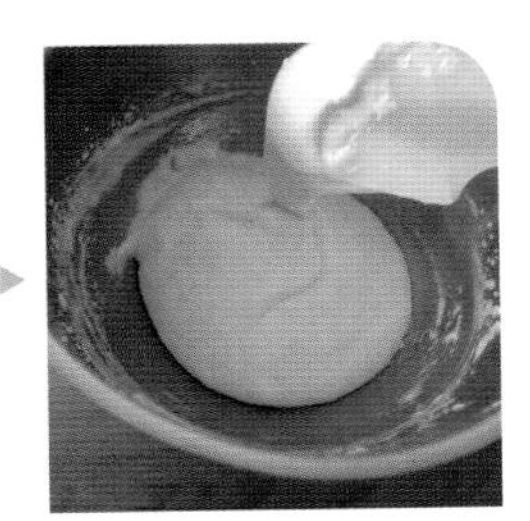

11 加入低筋面粉，以切拌方式混合均匀。

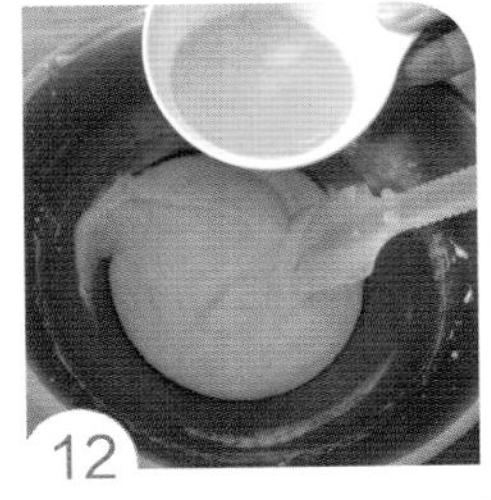
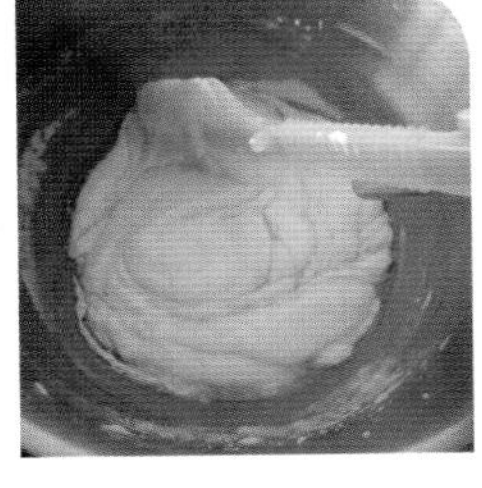
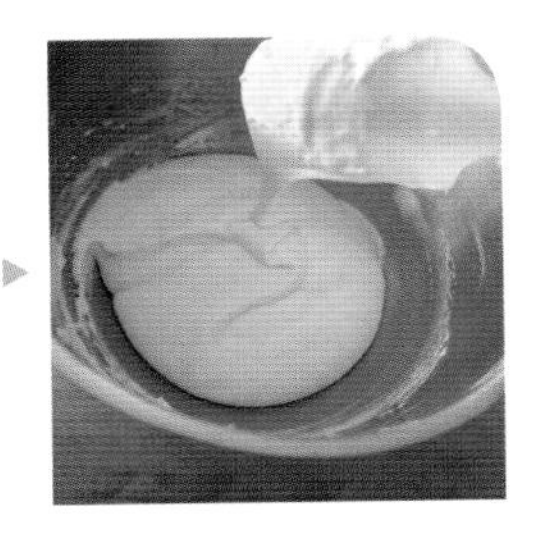

12 加入无盐黄油，以切拌方式混合均匀。

13 面糊平均加入烤模中。

14 进烤箱前在桌上轻敲数次。

15 放入上下火已经预热至170℃的烤箱中，烘烤15～17分钟，至表面金黄色，且竹签插入中央没有粘黏即可出烤箱。

16 出烤箱马上移出烤模冷却。

小叮咛

1 可可口味材料：牛奶2茶匙、低筋面粉53g、无糖可可粉7g、无盐黄油60g、细砂糖60g、鸡蛋1个（室温，净重约60g）。

2 抹茶口味：牛奶2茶匙、低筋面粉55g、抹茶粉5g、无盐黄油60g、细砂糖60g、鸡蛋1个（室温，净重约60g）。

3 咖啡口味：热牛奶2茶匙、速溶咖啡粉1茶匙、低筋面粉60g、无盐黄油60g、细砂糖60g、鸡蛋1个（室温，净重约60g）。（速溶咖啡粉加入热牛奶中溶化，冷却后再加入面糊中。）

4 牛奶口味：牛奶2茶匙、低筋面粉60g、无盐黄油60g、细砂糖60g、鸡蛋1个（室温，净重约60g）。

为什么磅蛋糕组织中没有气孔，吃起来不蓬松？

如果切开磅蛋糕，发现组织部分或全部都没有蓬松的气孔，反而像死面般出现胶状半透明的感觉，可能的原因如下（图1）：

1. 面糊太湿黏，添加了过多的液体，鸡蛋是否太大，导致面糊整体太湿。
2. 面粉没有过筛，混合过程就不容易均匀，花太多时间混合容易产生筋性。
3. 混合过程没有使用切拌方式。
4. 混合过程搅拌过久，造成面粉产生筋性。

1

斑马纹磅蛋糕（全蛋打发，未添加泡打粉）

分量 > 1个（7英寸烤模）

材料

低筋面粉 150g
无盐黄油 150g
鸡蛋 3 个（室温，净重约 150g）
细砂糖 120g
无糖纯可可粉 7g
白兰地酒适量

小叮咛

1 此蛋糕为重奶油蛋糕，建议室温保存尽早食用，冷藏之后容易变硬影响口感。
2 趁热在表面刷上一层白兰地酒，可以保湿又增加香气。或使用朗姆酒、威士忌代替，没有酒可以用糖：水=1：1调均匀代替。

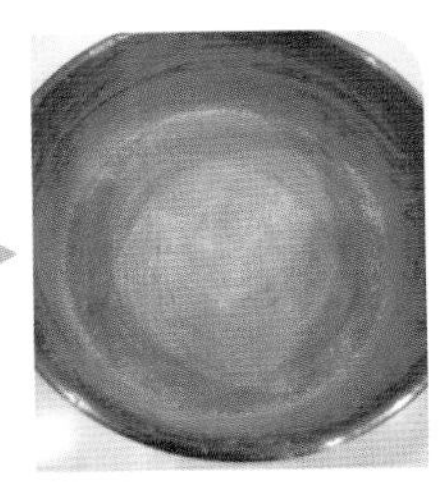

1 烤模涂抹一层无盐黄油（分量外），撒上一层低筋面粉（分量外），多余的面粉倒掉。

2 低筋面粉使用滤网过筛。

3 无盐黄油用隔水加温的方式熔化成为液体。

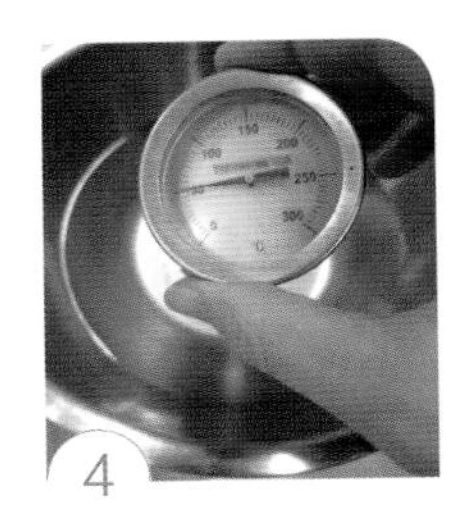

4 工作钢盆装上水煮至50℃，然后离火。

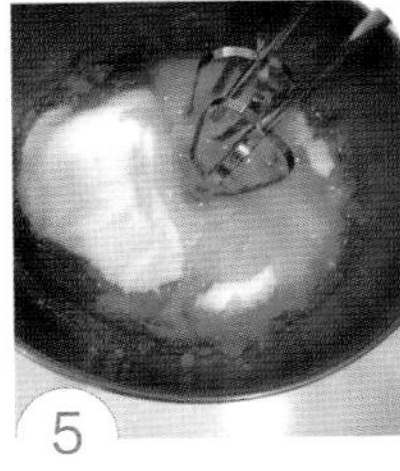

5 鸡蛋＋细砂糖放入工作钢盆中打散。

6 钢盆放上已经煮至50℃的温水上方，用隔温水加热的方式加温。

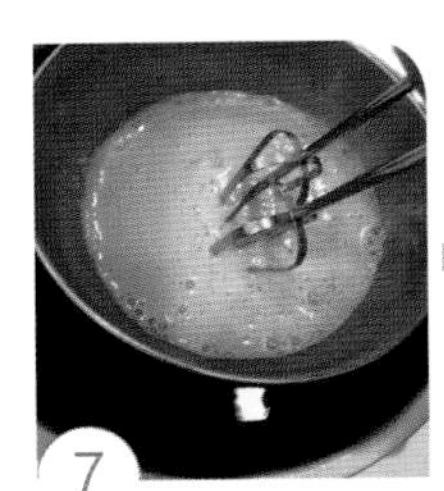

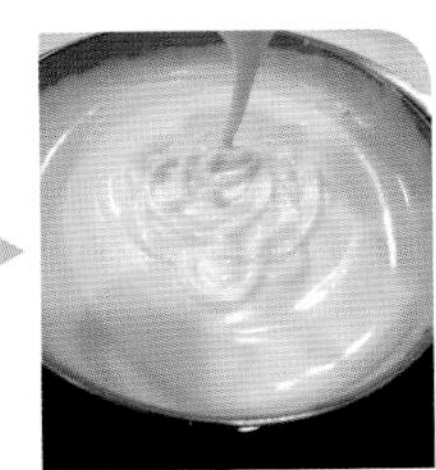

7 打蛋器以高速将蛋液打到起泡，且打到蛋糊蓬松，拿起打蛋器滴落下来的蛋糊有非常清楚的折叠痕迹即完成。

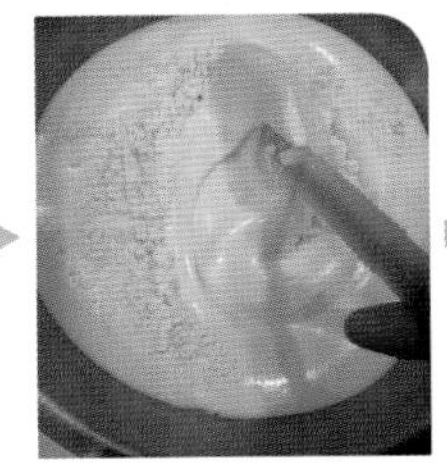
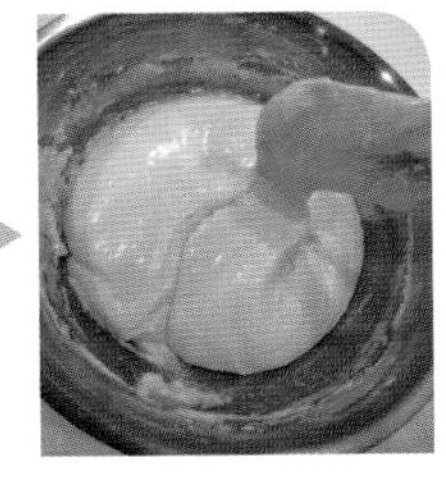

8 然后将已经过筛的低筋面粉分两次加入，以切拌方式混合均匀。

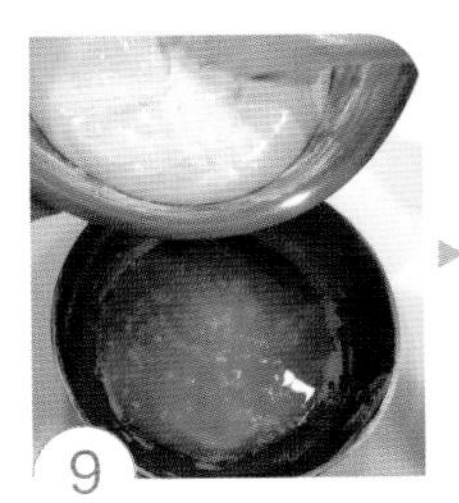
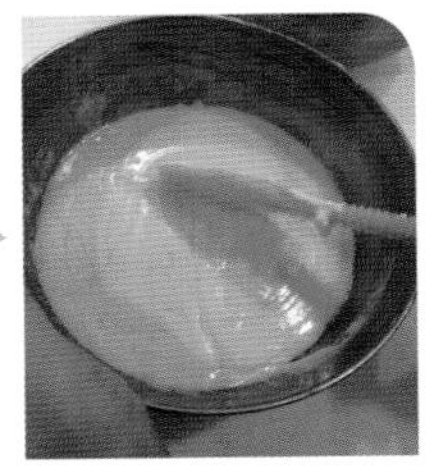

9 1/3的面糊倒入熔化的无盐黄油中，以切拌方式混合均匀。

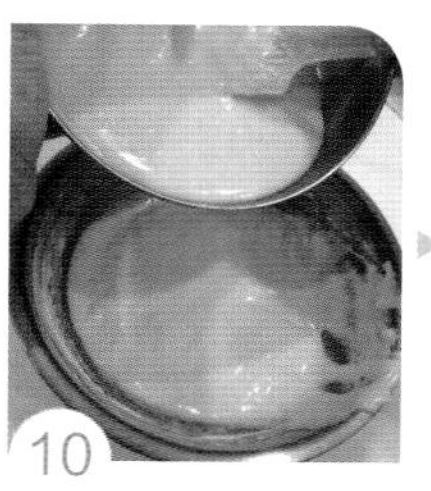
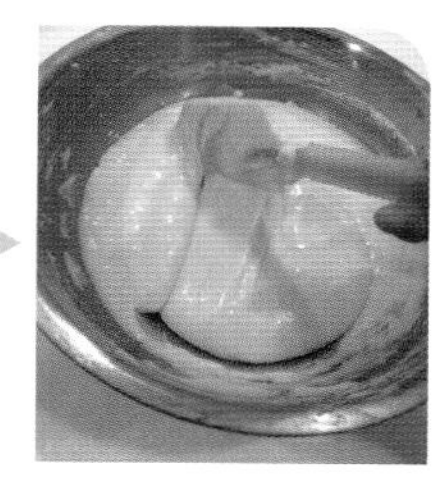
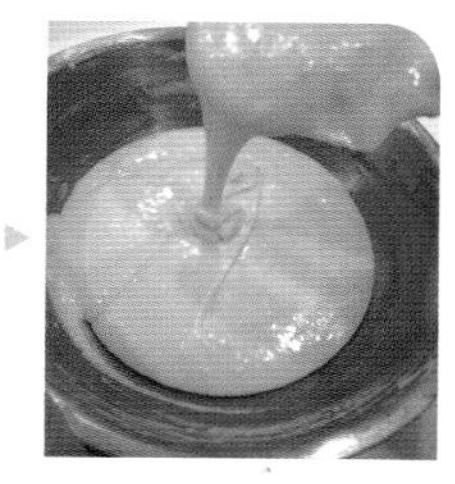

10
再倒回剩下的面糊中，以切拌方式混合均匀。

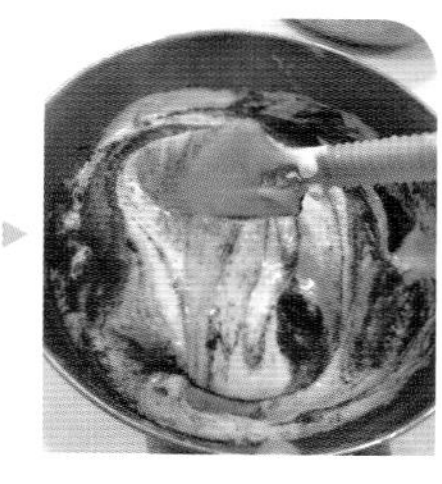
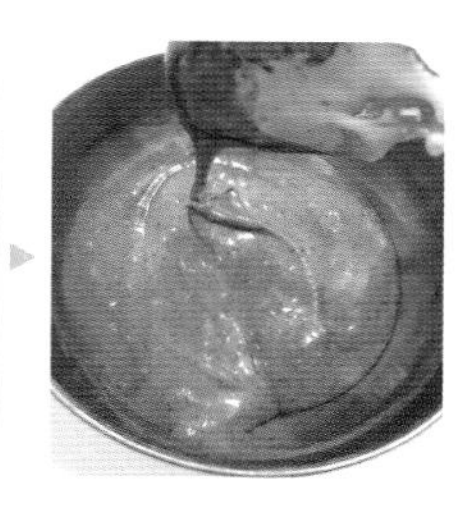

11
一半面糊加入过筛的无糖纯可可粉，以切拌方式混合均匀。

12
分别将两种面糊装入塑料袋中扎紧，前端剪出一个约 1cm 的开口。

13
两种颜色的面糊交错轮流在烤模中央，分别挤出适量的面糊（挤的层数越多，花纹越多越明显）。

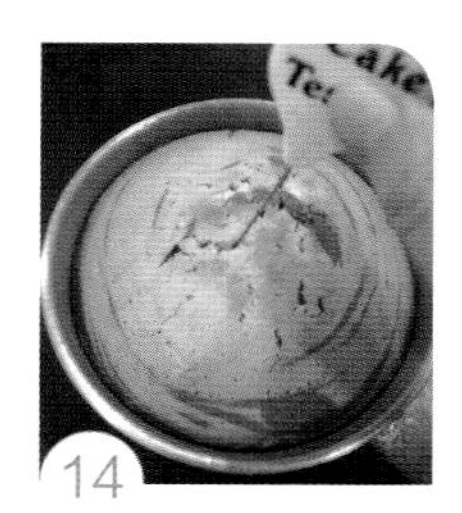

14
放入上下火已经预热至 160℃的烤箱中，烘烤 35～38 分钟，竹签插入蛋糕中间，没有粘黏即可出烤箱。将蛋糕马上移出烤模。

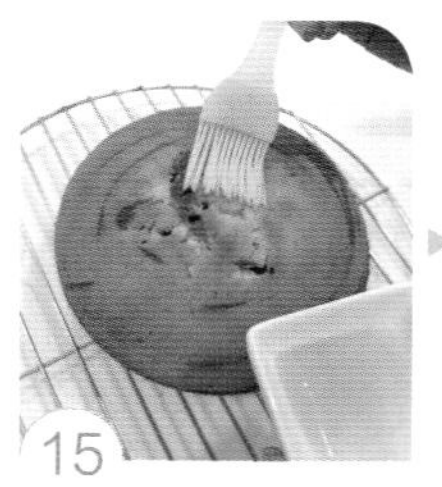
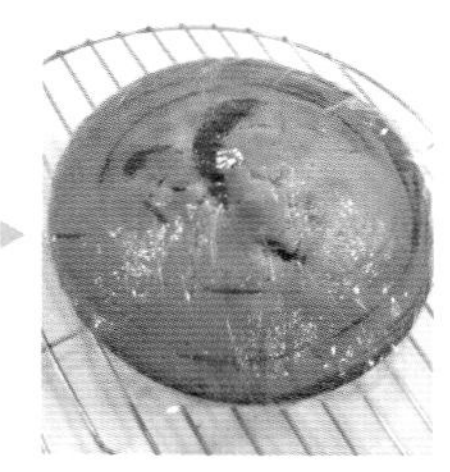

15
趁热在表面刷上一层白兰地酒，稍冷包覆保鲜膜密封，避免干燥，直到冷却后再吃。

为什么磅蛋糕一移出烤箱就回缩?

磅蛋糕原本在烤箱膨胀得很好，但一出烤箱表面及周围就开始回缩，这是出了什么状况呢?可能的原因有以下几点（图 1～图 4）：

1. 配方中添加了太多的液体，鸡蛋是否太大，导致面糊整体太湿。
2. 混合的过程中有些过度搅拌，造成面粉产生筋性。
3. 烤箱温度偏低，建议调高一些。
4. 烘烤时间不足，成品没有烤透，所以出烤箱容易回缩。

1

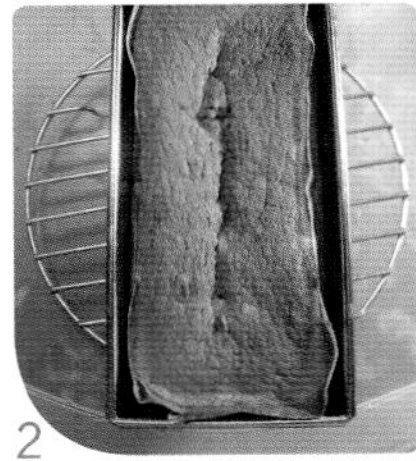
2

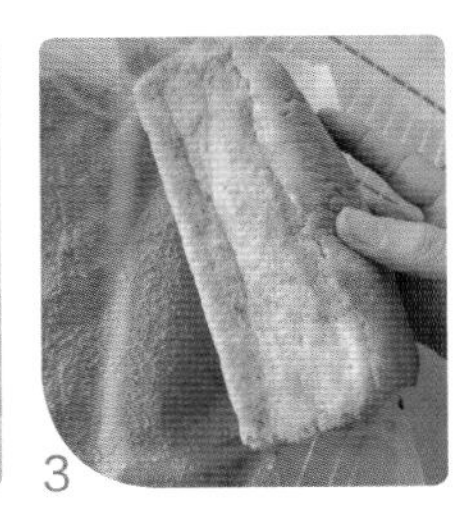
3

4

栗子胡桃磅蛋糕（全蛋打发，未添加泡打粉） 分量 1个（8cm×17cm×6cm长方形烤盒）

材料

- 栗子肉 60g（去壳）
- 无盐黄油 100g
- 胡桃 30g
- 鸡蛋 2 个（净重约 100g）
- 低筋面粉 100g
- 细砂糖 70g
- 蜂蜜 10g
- 君度橙酒 1 大匙

一 蒸栗子

1

带壳栗子清洗干净，放入电饭锅内锅中。加入淹没栗子分量的水，每一次外锅放一杯水，蒸煮3次至栗子软。

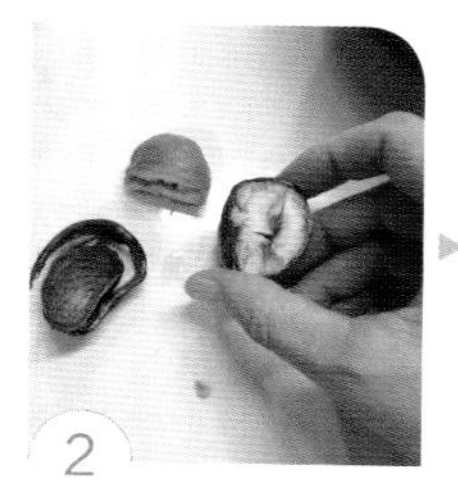

2

蒸软的栗子对半切，将外壳剥去取60g，其中40g切碎备用（剥出来的栗子肉若没有吃完，可以放冰箱冷冻保存）。

二 制作面糊

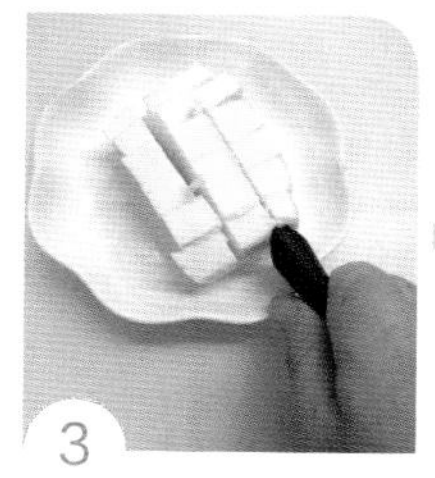

3

无盐黄油切小块，放置室温软化，手指按压会有明显痕迹。

4

胡桃放入上下火已经预热至150℃的烤箱中，烘烤7~8分钟，放凉切碎。

5

鸡蛋放入50℃的温水中，浸泡5~6分钟。

6

低筋面粉用筛网过筛。

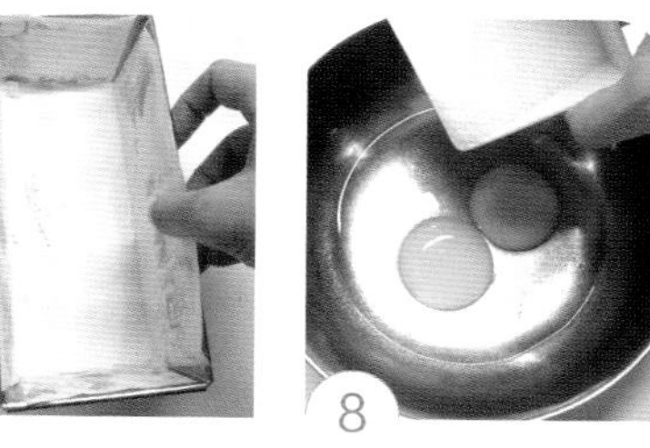

7

烤模抹上一层薄薄的无盐黄油（分量外），铺上一层硅油纸。

8

温热的鸡蛋放入盆中，加入细砂糖，用打蛋器打散混合均匀。

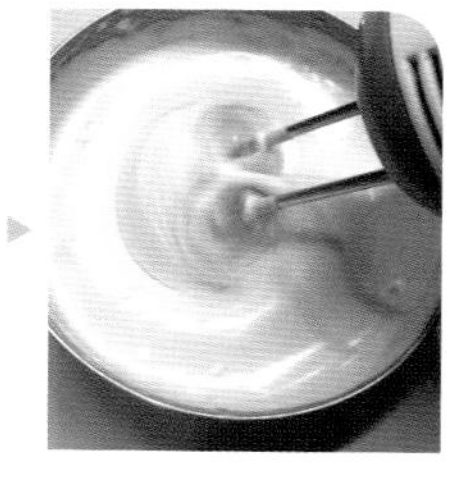

9

将蜂蜜倒入，并使用电动打蛋器高速搅打至全蛋打发。

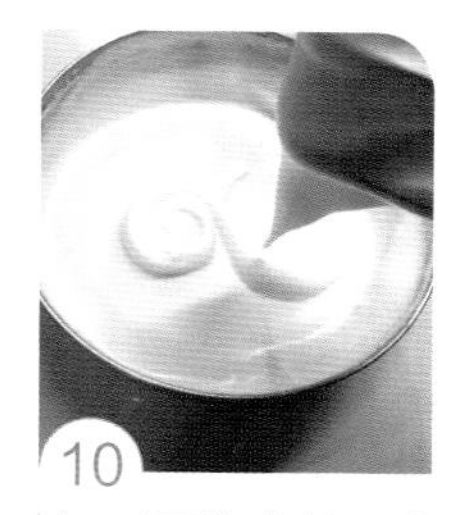

10

打到蛋糊蓬松泛白，拿起打蛋器滴落下来的蛋糊能够有非常清楚的折叠痕迹就是打好了（全程6~8分钟）。

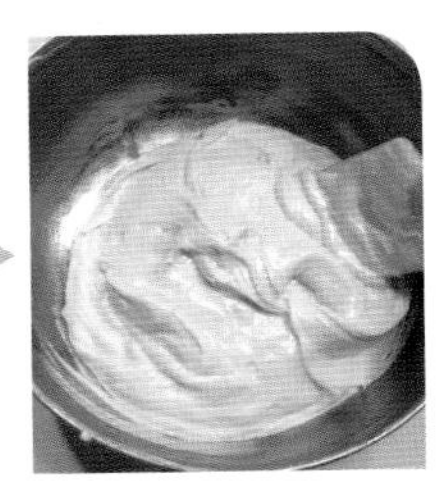

11
将无盐黄油丁倒入打发的全蛋糊中，快速搅拌均匀（不要超过1分钟，混合至没有无盐黄油粒即可）。

12
然后将已经过筛的低筋面粉分两次加入，搅拌均匀。

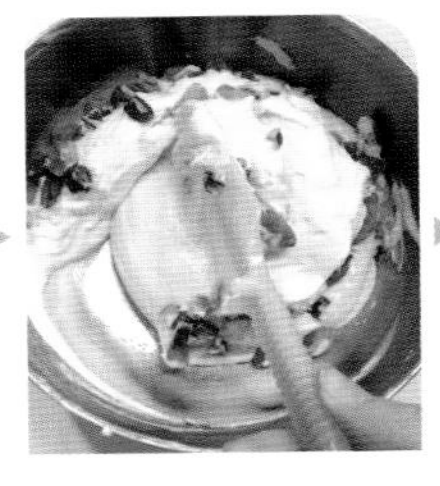

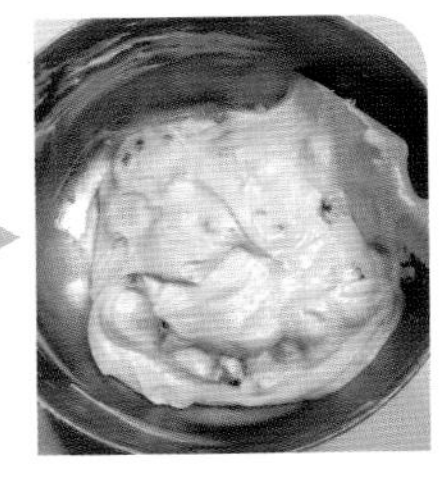

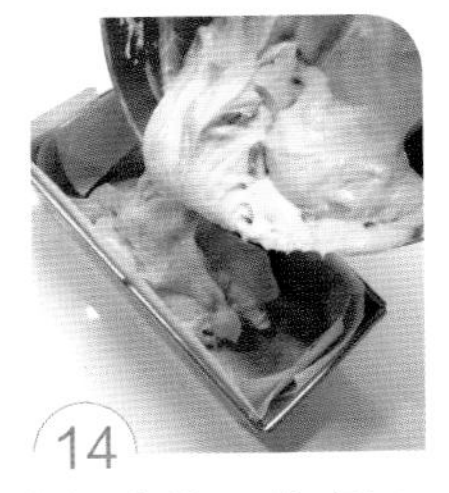

13
最后将切碎的40g栗子肉及胡桃碎加入，使用刮刀混合均匀。

14
完成的面糊倒入烤模中。

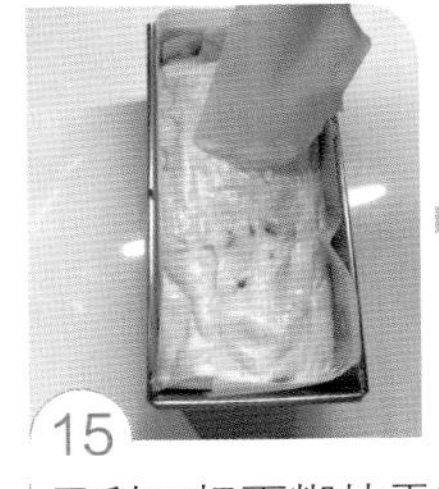

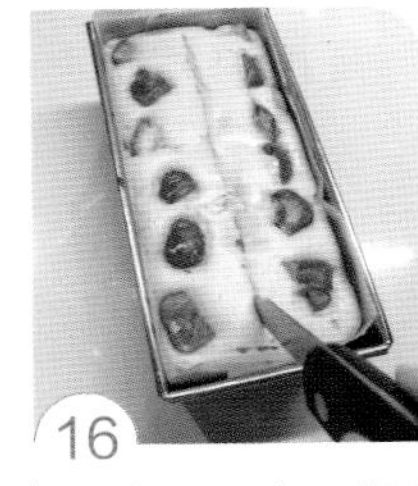

15
用刮刀把面糊抹平整，两侧均匀铺放剩下的栗子肉。

16
放进上下火已经预热至160℃的烤箱中，烘烤到15分钟的时候拿出来，用一把刀在蛋糕中央划一道线，再放回烤箱中，继续烘烤35分钟（用刀切一下，中间才会膨胀得很漂亮，有一道自然的裂口）。

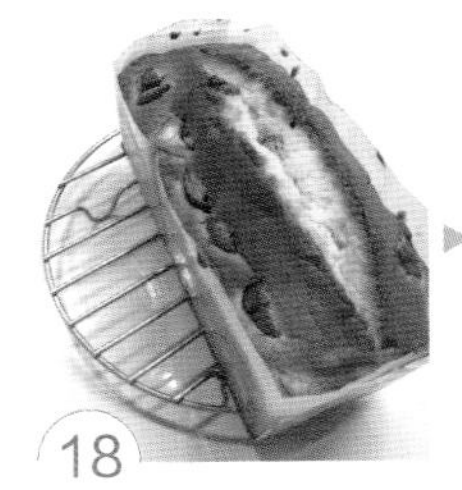

17
烘烤时间到后，用竹签插入中央没有粘黏即可出烤箱。

18
出烤箱后，将蛋糕从烤盒中倒出，放到铁网上，表面刷上一层君度橙酒。

19
稍冷罩上一层保鲜膜，避免干燥，直到放凉。

20
完全凉透后，把纸撕开，放塑料袋密封，室温保存5~6天（隔天吃口感更佳）。

小叮咛
1 胡桃可以用核桃或其他坚果代替。
2 君度橙酒也可以使用朗姆酒或白兰地代替。
3 如果烤模不铺硅油纸，烤盒请事先刷上一层无盐黄油，撒上一层薄薄的低筋面粉，避免粘黏。
4 烘烤过程中，若觉得表面上色太深，请在蛋糕表面铺一张铝箔纸。
5 无盐黄油务必回软，加入打发的全蛋蛋糊中才能快速地混合均匀。

为什么磅蛋糕成品吃起来很干?

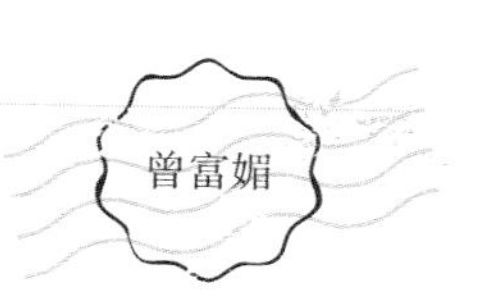

奶油要先回复至室温，手压下会有明显指印的状态（图1、图2），若奶油太硬，搅拌过程就无法拌入空气，影响组织膨胀。但也要注意如果天气太热，奶油也不可以回温至太软到熔化的程度，不然会造成油脂分离的状况，成品口感会变差。

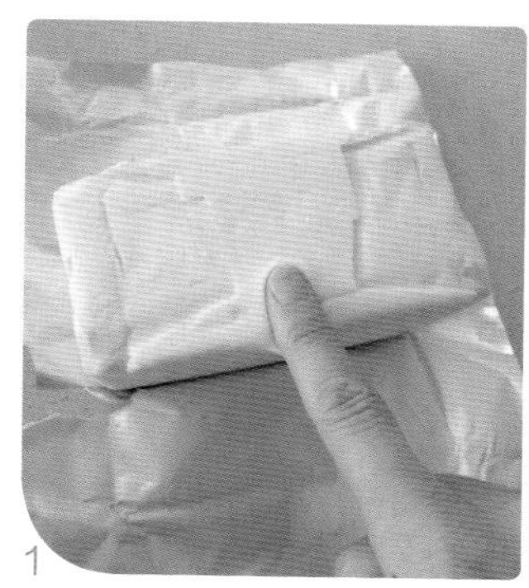
1

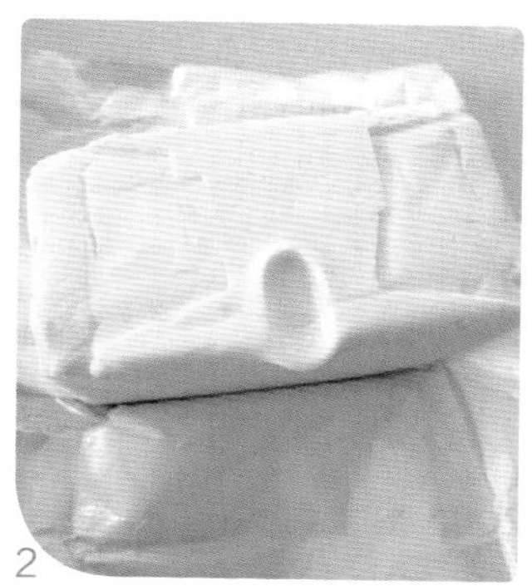
2

为什么烘烤磅蛋糕时，底部会出现大量奶油?

在烘烤磅蛋糕时，若底部有大量奶油流出来，到底是出了什么状况？这样的情形有以下原因：

1. 奶油回温得过软。
2. 奶油加糖混合时搅拌过度，造成奶油油脂分离。
3. 蛋液没有分次添加，使得奶油来不及吸收蛋液。
4. 鸡蛋温度太低，造成奶油遇到冰的鸡蛋而凝结成豆花状。

以上这些步骤没有做好，就会在烘烤的过程中，造成奶油大量流出，成品就会干硬不柔软。

THE BIBLE
OF BAKING FOR
BEGINNERS
BAKING SODA
VANILLA SUGAR

PART 3

认识海绵蛋糕

SPONGE CAKE

何谓海绵蛋糕？制作方法是什么？

1

2

海绵蛋糕（Sponge Cake）属于乳沫类蛋糕，使用全蛋或分蛋方式，与糖打发作为蛋糕组织膨胀方式，可添加少许油及液体，因为组织松软又有弹性，所以称为海绵蛋糕。瑞士卷（Swiss Roll）、蜂蜜蛋糕（Honey Cake）都属于此类产品。

传统海绵蛋糕是使用全蛋打发的做法，组织气孔明显比戚风蛋糕小，但是入口却湿润细致。全蛋操作时选择新鲜室温的鸡蛋，加入足够的细砂糖，鸡蛋要稍微加温至体温程度，可以帮助打发更顺利（图 1）。

除了使用全蛋做法，也可以用分蛋做法操作，唯一与全蛋打发不同的地方就是选择新鲜冷藏的鸡蛋，仔细将蛋白与蛋黄分开，打发蛋白时添加一些柠檬汁可使打发更顺利（图 2），两种方式做出的成品组织及膨胀度是差不多的，可以依照个人喜好、习惯选择。其操作方式见 85 页、88 页。

1
全蛋做法的组织

2
分蛋做法的组织

如何利用全蛋打发法制作海绵蛋糕?

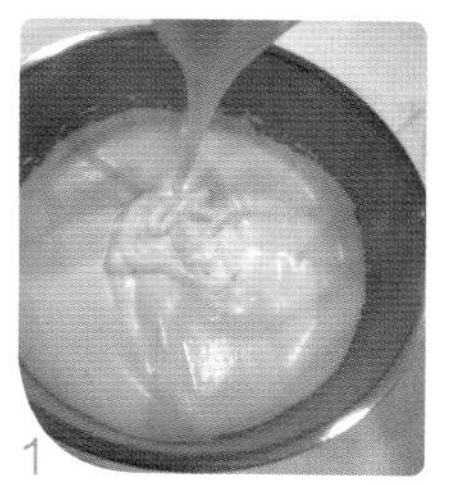
1

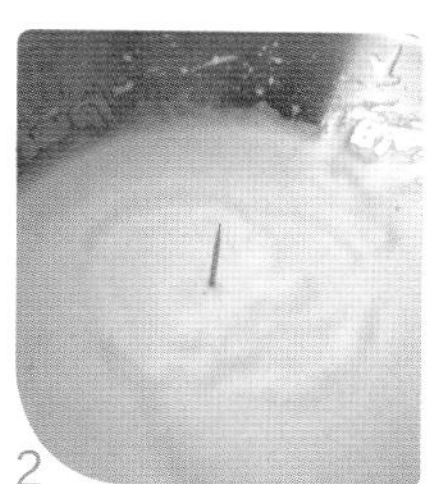
2

全蛋打发法是将配方中的鸡蛋加糖打发成蓬松挺立的蛋糊，蛋糊滴落下来会有清楚的痕迹（图 1），或是立一根牙签可以保持非常挺直不会倒的状态（图 2）。然后加入过筛的面粉混合切拌均匀，最后再将熔化成液态的奶油加入，混合切拌均匀。此方式没有添加泡打粉，利用全蛋打发产生的气孔来帮助组织膨胀。全蛋打发制作要选择室温温度的鸡蛋，若天气太冷，还必须将鸡蛋加温至体温程度，更能够帮助打发。

蜂蜜海绵蛋糕

分量 > 1个（6英寸烤模）

材料

鸡蛋 2 个（室温，净重约 100g）
低筋面粉 60g
牛奶 20g
蜂蜜 5g
无盐黄油 20g
细砂糖 60g

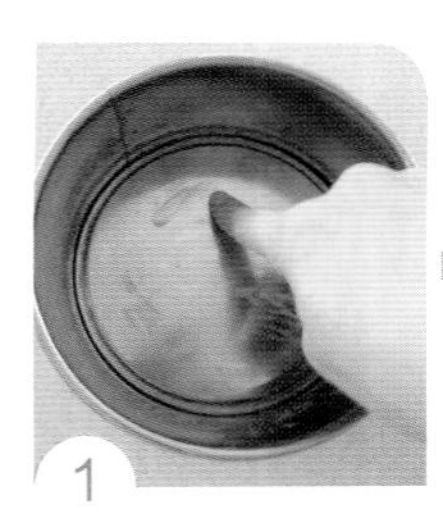
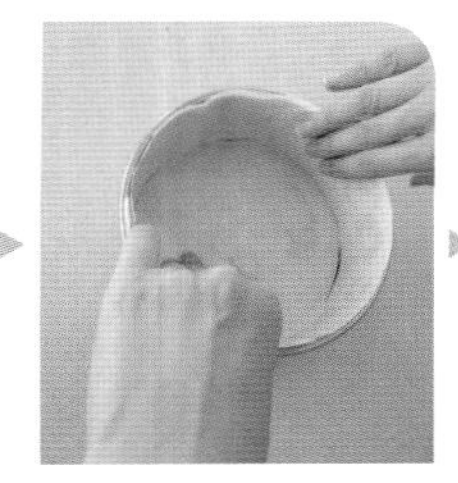

1 烤模涂抹一层薄薄的无盐黄油（分量外），铺上硅油纸。

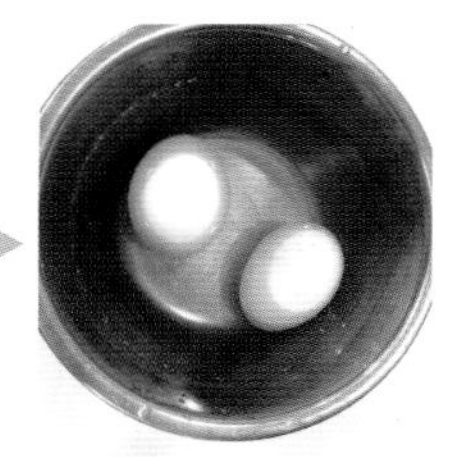

2 准备一盆水加温到50℃，将鸡蛋放入浸泡5分钟。

3 低筋面粉过筛。

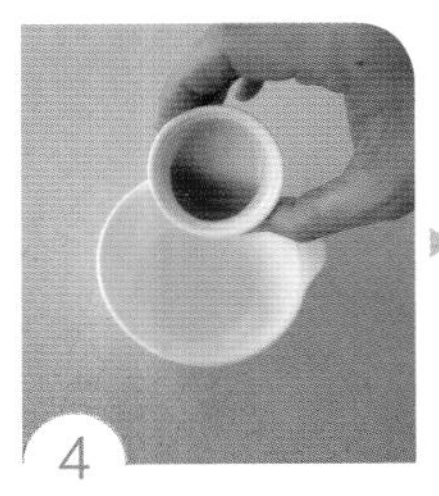

4 牛奶加温至体温程度，加入蜂蜜混合均匀。

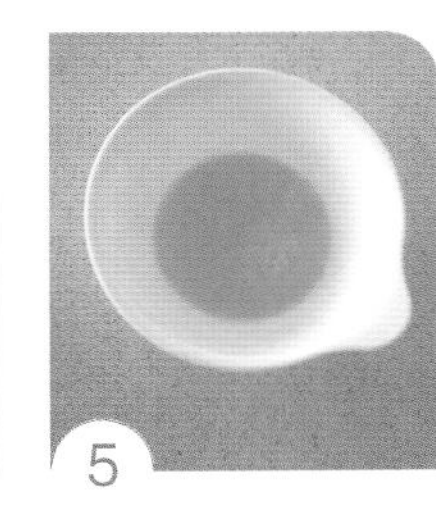

5 无盐黄油加温融化成液体。

6 细砂糖加入鸡蛋中。

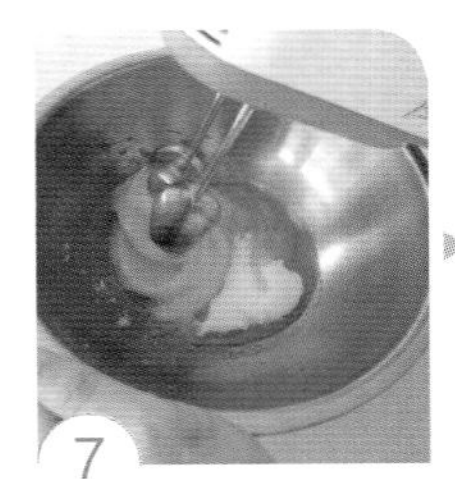

7 以中高速将蛋液打发至蓬松状态，且滴落下来有明显痕迹的程度。

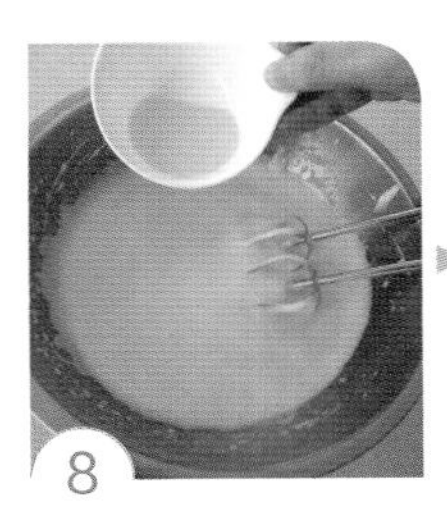

8 加入蜂蜜、牛奶混合均匀。

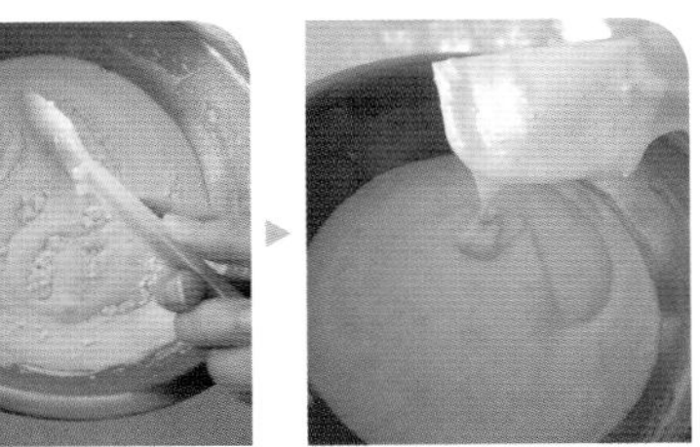

9 再将低筋面粉分2～3次加入，以切拌方式混合均匀。

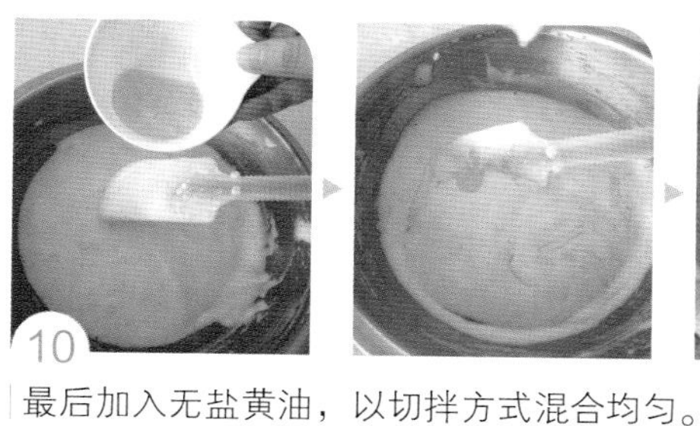
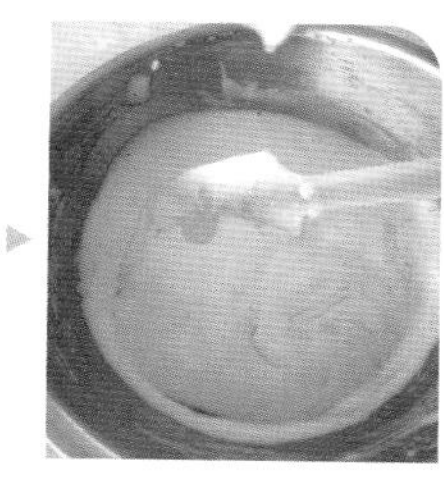
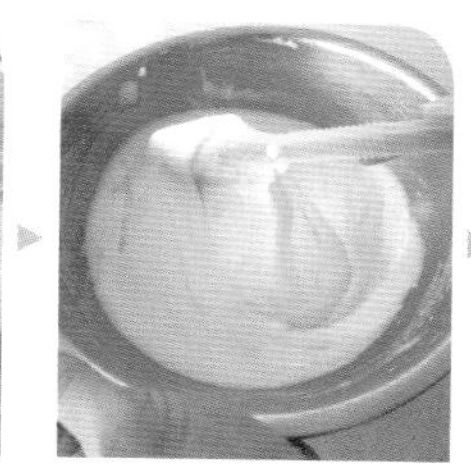
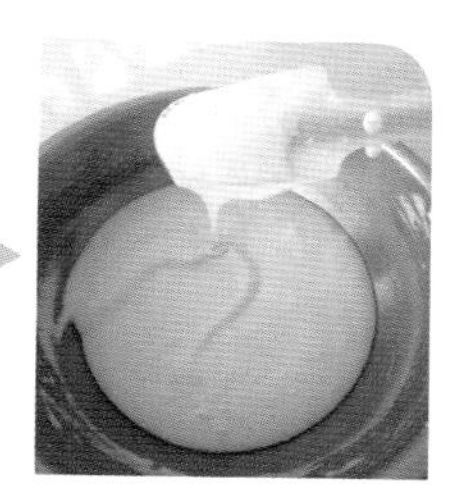

10 最后加入无盐黄油，以切拌方式混合均匀。

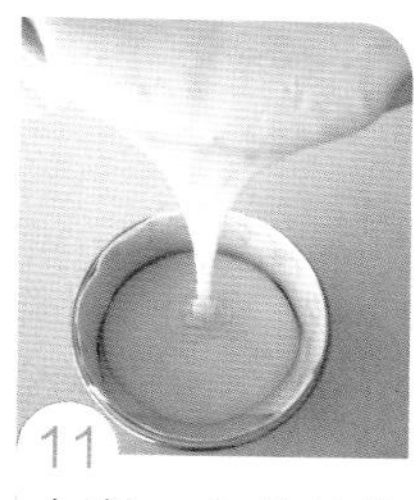

11 由高一点儿的地方倒入烤模中。

12 进烤箱前在桌上轻敲数下。

13 放进上下火已经预热至 160℃的烤箱中，烘烤 35～40 分钟，至表面呈现金黄色。

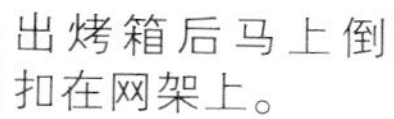

14 出烤箱后马上倒扣在网架上。

15 完全冷却后再将硅油纸撕除。

小叮咛

冬天气温低，鸡蛋加温至体温程度；夏天气温高，若使用室温鸡蛋可以省略加温步骤。

如何利用分蛋打发法制作海绵蛋糕?

分蛋打发法是将配方中的蛋白加糖及柠檬汁打发成蓬松挺立的蛋白霜(图1),然后加入蛋黄及过筛的面粉,混合切拌均匀,最后再将熔化成液态的奶油加入,混合切拌均匀。此方式没有添加泡打粉,利用蛋白打发产生的气孔来帮助组织膨胀。分蛋打发制作要选择冷藏的鸡蛋,蛋白打发会更顺利。

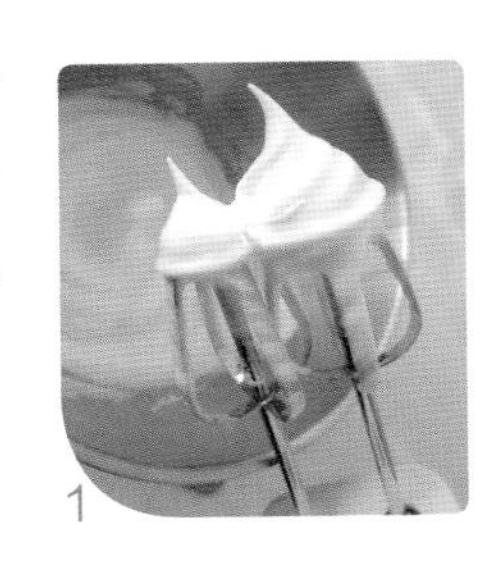
1

蜂蜜海绵蛋糕

分量 1个(6英寸烤模)

材料

- 低筋面粉 65g
- 牛奶 20g
- 蜂蜜 5g
- 无盐黄油 20g
- 冰鸡蛋 2 个(净重约 100g)
- 柠檬汁 1/4 茶匙
- 细砂糖 60g

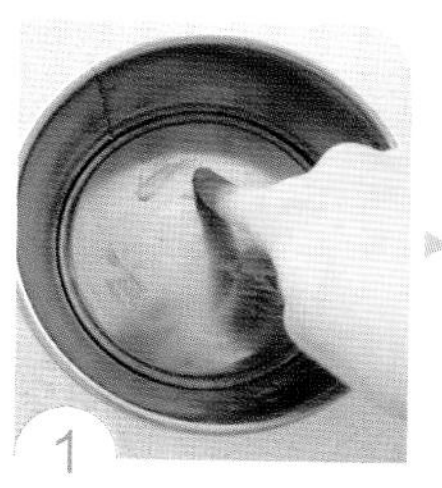
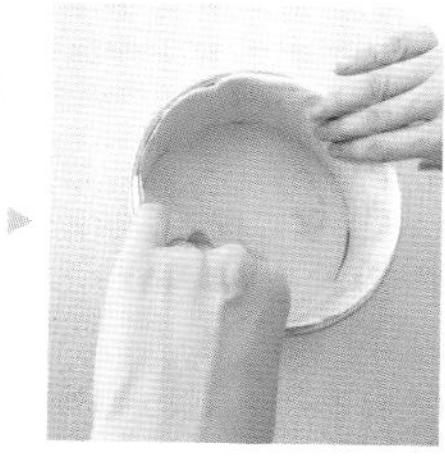

1 烤模涂抹一层薄薄的无盐黄油（分量外），铺上硅油纸。

2 低筋面粉过筛。

3 牛奶加温至体温程度，加入蜂蜜混合均匀。

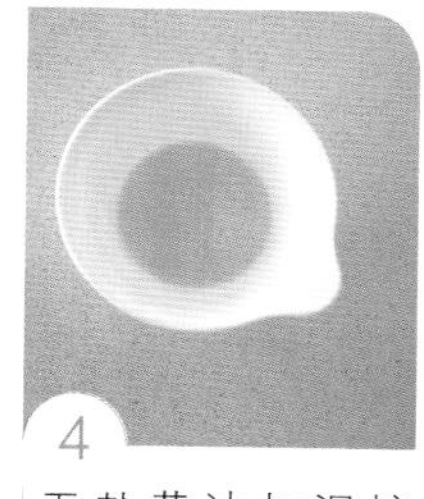

4 无盐黄油加温熔化成液体。

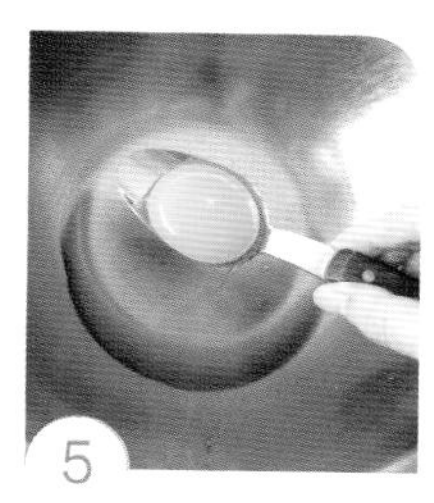

5 将冰鸡蛋的蛋白及蛋黄小心分开。

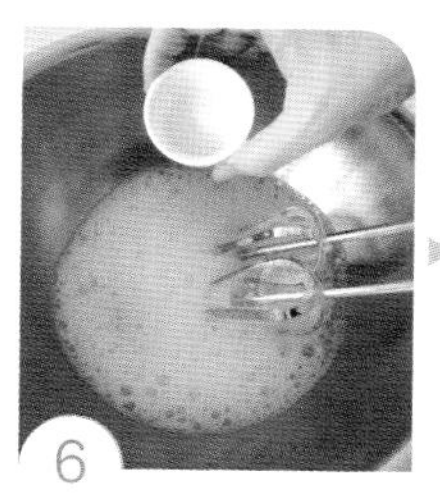
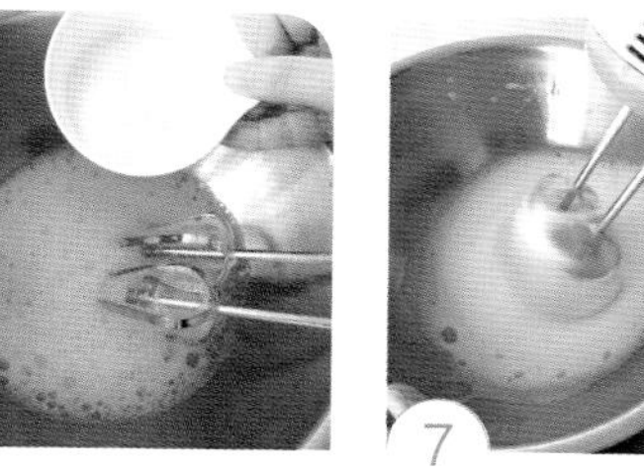

6 柠檬汁及一半分量的细砂糖加入冰蛋白中。

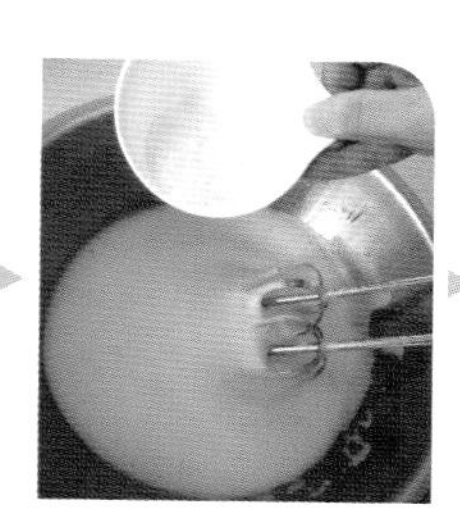
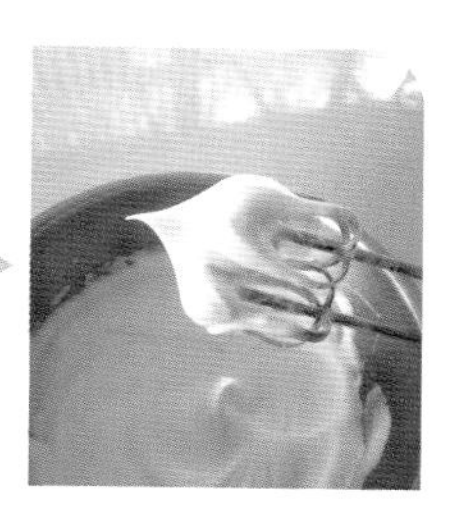

7 打蛋器打出一些泡沫，然后加入另一半的细砂糖打成尾端挺立的蛋白霜（干性发泡）。

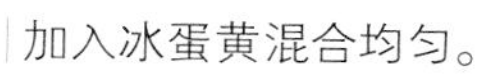

8 加入冰蛋黄混合均匀。

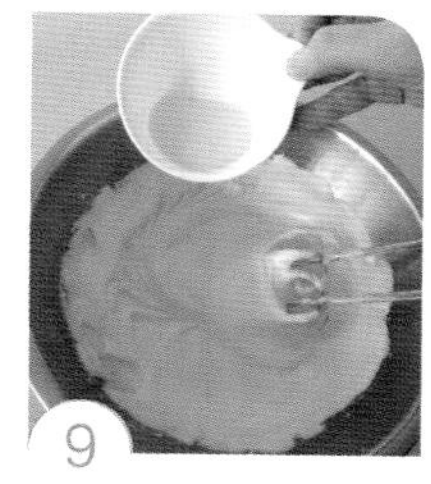

9 加入蜂蜜、牛奶混合均匀。

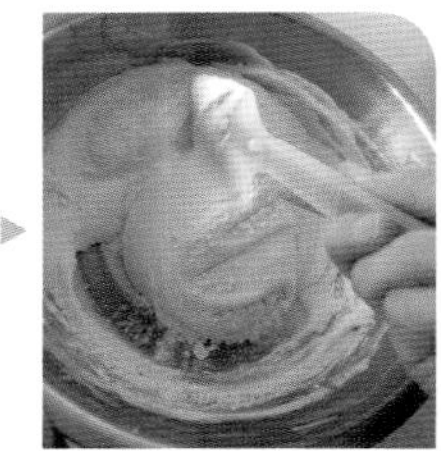

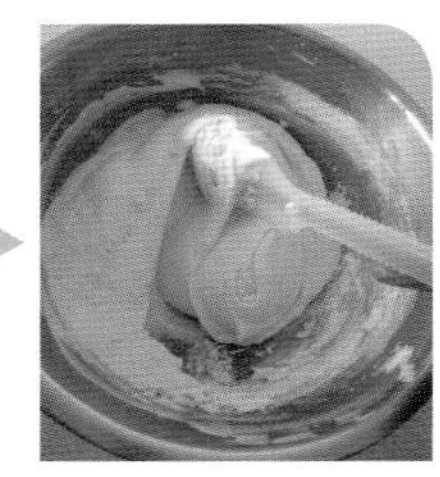
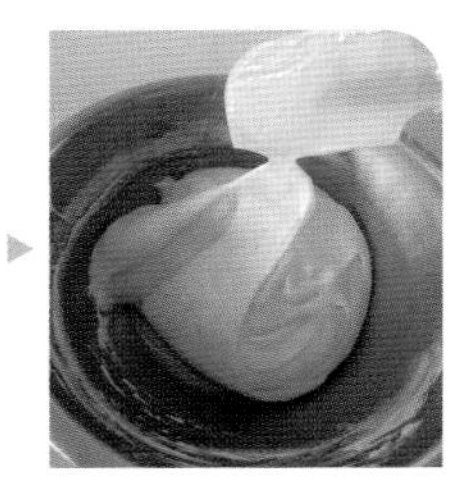

10 再将低筋面粉分 2～3 次加入，以切拌方式混合均匀。

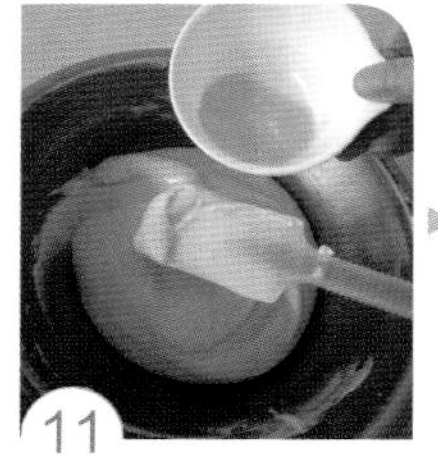
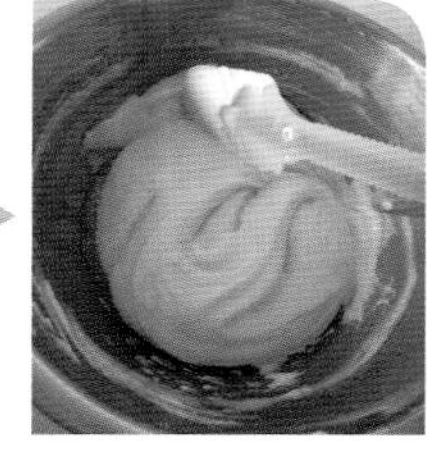
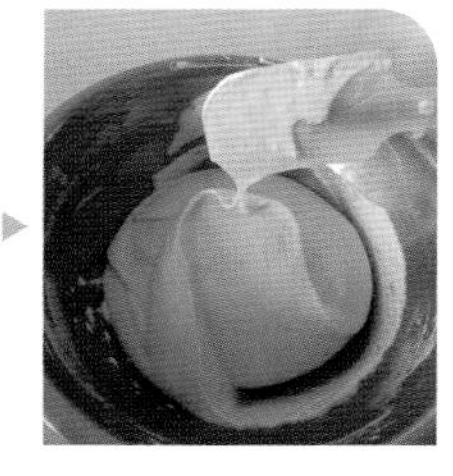

11 最后将无盐黄油加入，以切拌方式混合均匀。

12 面糊由高一点儿的地方倒入烤模中，抹平整。

13 进烤箱前在桌上轻敲数下。

14 放入上下火已经预热至 160 ℃的烤箱中，烘烤 40～42 分钟，至表面呈现金黄色。

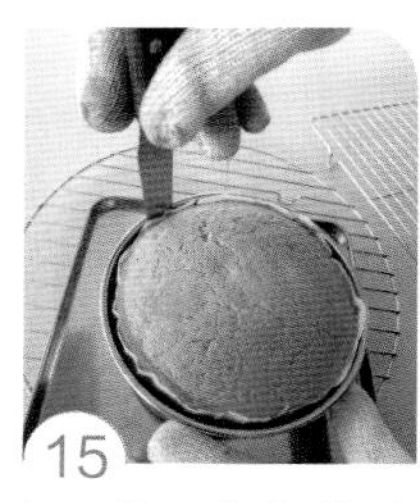

15 用刮刀在烤模边缘划一圈。

16 出烤箱后马上倒扣在网架上。

17 待完全冷却后将硅油纸撕除。

如何改善海绵蛋糕容易干燥的情形?

海绵蛋糕液体较少，粉类比例较高，容易出现干燥情形。可以在配方中加入10%~20%的转化糖浆如蜂蜜（图1）、水麦芽（图2）、玉米糖浆等来取代配方中的一部分糖量，就可以改善组织容易偏干的情形。

1

2

为什么海绵蛋糕在烤箱中膨胀得很好，但一出烤箱就回缩凹陷?

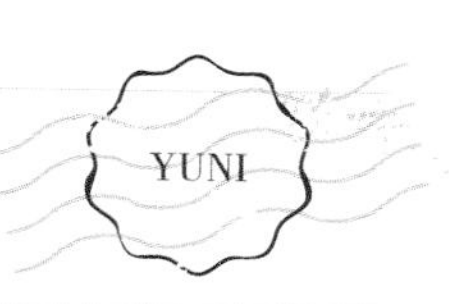

海绵蛋糕不膨胀，组织不蓬松，是出了什么问题呢？正常的海绵蛋糕应该是组织膨胀适宜，气孔均匀细密，冷却也不会回缩（图1）。如果海绵蛋糕在烤箱中膨胀得很好，但一出烤箱就回缩凹陷（图2、图3），要特别注意以下问题：

1

2

3

1. 搅拌过程没有使用“切拌”方式，过度搅拌造成面粉产生筋性（图4）。
2. 全蛋是否打发至滴落下来有明显痕迹，或是牙签插入不会倾倒的状态（图5、图6）。
3. 材料中的奶油或牛奶是否太冰冷，若从冰箱取出，建议要稍微加温至体温程度（图7）。
4. 烤箱温度偏低。
5. 烘烤时间不足。
6. 烘烤时间过久。

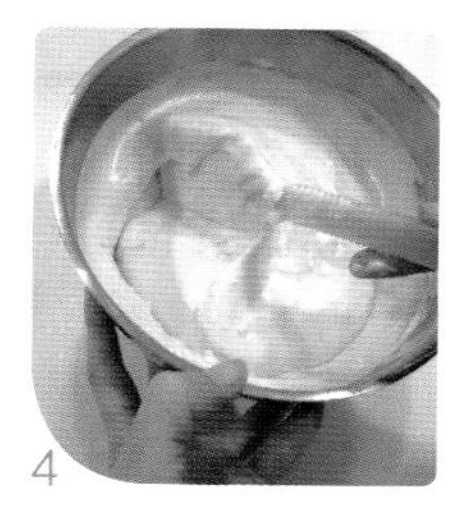
4

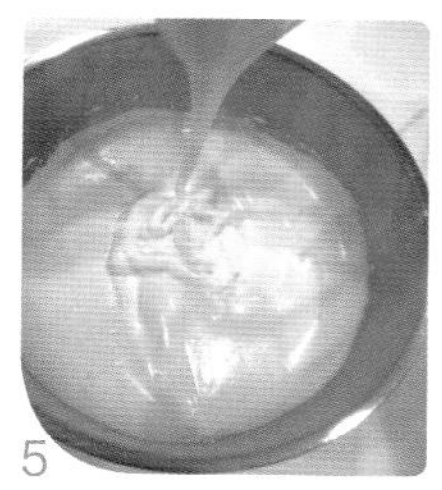
5

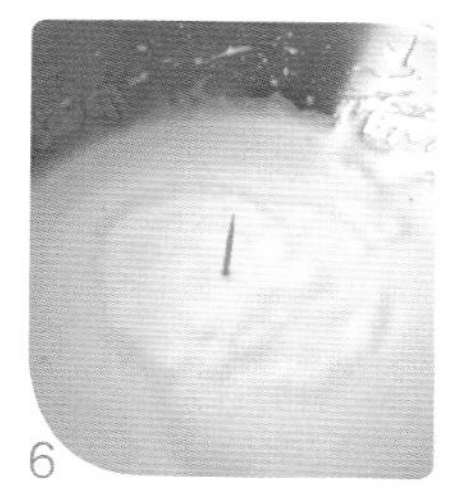
6

7

林明顿蛋糕（全蛋打发）

分量 1个（14.5cm×14.5cm烤模）

材料

A 柠檬海绵蛋糕
- 鸡蛋 2 个（净重约 100g）
- 无盐黄油 15g
- 低筋面粉 60g
- 细砂糖 50g
- 柠檬汁 10g

B 巧克力牛奶糖浆
- 无糖纯可可粉 20g
- 糖粉 30g
- 牛奶 100g

C 装饰
- 椰子粉 20g

一 制作柠檬海绵蛋糕

1 准备一盆水加温至50℃。

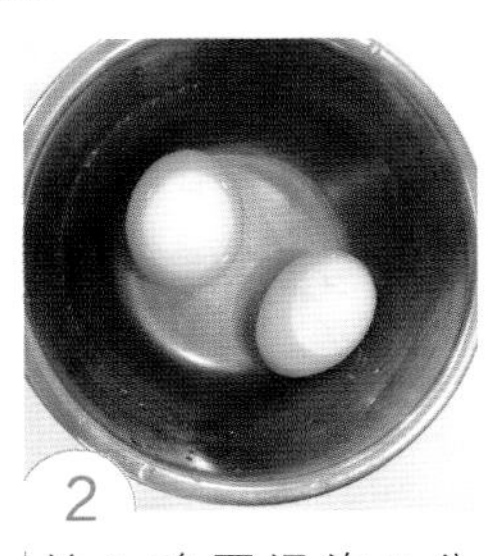

2 放入鸡蛋浸泡 5 分钟。

3 烤模涂抹少许无盐黄油（分量外）。

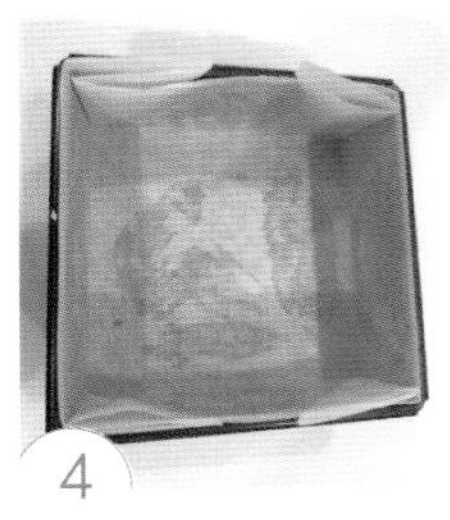

4 铺上一层硅油纸。

5

低筋面粉过筛。

6

无盐黄油加温熔化成为液体。

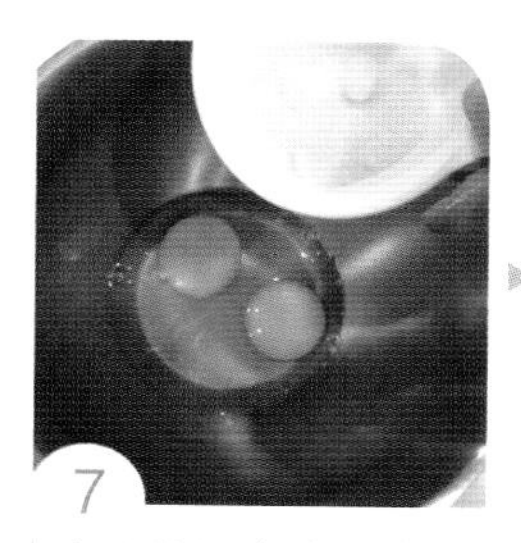

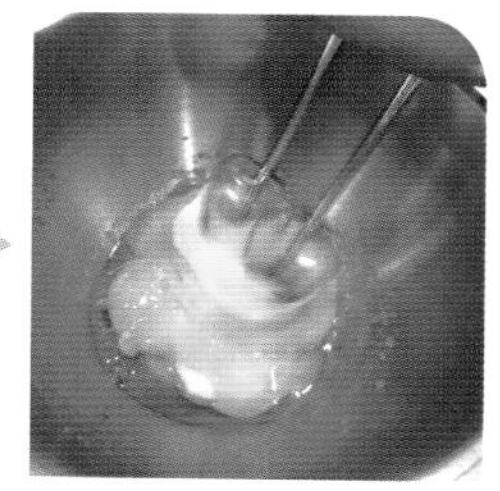

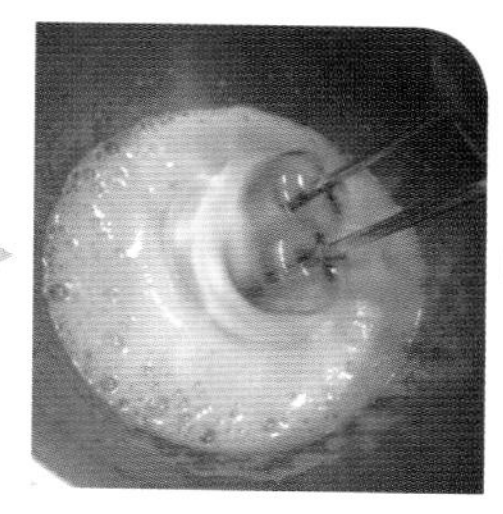

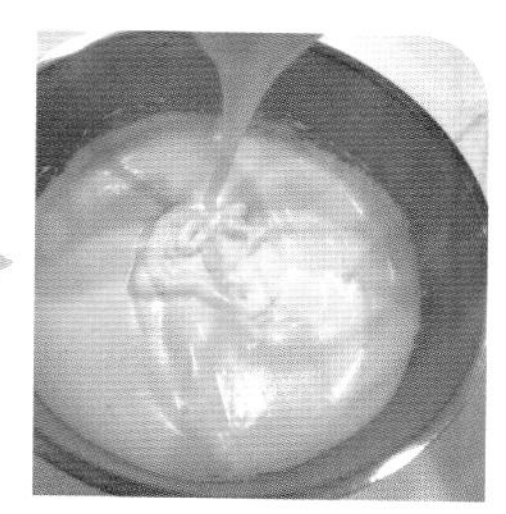

7

鸡蛋从温水中取出擦干，打入碗中，加入细砂糖，以高速打发至滴落下来有痕迹的蓬松蛋糊。

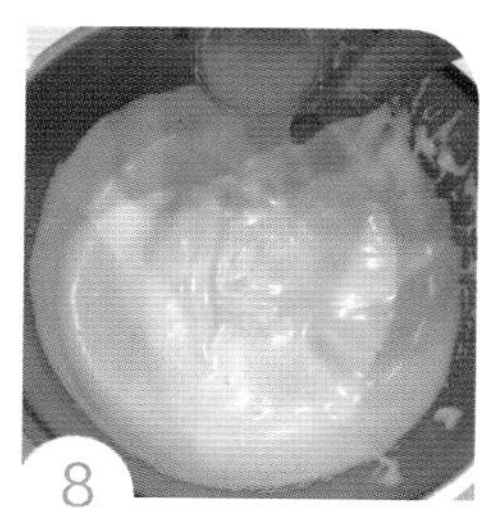

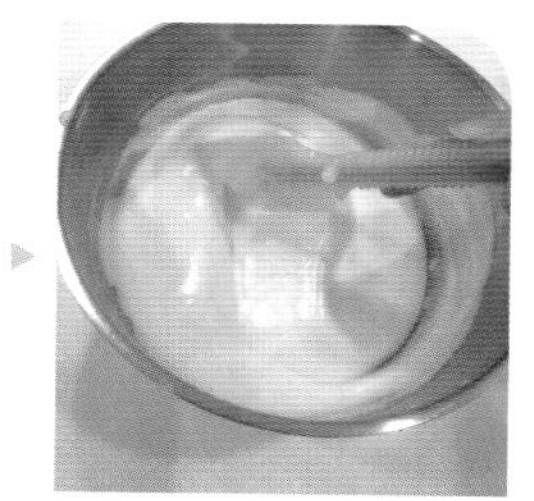

8

加入柠檬汁混合均匀。

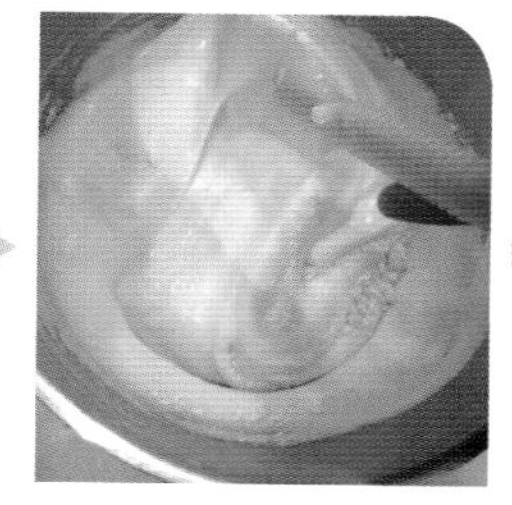

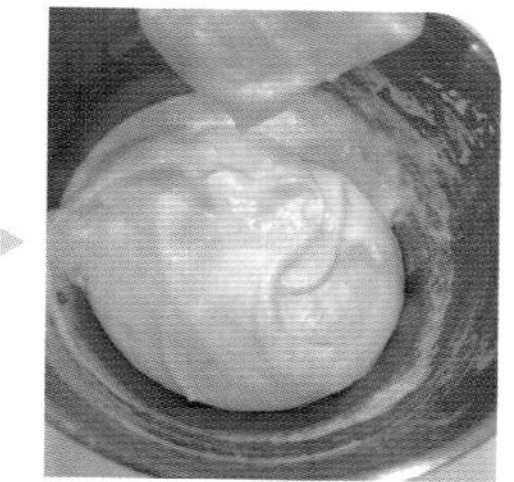

9

低筋面粉分两次加入，以切拌方式混合均匀。

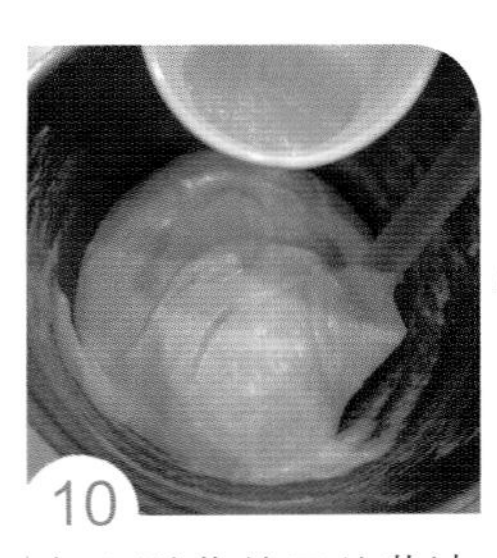

10

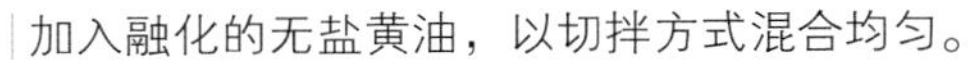

加入融化的无盐黄油，以切拌方式混合均匀。

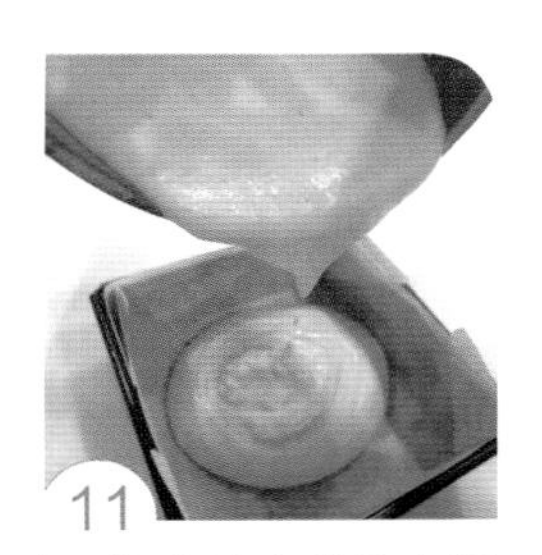

11

面糊由较高的地方倒入烤模中。

12

在桌上轻敲几下。

13

进烤箱前表面喷些水。

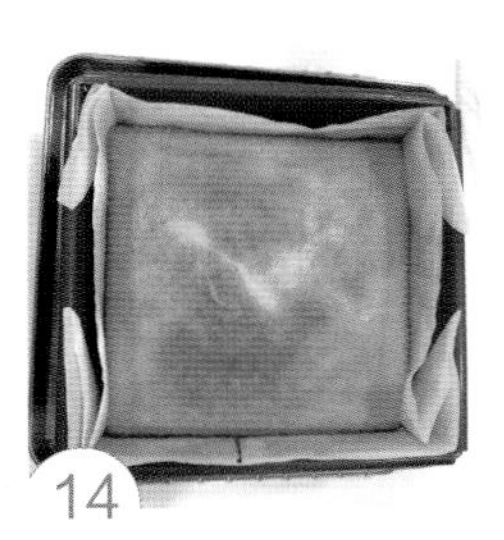

14

放入上下火已经预热至 170℃的烤箱中，烘烤 30 分钟，至表面呈金黄色，且竹签插入中心没有粘黏。

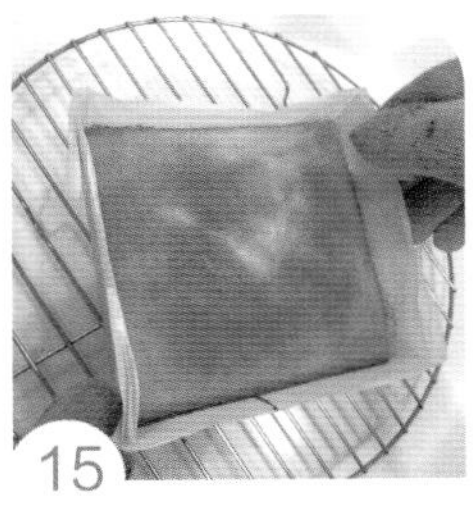

15

移出烤模散热冷却。

二 制作巧克力牛奶糖浆

16

无糖纯可可粉过筛加入糖粉中混合均匀。

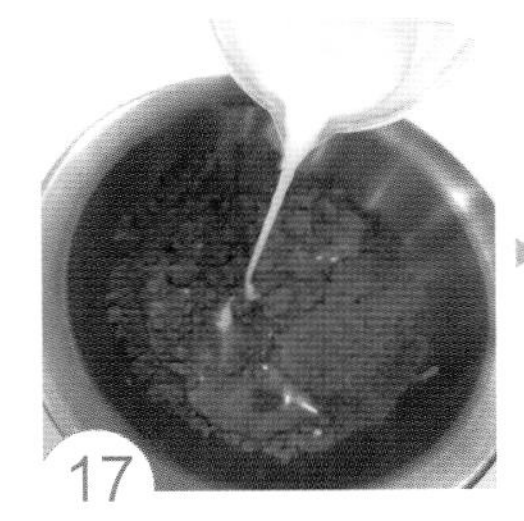

17

加入牛奶混合均匀。

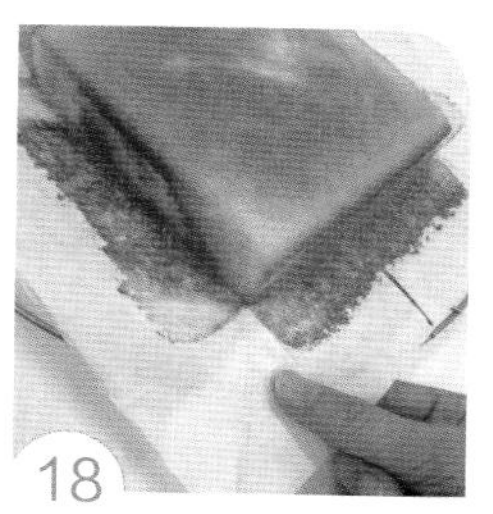

18 蛋糕冷却后将硅油纸撕去。

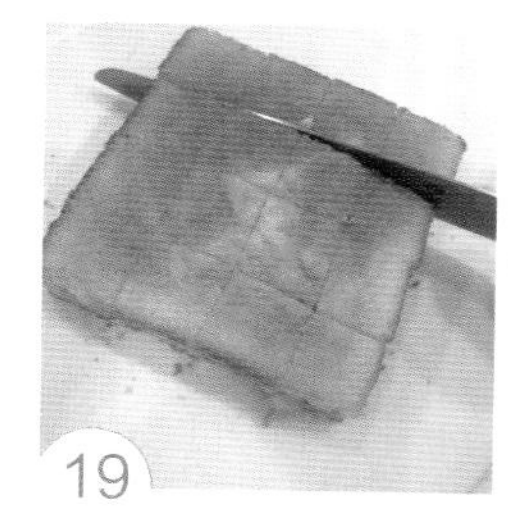

19 切成方块状。

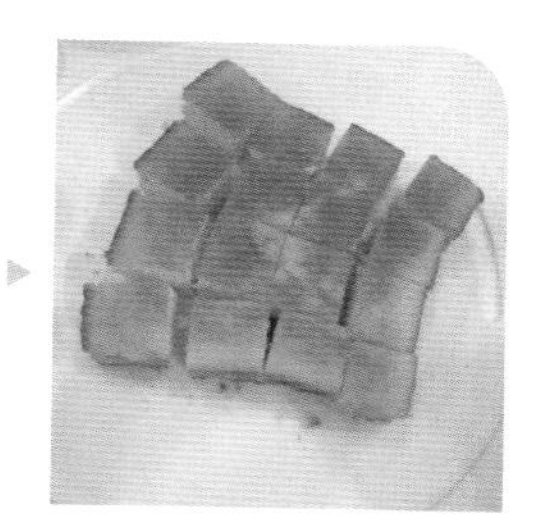

20 蛋糕表面均匀蘸附一层巧克力牛奶糖浆。

21 表面沾裹上一层椰子粉即完成。

为什么烤好的海绵蛋糕都没有膨胀，组织也不蓬松？

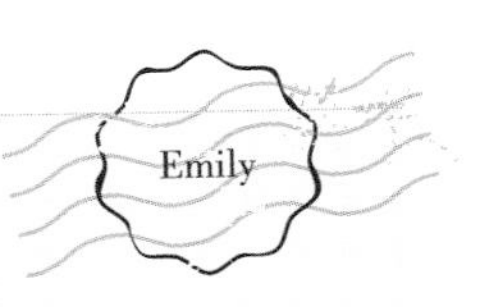

正常的海绵蛋糕应该是组织膨胀适宜，气孔均匀细密，冷却也不会回缩（图 1）。如果海绵蛋糕膨胀得不好，要特别注意以下步骤（图 2 / 由 Ching Huei Lan 提供）：

1. 全蛋的温度没有控制好，太冰或太热。
2. 糖量过少，影响全蛋打发。
3. 全蛋没有打发完全，打发时间不足。
4. 混合过度造成出筋。

1

2

萨瓦蛋糕（分蛋打发）

分量 > 1个（直径18cm咕咕霍夫烤模）

材料

A **蛋黄面糊**
- 冰蛋黄 3 个
- 低筋面粉 35g
- 玉米淀粉 35g
- 香草荚 1/2 支
- 细砂糖 20g

B **蛋白霜**
- 冰蛋白 3 个
- 柠檬汁 3g
- 细砂糖 60g

C **装饰**
- 糖粉适量

1 咕咕霍夫烤模涂抹一层无盐黄油（分量外）。

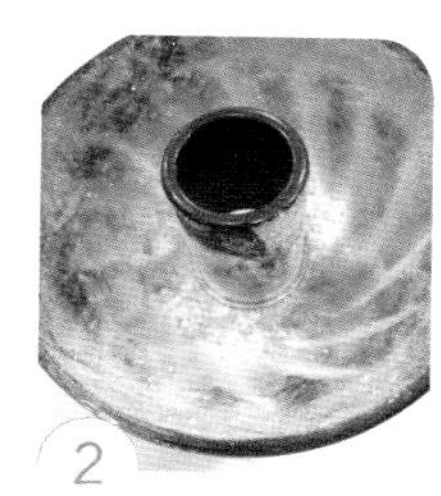
2 撒上一层薄薄的低筋面粉（分量外），并倒出多余的低筋面粉。

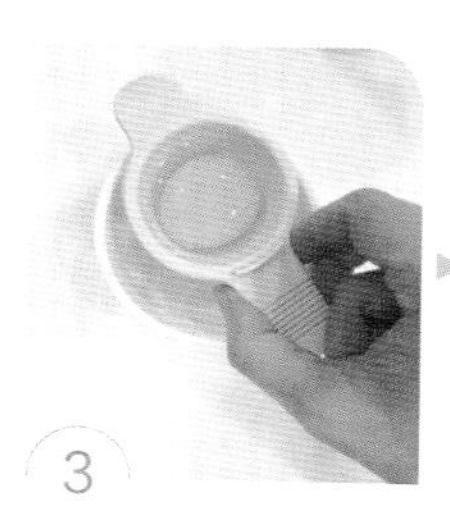
3 将冰鸡蛋的蛋黄、蛋白分开（蛋白不可以沾到蛋黄、水分及油脂）。

4 低筋面粉、玉米淀粉用滤网过筛。

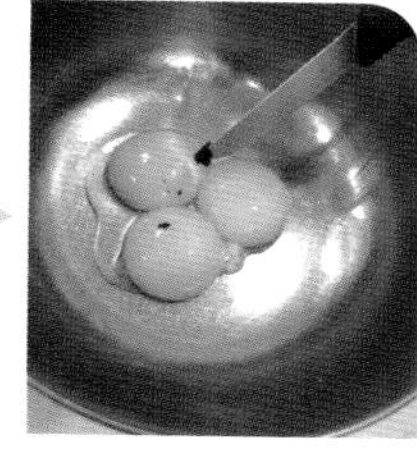
5 香草荚横剖刮出香草籽，放入冰蛋黄中。

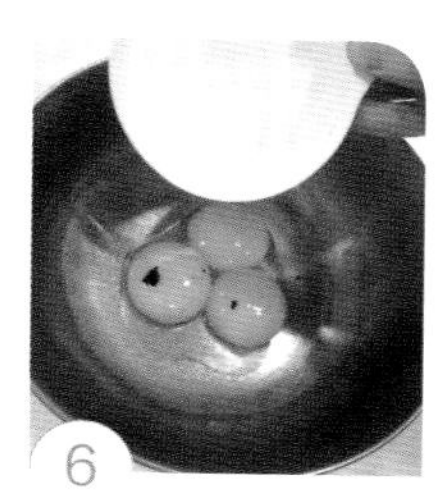
6 加入细砂糖。

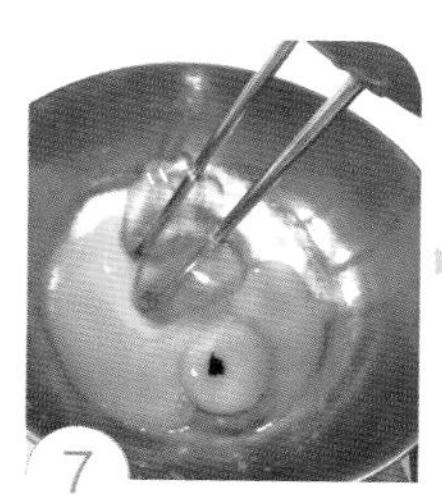
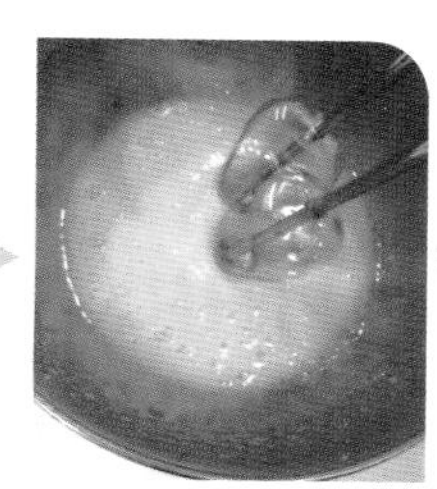
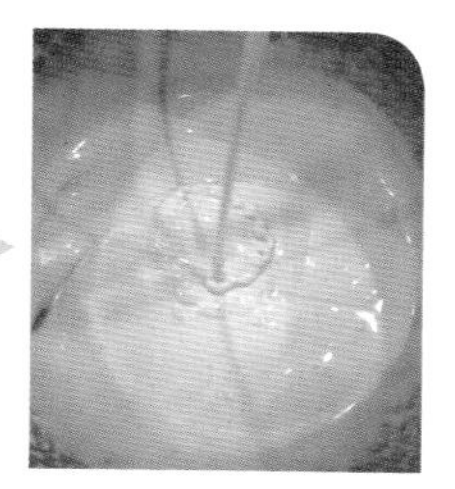
7 以中高速打发，至冰蛋黄糊蓬松状态且滴落下有明显痕迹。

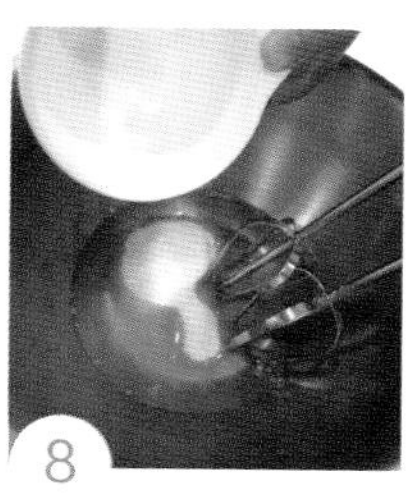

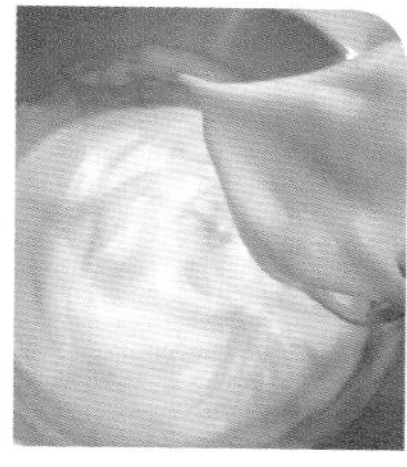
8

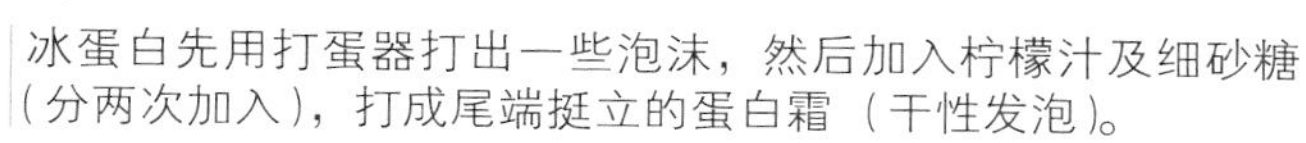
冰蛋白先用打蛋器打出一些泡沫，然后加入柠檬汁及细砂糖（分两次加入），打成尾端挺立的蛋白霜（干性发泡）。

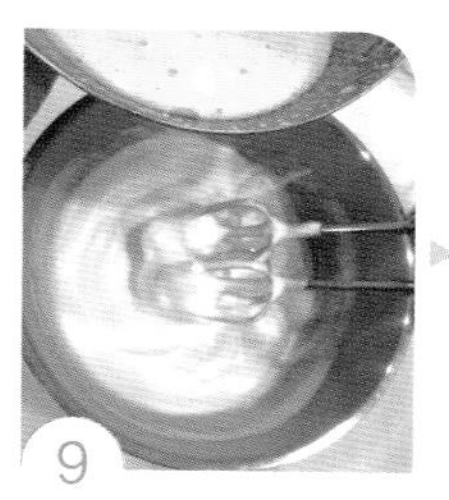
9

将蛋黄糊加入混合均匀。

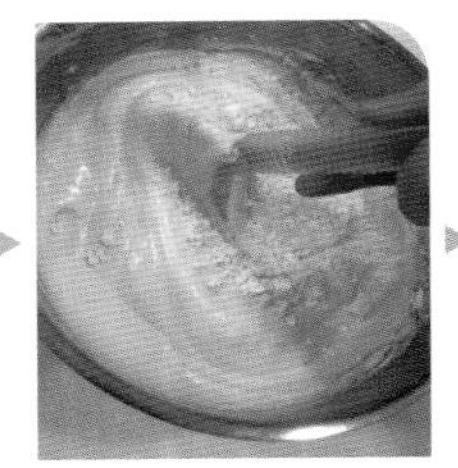

10 再将粉类分两次加入，以切拌方式混合均匀。

11 搅拌好的面糊倒入烤模中。

12 将面糊表面用橡皮刮刀抹平整。

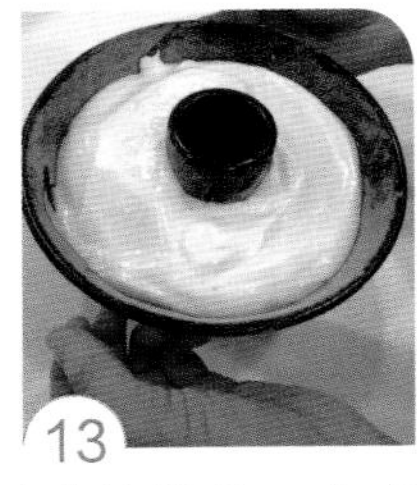

13 进烤箱前，在桌上轻敲几下，敲出较大的气泡。

14 放入上下火已经预热至170℃的烤箱中，烘烤38～40分钟。

15 轻拍烤模周围帮助脱模，然后倒出烤模，放至网架上冷却。

16 完全冷却后，表面撒上糖粉装饰。

小叮咛

1 鸡蛋使用冷藏的，每个净重50～60g。
2 没有咕咕霍夫烤模可以用6英寸烤模代替。
3 玉米淀粉可以用低筋面粉代替。

为什么海绵蛋糕成品吃起来干干的，而且一切就掉碎屑？

做得好的海绵蛋糕组织应该是气孔细致均匀，而且吃起来的口感湿润柔软（图 1）。

打发过度的海绵蛋糕组织，气孔较大且不均匀，口感略粗糙并且较干（图 2）。

1

2

如果海绵蛋糕成品外观看起来膨胀得很好，但切开后却发现组织气孔粗大，不够细致，而且会掉碎屑（图 3、图 4），入口明显干燥不够湿润，这是哪个步骤出了问题呢？会发生这样的情形，要特别注意以下做法：

1. 全蛋加温过程温度过高。
2. 全蛋打发过度，打发时间过久。
3. 烘烤温度过高。
4. 烘烤过久。

3

4

A 海绵香蕉蛋糕（全蛋打发）

分量 1个（8cm×17cm×6cm长方形烤盒）

材料

- 低筋面粉 100g
- 无盐黄油 60g
- 鸡蛋 2 个（净重约 120g）
- 香蕉 100g（去皮净重）
- 细砂糖 50g

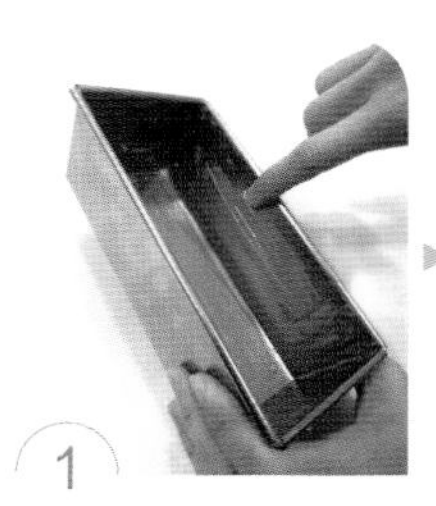
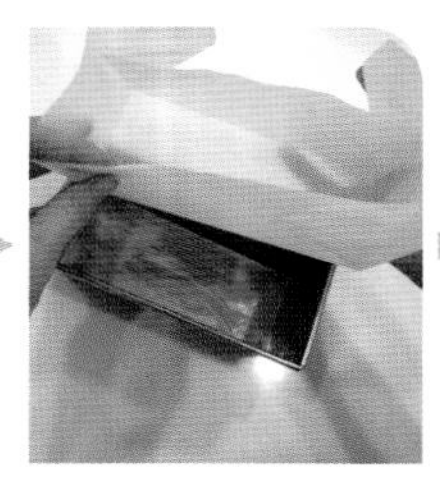
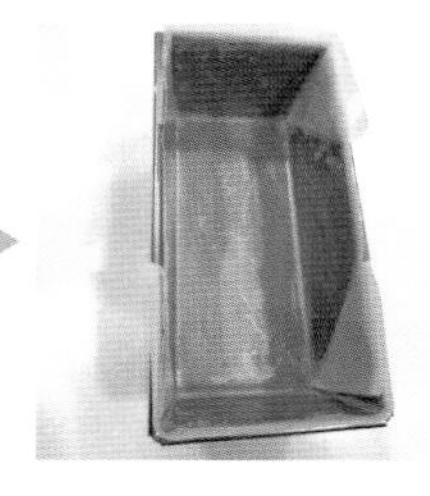

1 烤模抹上一层薄薄的无盐黄油（分量外），铺上一层硅油纸。

2 低筋面粉过筛。

3 无盐黄油加温熔化成液体。

4 鸡蛋放入50℃的温水中，浸泡5～6分钟。

5 香蕉用叉子仔细压成泥状。

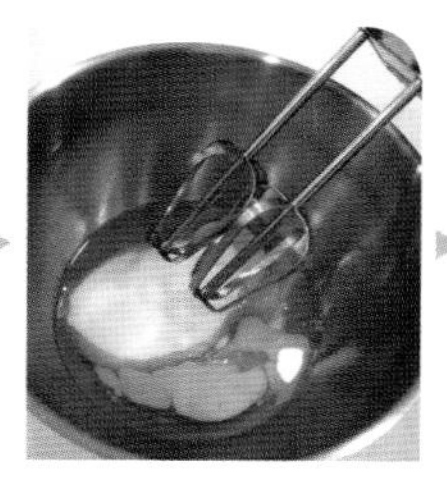
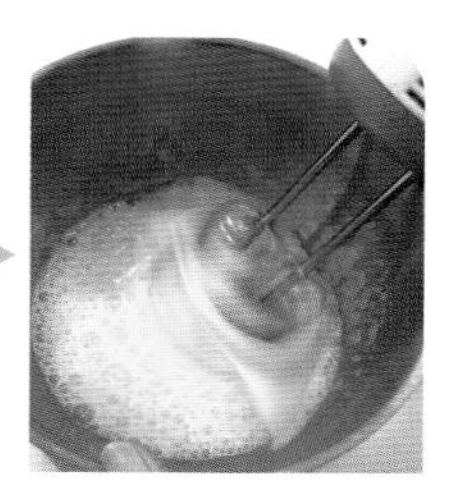

6 温热完成的鸡蛋打入盆中，加入细砂糖，用打蛋器打散混合均匀。

7 使用电动打蛋器高速搅打，将全蛋打发。

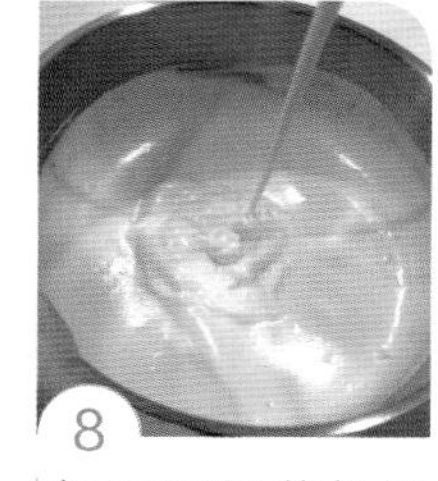

8 打到蛋糊蓬松泛白，拿起打蛋器滴落下来的蛋糊能够有清楚的折叠痕迹就是打好了（全程6～8分钟）。

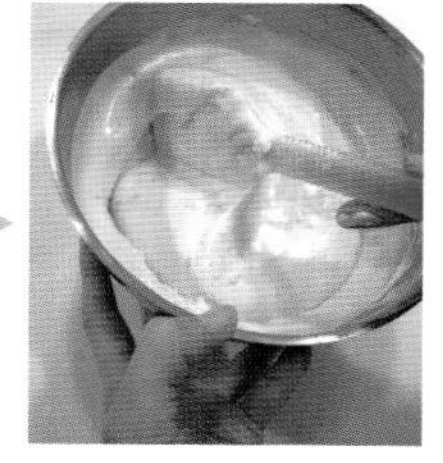

9 加入香蕉泥快速混合均匀。

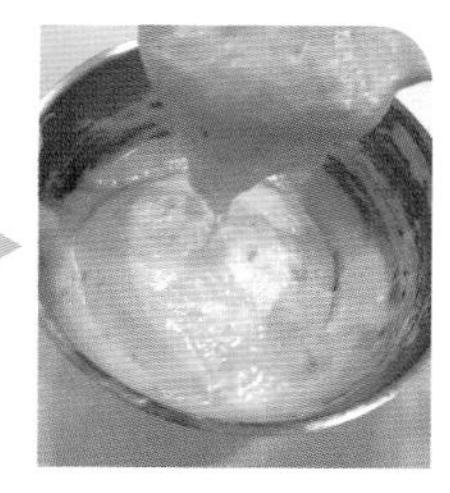

10 低筋面粉分两次加入，以切拌方式混合均匀。

11
将面糊 1/4 分量与熔化的无盐黄油，以切拌方式混合均匀。

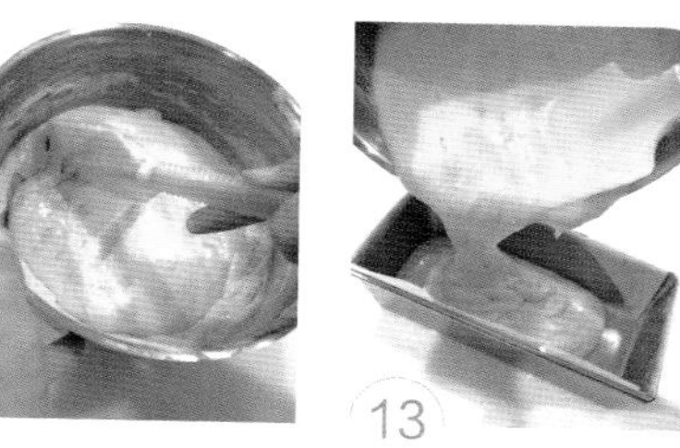

12
再倒入剩余面糊中，以切拌方式混合均匀。

13
完成的面糊倒入烤模中，在桌上轻敲几下。

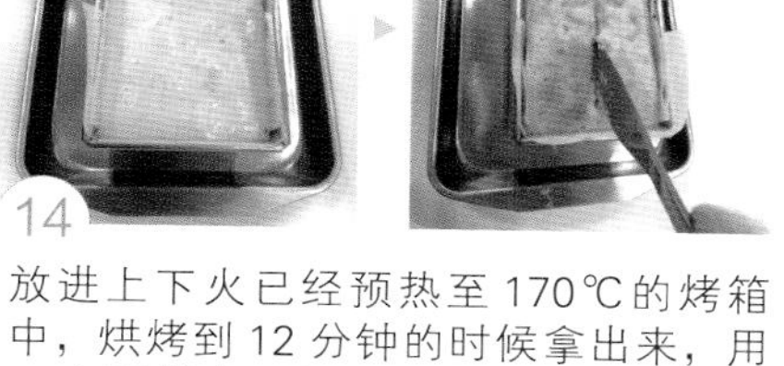

14
放进上下火已经预热至 170℃的烤箱中，烘烤到 12 分钟的时候拿出来，用刀在蛋糕中央划一道线，再放回烤箱中，继续烘烤 28～30 分钟。

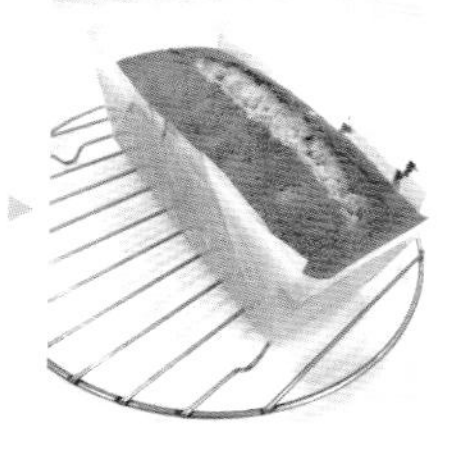

15
烘烤至时间到时，用竹签插入中央，没有粘黏即可出烤箱 。

16
完全凉透再将硅油纸撕开，切成片状。

小叮咛

1 香蕉越熟香气越浓。
2 烤模大小若与书上所用不同，烘焙时间需自行调整。
3 如果表面有点湿润，表示烘烤温度不足，或烘焙时间不足，调整一下就会改善。若成品已经湿黏，放入上火已经预热至 150℃的烤箱中，往上方加热管靠近烘烤 2～3 分钟取出会改善。

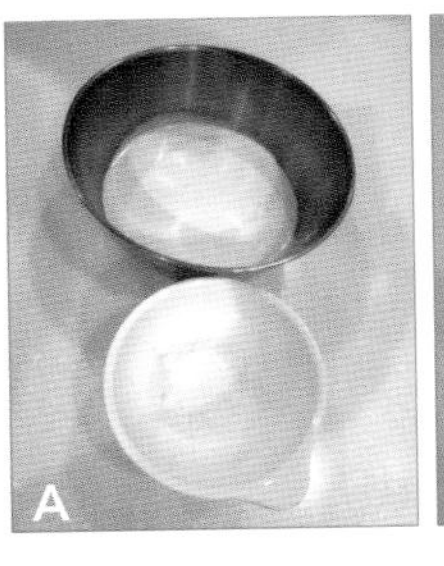

材料

A 卡士达鲜奶油夹馅

a 卡士达酱

- 鸡蛋 1 个（净重约 50g）
- 细砂糖 10g
- 低筋面粉 5g
- 玉米淀粉 5g
- 牛奶 130g
- 无盐黄油 5g
- 朗姆酒 1/2 茶匙

b 鲜奶油

- 细砂糖 10g
- 动物性鲜奶油 100g

B 海绵蛋糕

- 低筋面粉 40g
- 鸡蛋 2 个（净重约 100g）
- 柠檬汁 1/2 茶匙
- 细砂糖 40g
- 牛奶 5g

C 装饰

- 糖粉适量

一 制作卡士达鲜奶油夹馅

1 请参考《新手烘焙从入门到精通 I》58 页完成卡士达酱，并冷藏 3~4 小时。

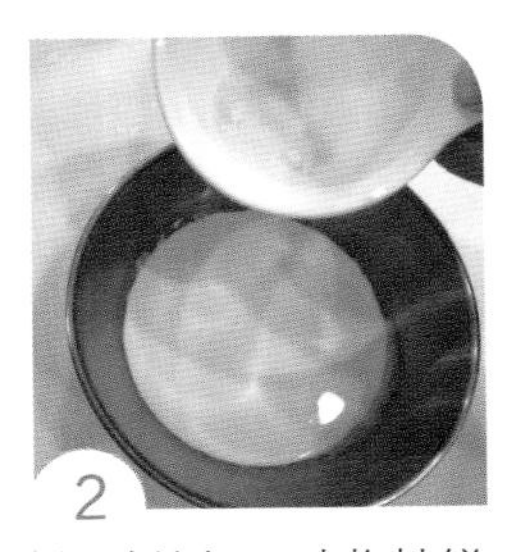

2 细砂糖加入动物性鲜奶油中。

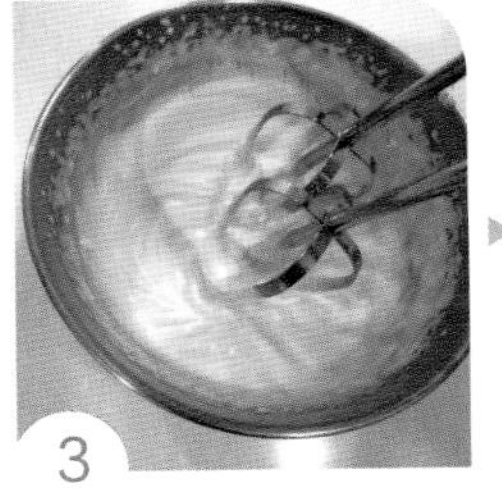

3 低速打至九分发（尾端挺立的程度）。

4 事先做好的卡士达酱从冰箱取出，搅拌至顺滑状。

5 与打发的鲜奶油切拌混合均匀，即完成卡士达鲜奶油夹馅，放入冰箱冷藏备用。

二 制作海绵蛋糕

6 低筋面粉过筛。

7 将鸡蛋的蛋白及蛋黄分开。

8 烤盘中铺硅油纸。

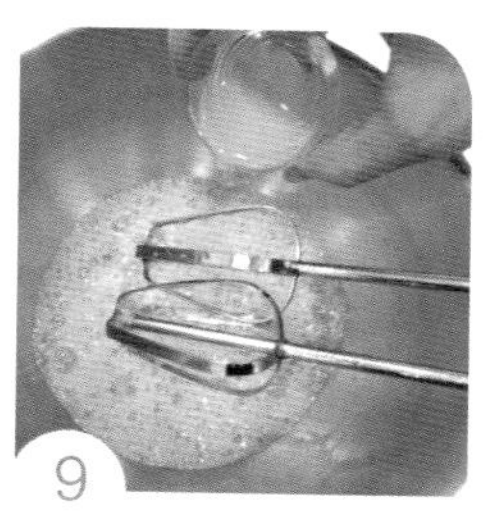

9 蛋白先用打蛋器打出一些泡沫，然后加入柠檬汁及一半细砂糖。

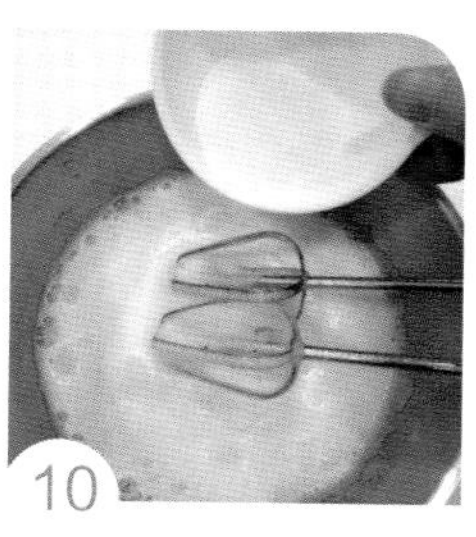

10 泡沫变多时将剩下的细砂糖加入。

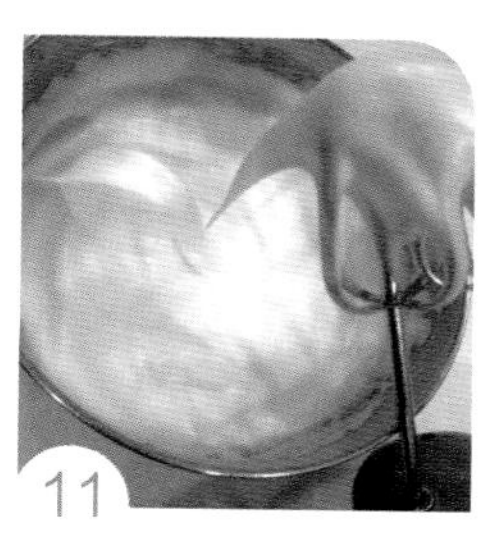

11 中高速打成尾端弯曲的蛋白霜（湿性发泡）。

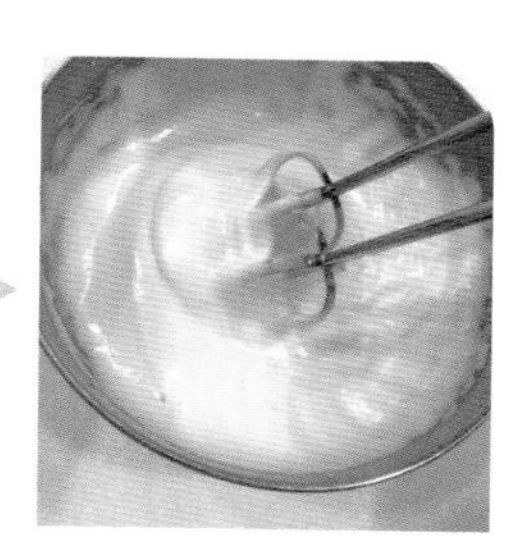

12 加入蛋黄混合均匀。

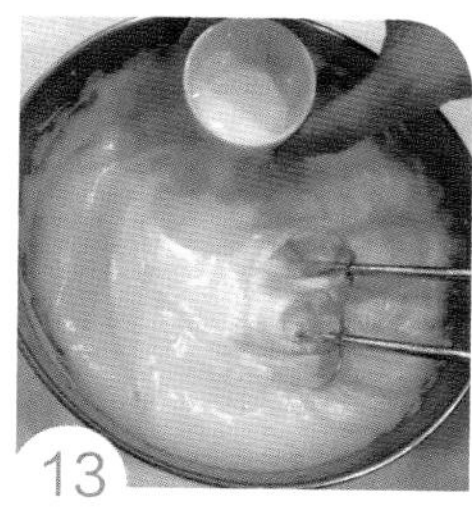

13 加入牛奶混合均匀。

小叮咛

卡士达酱做法，请参考《新手烘焙从入门到精通Ⅰ》58页。

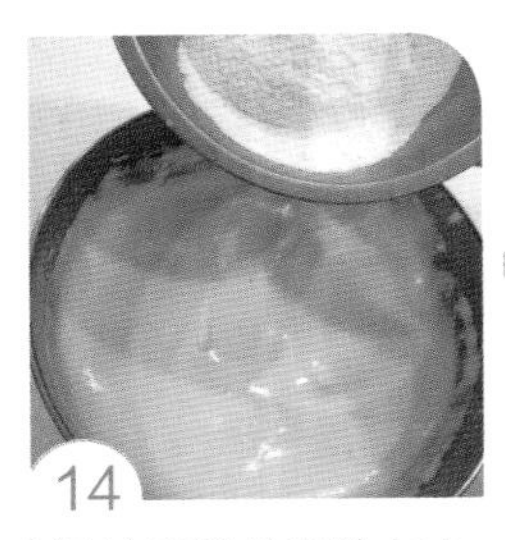
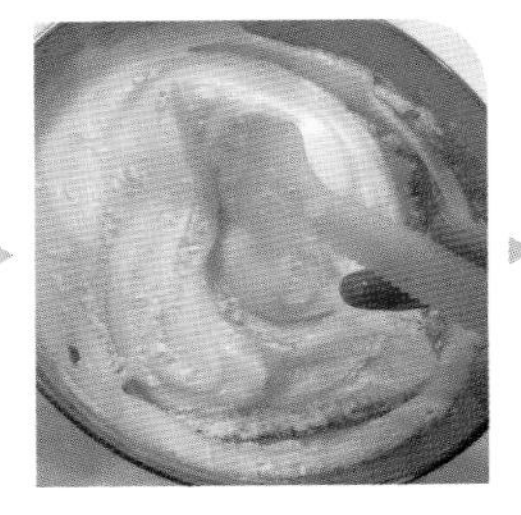

14

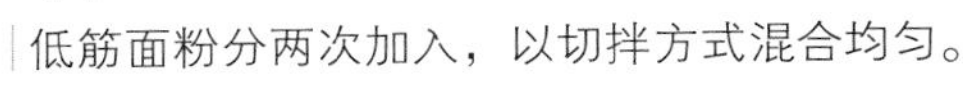

低筋面粉分两次加入，以切拌方式混合均匀。

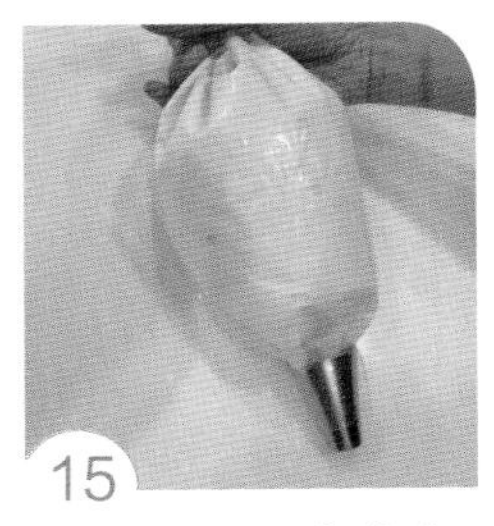

15

面糊装入挤花袋中，使用 1cm 圆形挤花嘴。

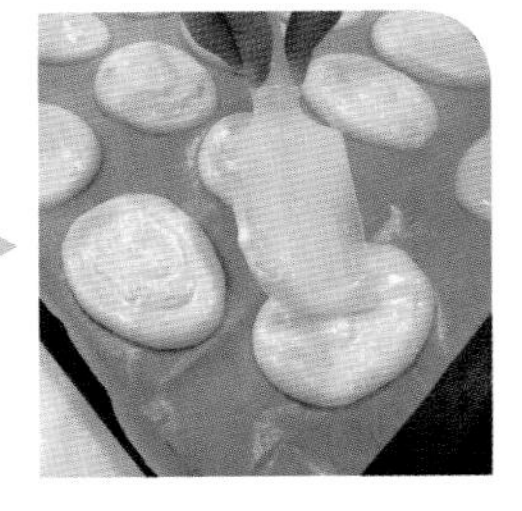

16

面糊间隔整齐地挤出椭圆形，表面用刮刀抹平整。

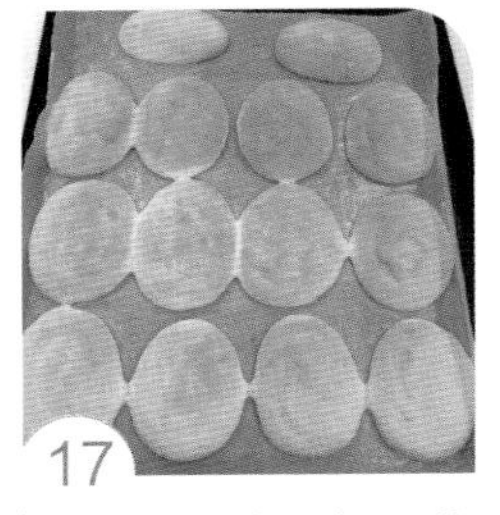

17

放入上下火已经预热至 170℃的烤箱中，烘烤 12～13 分钟，至表面呈金黄色。

18

移出烤盘冷却。

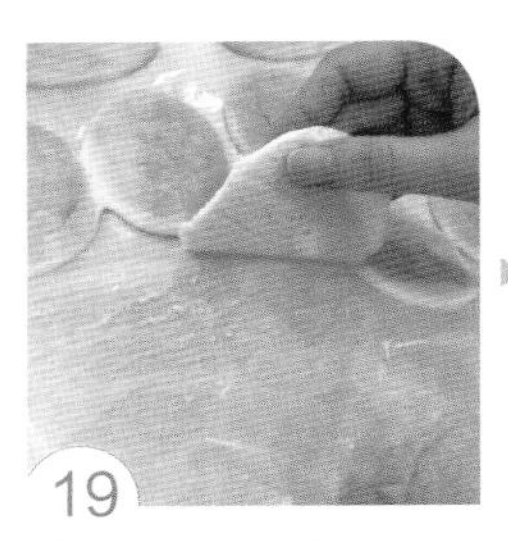

19

将硅油纸撕除。

20

卡士达鲜奶油夹馅装入挤花袋中，使用星状挤花嘴。

21

蛋糕片金黄色的一面撒上糖粉。

22

翻面挤上卡士达鲜奶油夹馅。

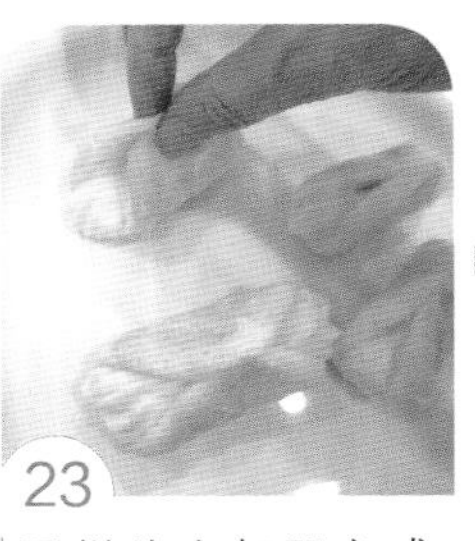

23

蛋糕片夹起即完成，成品放冰箱密封冷藏，可保存 3～4 天。

为什么烘烤杯子蛋糕时，一打开烤箱蛋糕就迅速回缩？

成品在烤箱中膨胀得很好，但一开烤箱时蛋糕就迅速回缩，是出了什么问题呢？发生这样的情形我们要注意以下步骤：

1. 操作全蛋或分蛋打发的过程中，一定要打发至蓬松的状态。
2. 混合面粉的过程要使用切拌混合方式，避免过度搅拌，造成面粉产生筋性。
3. 烤箱温度要足够，烘烤时间要足够，组织才能够定型。

A > 巧克力杏仁杯子蛋糕

分量 > 12个

材料

奥利奥饼干 30g（表面装饰）
冰鸡蛋 3 个（净重约 150g）
高筋面粉 50g
无糖可可粉 10g
无盐黄油 30g
柠檬汁 1/2 茶匙
细砂糖 50g
杏仁粉 15g

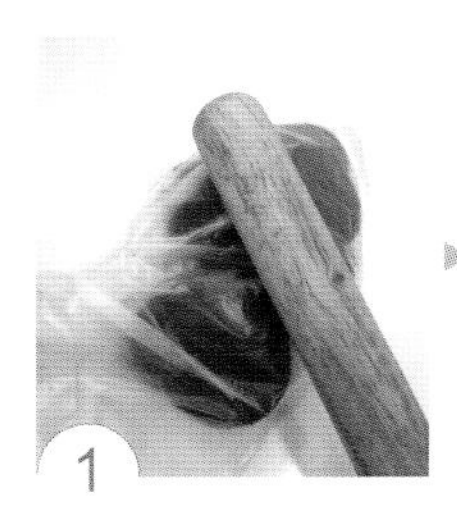
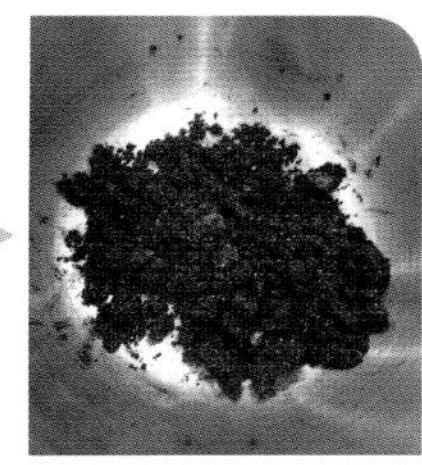

1 奥利奥饼干装入塑料袋中，打碎备用。

2 将冰鸡蛋的蛋黄、蛋白分开（蛋白不可以沾到蛋黄、水分及油脂）。

3 高筋面粉＋无糖可可粉用滤网过筛。

4 无盐黄油加温熔化成为液状。

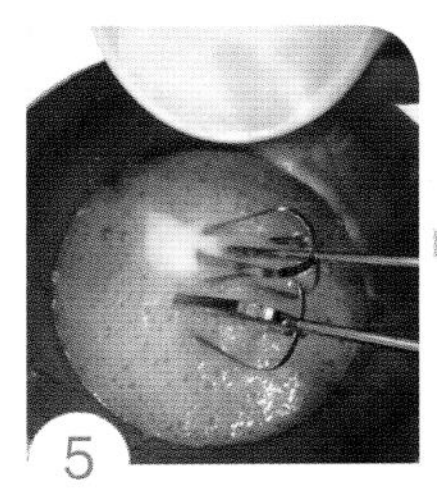
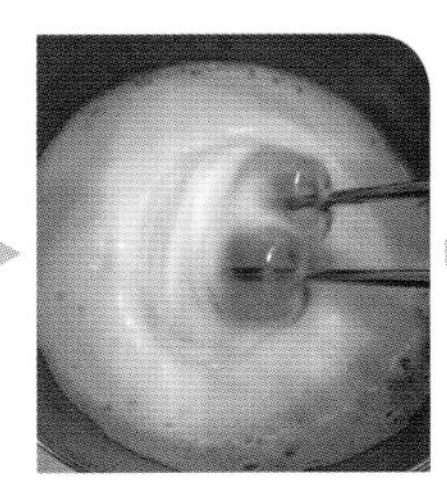
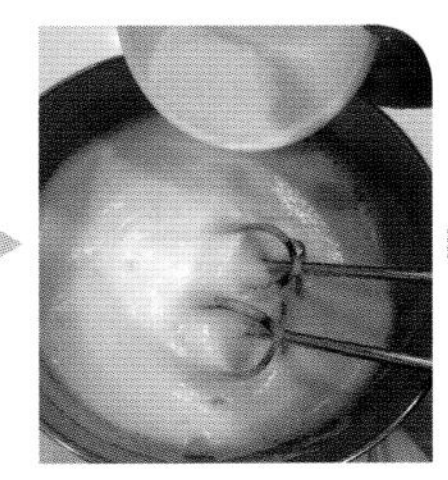
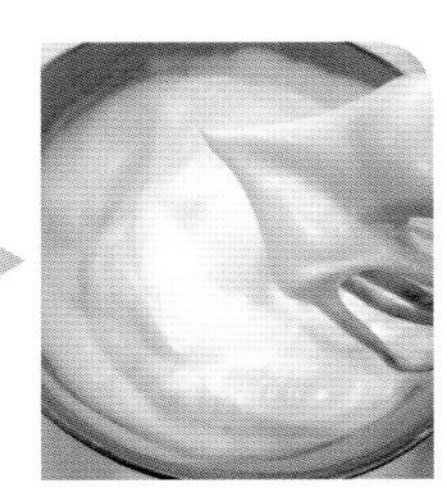

5 冰蛋白先用打蛋器打出一些泡沫，然后加入柠檬汁及细砂糖（分两次加入），打成尾端挺立的蛋白霜（干性发泡）。

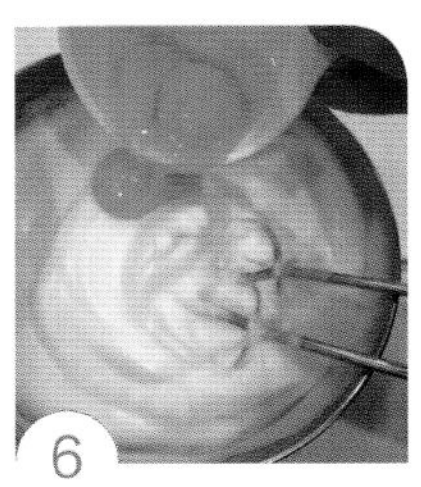
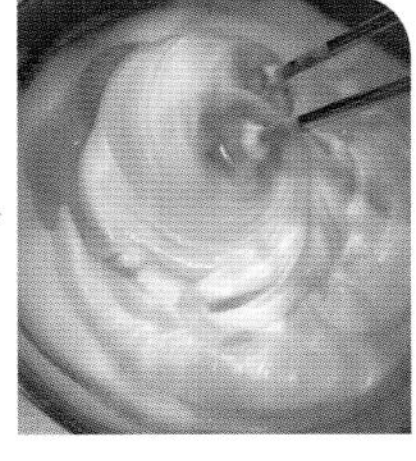

6 将冰蛋黄倒入搅拌均匀。

7 将杏仁粉加入搅拌均匀。

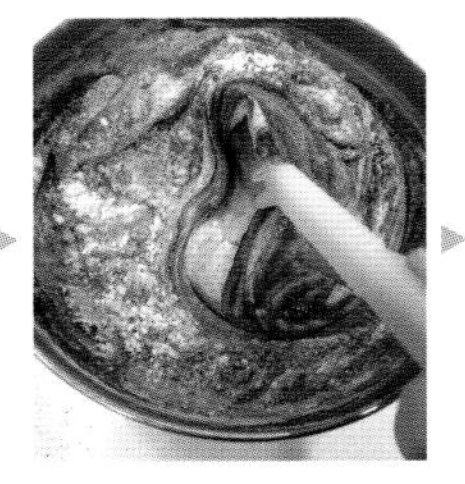
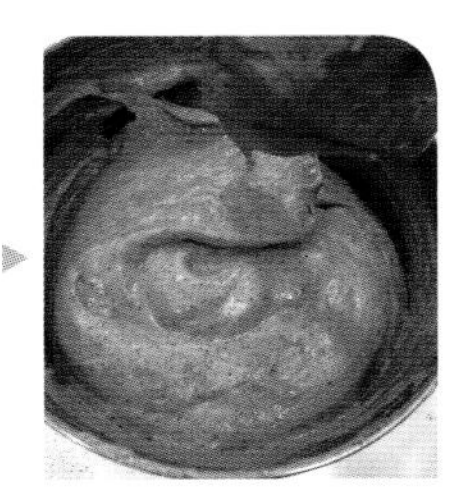

8 过筛的粉类分两次加入，以切拌的方式混合均匀。

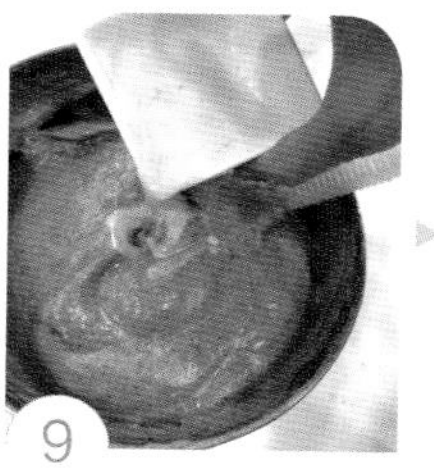
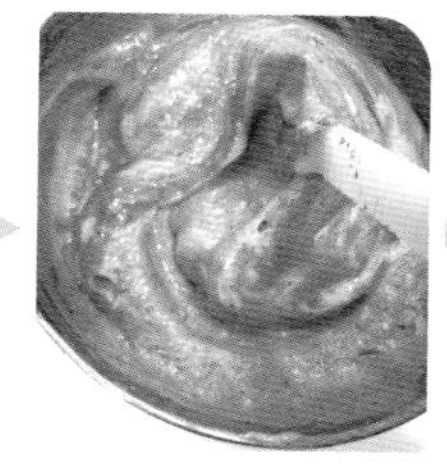
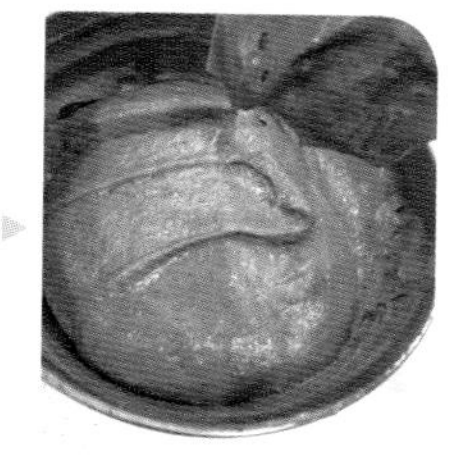

9 最后将熔化的无盐黄油倒入，以切拌的方式混合均匀。

10 油力士纸模中装入马芬烤模，面糊均匀放入烤模中约八分满。

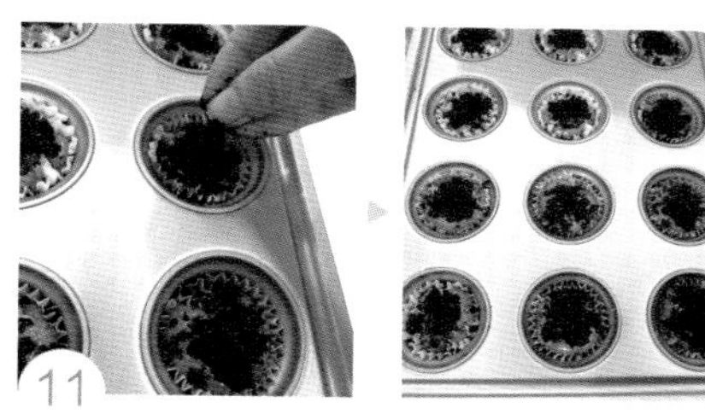

11 表面均匀撒上奥利奥饼干碎。

12 放入上下火已经预热至170℃的烤箱中，烘烤20～22分钟，至竹签插入中心，无粘黏即可出烤箱。

13 移出马芬烤模，至铁网架冷却。

小叮咛

1. 无盐黄油也可以使用液体植物油代替。
2. 油力士纸杯（有百褶）比较软，一定要放烤模中，不然直接烘烤成品会变形，比较不好看，若是材质比较硬的纸杯，就可以直接烘烤。
3. 使用高筋面粉组织有弹性，也可以使用同分量的低筋面粉代替。
4. 密封室温可以保存1～2天，冰箱冷藏可以保存4～5天。

B > 巧克力南瓜卡士达杯子蛋糕

分量 > 4个（直径6cm油力士纸模）

材料

鸡蛋 2 个（净重约 100g）
低筋面粉 12g
无糖可可粉 3g
苦甜巧克力砖 30g
柠檬汁 1/4 茶匙
细砂糖 25g
南瓜卡士达酱 200g

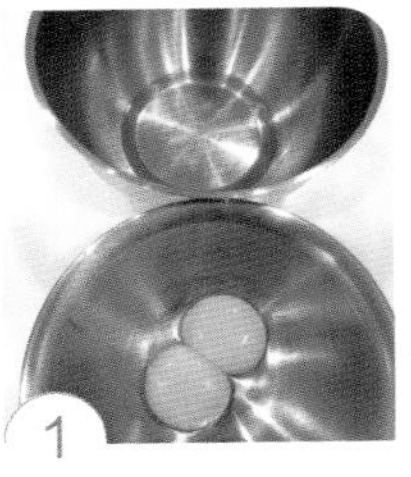

1 将鸡蛋的蛋白及蛋黄分开（分蛋的过程中，注意蛋白不可以沾到任何蛋黄、水分及油脂）。

2 低筋面粉 + 无糖可可粉用滤网过筛。

3 找一个比工作钢盆稍微大一些的钢盆装上水，煮至 50℃。

4 将装有苦甜巧克力碎的工作盆放入已经煮至 50℃的水中，用隔水加温的方式，将巧克力完全熔化保温备用。

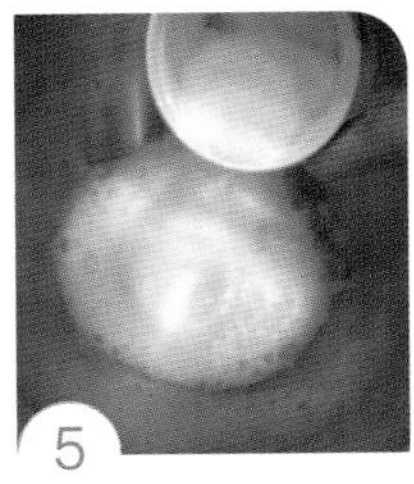

5 蛋白先用打蛋器打出一些泡沫，然后加入柠檬汁及细砂糖（分两次加入），打成尾端挺立的蛋白霜（干性发泡）。

6 熔化的巧克力酱倒入蛋黄中，混合均匀。

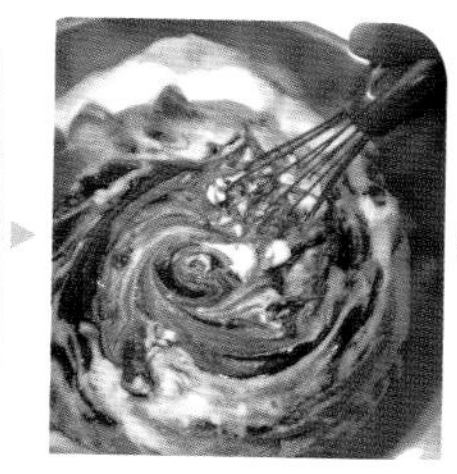
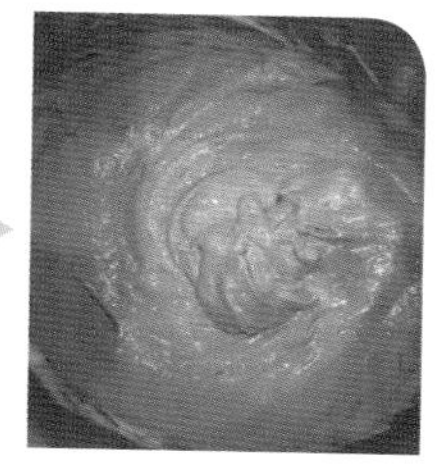

7 再将巧克力蛋黄液倒入蛋白霜中，混合均匀。

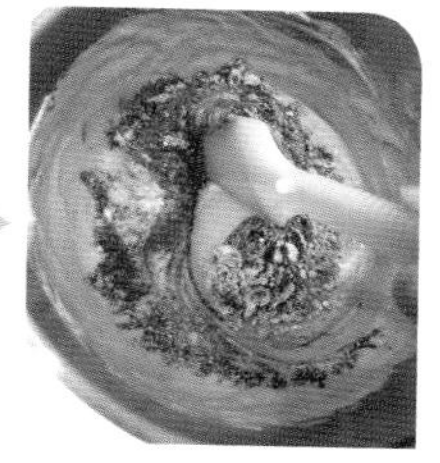

8 粉类分两次加入，以切拌方式混合均匀。

9 拌好的面糊平均倒入纸模中。

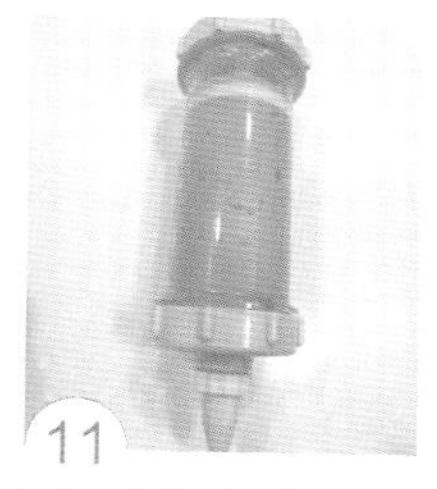

10 放入上下火已经预热至160℃的烤箱中，烘烤22～25分钟，蛋糕移出烤盘放凉。

11 南瓜卡士达酱一半分量装入挤花筒中，使用0.2cm细挤花嘴。

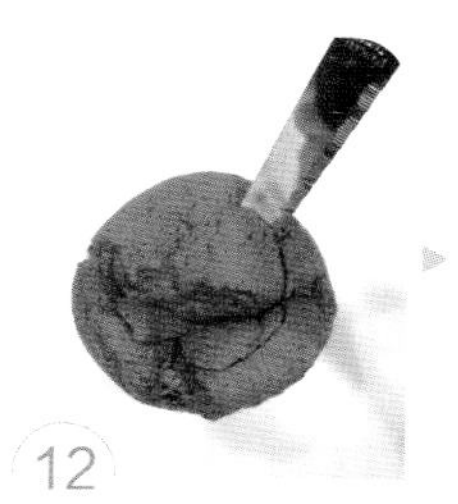

12 小刀斜插入蛋糕中切出一个锥形。

13 蛋糕中心填入适量南瓜卡士达酱。

14 锥形蛋糕反转盖上。

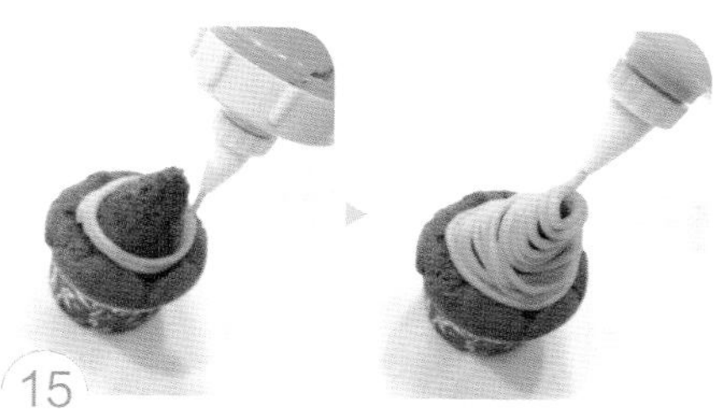

15 沿着锥形蛋糕边缘均匀挤上南瓜卡士达酱即完成。

小叮咛

南瓜卡士达酱材料及做法，请参考《新手烘焙从入门到精通 I》61页。

THE BIBLE
OF BAKING FOR
BEGINNERS
BAKING SODA
VANILLA SUGAR

PART 4

认识戚风蛋糕

CHIFFON CAKE

何谓戚风蛋糕？如何制作？

戚风蛋糕是面糊类和乳沫类蛋糕的综合，液体比例高，使用的油脂以液体植物油为主。成品组织松软湿润，蓬松柔软又湿润的戚风蛋糕人人喜爱，清爽不油腻，是家庭自制蛋糕的首选。添加不同材料就可以变化出各式各样口味，搭配鲜奶油装饰更可以为重要节日增添无限情趣。

戚风蛋糕专用烤模底板为分离式（图1），分为平板与中空两种底板（图2、图3）。两种底板分量差不多，可以依照自己喜好来选择。中空的好处是温度平均，可以减少烘烤时间，平板的好处是适合当作生日蛋糕体，中间没有中空的洞抹奶油装饰比较适合。制作戚风蛋糕要选择专用分离式烤模，而且烤模不能使用防粘材质，或是抹油、撒面粉。因为成品一出烤箱，就必须倒扣散热冷却（图4），如果使用防粘材质的烤模，蛋糕膨胀有限，也会因为防粘材质造成组织没有办法支撑，一倒扣会马上掉下来。戚风蛋糕会蓬松柔软的原因，是因为倒扣之后，内部多余水分可以蒸发，蛋糕才不会回缩。所以戚风蛋糕都是会粘黏在模具上，这样倒扣时才有支撑力可以撑住。

戚风蛋糕制作过程分为两个阶段：先将蛋黄、糖及油脂混合均匀，再加入面粉及液体混合成为蛋黄面糊备用，要注意加入面粉的过程中，不可以混合过度造成面粉产生筋性，导致成品回缩。接着将蛋白霜打发至干性发泡，然后再将蛋黄面糊与法式蛋白霜混合入模烘烤。混合两者的过程中，必须先将1/3分量的蛋白霜混合蛋黄面糊中至均匀，再倒入剩余2/3的蛋白霜中混合均匀即可。这样的步骤是让两边的面糊浓稠度接近，操作更容易也更均匀。混合过程不可搅拌过度，免得容易消泡使得面糊变稀，影响膨胀状况，导致成品失败。面糊倒入烤模中七八分满，因为戚风类蛋糕膨胀的来源为蛋白霜，在烘烤时膨胀的程度比较大，若倒太多的面糊在烘烤时容易流出。

戚风类蛋糕所使用的温度较其他蛋糕低，烘烤8英寸空心或实心模型，温度在150~160℃，烤焙时间在45~50分钟。如用杯子蛋糕，温度维持在160~170℃，烤焙时间在15~25分钟。温度太高，底部容易发生上凹情形，可以多垫一个烤盘调整。若希望一次烘烤两个成品，建议将预热起始温度调高10℃，成品放入烘烤15分钟，再将温度调整回原温度。

如何制作原味基础戚风蛋糕?

松软的戚风蛋糕是家中最常烘烤的蛋糕，只要掌握住几个基本步骤，注意蛋白霜确实打发，混合过程不要过度，不需要添加任何膨大剂，蓬松柔软的蛋糕就能够完美出烤箱。

原味戚风蛋糕

分量 1个（8英寸中空模，材质不可防粘）

材料

A **蛋黄面糊**
- 蛋黄 5 个
- 低筋面粉 90g
- 细砂糖 20g
- 液体植物油 40g
- 香草酒 1/2 茶匙
- 牛奶 50g

B **蛋白霜**
- 蛋白 5 个
- 柠檬汁 1 茶匙（5g）
- 细砂糖 60g

1 将鸡蛋的蛋黄、蛋白分开（蛋白不可以沾到蛋黄、水分及油脂）。

2 低筋面粉用滤网过筛。

3

将蛋黄 + 细砂糖 20g 用打蛋器搅拌均匀。

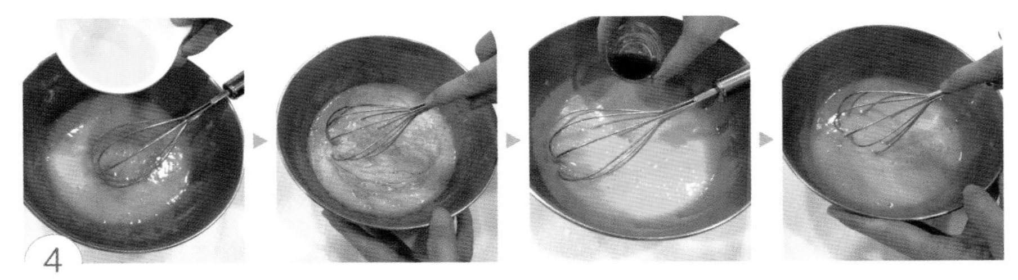

4

再依序将液体植物油及香草酒加入搅拌均匀。

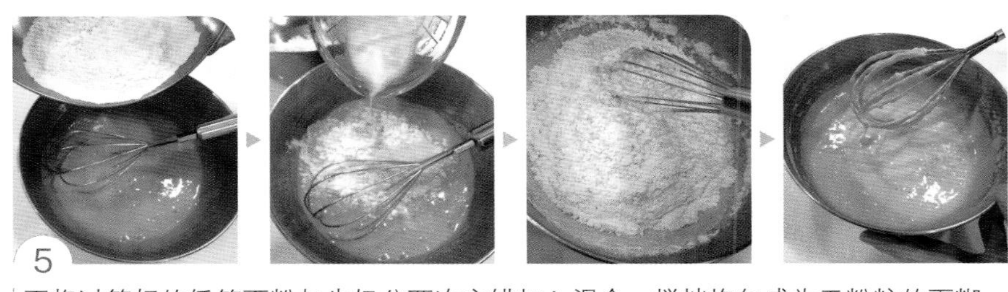

5

再将过筛好的低筋面粉与牛奶分两次交错加入混合，搅拌均匀成为无粉粒的面糊。

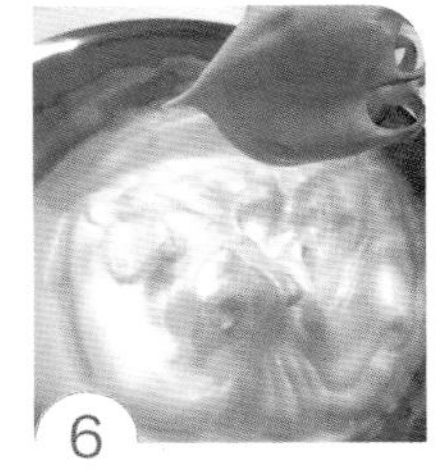

6

蛋白先用打蛋器打出一些泡沫，然后加入柠檬汁及细砂糖 60g（分两次加入），打成尾端挺立的蛋白霜（干性发泡）。

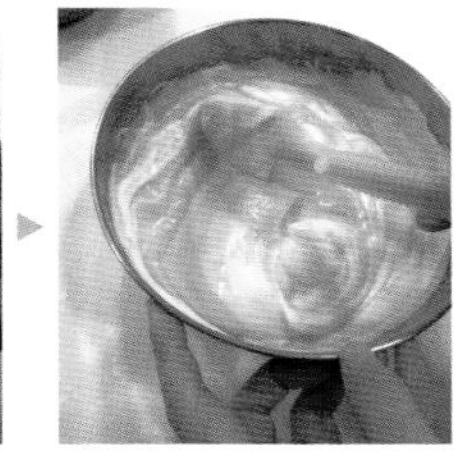

7

取 1/3 分量的蛋白霜混入蛋黄面糊中，用橡皮刮刀沿着盆边翻转，以切拌的方式搅拌均匀。

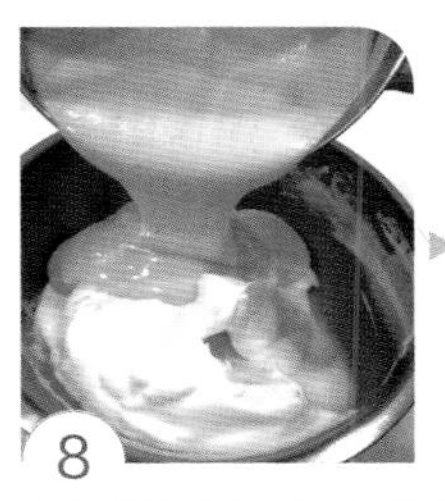

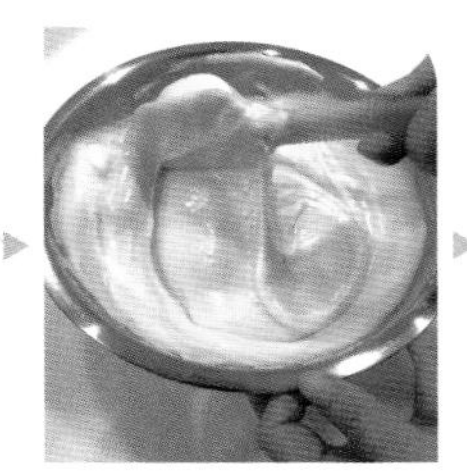

8

然后再将拌匀的面糊倒入剩下的蛋白霜中混合均匀。

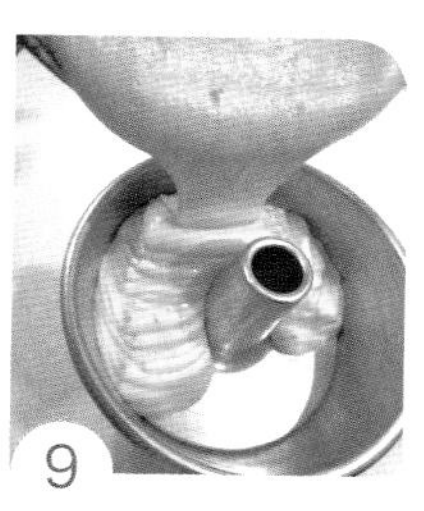
9
将搅拌好的面糊倒入8英寸的中空模中。

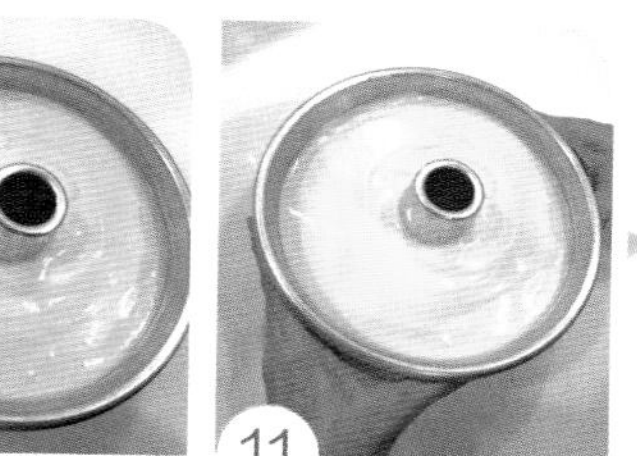
10
将面糊表面用橡皮刮刀抹平整。

11
进烤箱前，在桌上敲几下，敲出较大的气泡，放入上下火已经预热至160℃的烤箱中，烘烤12分钟后，从烤箱中取出。

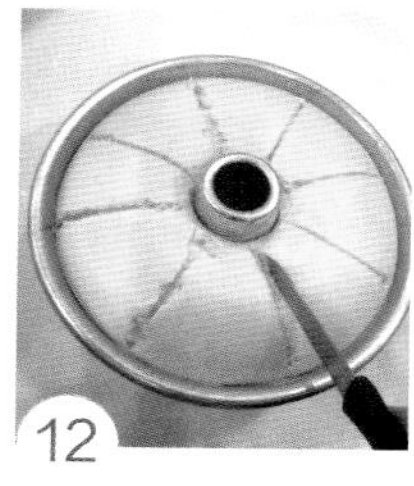
12
用一把小刀在蛋糕表面平均切出8道线。

13
再放回烤箱中，将烤箱温度调整成150℃，继续烘烤40分钟（用竹签插入蛋糕中心，没有粘黏就可以出烤箱）。

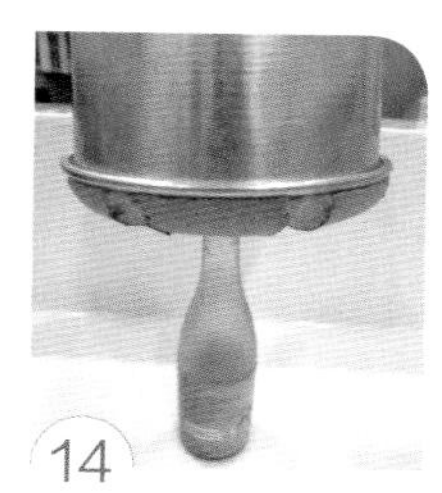
14
出烤箱后，马上倒扣在酒瓶上，放凉至完全冷却。

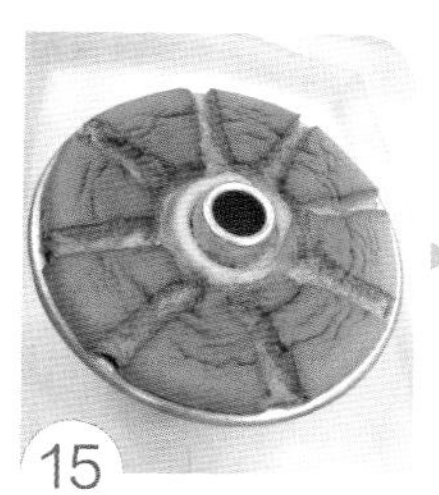
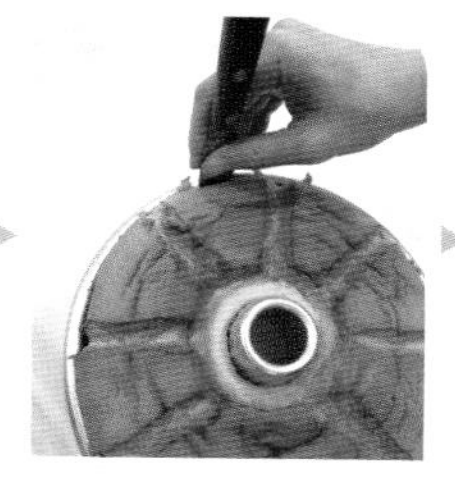
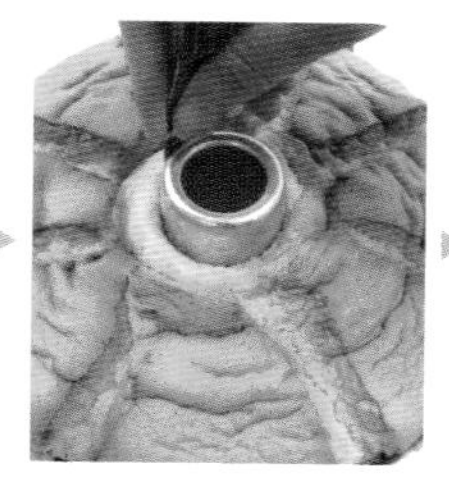

15
完全冷却后，用扁平小刀沿着边缘刮一圈脱模，中央部位及底部也用小刀贴着刮一圈脱模。

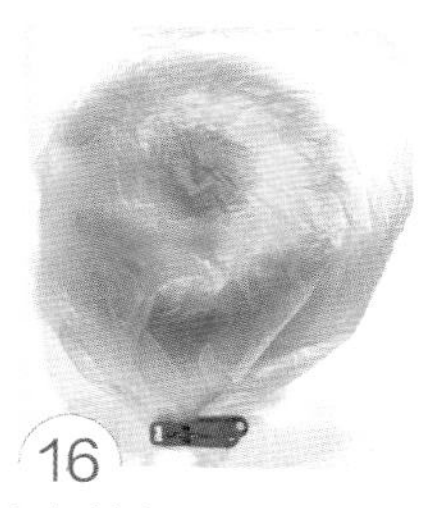
16
密封室温可以保存1~2天，冰箱冷藏可以保存4~5天。

小叮咛

1 香草酒做法，请参考《新手烘焙从入门到精通Ⅰ》41页。
2 鸡蛋使用冷藏的，每个净重50~55g。

戚风蛋糕如何变换口味?

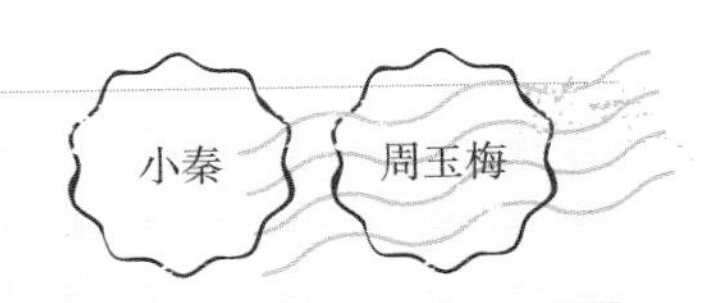

戚风蛋糕松软讨人喜欢，是近几年来家庭制作蛋糕的首选，如果希望做出不同风味的蛋糕，我们先熟记基础戚风蛋糕材料比例，再依照喜欢的口味调整配方，就能够完成属于自己的独特配方。

1 液体

戚风蛋糕中的液体部分可以使用牛奶、果汁、豆浆、咖啡、茶、新鲜果泥、果酱等材料来代替。但是要注意的是每一种材料浓稠度都不同，其中含糖量也不同，必须依据实际状况斟酌添加分量，也可以适度减少糖量。

2 干粉

低筋面粉的一部分可用不同口味的干粉（如无糖可可粉、抹茶粉、红曲粉、竹炭粉、速溶咖啡粉等）来代替。

3 果干

我们可以添加各式各样的坚果，干燥水果干如葡萄干、蔓越莓干、蜜渍橙皮及切碎的巧克力块，最后混入面糊中就能够得到更多元的效果。

基本比例

a. **蛋黄面糊：**蛋黄 5 个、细砂糖 20g、液体植物油 40g、牛奶 50g、低筋面粉 90g、香草酒 1/2 茶匙

b. **蛋白霜：**蛋白 5 个、柠檬汁 1 茶匙（5g）、细砂糖 60g

* 鸡蛋使用冷藏的，每个净重 50～55g。

更改为巧克力口味

a. **蛋黄面糊：**蛋黄 5 个、细砂糖 20g、液体植物油 40g、牛奶 50g、无糖可可粉 25g、低筋面粉 65g、香草酒 1/2 茶匙

b. **蛋白霜：**蛋白 5 个、柠檬汁 1 茶匙（5g）、细砂糖 60g

● 操作重点

无糖可可粉 + 低筋面粉过筛，其余步骤与基础戚风蛋糕相同（图 1）。

1

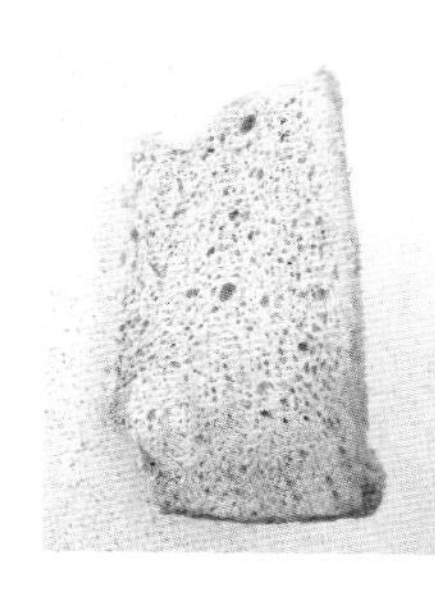

更改为咖啡口味

a. **蛋黄面糊：** 蛋黄 5 个、细砂糖 20g、液体植物油 40g、牛奶 50g、低筋面粉 90g、速溶咖啡粉 5g

b. **蛋白霜：** 蛋白 5 个、柠檬汁 1 茶匙（5g）、细砂糖 60g

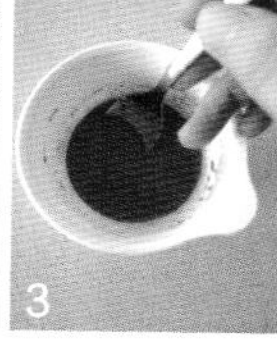

● 操作重点

配方中牛奶先加热，将速溶咖啡粉倒入热牛奶中混合均匀冷却，其余步骤与基础戚风蛋糕相同（图 2、图 3）。

更改为抹茶口味

a. **蛋黄面糊：** 蛋黄 5 个、细砂糖 20g、液体植物油 40g、牛奶 50g、抹茶粉 8g、低筋面粉 82g

b. **蛋白霜：** 蛋白 5 个、柠檬汁 1 茶匙（5g）、细砂糖 60g

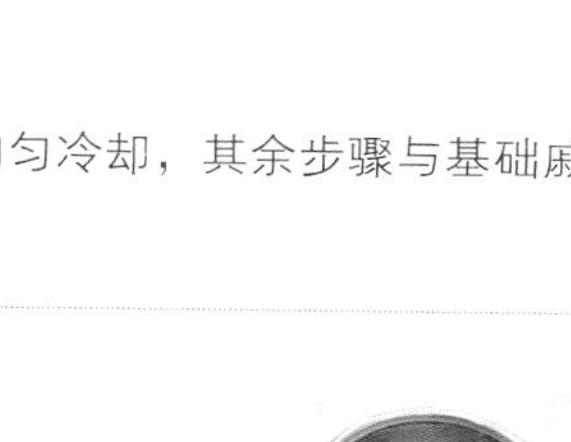

● 操作重点

抹茶粉 + 低筋面粉过筛，其余步骤与基础戚风蛋糕相同（图 4）。

更改为奶茶口味

a. **蛋黄面糊：** 蛋黄 5 个、细砂糖 20g、液体植物油 40g、牛奶 60g、低筋面粉 90g、红茶包 2 包

b. **蛋白霜：** 蛋白 5 个、柠檬汁 1 茶匙（5g）、细砂糖 60g

● 操作重点

配方中牛奶先加热，将红茶包放入热牛奶中静置 5～6 分钟，完全冷却后，将红茶包捞起挤干。取奶茶 50g，若不足 50g 另外用水补足，其余步骤与基础戚风蛋糕相同（图 5～图 7）。

更改为金橘口味

a. **蛋黄面糊：** 蛋黄 5 个、液体植物油 40g、新鲜金橘汁 30g、低筋面粉 90g、金橘果酱 50g

b. **蛋白霜：** 蛋白 5 个、柠檬汁 1 茶匙（5g）、细砂糖 60g

● 操作重点

新鲜金橘挤出果汁取 30g；蛋黄 + 金橘果酱混合均匀，其余步骤与基础戚风蛋糕相同（图 8、图 9）。

如何制作烫面法戚风蛋糕？

何谓烫面法戚风蛋糕？面粉是有筋性的材料，加热之后面筋会断裂，面糊可以吸收更多的水分，以这样的方式做出来的戚风蛋糕会更保湿柔软，称为烫面法戚风蛋糕。操作过程中，要特别注意面粉筋性务必充分煮熟，不然搅拌过度，容易发生组织回缩或出现大孔洞的状况。

蜜橙烫面戚风蛋糕

分量 > 1个（8英寸中空模）

材料

A 蛋黄面糊

- 蜜渍橙皮 50g
- 冰蛋黄 5 个 + 1 个全蛋
- 低筋面粉 80g
- 柳橙汁 120g
- 液体植物油 30g
- 细砂糖 20g

B 蛋白霜

- 冰蛋白 5 个
- 柠檬汁 1 茶匙（5g）
- 细砂糖 60g

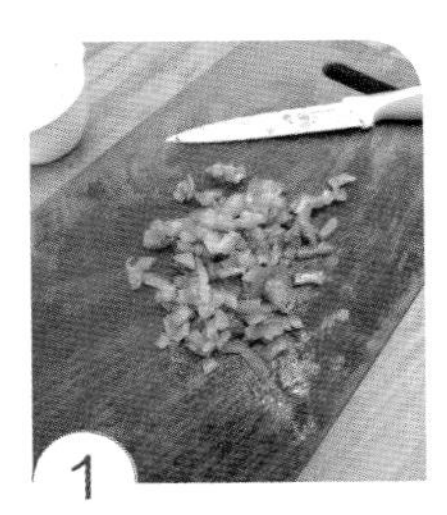

1 蜜渍橙皮切碎。

2 将 5 个冰鸡蛋的蛋黄、蛋白分开。

3 低筋面粉用滤网过筛。

4 依序将柳橙汁、液体植物油、细砂糖 20g 放入工作盆中。

5

使用中小火煮至沸腾，转小火。

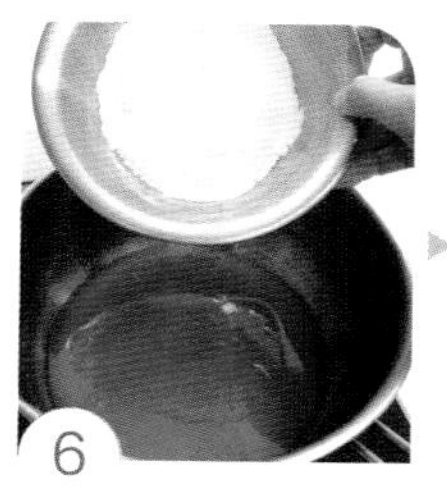

6

将过筛的低筋面粉一口气倒入，用木匙快速搅拌（水及奶油煮沸后转小火，倒入面粉后，火不要关，一直搅拌到面粉变得有一点儿透明，不粘锅才能关火）。

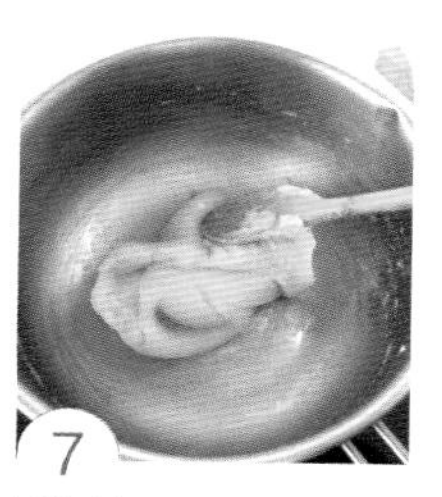

7

搅拌到面粉完全成团且不粘锅底，即关火。

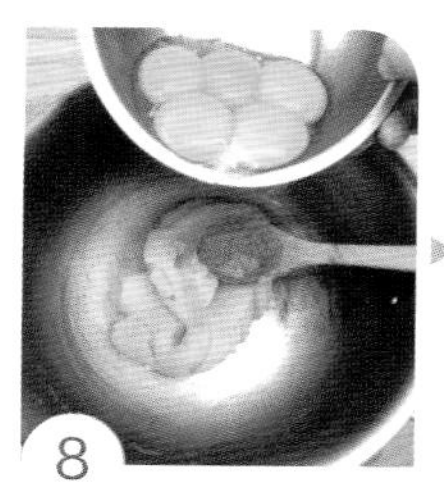

8

面团稍微放凉（65℃以下），将 5 个冰蛋黄及 1 个全蛋分 4～5 次慢慢加入，每一次加入都要搅拌均匀才再度添加。

9

面糊呈倒三角形缓慢流下的程度即完成。

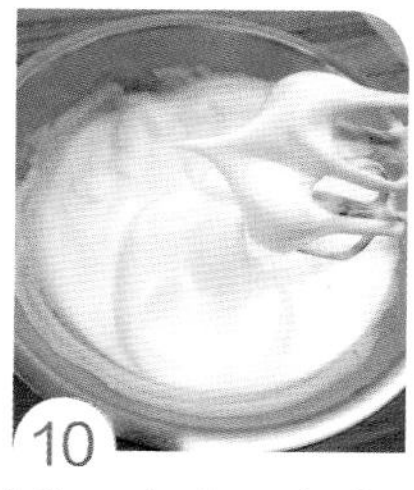

10

将 5 个冰蛋白先用打蛋器打出一些泡沫，然后加入柠檬汁及细砂糖 60g（分两次加入），打成尾端挺立的蛋白霜（干性发泡）。

11

取 1/3 分量的蛋白霜混入蛋黄面糊中，用橡皮刮刀沿着盆边翻转，以切拌的方式搅拌均匀。

12

然后再将拌匀的面糊倒入剩下的蛋白霜中，混合均匀。

13

最后将蜜渍橙皮加入，快速混合均匀。

14 将搅拌好的面糊倒入8英寸中空模中，将面糊表面用橡皮刮刀抹平整。

15 进烤箱前，在桌上敲几下，敲出较大的气泡，放入上下火已经预热至160℃的烤箱中，烘烤12分钟后，从烤箱中取出。

16 用一把小刀在蛋糕表面平均切出8道线。

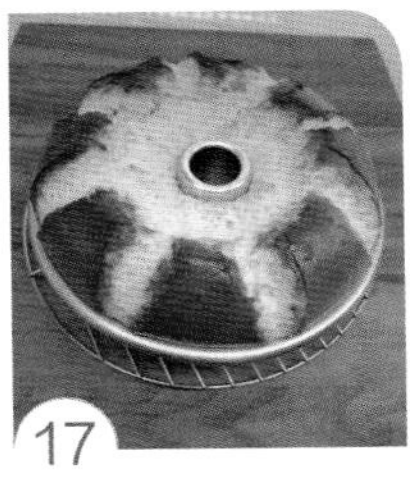

17 再放回烤箱中，将烤箱温度调整成150℃，继续烘烤40分钟（用竹签插入中心，没有粘黏就可以出烤箱）。

18 出烤箱后，马上倒扣在酒瓶上，放至完全冷却。

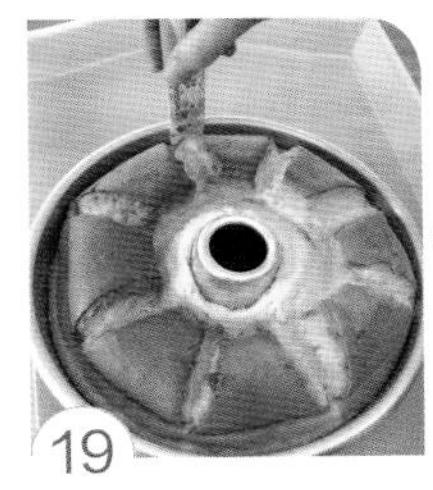

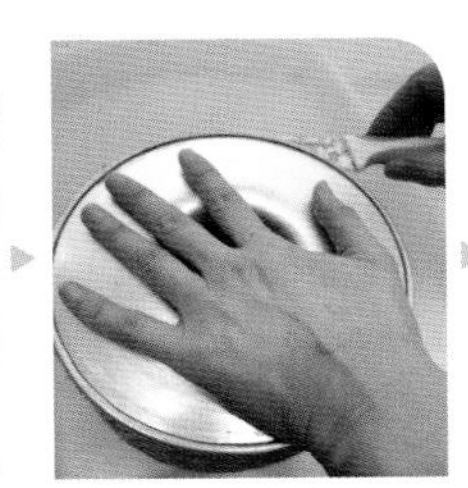

19 完全冷却后，用扁平小刀沿着边缘刮一圈脱模，中央部位及底部也用小刀贴着刮一圈脱模即可。

小叮咛

鸡蛋使用冷藏的，每个净重50～55g。

戚风蛋糕表面为什么要划线?

戚风蛋糕利用打发的蛋白霜来让组织松软，所以在烘烤时加热就会往上膨胀，没有办法控制表面的裂纹。但有时自然膨胀的裂纹比较不规则会影响美观，或是完全没有裂纹，这都是无法避免的（图1、图2）。

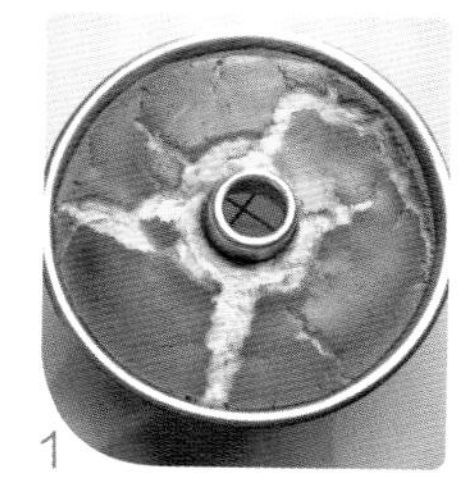
1

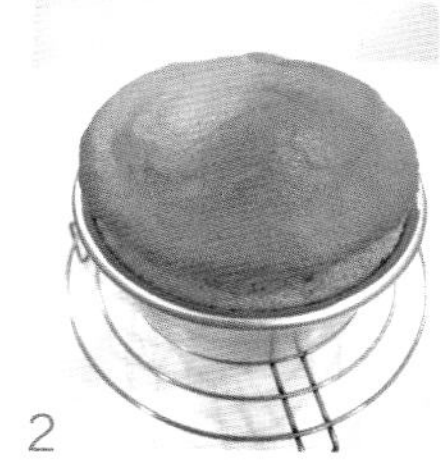
2

如果希望表面裂纹膨胀得均匀，可以在蛋糕放入烤箱中12～15分钟的时候取出，让蛋糕表面先烤定型，形成一个薄壳的程度，然后用刀在蛋糕表面切出均匀的线段，再放回烤箱中，继续烘烤。如此一来，蛋糕在接下来的膨胀过程中，就会按照切开的地方，形成均匀漂亮的裂纹（图3～图7）。

3

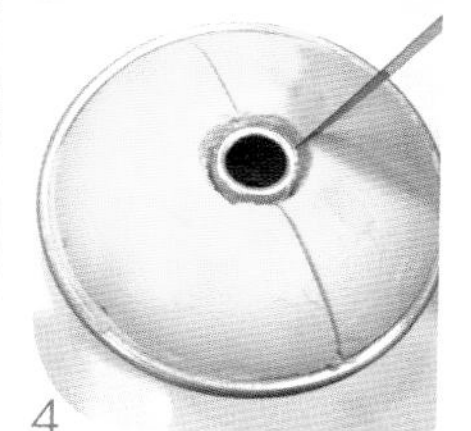
4

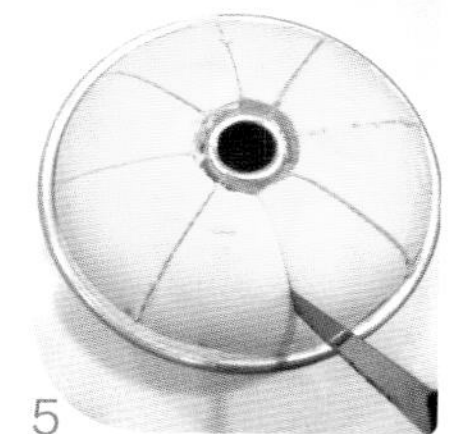
5

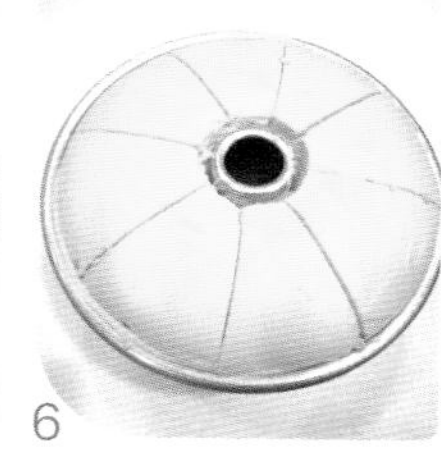
6

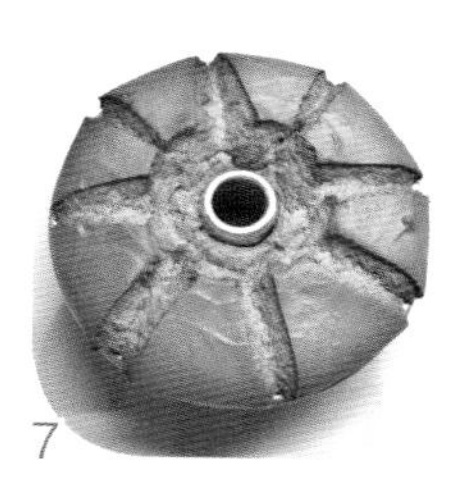
7

百香果戚风蛋糕

分量 1个（8英寸中空模）

材料

A **蛋黄面糊**
- 冰蛋黄 6 个
- 低筋面粉 110g
- 百香果果酱 30g
- 液体植物油 40g
- 新鲜百香果果肉 60g

B **蛋白霜**
- 冰蛋白 6 个
- 柠檬汁 1 茶匙（5g）
- 细砂糖 50g

1

将冰鸡蛋的蛋黄、蛋白分开（蛋白不可以沾到蛋黄、水分及油脂）。

2

低筋面粉用滤网过筛。

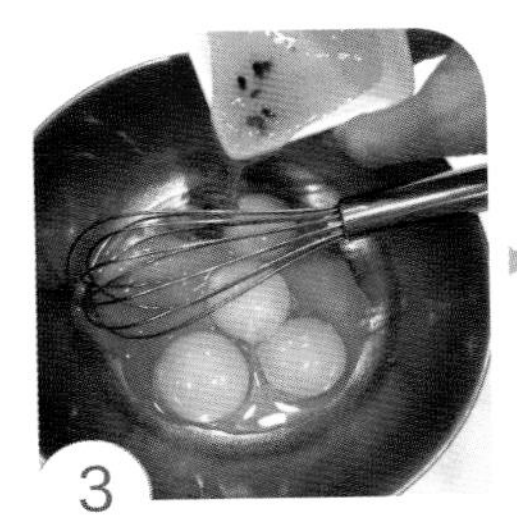

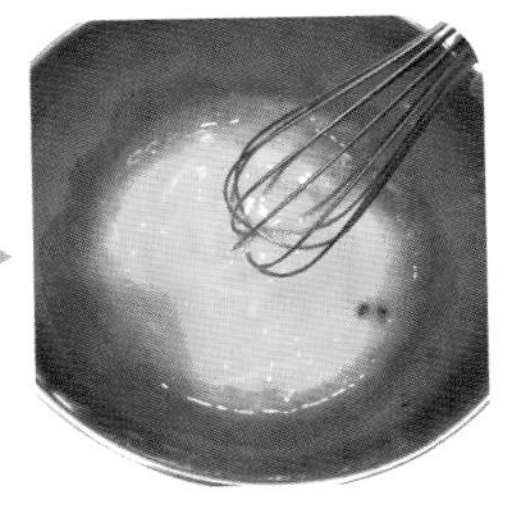

3

将 5 个冰蛋黄 + 百香果果酱，用打蛋器搅拌均匀。

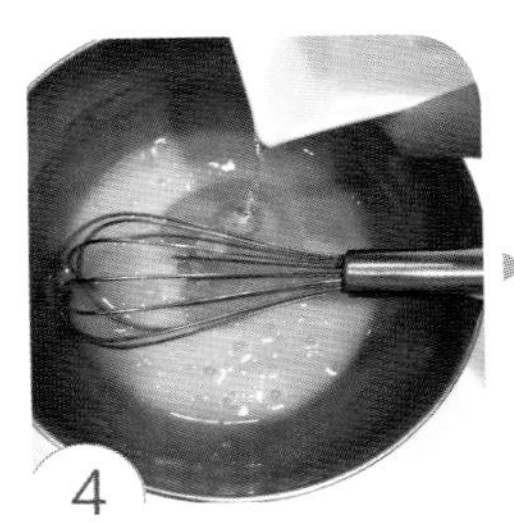

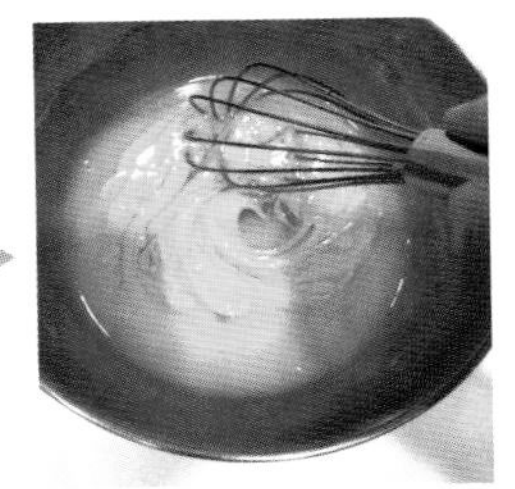

4

再将液体植物油加入，搅拌均匀。

5

再将过筛好的低筋面粉与新鲜百香果肉分两次加入，混合搅拌均匀成为无粉粒的面糊（搅拌过程尽量快速，避免面粉产生筋性，影响口感）。

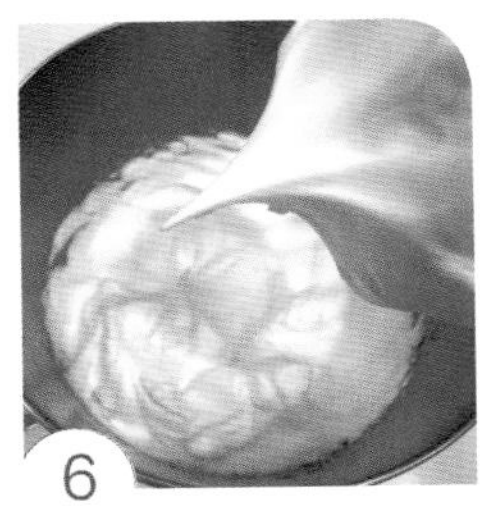

6

将 6 个冰蛋白用打蛋器打出一些泡沫，然后加入柠檬汁及细砂糖 50g（分两次加入），打成尾端挺立的蛋白霜（干性发泡）。

7

取 1/3 分量的蛋白霜混入蛋黄面糊中，用橡皮刮刀沿着盆边翻转，以切拌的方式搅拌均匀。

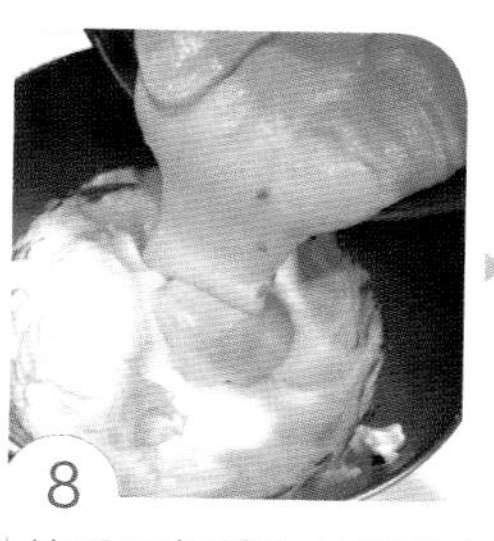

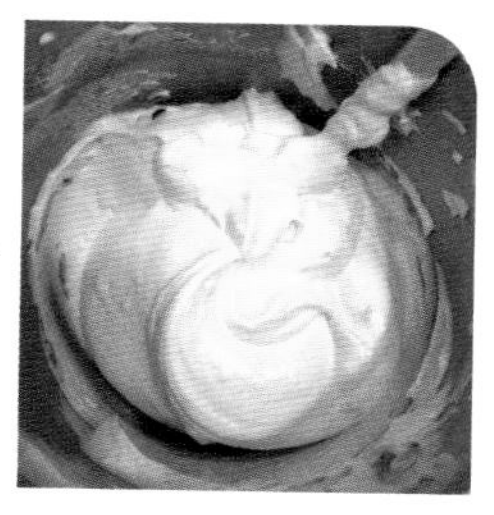

8 然后再将拌匀的面糊倒入剩下的蛋白霜中，混合均匀。

9 将搅拌好的面糊倒入8英寸中空模中。

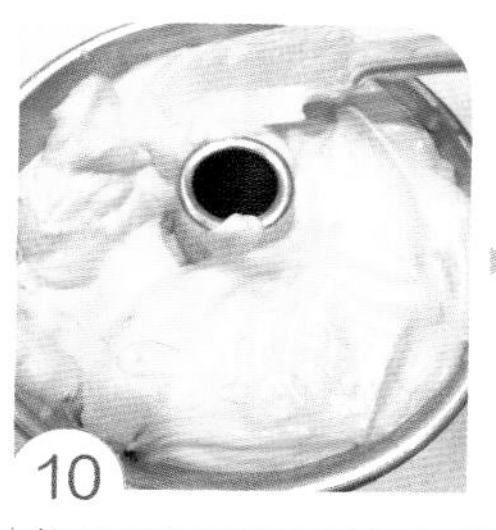
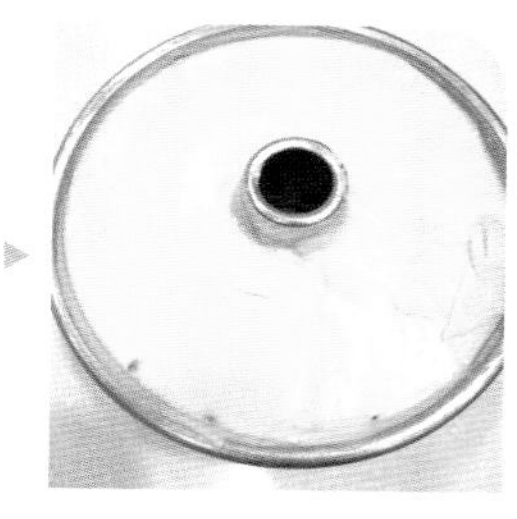

10 将面糊表面用橡皮刮刀抹平整。进烤箱前，在桌上敲几下，敲出较大的气泡，放入上下火已经预热至160℃的烤箱中，烘烤12分钟后，从烤箱中取出。

11 用一把小刀在蛋糕表面，平均切出8道线（此步骤帮助蛋糕表面均匀膨胀）。

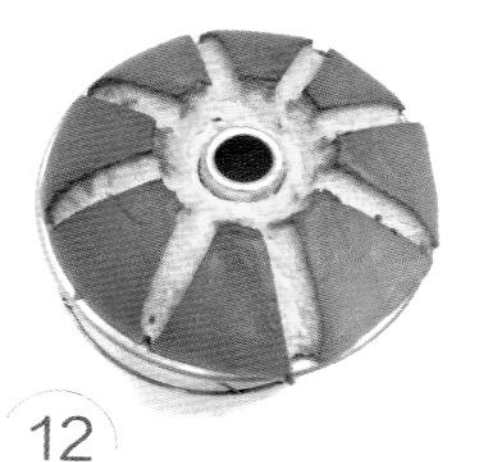

12 再放回烤箱中，将烤箱温度调整成150℃，继续烘烤42分钟（用竹签插入蛋糕中心，没有粘黏就可以出烤箱，若有粘黏再烤2～3分钟）。

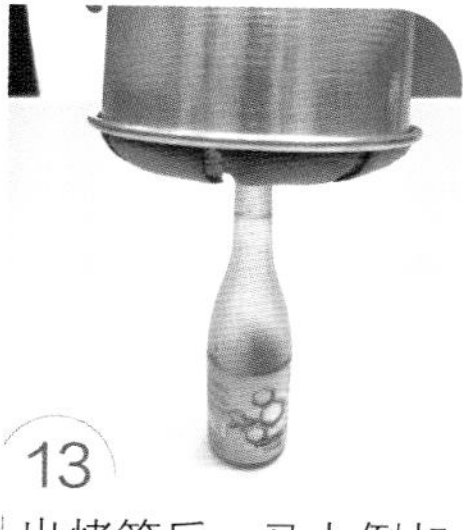

13 出烤箱后，马上倒扣在酒瓶上放凉（倒扣时必须架高，至少离桌面15cm，避免热气回流，造成表面湿黏）。

14 完全凉透后，用扁平小刀沿着边缘刮一圈脱模，中央部位及底部也用小刀贴着刮一圈脱模即可。

小叮咛

1 百香果酱做法，请参考41页。
2 鸡蛋使用冷藏的，每个净重50～55g。

戚风蛋糕要如何倒扣及脱模?

蛋糕移出烤箱后，要马上表面朝下倒扣，直到完全冷却，蛋糕体才不会回缩，组织才会松软蓬松。

一 中空戚风蛋糕出烤箱倒扣方式

将中空部分插入细颈的瓶子上倒扣，直到完全冷却，高度至少距离桌面 15cm，底部必须架高有充足的散热空间，才不会产生水气造成回潮，使得蛋糕表面变湿黏（图 1、图 2）。

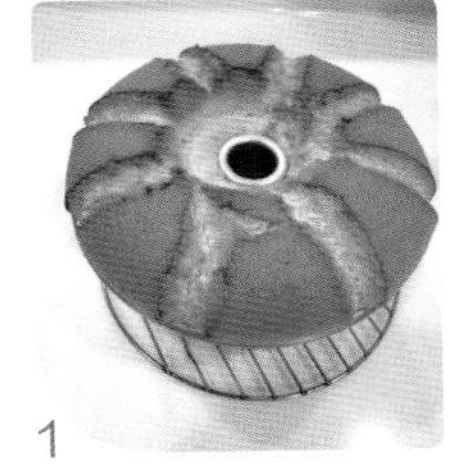
1

2

二 平板戚风蛋糕出烤箱倒扣方式

1
在模子的两边放同高的容器，将蛋糕模架高。

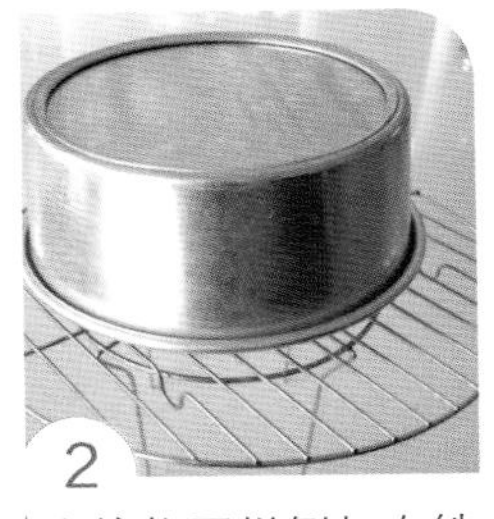
2
直接将蛋糕倒扣在铁网架上（高度至少离桌面 15cm）。

3
使用倒扣叉直接插入蛋糕中央架高放凉。

蛋糕必须完全冷却后，才可以脱模，倒扣至完全冷却，需要 3～4 小时，不然组织没有散热完全定型，切开会使得蛋糕组织粘黏在一块，不会蓬松也影响口感。

三 戚风蛋糕放凉脱模方式

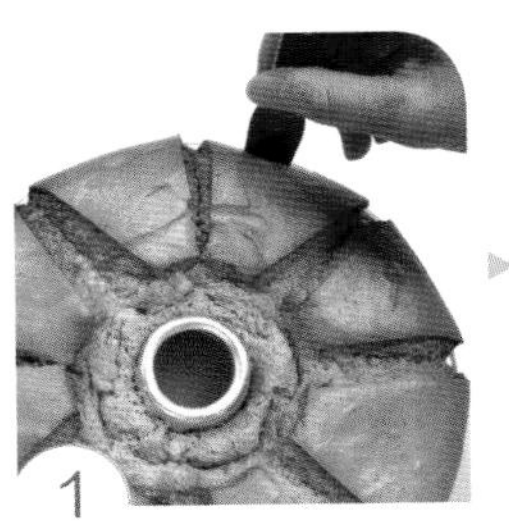
1

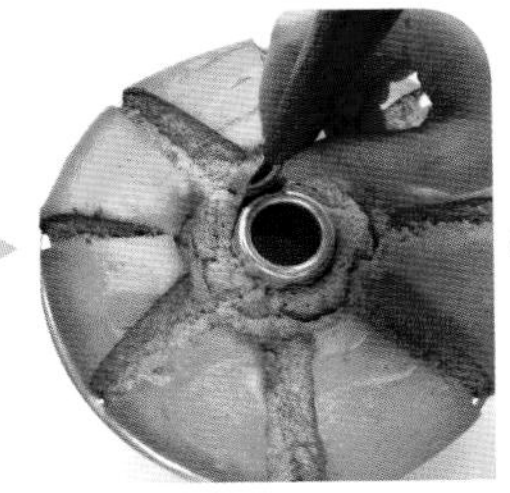

完全凉透后，用扁平小刀沿着边缘刮一圈，若是烘烤中空戚风蛋糕，中央部位也要用扁平小刀沿着边缘刮一圈。

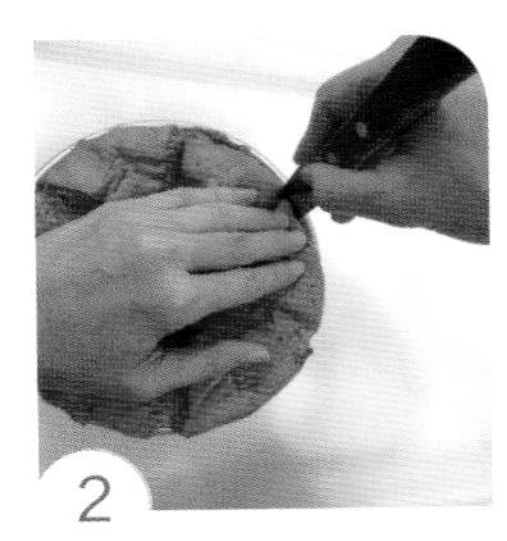
2
若蛋糕表面膨胀到突出边缘，要用手稍微将突出边缘的蛋糕往内剥，才方便脱模。

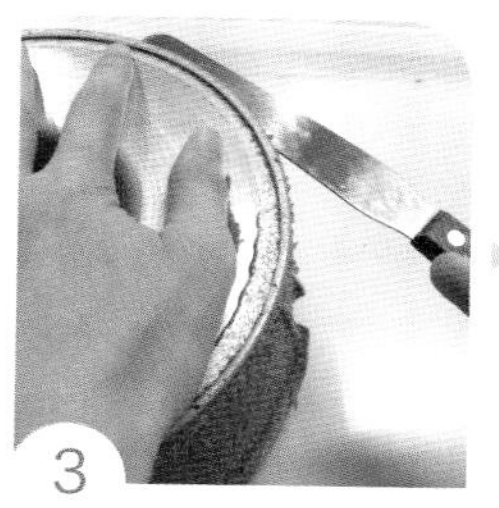

3 底部也用小刀贴着刮一圈脱模。

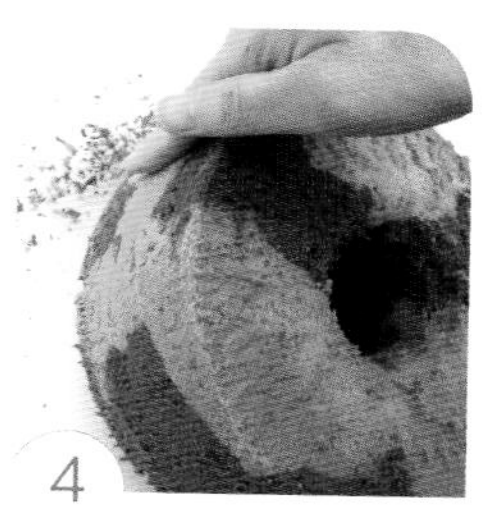

4 蛋糕边缘有一些蛋糕碎屑，剥除会更美观。

5 成品表面朝下，放置在盘子上。

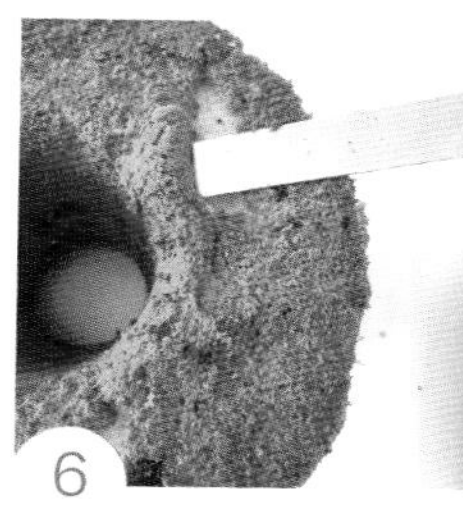
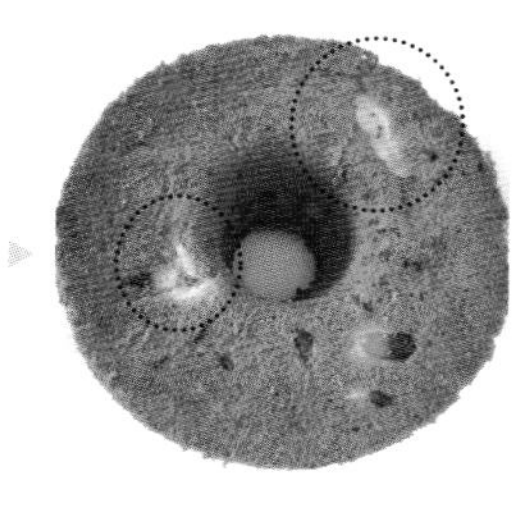

6 要特别注意，底部脱膜的过程中，脱膜的器具一定要贴紧烤模，避免脱模刀戳到蛋糕体，否则会造成刮伤影响美观。

（由一晨提供）

戚风蛋糕倒扣放凉掉下来的原因是什么？

制作戚风蛋糕要选择专用分离式烤模，而且烤模不能使用防粘材质，或是抹油、撒粉。因为成品一出烤箱，就必须倒扣散热冷却，如果使用防粘材质的烤模，蛋糕膨胀有限，也会因为防粘材质，造成组织没有办法支撑，一倒扣会马上掉下来。如果烤模使用正确，但是一倒扣放凉时，蛋糕就掉下来，可能的原因如下：

1. 烤温不足。
2. 烘烤时间不足。
3. 面糊太湿，液体材料添加过多。

平板戚风烤模与中空戚风烤模有什么不同?

戚风蛋糕专用烤模底板为分离式，分为平板与中空两种底板。两种底板分量是差不多的，可以自行依照喜好来选择。平板式底盘烘烤出来的成品中间没有孔洞，蛋糕表面完整，非常适合当作装饰蛋糕体使用。因为平板式底盘不像中空式传热那么快，所以建议烘烤时间可以比中空式增加 3 ~ 5 分钟（图 1 ~ 图 5）。

中空式底盘如下图所示，中央有一个如烟囱般的突起，好处是温度传递平均，可以减少烘烤时间（图 6 ~ 图 9）。

为何烤好的戚风蛋糕中央凹陷回缩且组织扎实?

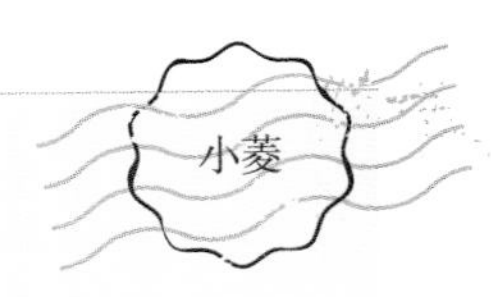

为什么戚风蛋糕在烤箱中膨胀得很好，但一出烤箱就缩到一半的高度？如果成品烘烤出来发现回缩严重，有部分组织都变得扎实，那就要注意以下做法：戚风蛋糕是完全利用蛋白霜打发产生的气孔来使得组织膨胀，所以要确实将蛋白霜打挺至干性发泡的程度。混合蛋黄面糊部分的过程，是否混合过度，造成面粉产生筋性，这样成品会回缩严重。而且烤模不可使用防粘材质或抹油、撒粉，以免蛋糕组织没有办法支撑，造成回缩严重。烤箱温度是否偏低，而且烘烤时间是否不足（图 1 / 由 Alice Ku 提供、图 2）。

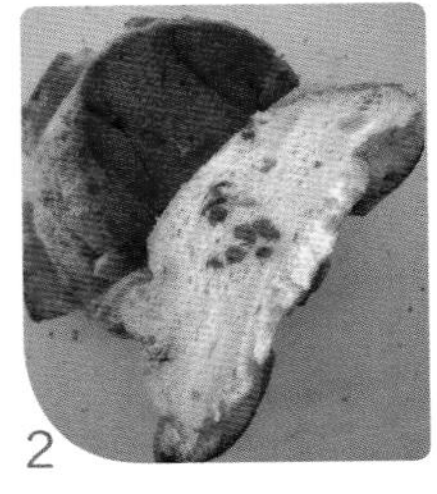

如何进行戚风模具的清洁与保养？

戚风蛋糕模因为不是防粘材质，所以蛋糕脱模后，烤模内部会黏附很多蛋糕组织，不容易清洗。清洁保养方式如下：

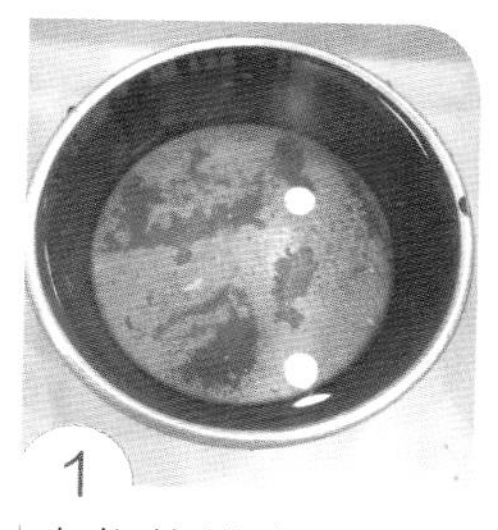
1
先将烤模泡水1～2小时。

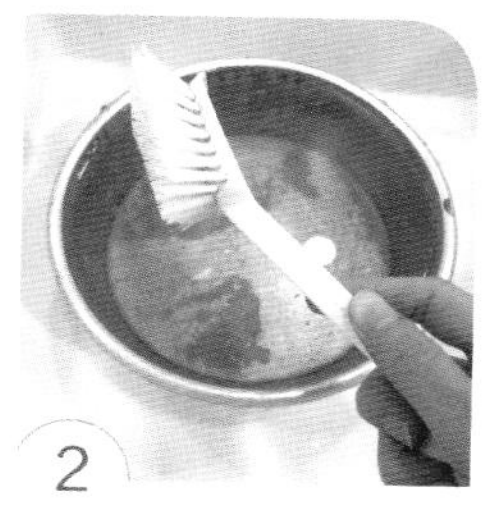
2
使用塑料刷（金属刷不适合）。

3

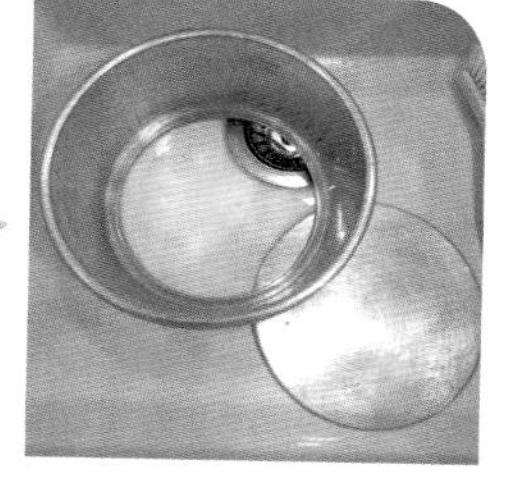
直接用塑料刷刷洗烤模，就可以轻易将粘黏在烤模的蛋糕屑刷掉，清洗干净后，将水渍擦干，放厨柜收藏即可。

为什么戚风蛋糕底部凹陷了？

正确的戚风蛋糕底部应该是平整的（图1），如果戚风蛋糕出烤箱，表面膨胀得十分完美，但倒扣冷却脱模后，发现原来底部出现凹陷的现象（图2、图3），或是出现不规则凹洞或是大孔洞（图4 / 由Fen Chang提供、图5 / 由郑芸芸提供），这是出了什么问题呢？这样的情形通常只有一个原因，就是烤箱底火温度太高。也许是烤箱温度偏高，或是摆放的位置太接近下方加热管。改善的方式就是，直接将下火温度调低一点儿，或是摆放的位置往上方调一点儿，或是多垫一个烤盘来隔绝温度。

1

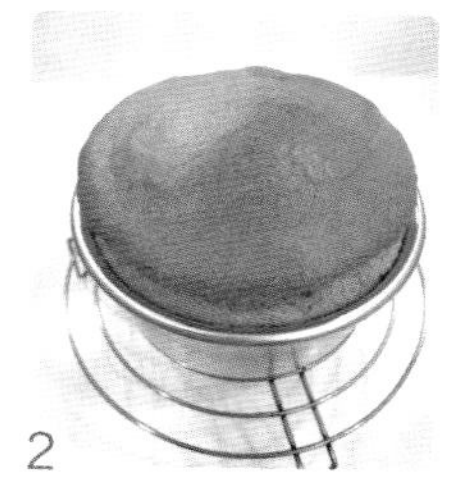
2

3

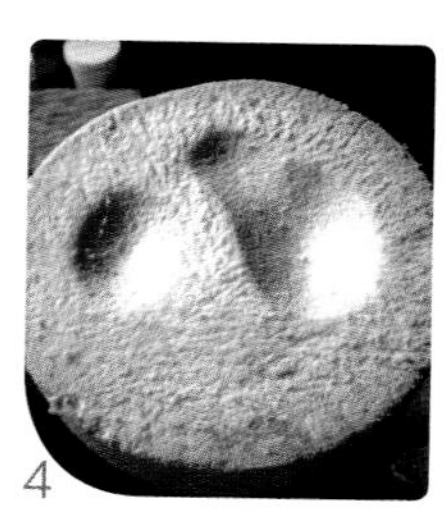
4

5

为什么烤好的戚风蛋糕表面回缩而且有些湿黏?

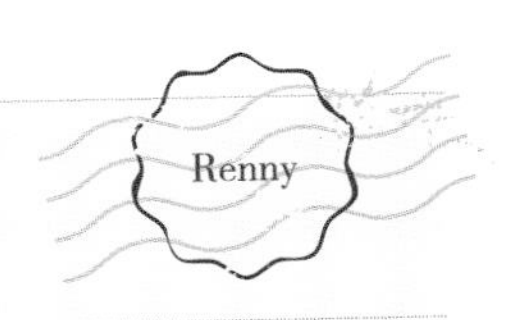

戚风蛋糕表面稍微回缩一些是正常的，只要切开上方组织没有变得紧密无气孔就没有关系。如果组织切开回缩的部分，变得非常紧实，没有气孔，那就要注意是否蛋黄面糊部分搅拌过久，造成面粉产生筋性。蛋白霜也要打挺至干性发泡的程度（图 1），搅拌的过程务必时间短并用切拌混合的方式，这样比较不容易起筋。戚风蛋糕冷却后，表面应该是干爽的，如果变得非常湿黏，就要注意以下做法：

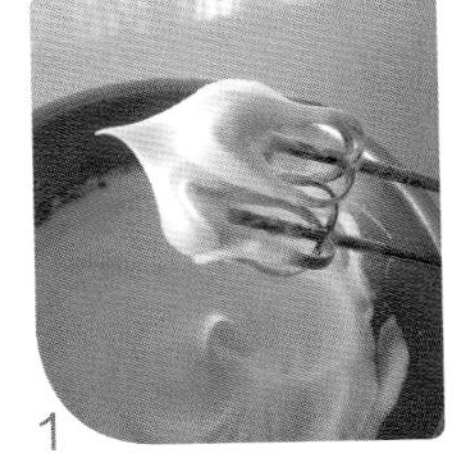
1

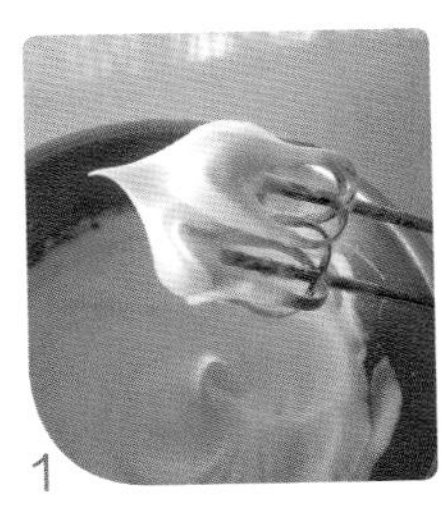
2

1. 蛋白霜是否没有打挺，面糊若没有支撑力就会影响膨胀，蛋糕组织没有膨胀也就没有办法顺利烤透，整体就会比较湿黏。
2. 烤箱温度是否偏低。
3. 烘烤时间是否不足。
4. 倒扣过程表面是否距离桌面太近，造成热气回流导致反潮。倒扣的过程至少要距离桌面 15cm 以上，热气才不会回流至蛋糕表面（图 2）。
5. 蛋糕出烤箱后，要马上表面朝下倒扣直到完全冷却，蛋糕体才不会回缩，组织才会松软。

黑芝麻酱戚风蛋糕

分量 ＞ 1个（8英寸中空模）

材料

A 蛋黄面糊
- 冰蛋黄 5 个
- 低筋面粉 90g
- 黑芝麻酱（甜）60g
- 液体植物油 30g
- 牛奶 30g
- 熟黑芝麻 1 大匙

B 蛋白霜
- 冰蛋白 5 个
- 柠檬汁 1 茶匙（5g）
- 细砂糖 50g

小叮咛

1. 黑芝麻酱品牌不同，浓稠度可能也有不同。若黑芝麻酱不甜，另加细砂糖 20g。
2. 若蛋黄面糊混合完成后太干，可以自行添加 1～2 大匙牛奶调整。
3. 鸡蛋使用冷藏的，每个净重 50～55g。

1 将冰鸡蛋的蛋黄、蛋白分开（蛋白不可以沾到蛋黄、水分及油脂）。

2 低筋面粉用滤网过筛。

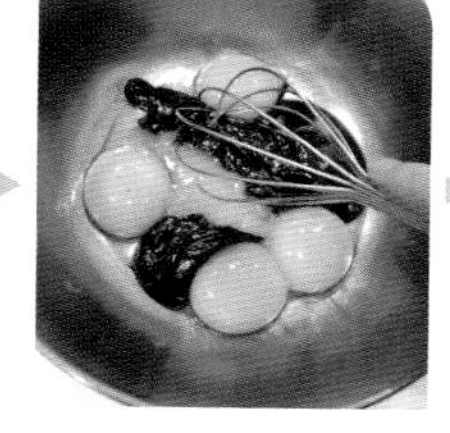

3 将冰蛋黄＋黑芝麻酱用打蛋器搅拌均匀。

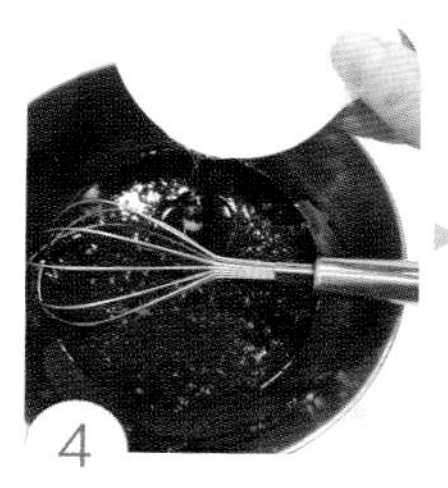

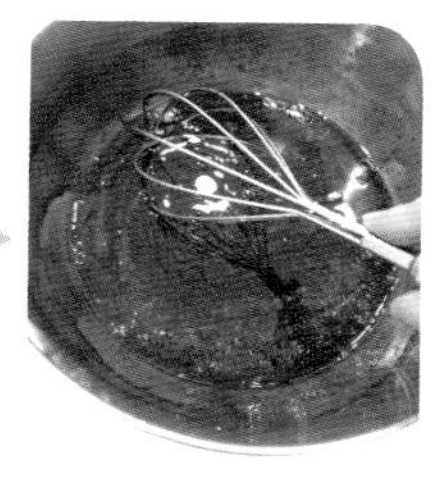

4 再依序将液体植物油加入，搅拌均匀。

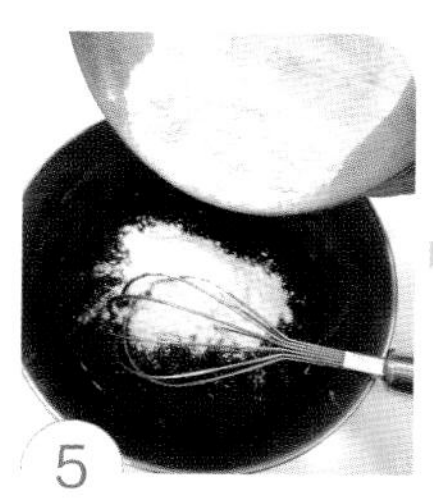

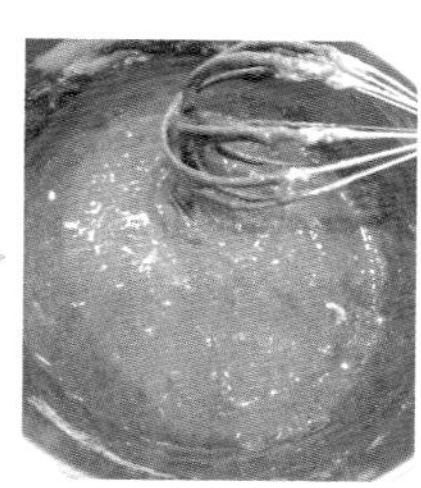

5 再将过筛好的低筋面粉与牛奶，分两次加入，混合搅拌均匀成为无粉粒的面糊（搅拌过程尽量快速，避免面粉产生筋性，影响口感）。

6 最后加入熟黑芝麻，快速混合均匀。

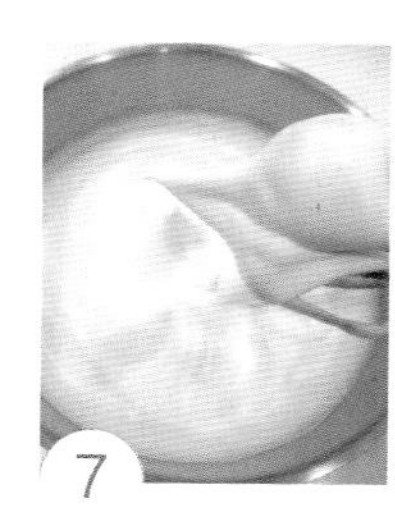

7 冰蛋白先用打蛋器打出一些泡沫，然后加入柠檬汁及细砂糖（分两次加入），打成尾端挺立的蛋白霜（干性发泡）。

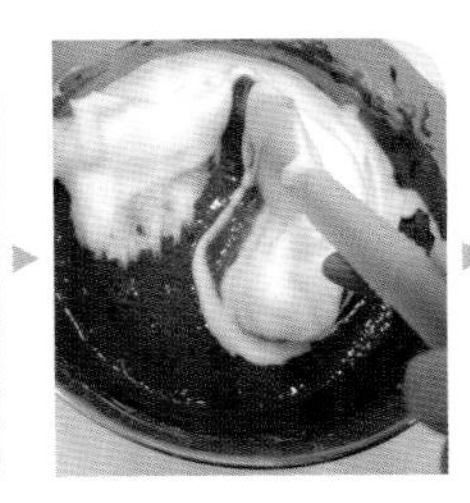
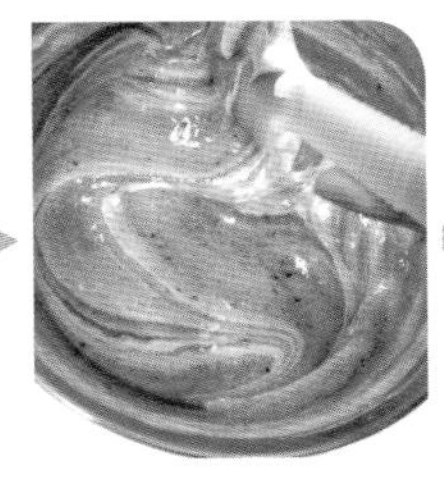

8
取 1/3 分量的蛋白霜混入蛋黄面糊中，用橡皮刮刀沿着盆边翻转，以切拌的方式搅拌均匀。

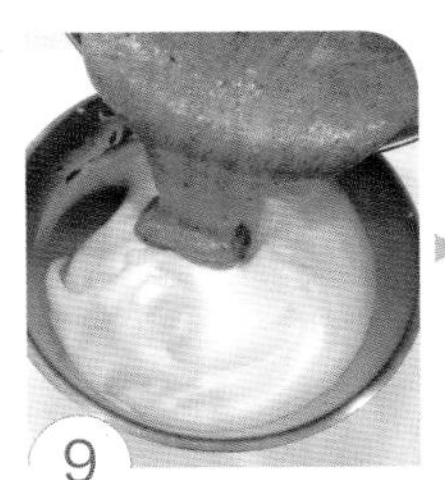
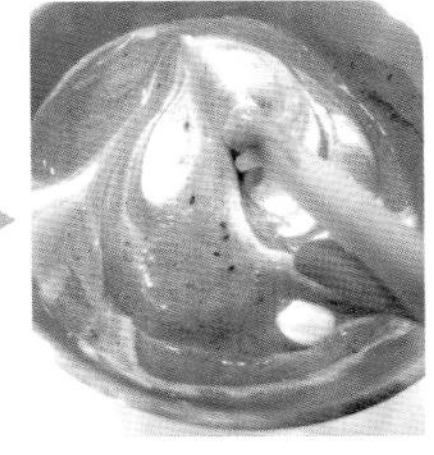
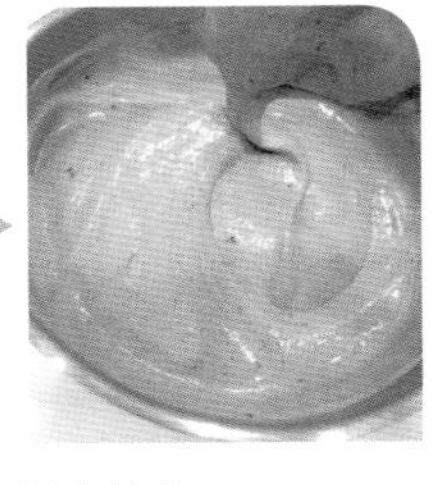

9
然后再将拌匀的面糊倒入剩下的蛋白霜中混合均匀。

10
将搅拌好的面糊倒入 8 英寸中空模中。

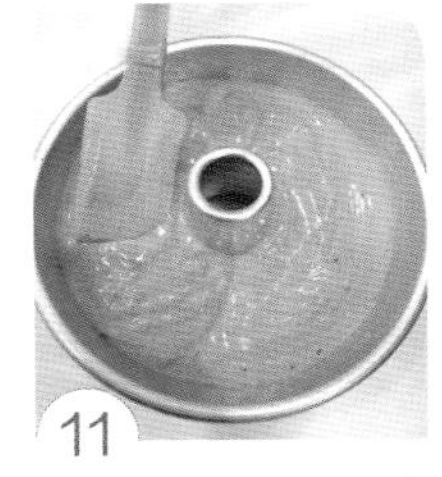

11
将面糊表面用橡皮刮刀抹平整。

12
进烤箱前，在桌上敲几下，敲出较大的气泡，放入已经预热到 160℃的烤箱中，烘烤 12 分钟至表面烤干，从烤箱中取出。

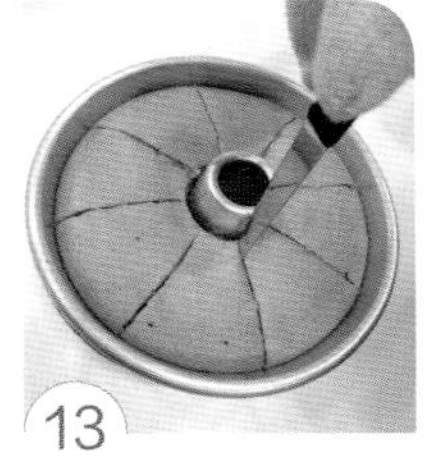

13
用一把小刀在蛋糕表面，平均切出 8 道线（此步骤帮助蛋糕表面均匀膨胀）。

14
再放回烤箱中，将烤箱温度调整成 150℃，继续烘烤 40 分钟（用竹签插入中心，没有粘黏就可以出烤箱，若有粘黏再烤 2～3 分钟）。

15
出烤箱后，马上倒扣在酒瓶上，放凉。

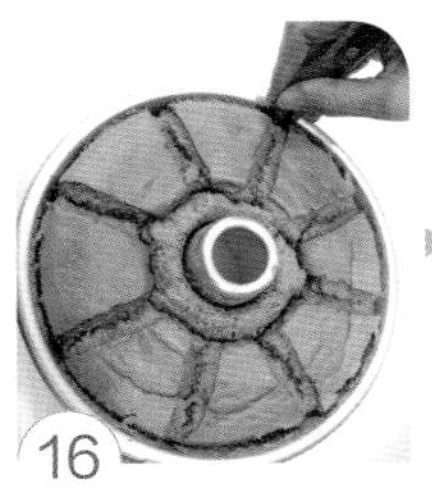
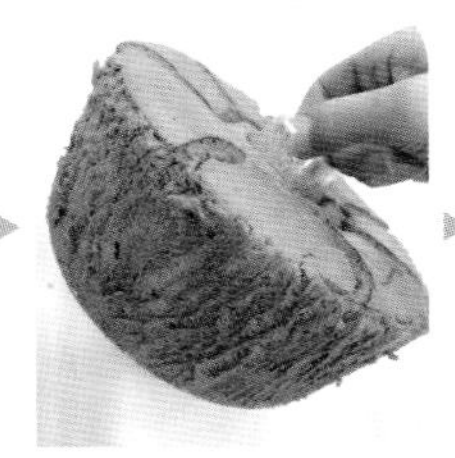
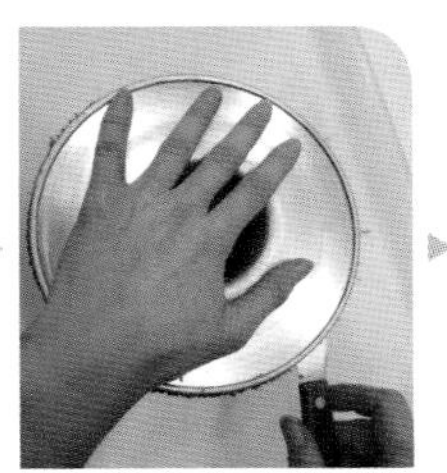

16
完全凉透后，用扁平小刀沿着边缘刮一圈脱模，中央部位及底部也用小刀贴着刮一圈脱模即可。密封室温可以保存 1～2 天，冰箱冷藏可以保存 4～5 天。

为什么烤好的戚风蛋糕中间出现大孔洞?

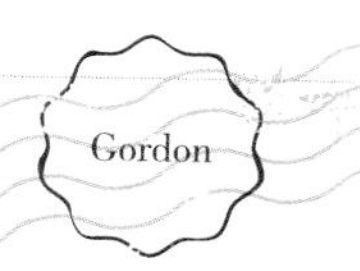

有时候烘烤了一个戚风蛋糕，外表非常漂亮，但一切开竟然是空心或是充满大孔洞（图 1、图 2），那就要注意以下原因：

1. 混合蛋黄面糊的过程过度搅拌，造成面粉产生筋性。
2. 蛋黄面糊完成的浓稠度太浓，正常应该是要呈现流动状态，滴落下来能够折叠的感觉，若太干太浓，可以斟酌添加一些液体调整（图 3、图 4）。
3. 面糊倒入烤模中要注意不要有气孔产生，可以用一根筷子，顺着烤模在面糊中转几圈，入烤箱前，用力敲几下，避免有大气孔产生（图 5、图 6）。

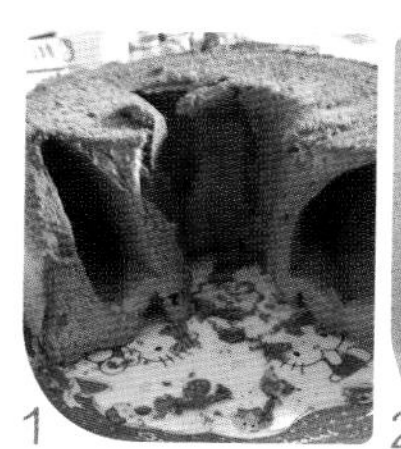
1

2

3

4

5

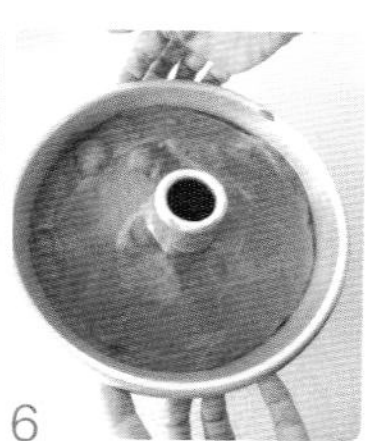
6

香兰戚风蛋糕

分量 1个（8英寸中空模）

材料

A **蛋黄面糊**
- 冰蛋黄 5 个
- 低筋面粉 90g
- 新鲜香兰叶 15g
- 水 60cc
- 细砂糖 20g
- 液体植物油 30g
- 椰奶粉 10g

B **蛋白霜**
- 冰蛋白 5 个
- 柠檬汁 1 茶匙（5g）
- 细砂糖 60g

1 将冰鸡蛋的蛋黄、蛋白分开（蛋白不可以沾到蛋黄、水分及油脂）。

2 低筋面粉用滤网过筛。

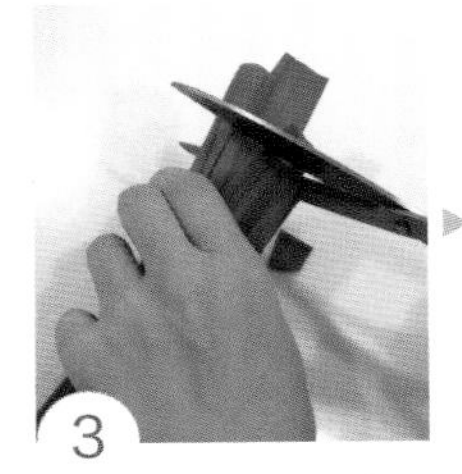

3 新鲜香兰叶剪成片状。

4 加入 60cc 的水，调理机打成泥状，过滤取 50g。

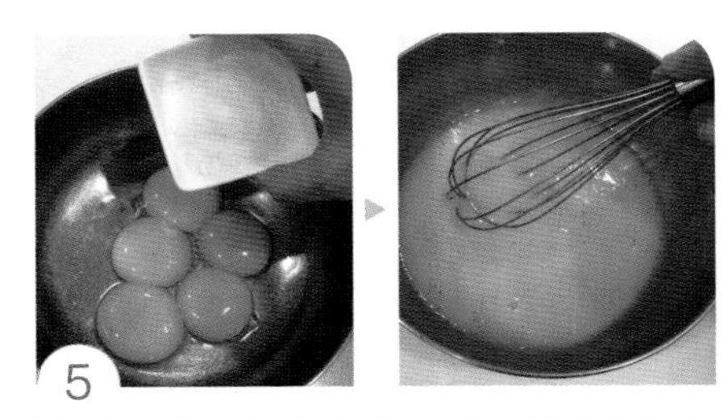

5 将冰蛋黄 + 细砂糖 20g 用打蛋器搅拌均匀。

6 再将液体植物油及椰奶粉加入，搅拌均匀。

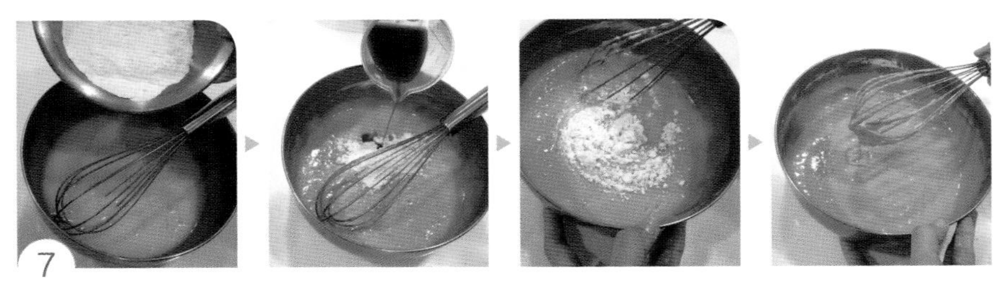

7 过筛好的粉类与香兰汁分两次交错加入，混合搅拌均匀成无粉粒的面糊（搅拌过程尽量快速，避免面粉产生筋性，影响口感）。

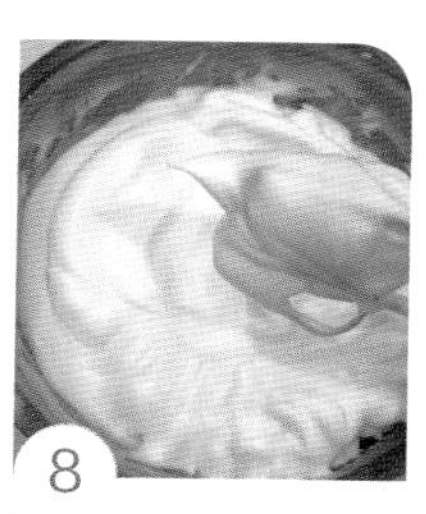

8

冰蛋白先用打蛋器打出一些泡沫，然后加入柠檬汁及细砂糖 60g（分两次加入），打成尾端挺立的蛋白霜（干性发泡）。

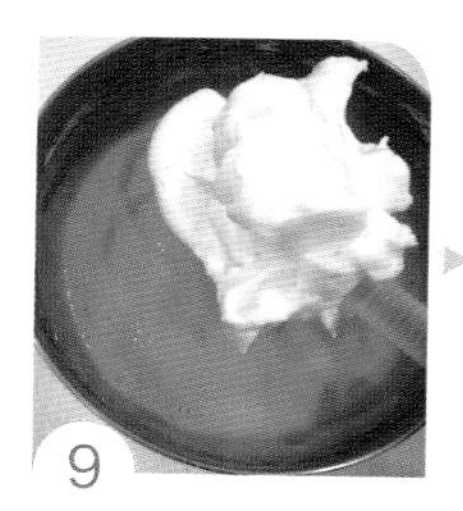
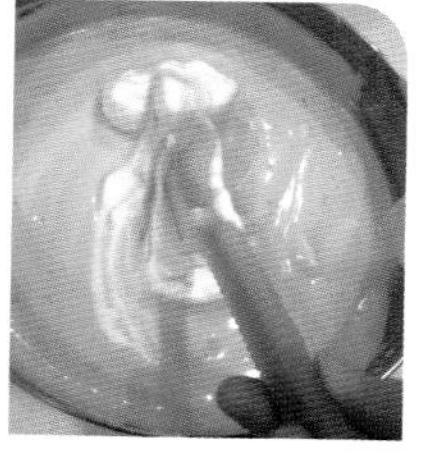

9

取 1/3 分量的蛋白霜混入蛋黄面糊中，搅拌均匀。

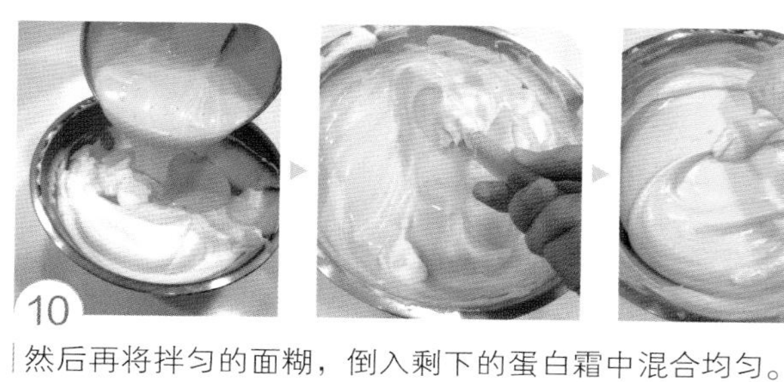

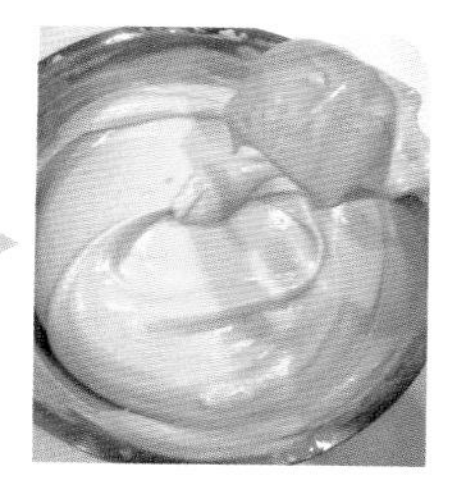

10

然后再将拌匀的面糊，倒入剩下的蛋白霜中混合均匀。

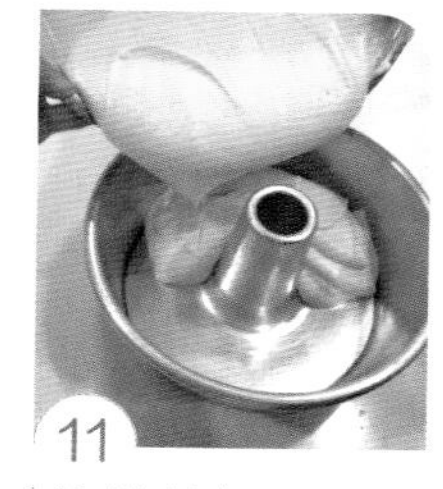

11

将搅拌好的面糊倒入烤模中。

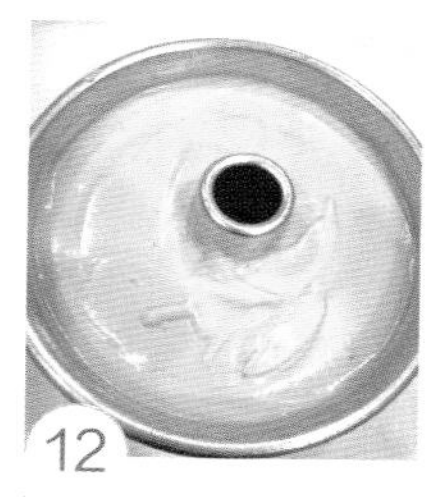

12

将面糊表面用橡皮刮刀抹平整。进烤箱前，在桌上敲几下，敲出较大的气泡。

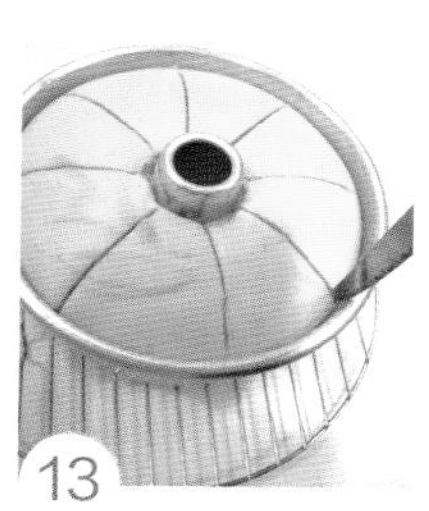

13

放入上下火已经预热至 160℃的烤箱中，烘烤 12 分钟后，从烤箱中取出。用一把小刀在蛋糕表面平均切出 8 道线。

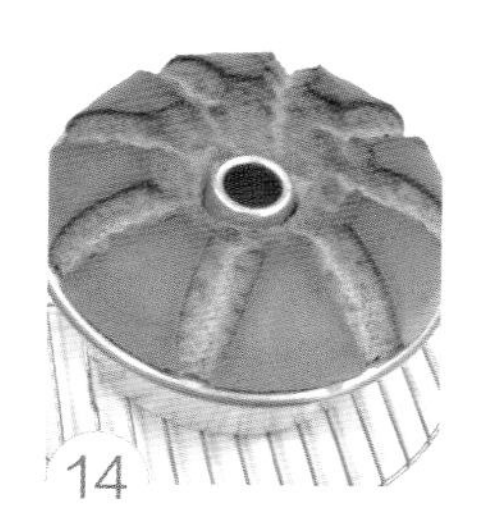

14

马上再放回烤箱中，将烤箱温度调整成 150℃，继续烘烤 40 分钟（用竹签插入中心，没有粘黏就可以出烤箱，若有粘黏再烤 2～3 分钟）。

15

出烤箱后，马上倒扣放凉。

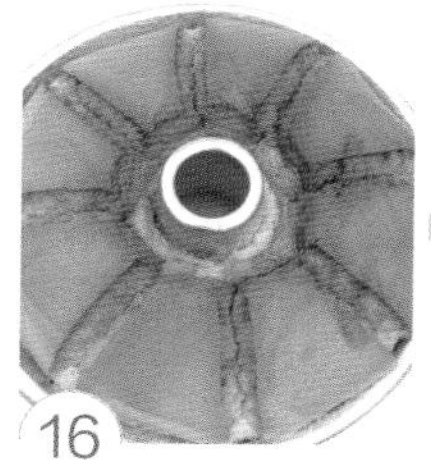

16

完全凉透后，用扁平小刀沿着边缘及底部刮一圈脱模即可。

小叮咛

鸡蛋使用冷藏的，每个净重50～55g。

戚风蛋糕缩腰的原因是什么？

戚风蛋糕在烤箱中膨胀得很好，但脱模后，竟然发生成品周围回缩严重的情形，而且吃起来不蓬松，口感也变得扎实，这是什么地方出错误了呢（图1、图2、图3／由Vila Huang提供）？会发生这样的情形，我们要注意以下做法：

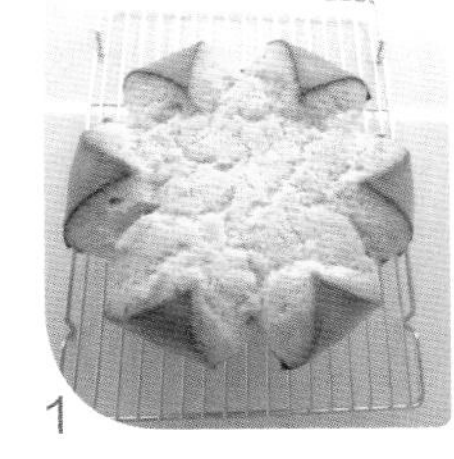
1

2

3

1. 配方中的液体可能太多了，整体面糊太湿，液体必须减少一些，或是增加一些低筋面粉的分量。
2. 蛋黄面糊部分搅拌过久，导致面粉产生筋性，所以组织回缩严重。
3. 蛋白霜没有打挺或混合过度过久造成消泡。
4. 烤箱温度偏低，可以直接调高一些。
5. 烘烤时间不足，可以增加烘烤时间。
6. 没有倒扣至完全冷却，组织还偏湿。

草莓戚风蛋糕

分量 1个（6英寸平板烤模）

材料

A **蛋黄面糊**
- 冰蛋黄3个
- 低筋面粉55g
- 新鲜草莓泥50g
- 细砂糖12g
- 液体植物油25g

B **蛋白霜**
- 冰蛋白3个
- 柠檬汁1/2茶匙（2.5g）
- 细砂糖35g

1 将冰鸡蛋的蛋黄、蛋白小心分开。

2 低筋面粉用滤网过筛。

3 新鲜草莓洗干净去蒂，放入果汁机中打成细致泥状，取 50g。

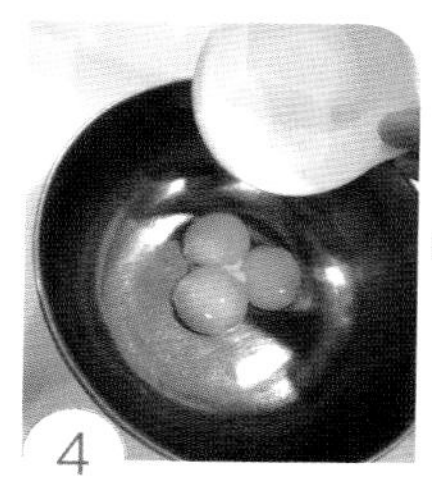

4 将冰蛋黄 + 细砂糖 12g 用打蛋器搅拌均匀。

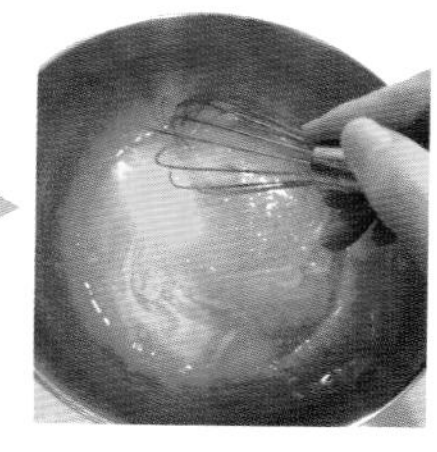

5 再将液体植物油加入搅拌均匀。

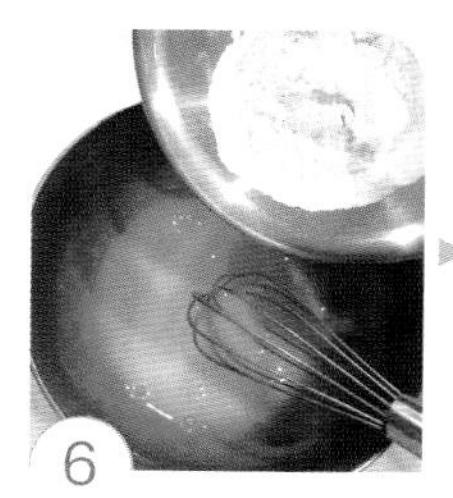
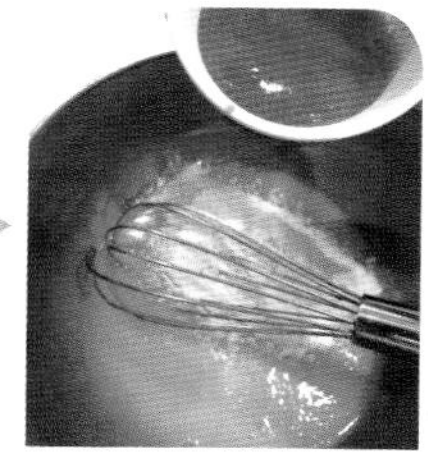

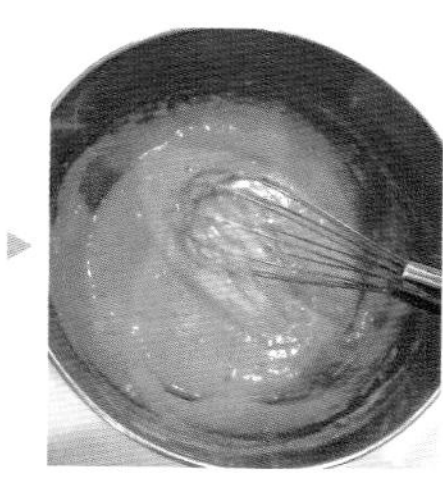

6 将过筛好的低筋面粉与新鲜草莓泥 50g 分两次加入，混合搅拌均匀成为无粉粒的面糊。

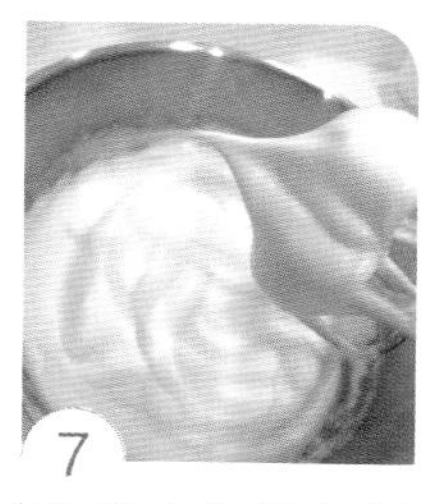

7 冰蛋白先用打蛋器打出一些泡沫，然后加入柠檬汁及细砂糖 35g（分两次加入），打成尾端挺立的蛋白霜（干性发泡）。

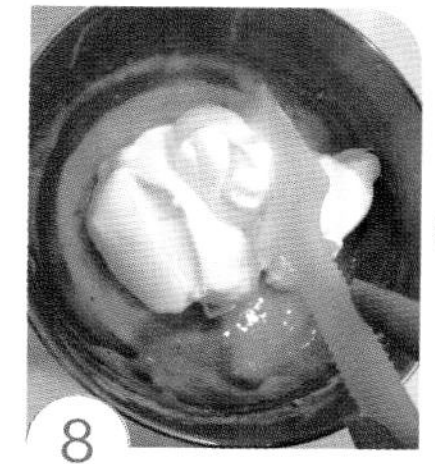

8 取 1/3 分量的蛋白霜混入蛋黄面糊中，用橡皮刮刀沿着盆边翻转，以切拌的方式搅拌均匀。

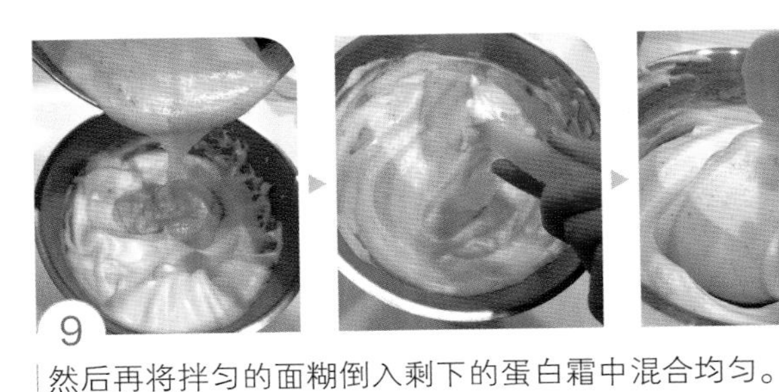
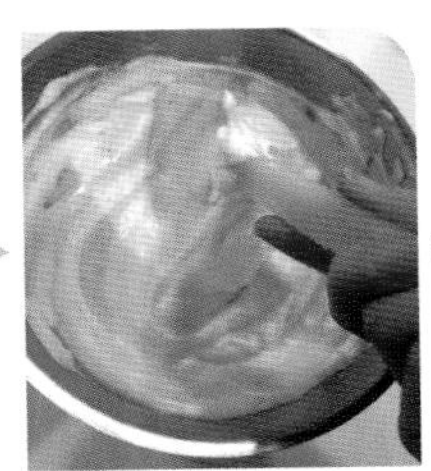

9 然后再将拌匀的面糊倒入剩下的蛋白霜中混合均匀。

10 将搅拌好的面糊倒入6英寸平板烤模中。

11 将面糊表面用橡皮刮刀抹平整。

12 进烤箱前，在桌上敲几下，敲出较大的气泡。

13 放入上下火已经预热至160℃的烤箱中，烘烤12分钟，将烤箱温度调整成150℃，继续烘烤26～28分钟。

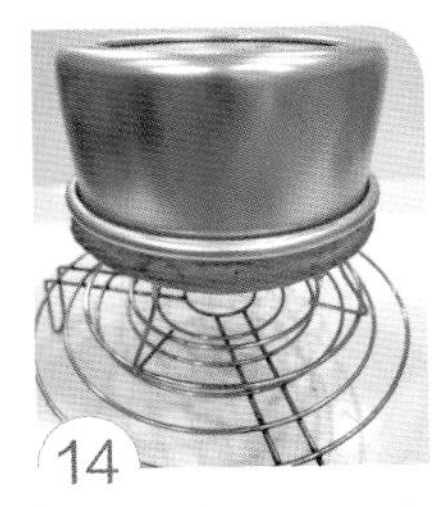

14 出烤箱后，马上使用倒扣叉扣放凉。

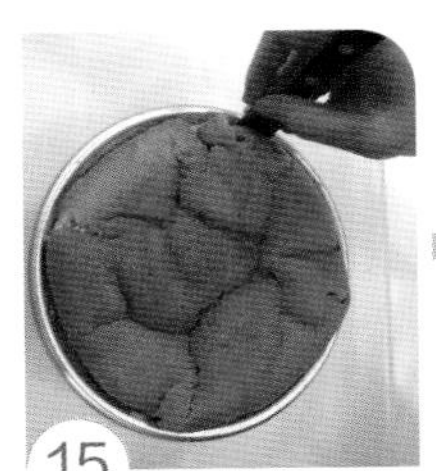

15 完全凉透后，用扁平小刀沿着边缘刮一圈脱模即可。

16 切成喜欢的大小。

小叮咛

1 成品冷却密封室温保存约2天，冰箱冷藏可以保存5～7天。
2 8英寸1个的材料与分量：a. 面糊部分：冰蛋黄5个、细砂糖20g、液体植物油40g、新鲜草莓83g（去蒂重）、低筋面粉90g；b. 蛋白霜部分：冰蛋白5个、柠檬汁1茶匙（5g）、细砂糖58g。
3 鸡蛋使用冷藏的，每个净重50～55g。
4 草莓可以多准备一些，避免粘黏在果汁机中造成分量不足。

为什么制作巧克力戚风蛋糕时容易消泡?

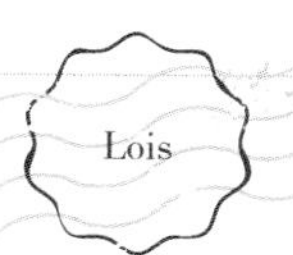

很多朋友在制作巧克力戚风蛋糕时，会发现比制作其他口味的戚风蛋糕更容易消泡，成品也会比较不蓬松，是为什么呢？这是因为使用的无糖纯可可粉可能含脂较高，蛋白霜遇到高脂材料就会快速消泡。解决的方式除了换成较低脂的可可粉，也可减少可可粉的使用分量，减少的可可粉用低筋面粉补足。混合过程也必须尽量快速，减少搅拌的时间，其他材料尽量使用低脂或无脂肪成分，比如说液体中的牛奶改为水，这些都可以有效降低消泡的程度。

巧克力蜜橘戚风蛋糕

分量 1个（8英寸中空模，材质不可防粘）

材料

A 蛋黄面糊
- 蜜渍橙皮 60g
- 低筋面粉 70g
- 无糖纯可可粉 20g
- 冰蛋黄 5 个
- 细砂糖 20g
- 液体植物油 40g
- 水 50cc

B 蛋白霜
- 冰蛋白 5 个
- 柠檬汁 1 茶匙（5g）
- 细砂糖 60g

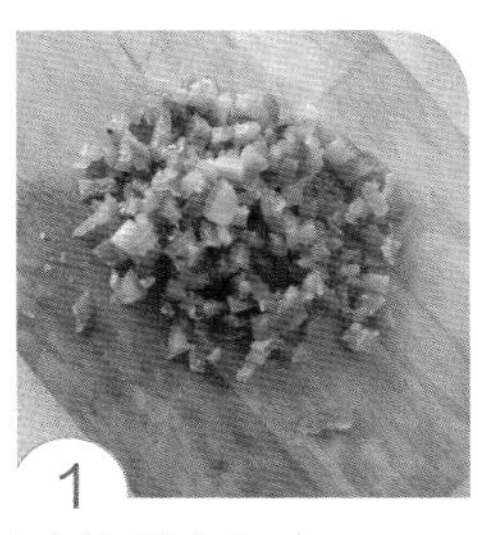

1 蜜渍橙皮切碎。

2 低筋面粉＋无糖纯可可粉用滤网过筛。

3 将冰鸡蛋的蛋黄、蛋白分开（蛋白不可以沾到蛋黄、水分及油脂）。

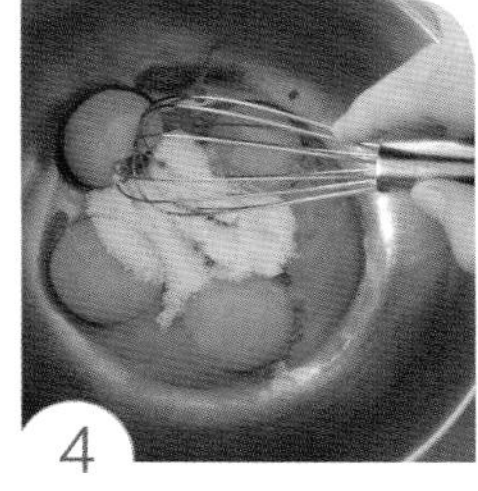

4 将冰蛋黄＋细砂糖20g用打蛋器搅拌均匀。

5 加入液体植物油搅拌均匀。

6 再将过筛好的粉类与水分两次交错加入，混合搅拌均匀成为无粉粒的面糊。

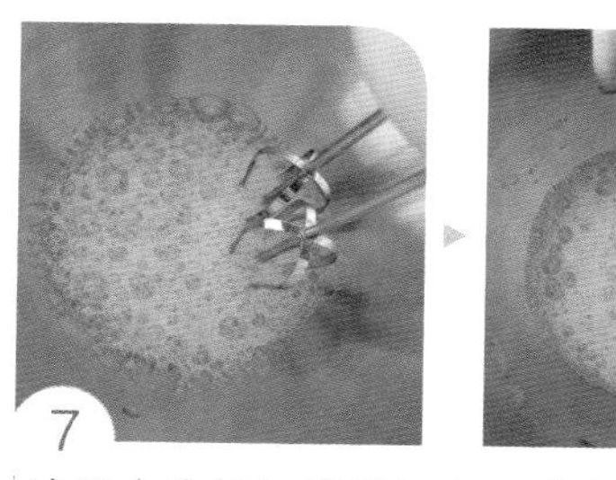

7

冰蛋白先用打蛋器打出一些泡沫，然后加入柠檬汁。

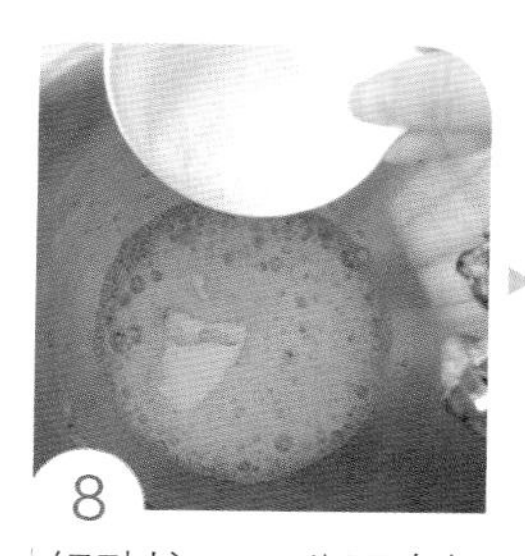
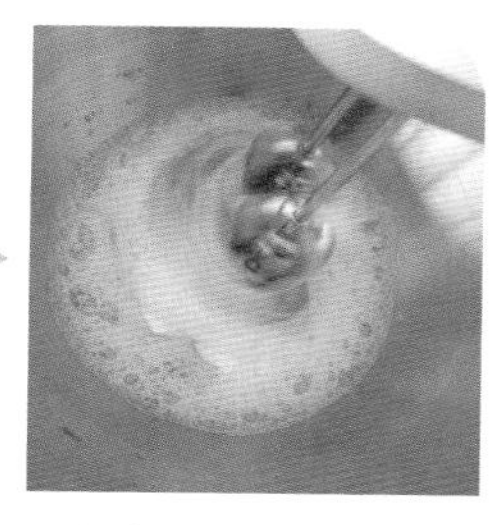

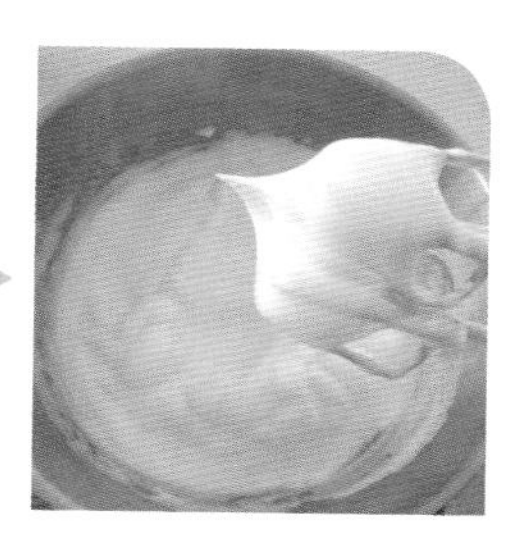

8

细砂糖 60g 分两次加入，高速打发成尾端挺立的蛋白霜（干性发泡）。

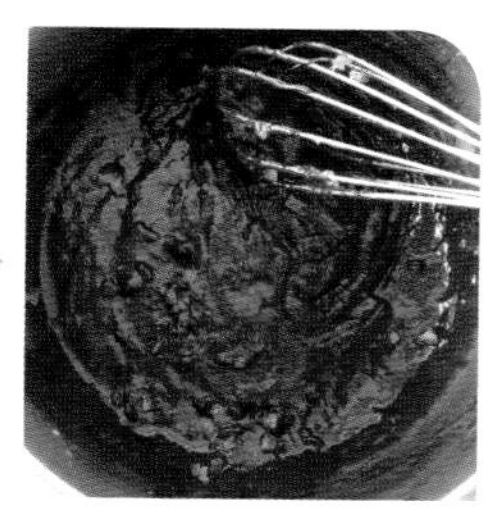

9

最后加入蜜渍橙皮快速混合均匀。

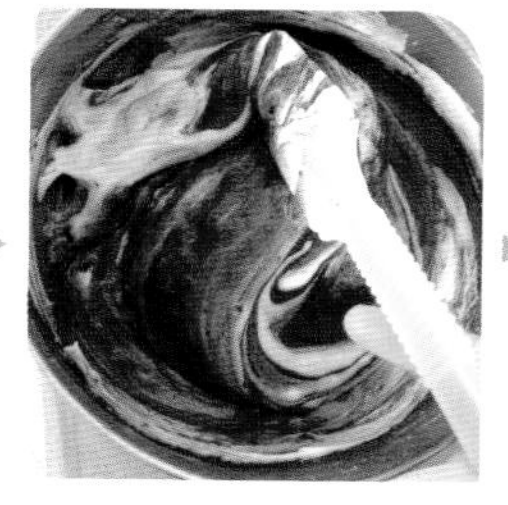
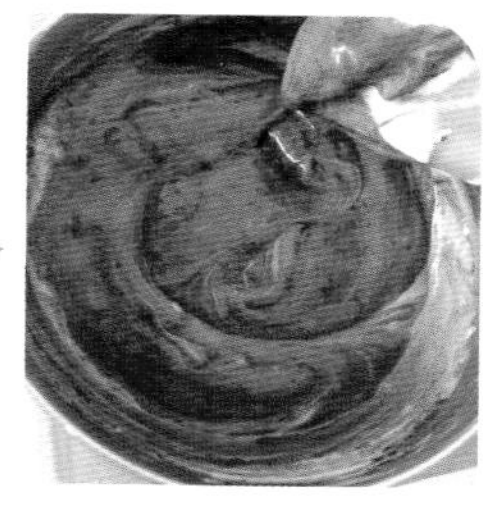

10

取 1/3 分量的蛋白霜混入蛋黄面糊中，用橡皮刮刀沿着盆边翻转，以切拌的方式搅拌均匀。

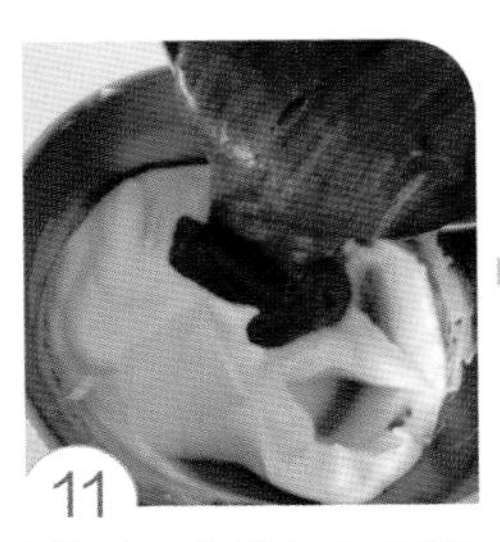
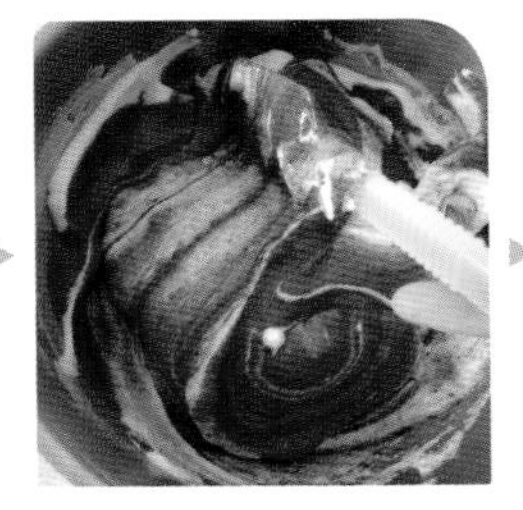
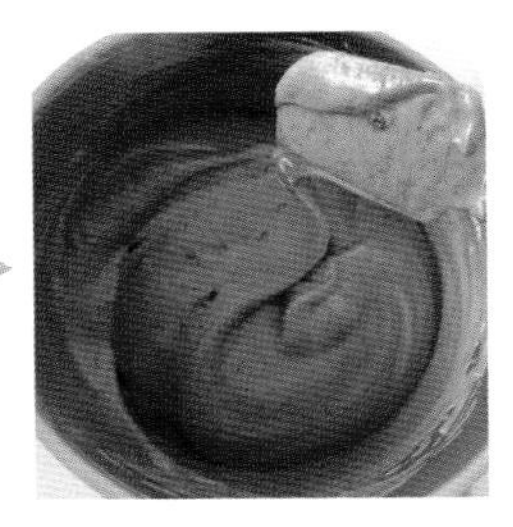

11 然后再将拌匀的面糊，倒入剩下的蛋白霜中混合均匀。

12 将搅拌好的面糊倒入8英寸中空模中。

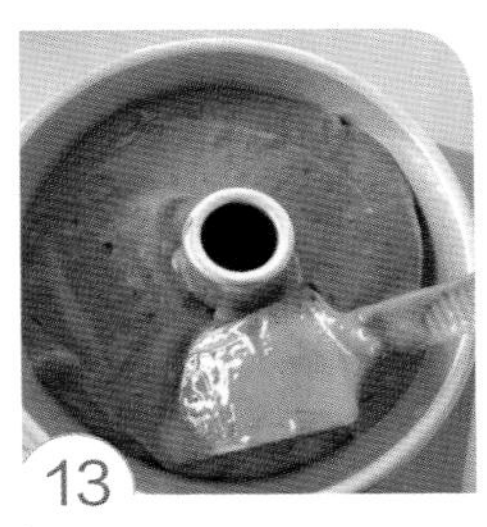

13 将面糊表面用橡皮刮刀抹平整。

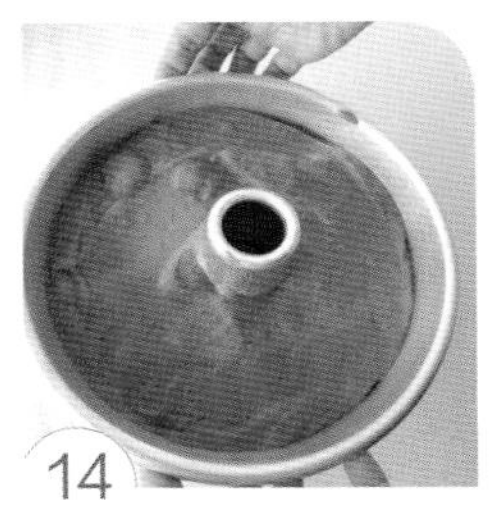

14 进烤箱前，在桌上敲几下，敲出较大的气泡，放入上下火已经预热至160℃的烤箱中，烘烤12分钟后，从烤箱中取出。

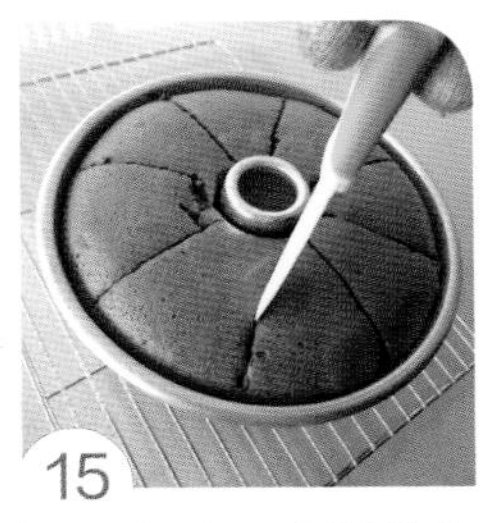

15 用一把小刀在蛋糕表面平均切出8道线。

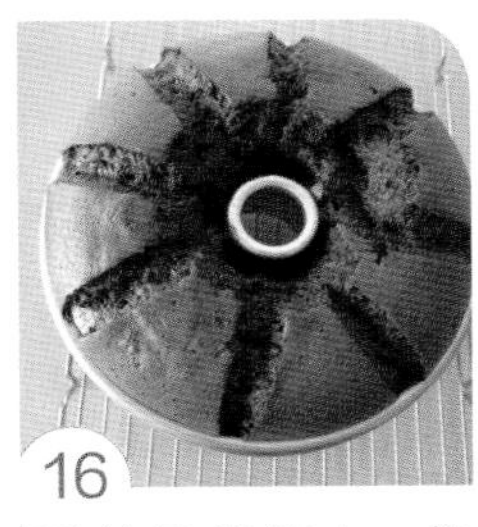

16 再放回烤箱中，将烤箱温度调整成150℃，继续烘烤40分钟（用竹签插入中心，没有粘黏就可以出烤箱）。

17 出烤箱后，马上将蛋糕倒扣在酒瓶上，放凉，至完全冷却。

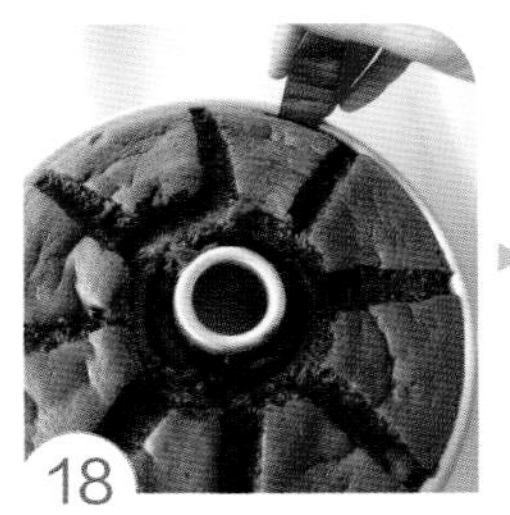

18 完全冷却后，用扁平小刀沿着边缘刮一圈脱模，中央部位及底部也用小刀贴着刮一圈脱模即可。密封室温可以保存1～2天，冰箱冷藏可以保存4～5天。

小叮咛

1 蜜渍橙皮做法，请参考《新手烘焙从入门到精通Ⅰ》285页。
2 鸡蛋使用冷藏的，每一个净重50～55g。

烤好的戚风蛋糕应如何保存?

1. 使用一个干净的大塑料袋或大型保鲜盒密封就可以（图 1）。
2. 如果天气很热超过 30℃，那就建议放冰箱密封冷藏，因为戚风蛋糕是植物油做的，冷藏并不会影响口感。
3. 如果要多放几天，建议脱模后，密封好放入冰箱冷冻，吃之前再移至冰箱冷藏室一夜或室温自然解冻即可，口感不会改变。

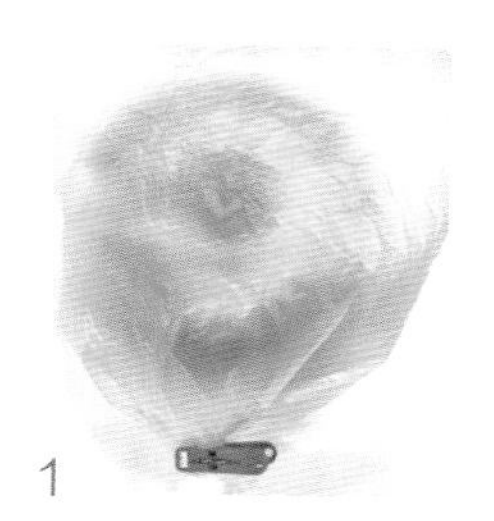
1

火龙果戚风蛋糕

分量 1个（6英寸平板烤模）

材料

A 蛋黄面糊
- 红肉火龙果泥 60g
- 低筋面粉 55g
- 冰蛋黄 3 个
- 细砂糖 18g
- 液体植物油 20g

B 蛋白霜
- 冰蛋白 3 个
- 柠檬汁 1/2 茶匙（2.5g）
- 细砂糖 35g

1
红肉火龙果用叉子压碎，或放入果汁机打碎成泥状，取 60g。

2
低筋面粉用滤网过筛。

3
将冰鸡蛋的蛋黄、蛋白分开（蛋白不可以沾到蛋黄、水分及油脂）。

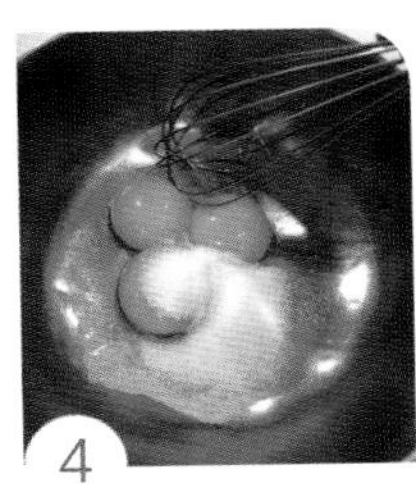
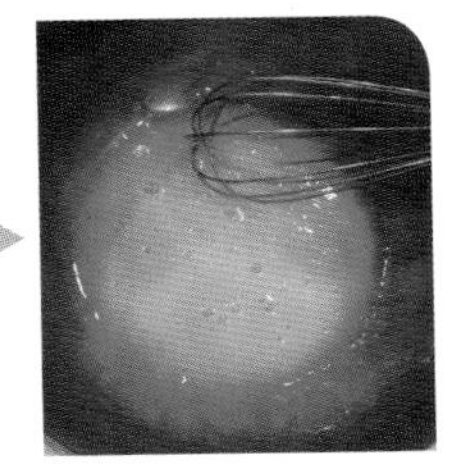

4
将冰蛋黄 + 细砂糖 18g 用打蛋器搅拌均匀。

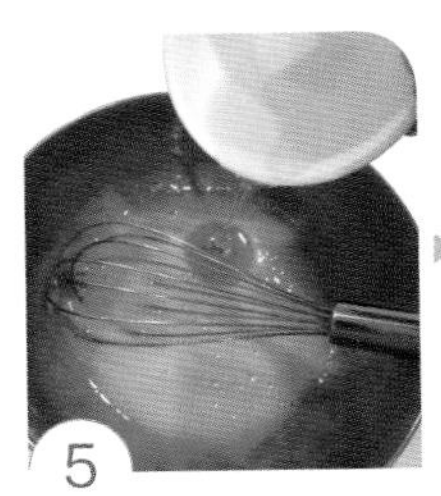
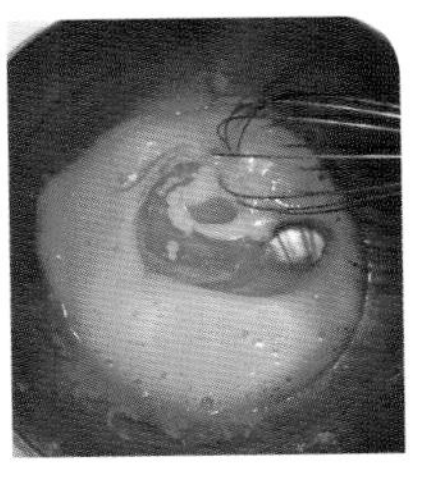

5
再依序将液体植物油加入搅拌均匀。

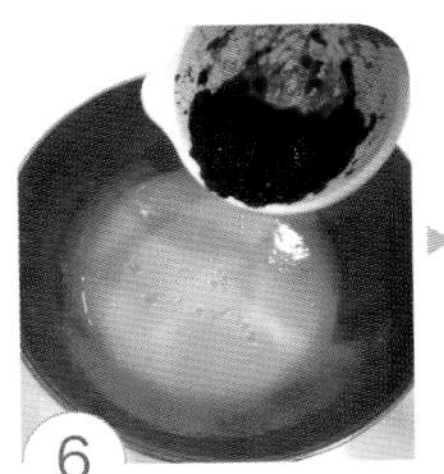

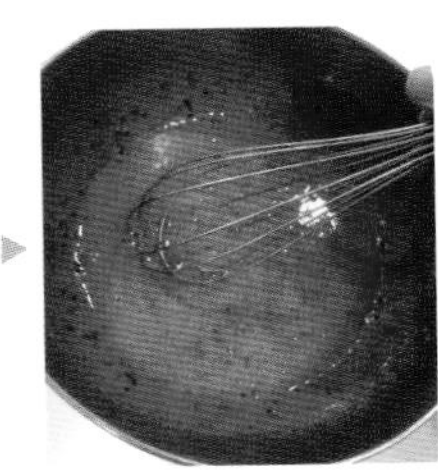

6
再将红肉火龙果泥加入搅拌均匀。

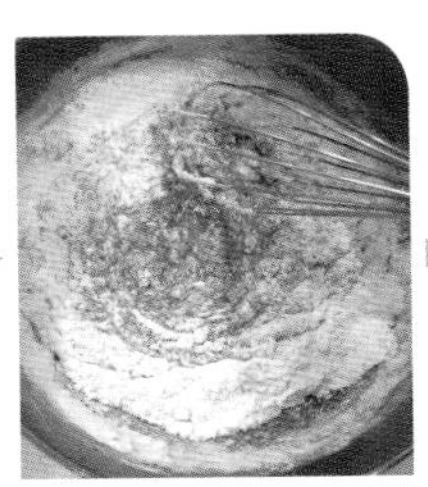

7
过筛好的低筋面粉分两次加入，混合搅拌均匀成为无粉粒的面糊（搅拌过程尽量快速，避免面粉产生筋性，影响口感）。

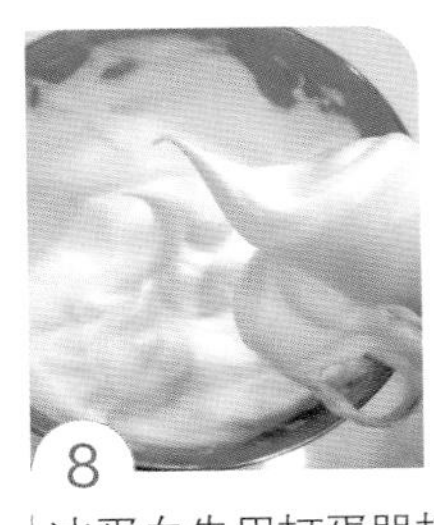

8
冰蛋白先用打蛋器打出一些泡沫，然后加入柠檬汁及细砂糖 35g（分两次加入），打成尾端挺立的蛋白霜（干性发泡）。

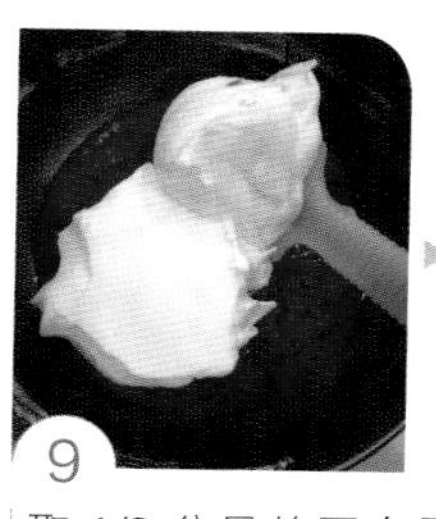
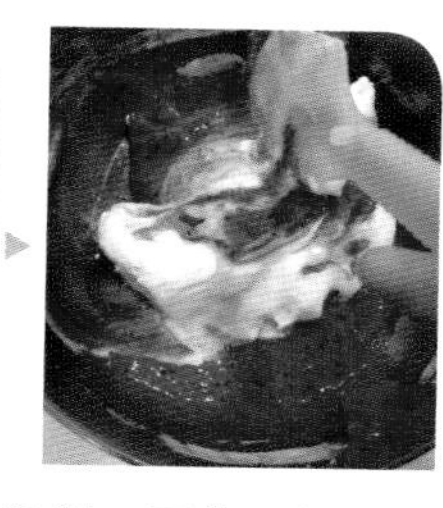
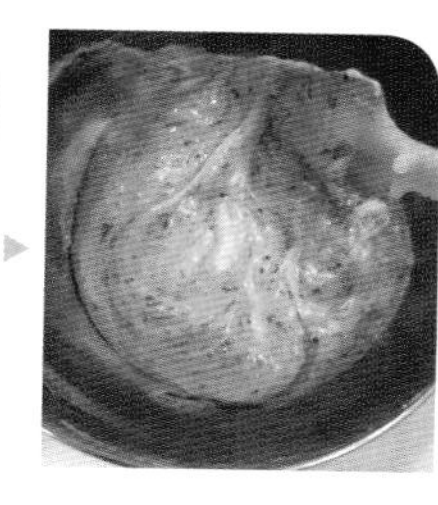

9

取 1/3 分量的蛋白霜混入蛋黄面糊中，用橡皮刮刀沿着盆边翻转，以切拌的方式搅拌均匀。

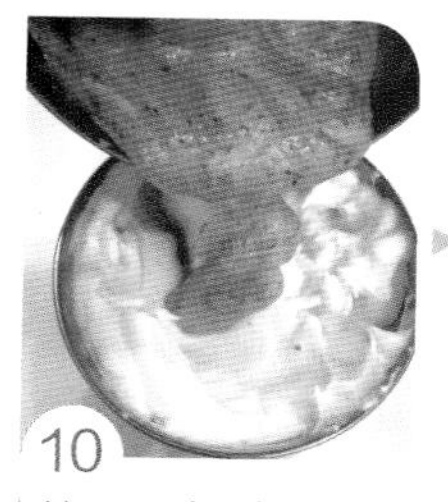
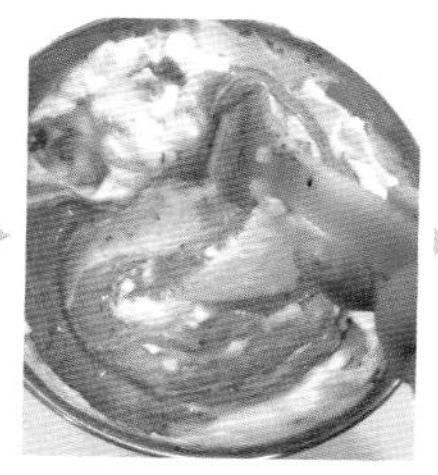
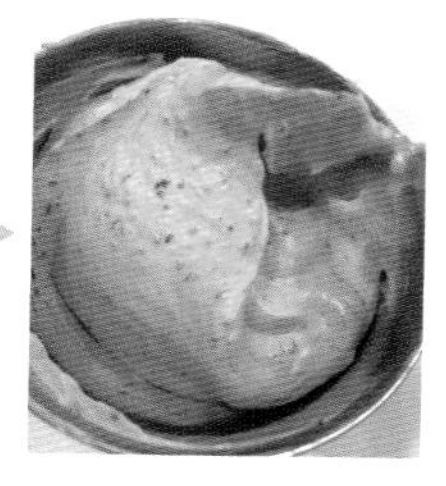

10

然后再将拌匀的面糊倒入剩下的蛋白霜中，混合均匀。

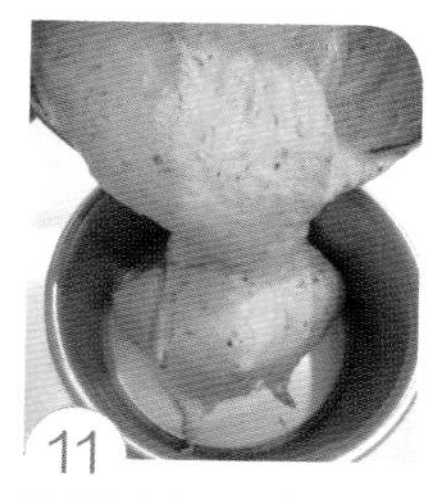

11

面糊倒入平板烤模中（烤模请使用戚风专用模，不可抹油、撒粉）。

12

将面糊表面用橡皮刮刀抹平整。

13

进烤箱前，在桌上敲几下，敲出较大的气泡，放入上下火已经预热至 160℃的烤箱中，烘烤 12 分钟，从烤箱中取出（至表面形成一层硬皮）。

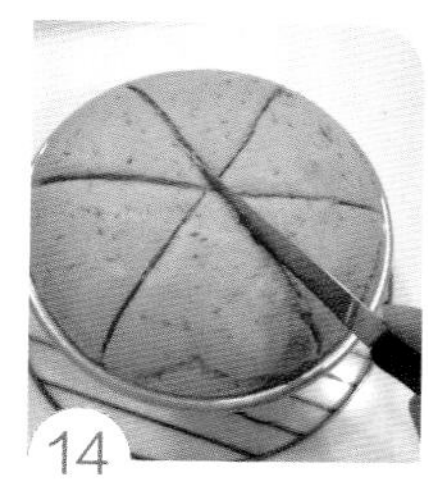

14

用一把小刀在蛋糕表面，平均切出 6 道线（此步骤帮助蛋糕表面均匀膨胀）。

15

再放回烤箱中，将烤箱温度调整成 150℃，继续烘烤 23～25 分钟（用竹签插入中心，没有粘黏就可以出烤箱，若有粘黏再烤 2～3 分钟）。

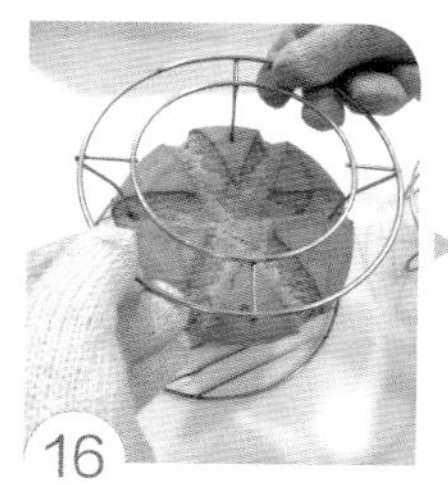

16

出烤箱后，马上使用倒扣叉倒扣放凉。

17

完全凉透后，用扁平小刀沿着边缘刮一圈脱模，底部也用小刀贴着刮一圈脱模即可。密封室温可以保存 1～2 天，冰箱冷藏可以保存 4～5 天。

小叮咛

鸡蛋使用冷藏的，每个净重 50～55g。

THE BIBLE
OF BAKING FOR
BEGINNERS
BAKING SODA
VANILLA SUGAR

PART 5

认识蛋糕卷

ROLL CAKE

何谓蛋糕卷？如何制作？

蛋糕卷也称为瑞士卷，是非常受欢迎的甜点，轻软湿润的蛋糕体中，可以包裹着各式各样馅料，变化多端制作简便，送礼或家庭分享都十分适合。蛋糕卷中的蛋糕体可以依个人喜好，使用戚风蛋糕体或海绵蛋糕体，但分量必须依照烤盘大小调整。

1. 烤盘必须铺硅油纸，硅油纸不是防粘材质，蛋糕组织才有支撑，也才能顺利膨胀（图 1）。
2. 使用平烤盘边缘若不够深，可以将硅油纸边缘折高一点（图 2、图 3）。
3. 烤温使用温度约为 170℃，烘烤时间为 15 ~ 18 分钟。温度太高，底部容易发生上凹情形，可以多垫一个烤盘调整。
4. 测试熟度时，可用手轻拍蛋糕表面，若感觉干燥有弹性，并有一点儿沙沙的声音，表示烤熟，可以出烤箱（图 4）。
5. 蛋糕出烤箱后，马上移出烤盘，并将周围硅油纸撕开散热，否则中间容易收缩，而且避免烤盘余温将蛋糕闷至干硬（图 5）。完成的蛋糕片可以依照个人喜好，涂抹上各式各样的馅料，如打发的鲜奶油、卡士达酱、奶油霜或是果酱，再卷起成柱状，放入冰箱冷藏即完成。

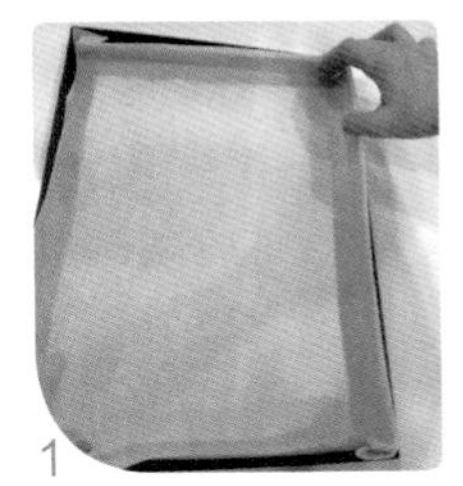
1

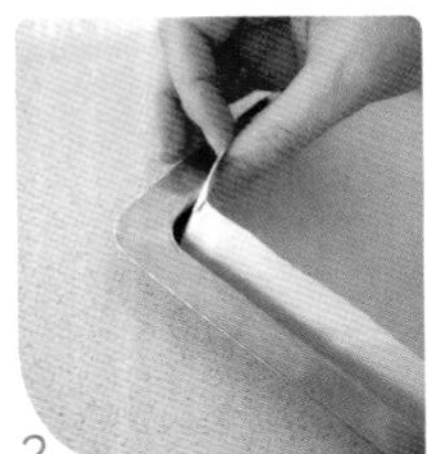
2

3

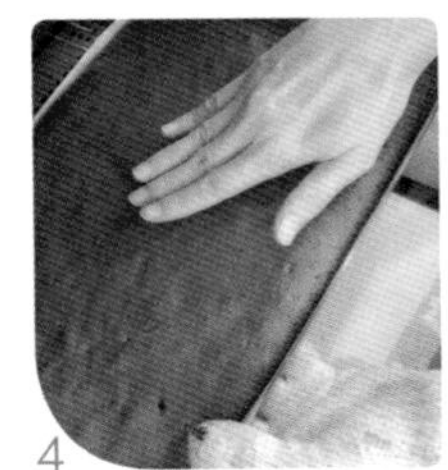
4

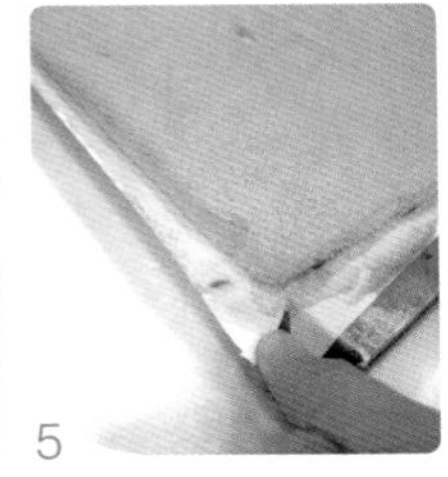
5

为什么烤平板蛋糕要使用硅油纸？

平板蛋糕大多是使用戚风蛋糕或海绵蛋糕体，为了使组织蓬松绵密，所以烤盘要铺一层硅油纸（图 1），让蛋糕组织有支撑才能够顺利往上膨胀。这里使用的硅油纸是烘焙专用的硅油纸，材质不是防粘材质，可以在烘焙材料行购买。买回来后，再依照烤盘大小裁剪成适合的尺寸（图 2）。

1

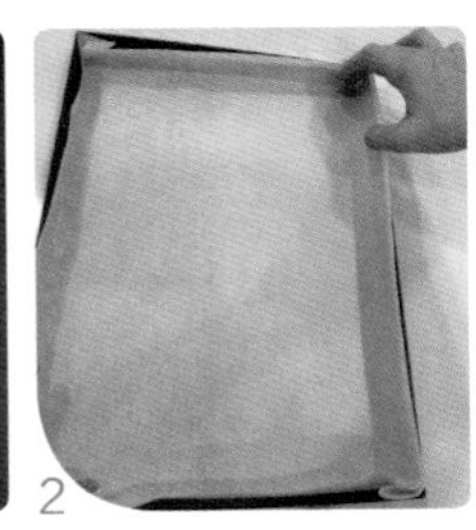
2

如何判断平板蛋糕已经烤好了？

烘烤整盘的平板蛋糕烘烤时间和面糊厚度有关，蛋糕组织太湿或太干都容易卷裂，一开始就必须依照烤盘大小来调整材料分量。若使用的烤盘比材料表标示的大，那同等分量的面糊相对就会比较薄，烘烤时间就必须缩短。若烤盘比材料表标示的小，那同等分量的面糊相对就会比较厚，烘烤时间就必须增加。烘烤时间到后可以打开烤箱门，用手轻轻拍一下蛋糕表面，如果感觉有“沙沙”的声音（窸窸窣窣的声音），而且感觉蛋糕很有弹性，就表示烘烤完成可以出烤箱（图 1）。

1

为什么平板蛋糕烤好后，要马上出烤箱移出烤盘？

平板蛋糕烘烤完成后要马上移出烤盘，并将周围的硅油纸撕下散热。如果没有马上移出烤盘，烤盘的余温会将蛋糕闷至干硬，除了影响口感，也会造成在卷的过程中因为蛋糕组织变得干又脆容易断裂（图 1 ~ 图 3）。

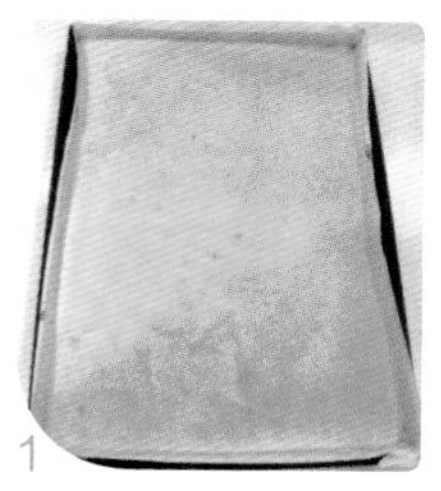
1

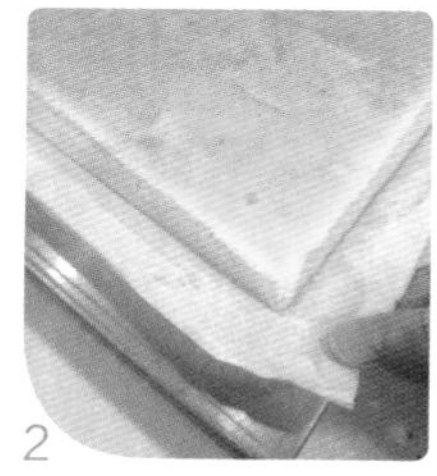
2

3

蛋糕卷要如何操作才能比较顺利包住馅料？

1. 内馅酱料涂抹要均匀，若是比较稀软的酱料，尾部保留 2 ~ 3cm 不要抹（图 1 ~ 图 4）。
2. 卷的时候，不要压太紧，轻轻往前卷起，奶油才不会因为用力挤压而流出来（图 5 ~ 图 7）。

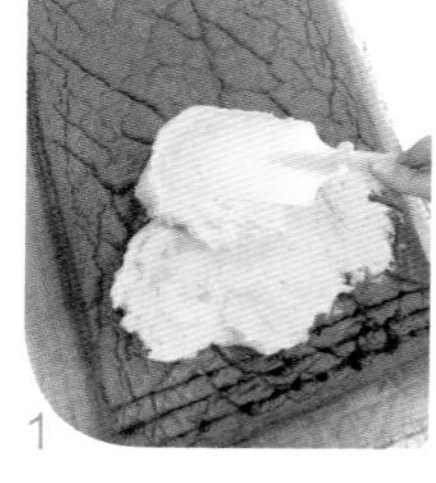
1

2

3

4

5

6

7

不同的烤盘要如何换算分量?

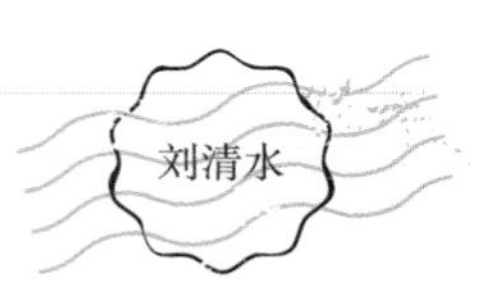

蛋糕卷材料分量必须依照烤盘大小调整，小的烤盘制作大烤盘分量时，会发生蛋糕体太厚或是烤不透的情形，组织无法顺利膨胀，影响口感，而且卷的过程中也容易断裂。相反如果大的烤盘制作小烤盘的分量会发生蛋糕体太薄，或是烤太干的情形，这样无法吃到蓬松的蛋糕，而且太干，卷的过程也容易断裂。以下为不同烤盘换算方式：

● **原材料分量**（图1）

A 烤盘大小 40cm × 30cm

材料：

a. 面糊：蛋黄3个、细砂糖15g、橄榄油（或任何液体植物油）18g、牛奶45g、杏仁粉30g、低筋面粉60g

b. 蛋白霜：蛋白3个、柠檬汁3/4茶匙（3.75g）、细砂糖45g

c. 中间夹馅：意大利奶油蛋白霜300g、杏仁粒90g

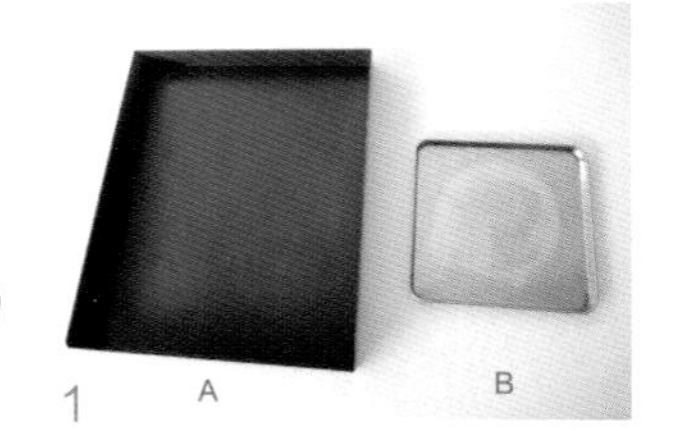

1

● **换算为**

我们要将A烤盘分量调整为：

B 烤盘大小 20cm × 20cm

计算两个烤盘面积比例：

A 烤盘：

40 × 30=1200

B 烤盘：

20 × 20=400

400/1200=0.3333

两个烤盘的比例计算出来为0.33333

所以所有材料分量都直接 ×0.33333，四舍五入得到分量如下：

材料：

a. 面糊：蛋黄1个、细砂糖5g、橄榄油（或任何液体植物油）6g、牛奶15g、杏仁粉10g、低筋面粉20g

b. 蛋白霜：蛋白1个、柠檬汁1/4茶匙（1.25g）、细砂糖15g

c. 中间夹馅：意大利奶油蛋白霜100g、杏仁粒30g

分量虽然减少，但是烘烤温度及时间并不改变。反过来如果要将 B 烤盘换算成 A 烤盘：

先计算两个烤盘面积比例：
B 烤盘：
20×20=400
A 烤盘：
40×30=1200
1200/400=3

所以，所有材料分量都直接 ×3。烘烤温度不变，时间直接延长 1～2 分钟即可。

迷你杏仁蛋糕卷

分量 1个（20cm×20cm烤模）

材料

A 蛋黄面糊
- 杏仁粒 30g
- 杏仁粉 10g
- 低筋面粉 20g
- 冰蛋黄 1 个
- 细砂糖 5g
- 液体植物油 6g
- 牛奶 15g

B 蛋白霜
- 冰蛋白 1 个
- 柠檬汁 1/4 茶匙（1.25g）
- 细砂糖 15g
- 意大利蛋白霜 100g

小叮咛

1. 杏仁粉可以直接删除，或使用其他坚果切碎代替。
2. 鸡蛋使用冷藏的，每个净重 50～55g。
3. 冷藏保存 4～5 天。
4. 意大利蛋白霜做法，请参考《新手烘焙从入门到精通 Ⅰ》94 页。

1 烤盘铺上硅油纸（烤盘可以喷少些水，或抹一些无盐黄油，固定硅油纸）。

2 杏仁粒放入烤箱中，用 160 ℃ 烤 4~5 分钟，取出冷却备用。

3 低筋面粉过筛好备用。

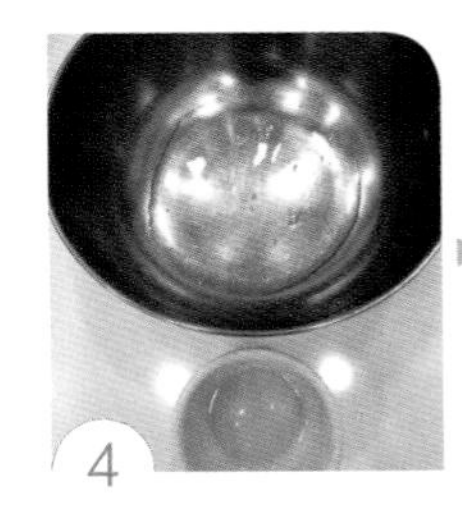

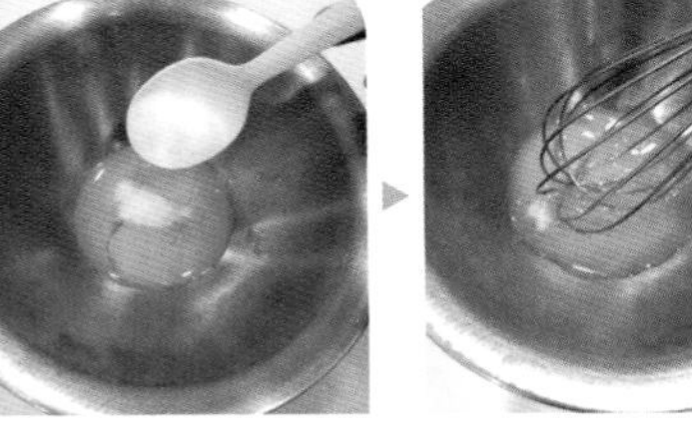

4 冰蛋黄 + 细砂糖 5g 用打蛋器搅拌均匀。

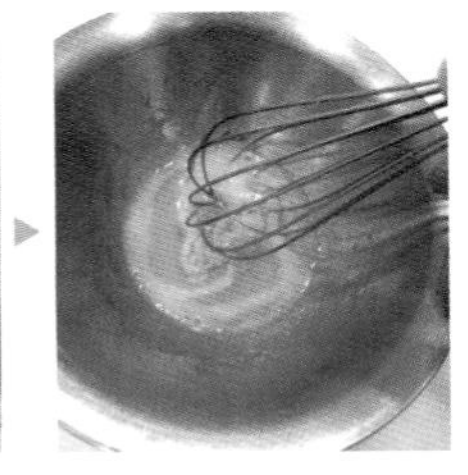

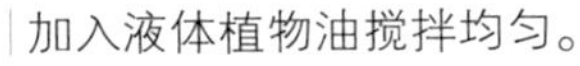

5 加入液体植物油搅拌均匀。

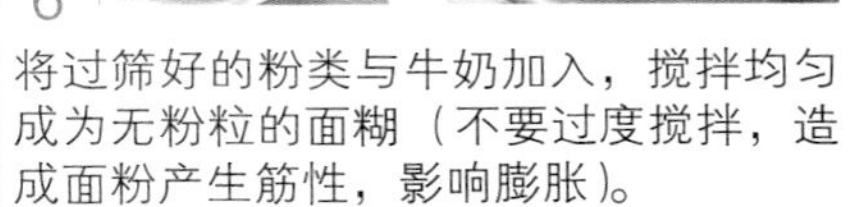

6 将过筛好的粉类与牛奶加入，搅拌均匀成为无粉粒的面糊（不要过度搅拌，造成面粉产生筋性，影响膨胀）。

7 最后加入杏仁粉搅拌均匀。

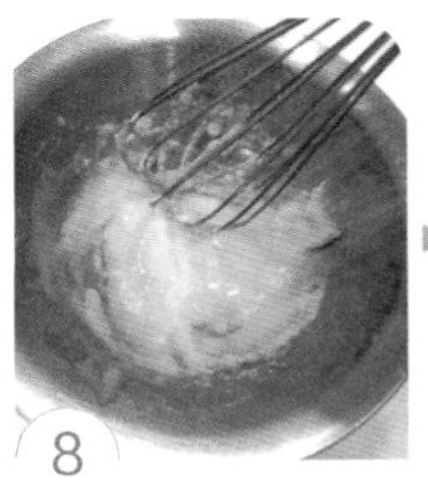

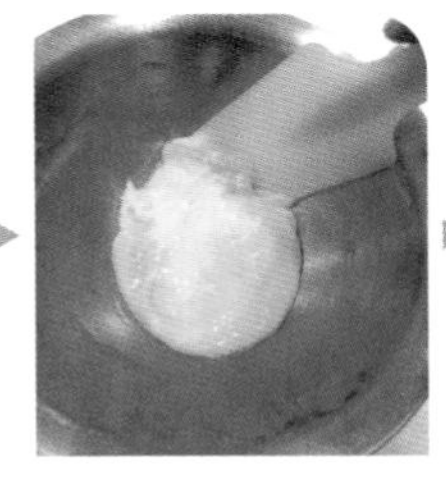

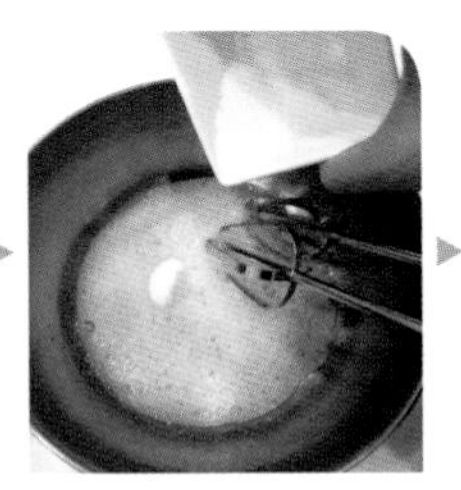

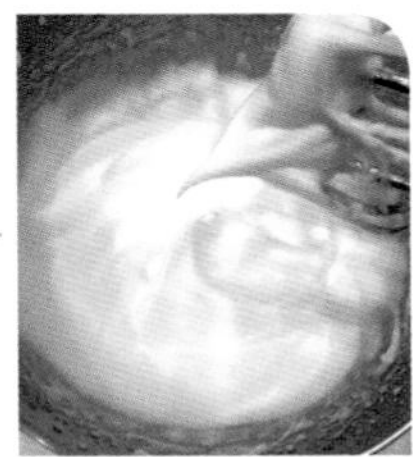

8 冰蛋白先用打蛋器打出一些泡沫，然后加入柠檬汁及细砂糖 15g（分两次加入），打成尾端挺立的蛋白霜（干性发泡）。

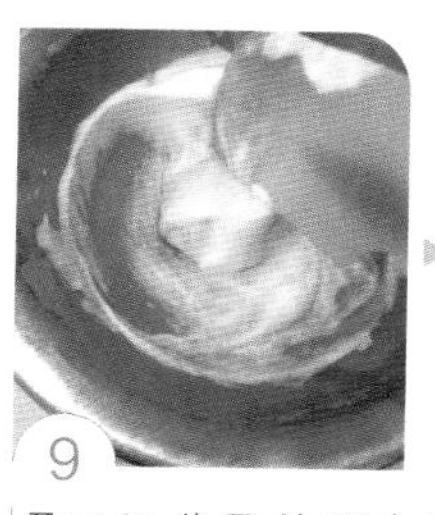

9 取1/3分量的蛋白霜混入蛋黄面糊中，用橡皮刮刀沿着盆边，以切拌方式搅拌均匀。

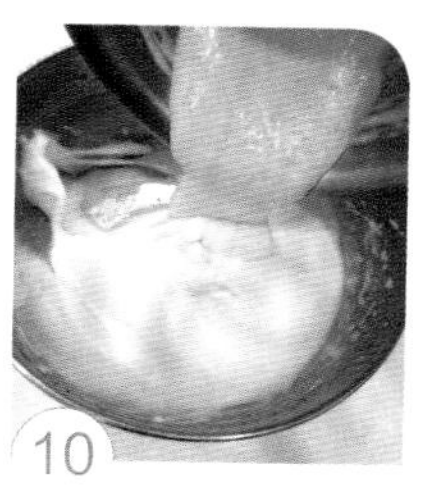

10 然后再将拌匀的面糊倒入剩下的蛋白霜中。

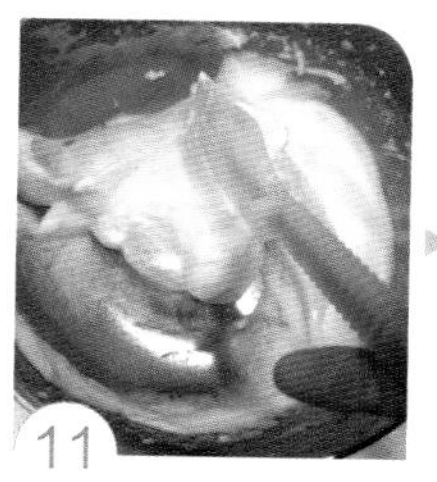

11 将面糊用橡皮刮刀由下而上翻转，以切拌的方式混合均匀。

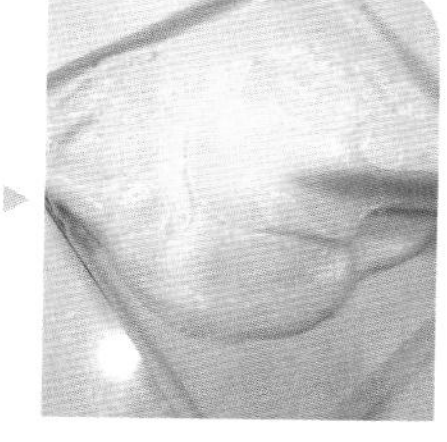

12 面糊倒入铺上硅油纸的烤盘中，用刮板抹平整。

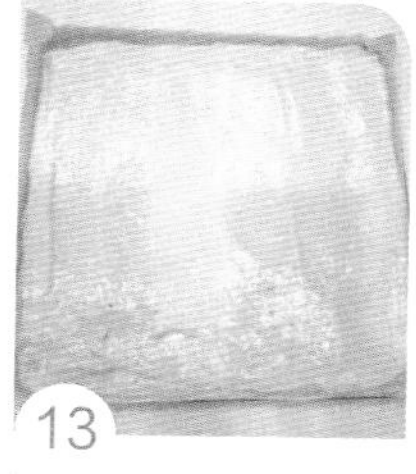

13 进烤箱前，在桌上轻敲几下，敲出较大的气泡。

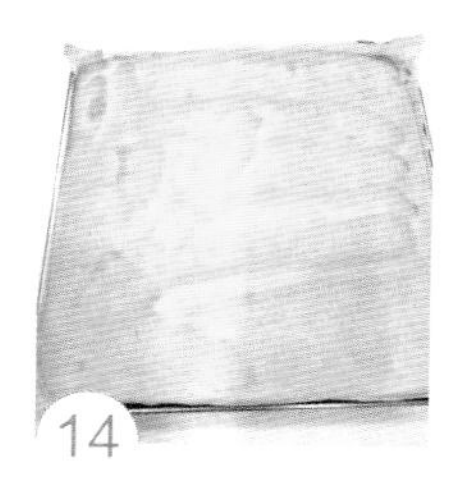

14 放入上下火已经预热至170℃的烤箱中，烘烤13～15分钟。

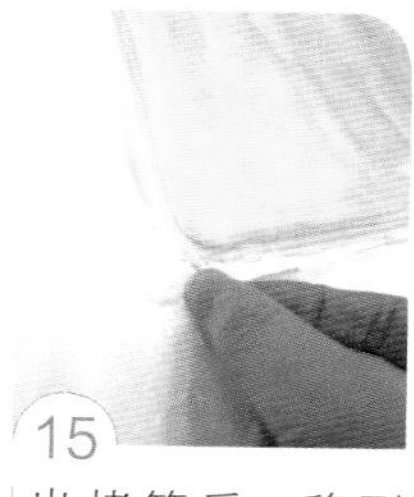

15 出烤箱后，移到桌上，将四周硅油纸撕开，散热放凉。

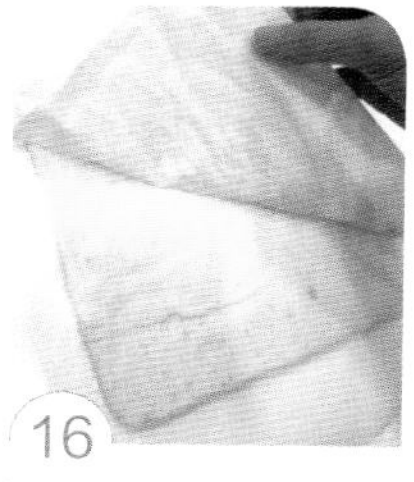

16 完全放凉后，将底部硅油纸撕开。蛋糕底部垫着撕下来的硅油纸，烤面朝上。

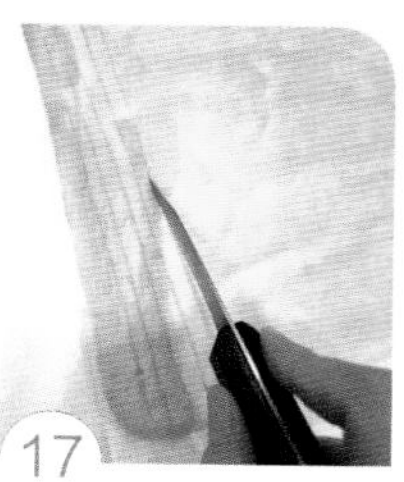

17 在蛋糕开始卷起处，用刀切3～4条，不切到底的线条（这样卷的时候，中心不容易裂开）。

18 将夹馅用的意大利蛋白霜均匀涂抹在蛋糕表面。

19 再将事先准备好的杏仁粒均匀撒上。

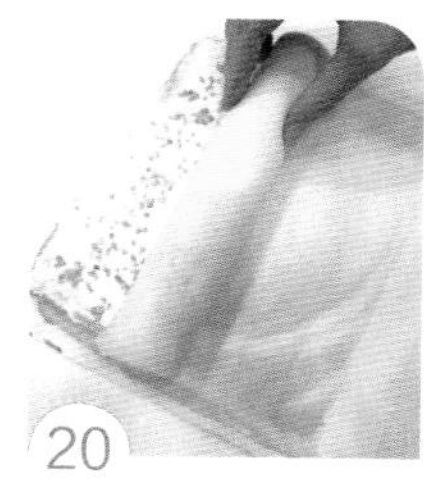

20 由自己身体这一侧紧密将蛋糕往外卷。

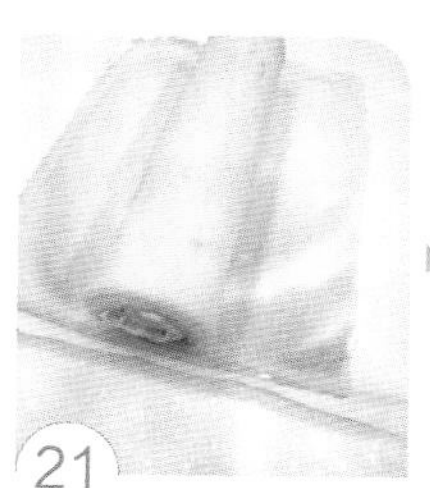
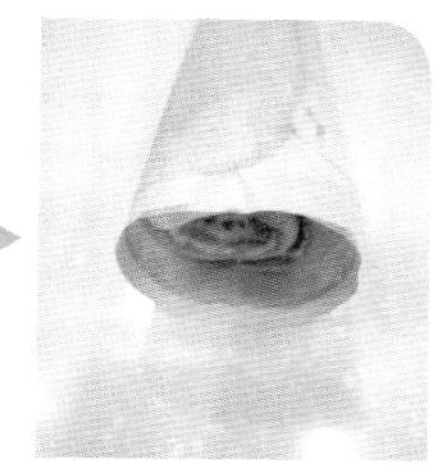
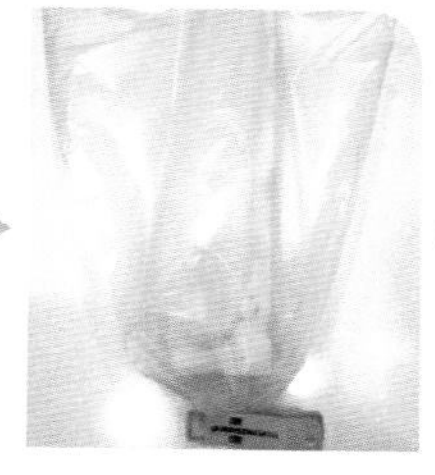
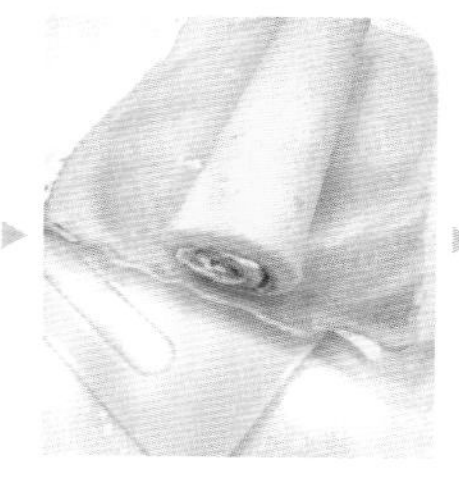
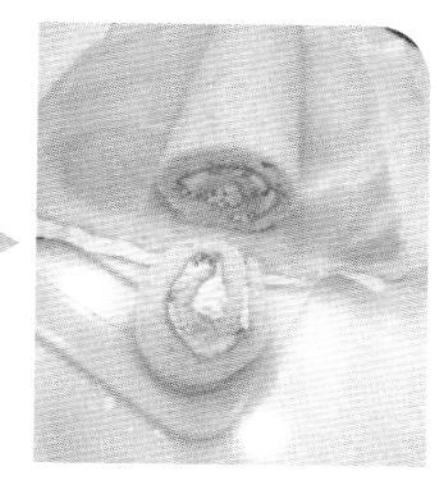

21 最后用硅油纸将整条蛋糕卷起，蛋糕收口朝下，用塑料袋装起，放置到冰箱冷藏2～3小时定型即可。

蛋糕卷容易断裂的原因是什么？

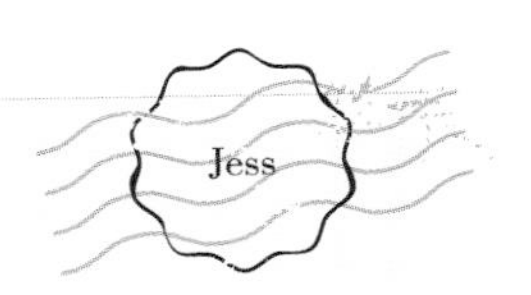

在卷蛋糕卷的过程中，常常会出现蛋糕前端断裂的状况（图1），会造成这样的原因如下：

1. 蛋糕体太厚。
2. 蛋糕体没有烤透，造成蛋糕体太湿。
3. 蛋糕体烘烤过久，变得太干没有弹性，所以一凹折就断裂。
4. 开始卷起的部位要划几道线，因为前端卷起角度比较小，若没有划几道线，就容易造成断裂。
5. 蛋糕卷的分量要依照烤盘大小调整，不然同样的分量但烤盘大小不同，就会造成蛋糕厚度有差异，也会造成烤不透或烤太干的情形，所以必须依照烤盘大小，调整较适当的分量。如何换算请参考148页（图2 / 由 Janny Wang 提供）。

1

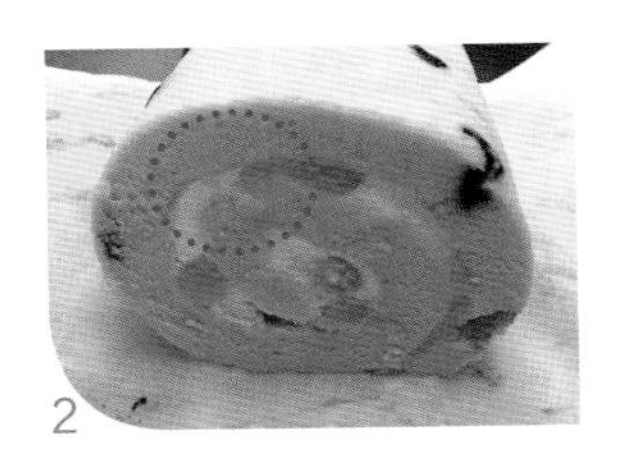

2

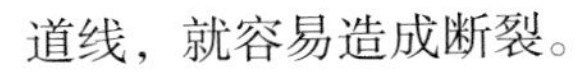

A 葡萄柚蛋糕卷

分量 1个（25cm×35cm烤盘）

A-a

A-b

B

材料

A 内馅及抹酱

a 葡萄柚1个、白兰地15g、细砂糖15g

b 动物性鲜奶油100g、柠檬汁1茶匙、细砂糖10g

B 海绵蛋糕体

低筋面粉50g、冰鸡蛋3个（净重约150g）、柠檬汁1/2茶匙、细砂糖50g

一 制作糖渍葡萄柚内馅

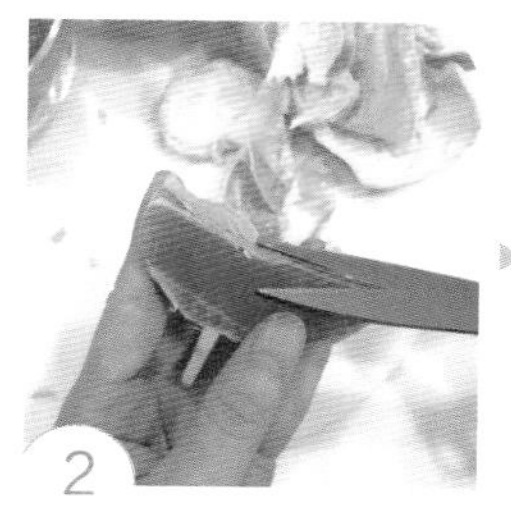

1 葡萄柚去皮。

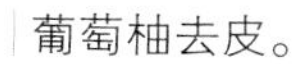

2 剪刀剪去中间白色膜，即可剥下果肉。

3 加入白兰地及细砂糖混合均匀，放入冰箱冷藏腌渍 3~4 小时备用。

二 制作打发鲜奶油

4 工作盆底部垫冰块。

5 动物性鲜奶油加入柠檬汁及细砂糖。

6 使用低速打至挺立，密封放入冰箱冷藏备用。

三 制作海绵蛋糕体

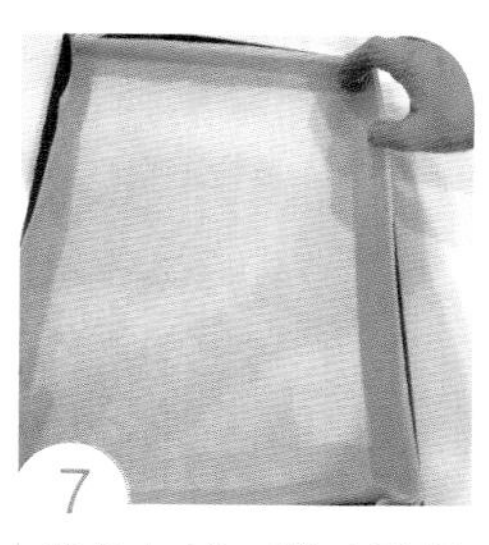

7 烤盘上铺一张硅油纸（不防粘）。

8 低筋面粉过筛。

9 将冰鸡蛋的蛋黄及蛋白分开。

10 冰蛋白先打出些许泡沫，加入柠檬汁及一半的细砂糖。

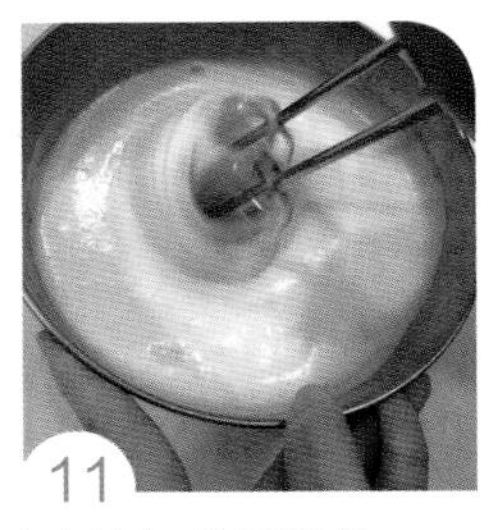

11 高速打发至蓬松。

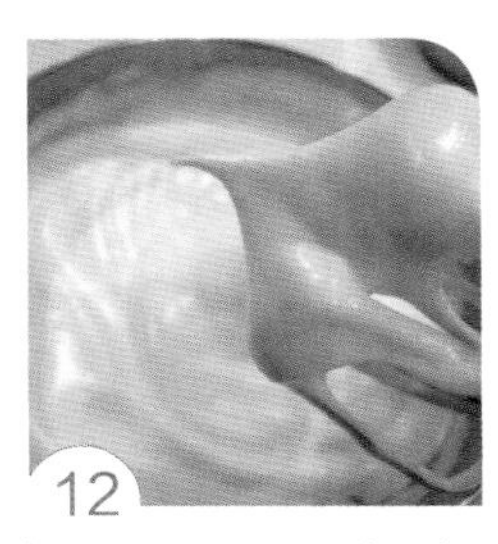

12 加入剩下的细砂糖打至挺立状态。

13 加入冰蛋黄搅拌均匀。

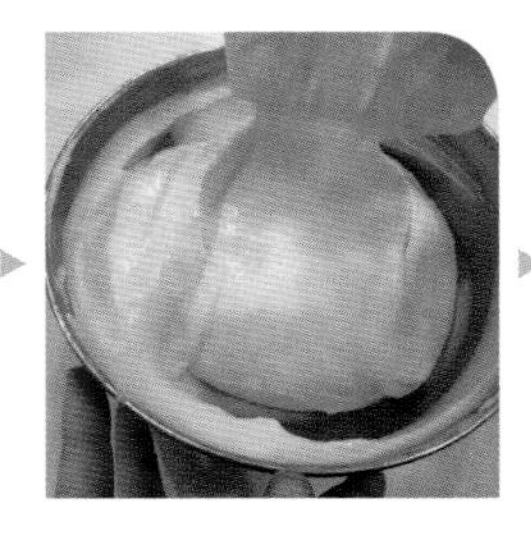

14 低筋面粉分两次加入，以切拌方式混合均匀。

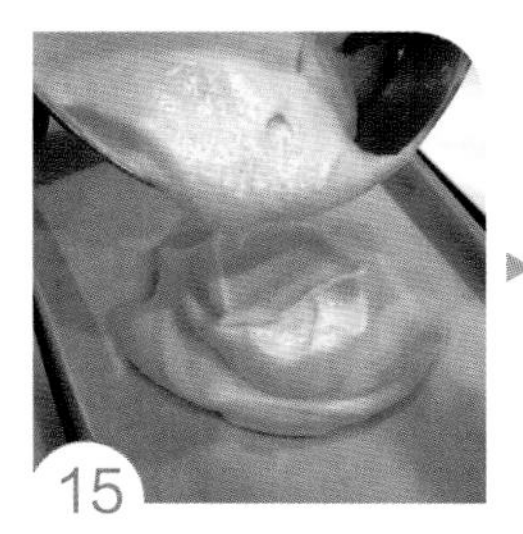
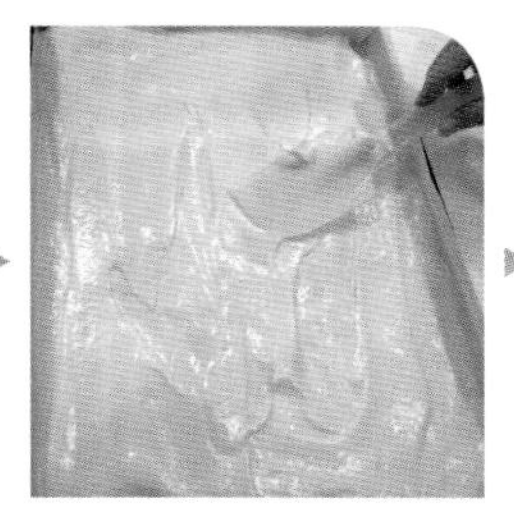

15 倒入烤盘中抹平整，桌上轻敲 2 ~ 3 下，放入上下火已经预热至 170℃的烤箱中，烘烤 13 ~ 15 分钟。

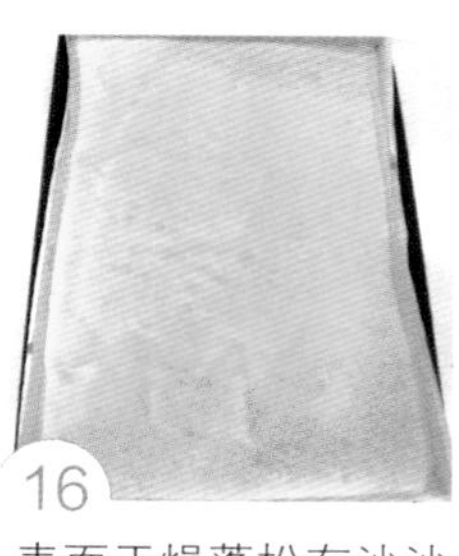

16 表面干燥蓬松有沙沙声即可出烤箱。

17 移出烤盘，周围硅油纸撕开放凉。

18 完全冷却翻面，硅油纸撕下再翻面。

19 靠身体这一侧划3～4道线。

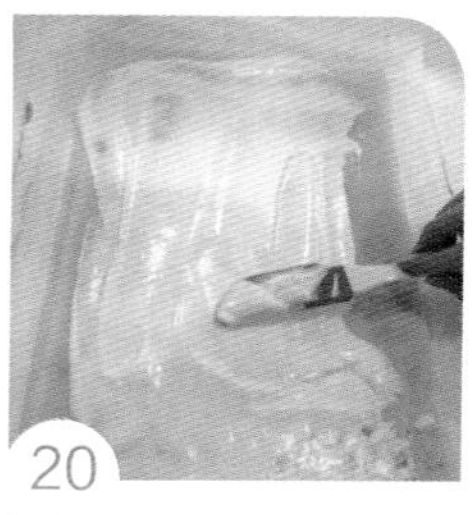

20 均匀涂抹上打发的动物性鲜奶油。

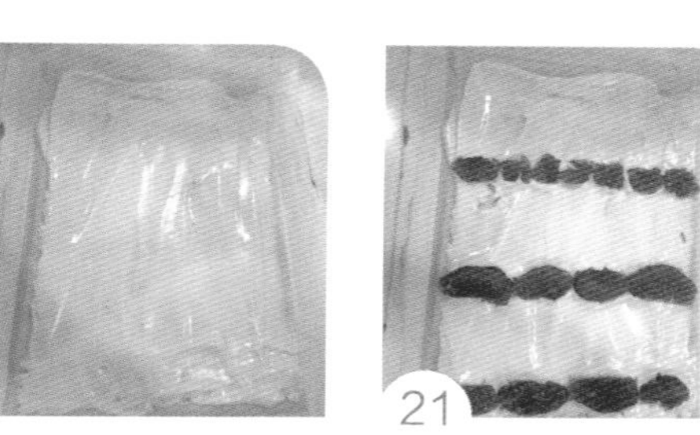

21 铺放上葡萄柚果肉。

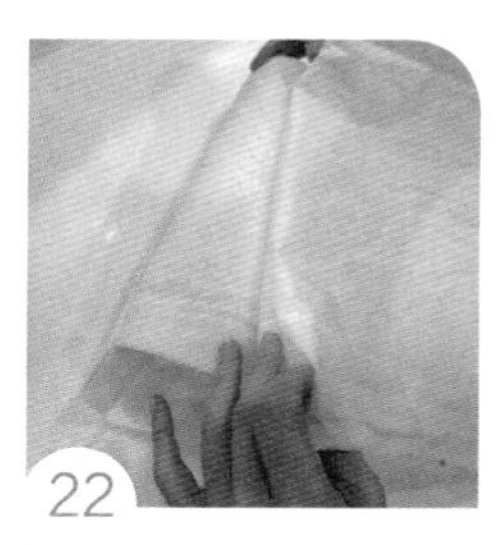

22 往外卷起呈长柱状。

23 用硅油纸包覆起来。

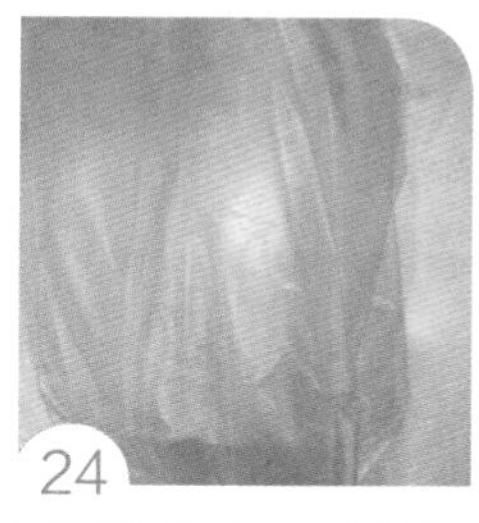

24 蛋糕卷收口朝下，密封放入冰箱冷藏3～4小时。

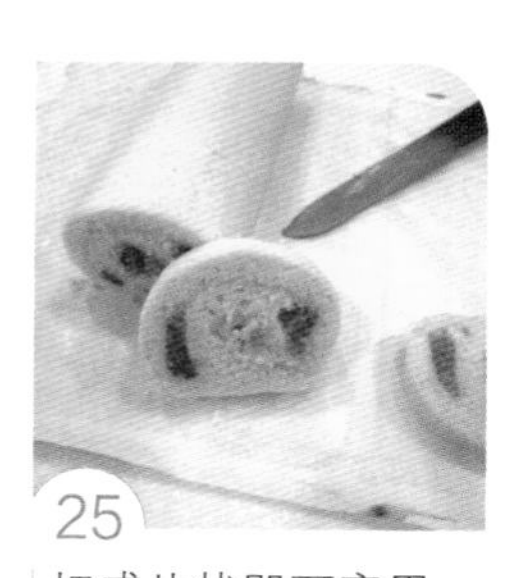

25 切成片状即可享用。

小叮咛

葡萄柚也可以用柳橙或橘子代替。

B > 咖啡核桃蛋糕卷（乳牛纹）

分量 > 1个（35cm×24cm平板烤盘）

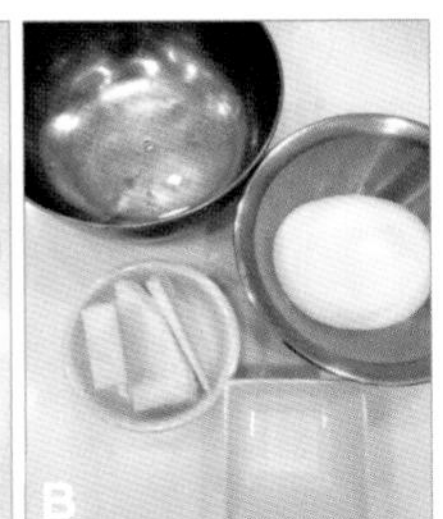

小叮咛

1. 意大利奶油蛋白霜做法，请参考《新手烘焙从入门到精通Ⅰ》77页。
2. 夹馅也可以使用打发鲜奶油或是卡士达酱。

材料

A
- 速溶咖啡粉1茶匙（约2g）
- 沸水1茶匙
- 冰鸡蛋5个（净重约250g）
- 低筋面粉50g
- 柠檬汁1/2茶匙
- 细砂糖70g

B **意大利奶油蛋白霜**
- 无盐黄油75g
- 冰蛋白1个（室温，净重约33g）
- 细砂糖60g
- 水15cc

C **内馅**
- 糖核桃70g

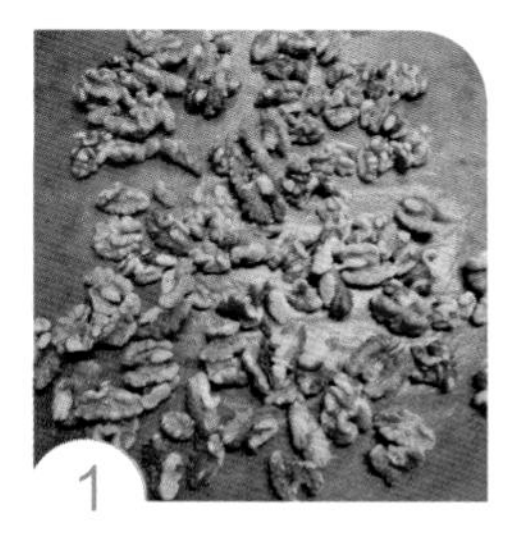

1 糖核桃做法，请参考257页，完成密封备用。

2 速溶咖啡粉加入沸水中溶化均匀。

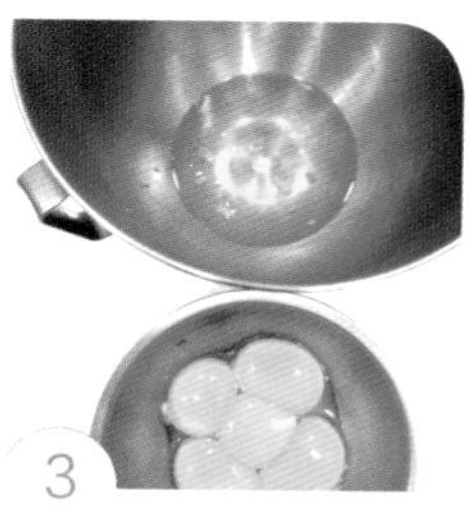

3
将冰鸡蛋的蛋黄、蛋白分开（蛋白不可以沾到蛋黄、水分及油脂）。

4
低筋面粉用滤网过筛。

5
烤盘铺上硅油纸。

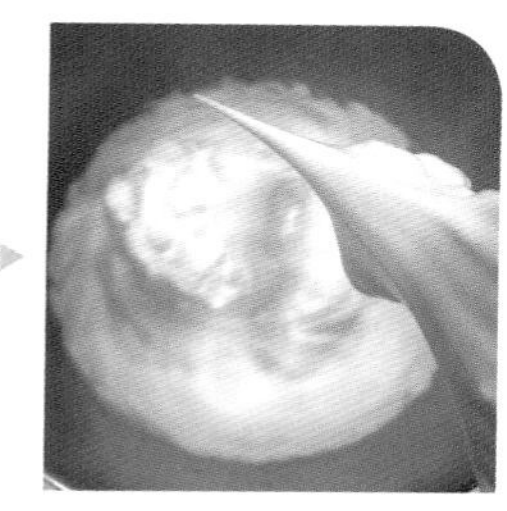

6
冰蛋白先用打蛋器打出一些泡沫，然后加入柠檬汁及细砂糖（分两次加入），打成尾端挺立的蛋白霜（干性发泡）。

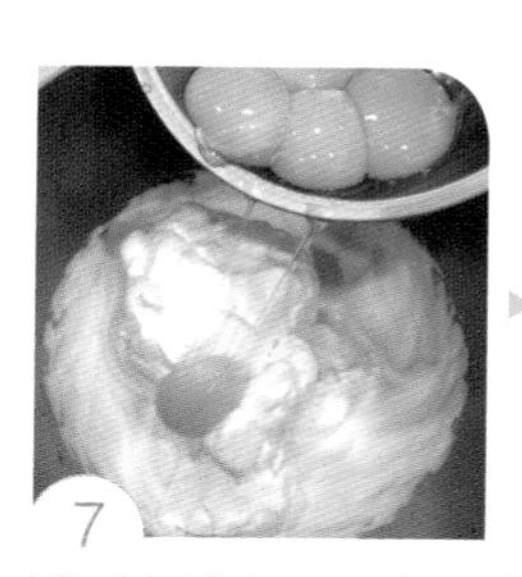

7
将冰蛋黄加入蛋白霜中混合均匀。

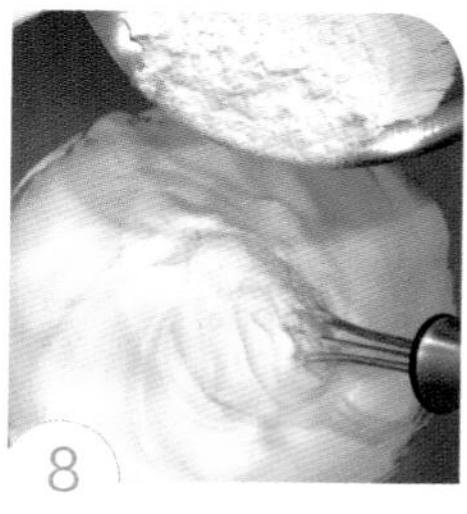

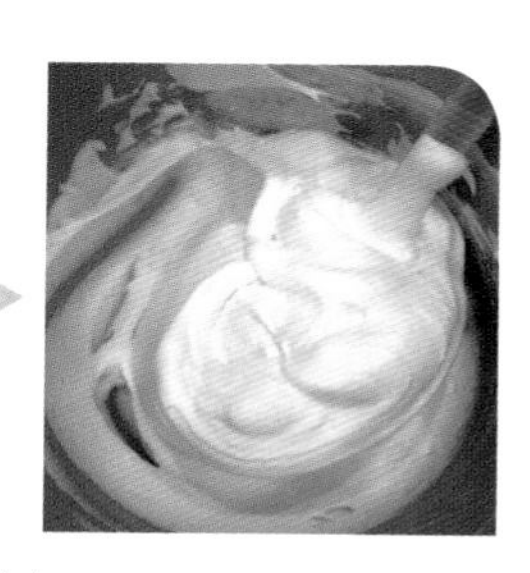

8
低筋面粉分两次加入，以切拌的方式快速混合均匀。

9
混合完成的面糊倒出50g。

10

加入咖啡液，快速混合均匀。

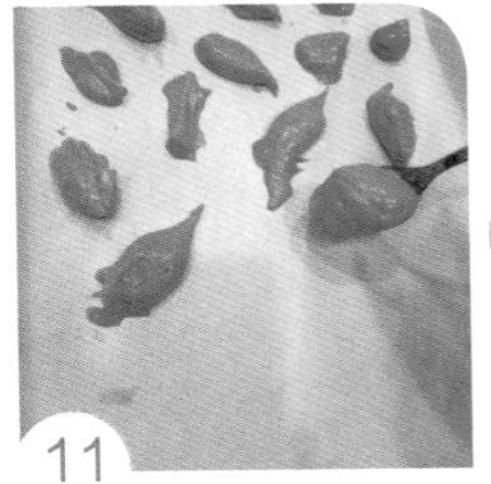
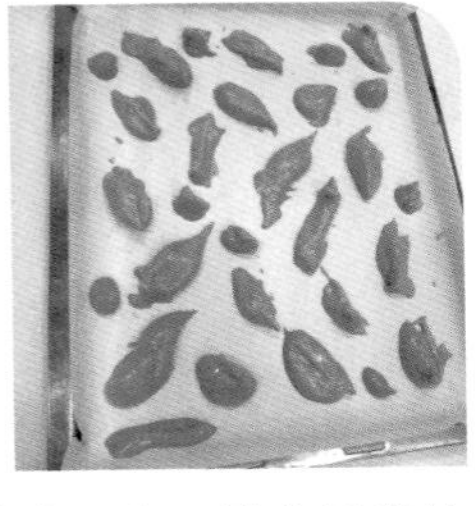

11

用汤匙舀咖啡面糊在硅油纸上，随意画出块状乳牛斑纹图案。

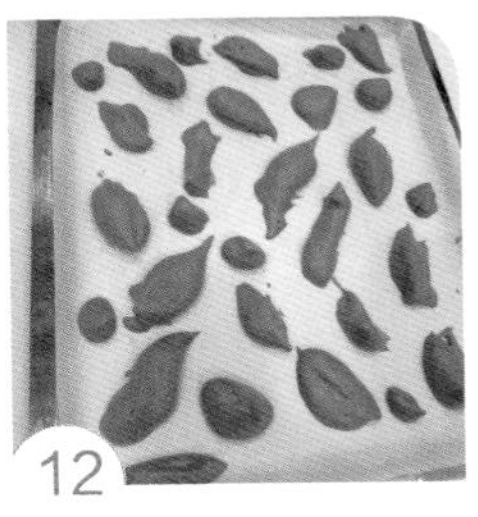

12

放入上下火已经预热至 170℃的烤箱中，烘烤 2～3 分钟定型取出。

13

再将原味的面糊倒在咖啡面糊上方，用刮刀抹均匀。

14

用刮板抹平整，进烤箱前，在桌上轻敲几下，敲出较大的气泡。

16

放入上下火已经预热至 170℃的烤箱中，烘烤 15 分钟。

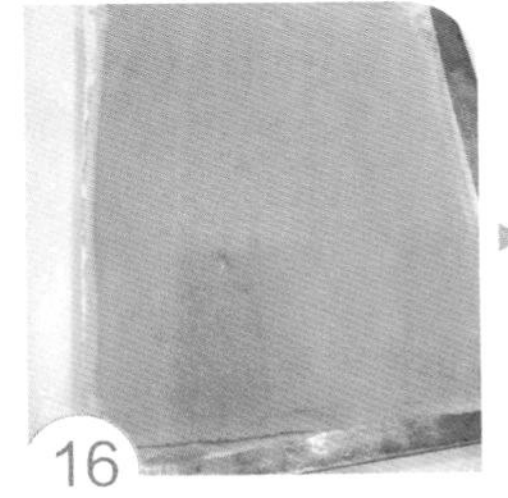

16

出烤箱后，移出烤盘，并将四周硅油纸撕开，放凉。

17

完全放凉后，将蛋糕翻过来，底部硅油纸撕开。

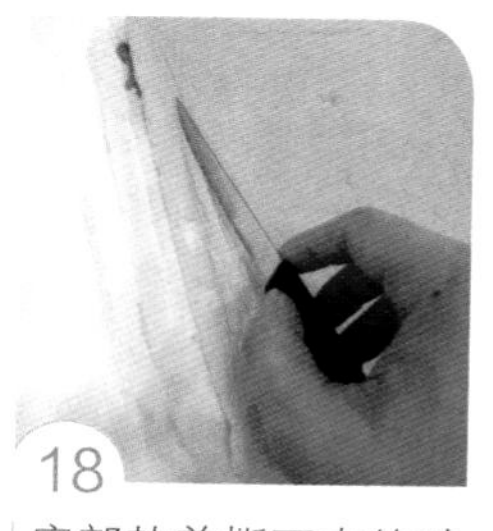

18

底部垫着撕下来的硅油纸，烤面朝上。在蛋糕开始卷起处，用刀切3～4条不切到底的线条（这样卷的时候，中心不容易裂开）。

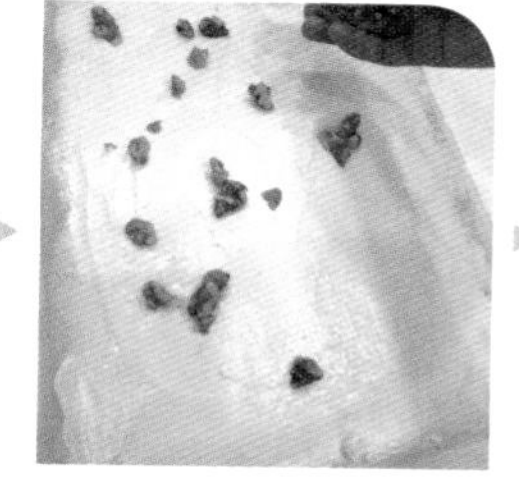
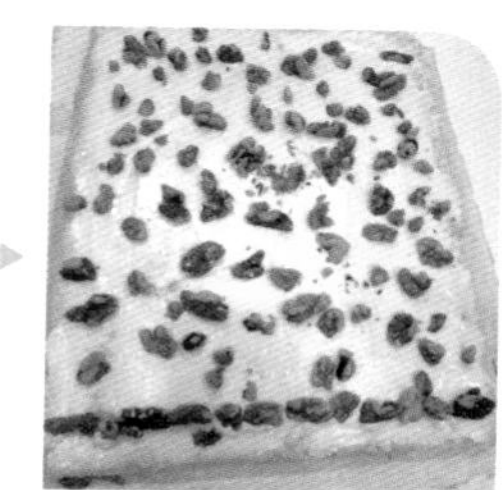

19

均匀涂抹一层意大利奶油蛋白霜，撒上糖核桃。

20

由自己身体这一侧抓住硅油纸紧密往外卷，一边卷一边往前推。

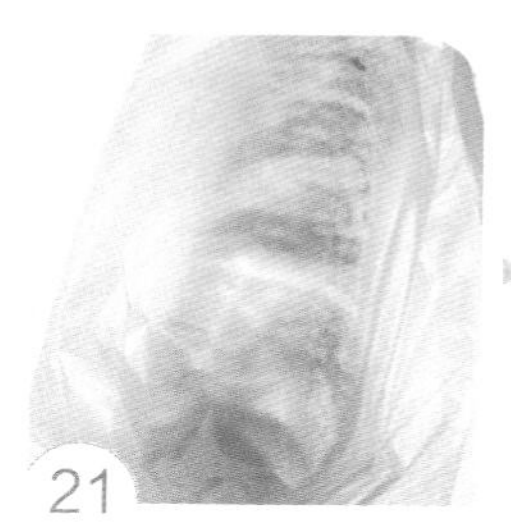

21

最后用硅油纸将整条蛋糕卷起，用塑料袋装起，放置到冰箱冷藏2～3小时定型，再取出切片。

C 万圣节蛋糕卷

分量 1个（35cm×24cm平板烤盘）

A

B

C

材料

A **南瓜鲜奶油馅**
- 细砂糖 15g
- 动物性鲜奶油 200g
- 奶油南瓜泥 120g

B **竹炭蛋糕（35cm×24cm烤模）**
- 低筋面粉 50g、水 5cc、竹炭粉 2g
- 冰鸡蛋 5 个（净重约 250g）
- 柠檬汁 3g、细砂糖 70g

C **鲜奶油紫薯馅**
- 动物性鲜奶油 50 ~ 60g
- 奶油紫薯泥 250g

一 制作南瓜鲜奶油馅

1 细砂糖加入动物性鲜奶油中（若天气热，工作盆底部垫冰块）。

2 低速搅打 7 ~ 10 分钟，至动物性鲜奶油挺立状态。

小叮咛

1 奶油南瓜馅做法，请参考《新手烘焙从入门到精通 I》73 页。
2 鲜奶油紫薯馅做法，请参考《新手烘焙从入门到精通 I》74 页。

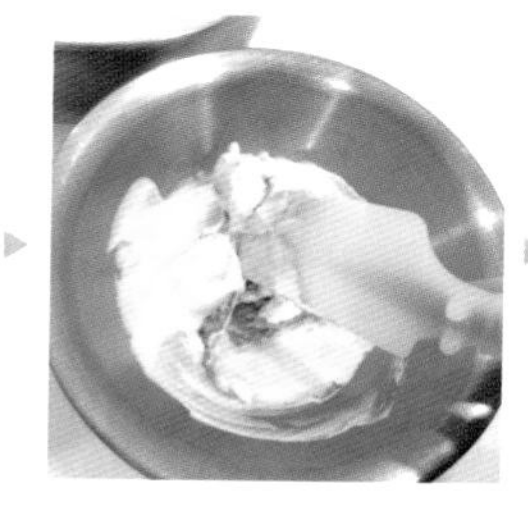

3
将事先完成的奶油南瓜馅，先加入一半打发的动物性鲜奶油中，混合均匀。

二 制作竹炭蛋糕

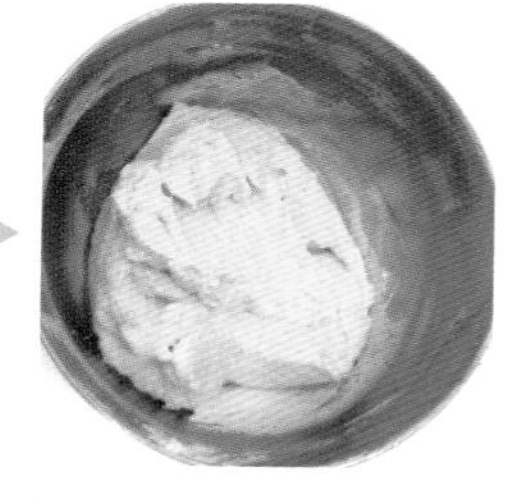

4
再与剩下的动物性鲜奶油混合均匀，放入冰箱冷藏备用。

5
烤盘铺一张硅油纸。

6
低筋面粉过筛。

7
水加入竹炭粉中混合均匀。

8
将冰鸡蛋的蛋黄、蛋白分开。

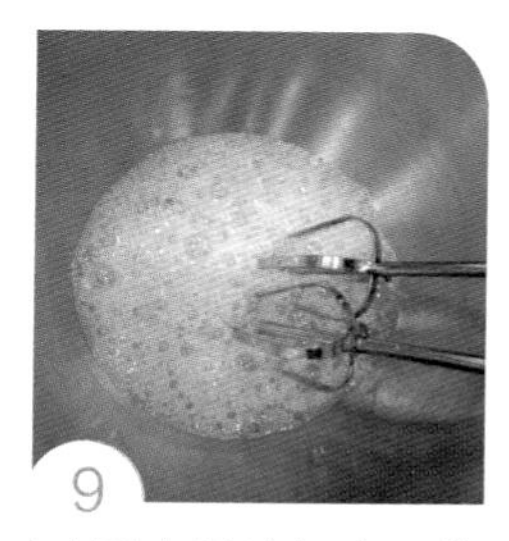

9
冰蛋白低速打出一些泡沫。

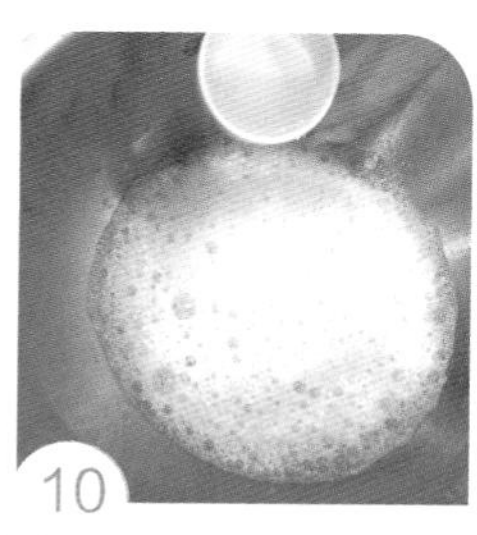
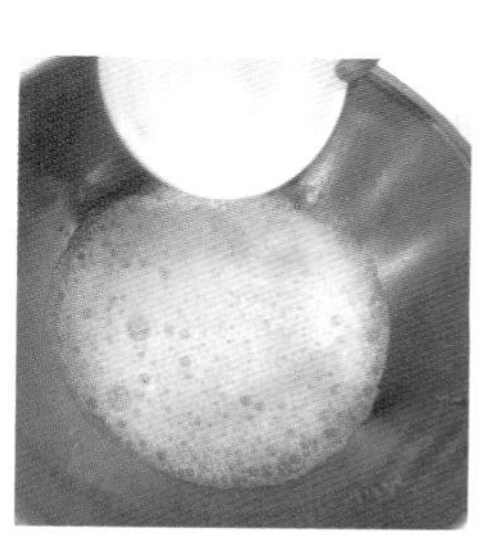

10
加入柠檬汁及一半分量的细砂糖。

11
高速搅打2~3分钟至蛋白膨胀。加入剩下的细砂糖继续搅打。

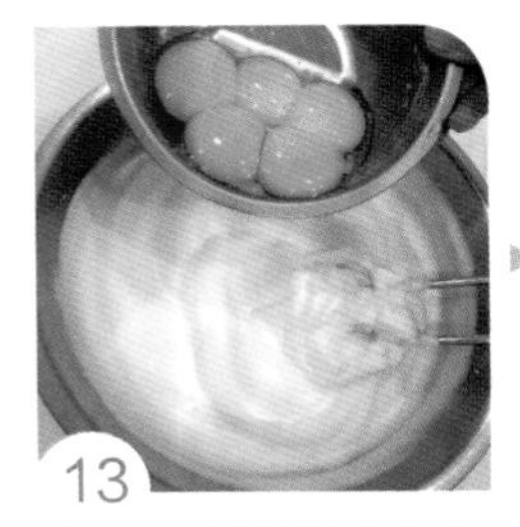

12 打发至挺立状态。

13 加入冰蛋黄混合均匀。

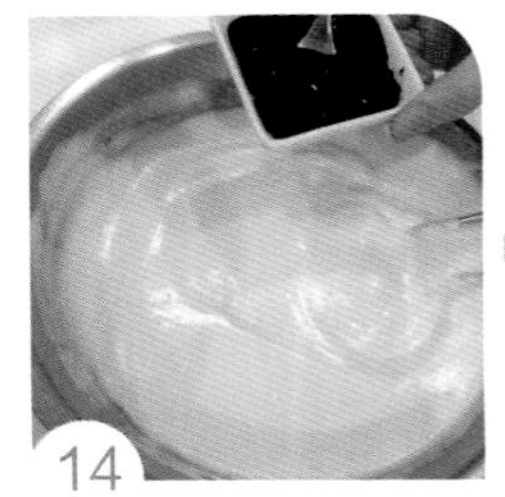

14 倒入竹炭水混合均匀。

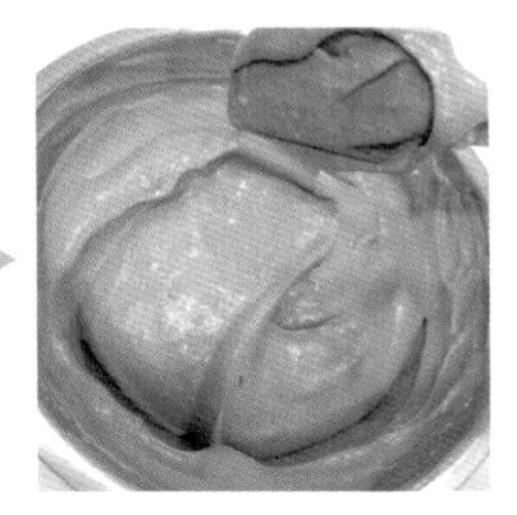

15 低筋面粉分两次加入，以切拌的方式混合均匀。

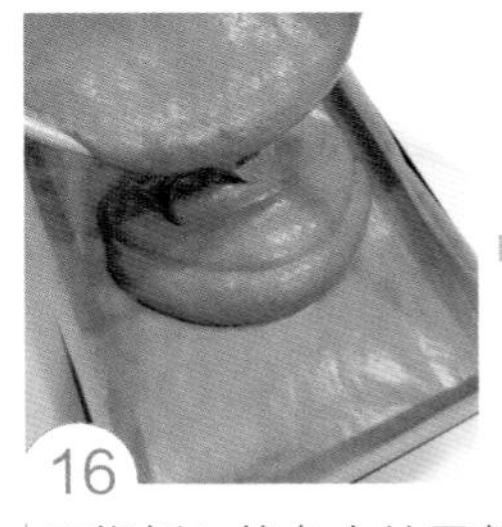

16 面糊倒入烤盘中抹平整。

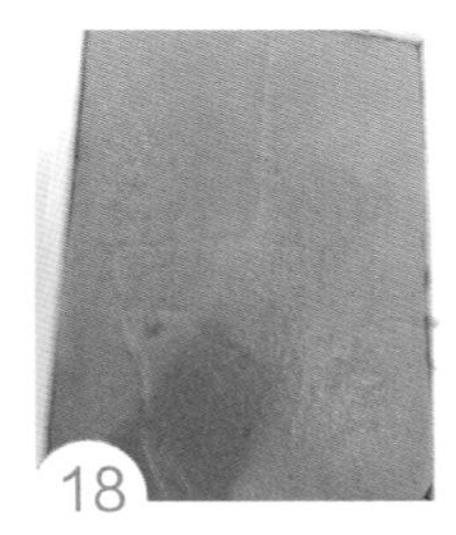

17 进烤箱前，桌上轻敲几下。

18 放入上下火已经预热至 170℃的烤箱中，烘烤 15～16 分钟，至表面手摸不粘黏的程度。

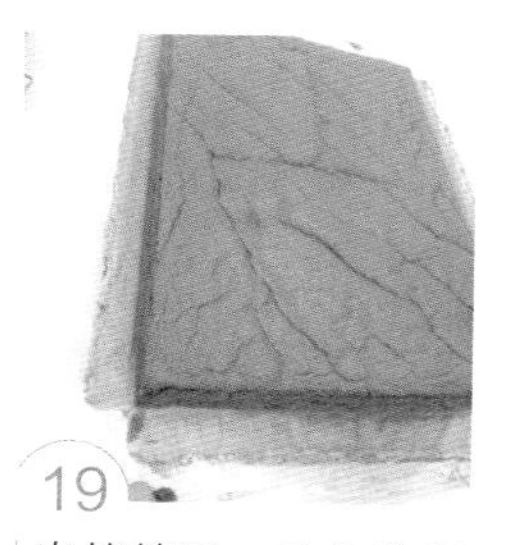
19
出烤箱后，马上移出烤盘，将周围硅油纸撕开，放至冷却。

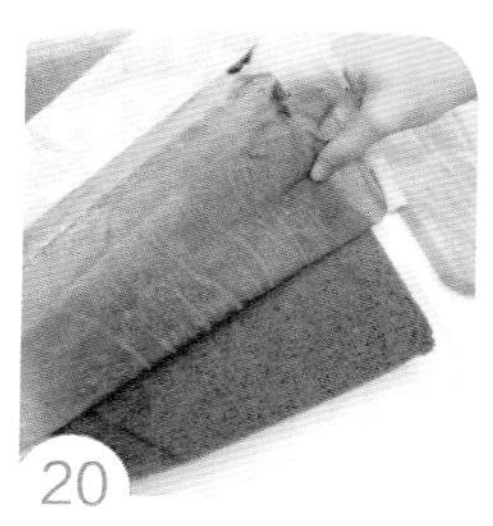
20
蛋糕翻面后，将底部硅油纸撕除，再翻转回来。

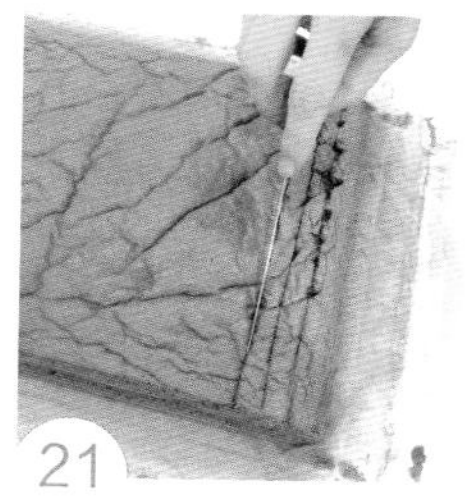
21
在蛋糕开始卷起处，切3～4条不切到底的线条。

22
均匀涂抹上南瓜鲜奶油馅。

23
由自己身体这一侧抓住硅油纸紧密往外卷，一边卷一边往前推。

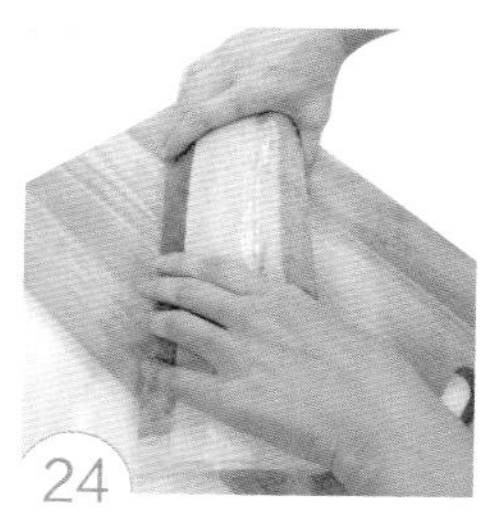
24
最后用硅油纸将整条蛋糕卷起。

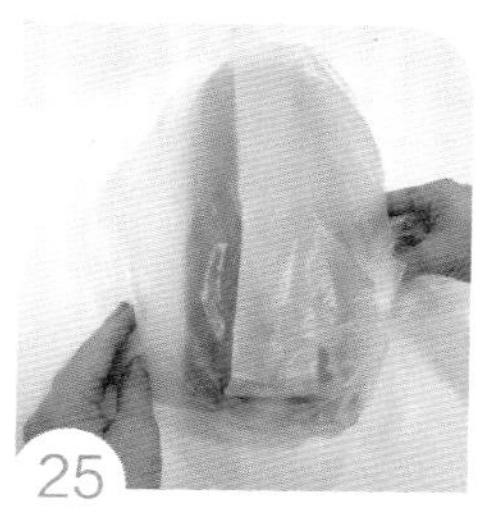
25
收口朝下密封，放入冰箱冷藏3～4小时定型。

三 制作鲜奶油紫薯馅

26
将动物性鲜奶油加入鲜奶油紫薯馅中，混合均匀（添加分量视鲜奶油紫薯馅软硬度斟酌，太硬不好操作）。

27
鲜奶油紫薯馅装入挤花袋中，使用蒙布朗挤花嘴。

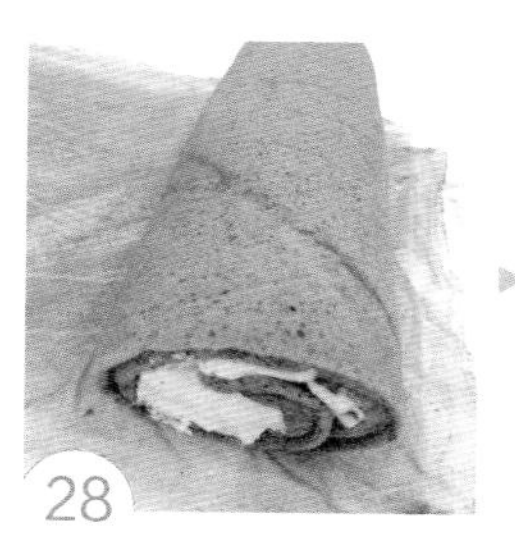
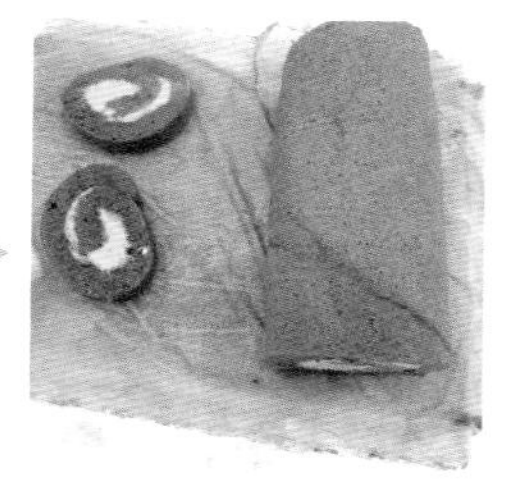
28
蛋糕卷从冰箱取出，头尾不规则切掉。

29
在蛋糕上方挤出条状装饰即完成。

THE BIBLE
OF BAKING FOR
BEGINNERS
BAKING SODA
VANILLA SUGAR

PART 6

认识慕斯

MOUSSE

什么是慕斯蛋糕？

1

慕斯（Mousse）在法语中是“泡沫”的意思，表示蛋糕组织质地轻盈，口感如空气般入口即化。要达到如泡沫轻盈般的组织，材料中会添加打发动物性鲜奶油或蛋白霜，或是全蛋打发的蛋奶酱，有些也需要添加吉利丁来帮助凝固，并使得口感更好。

慕斯蛋糕模具为一个光滑的不锈钢圈，搭配一个平整的铁板组成（图 1），慕斯馅料可以一层一层填入，搭配不同的蛋糕片或果冻层，就可以创作出多层次的口感。慕斯蛋糕成品华丽而且口味多变，并可以混合季节性水果、巧克力或咖啡做出更多种口味。制作慕斯要有耐心，也必须注意温度，太热的温度会使得慕斯容易溶化，影响成品美观。以下示范 6 款慕斯蛋糕做法（图 2～图 7）。

2 3 4 5 6 7

A > 鲜莓果奶酪慕斯

分量 > 1个（直径19.5cm，约7.5英寸玻璃碗）

材料

A 蛋糕（42cm×30cm平板烤模1个）

a 冰蛋黄 5 个
- 低筋面粉 55g
- 粘米粉 30g（或低筋面粉）
- 无糖纯可可粉 15g
- 细砂糖 20g
- 橄榄油（任何植物油）40g
- 牛奶 60g

b 冰蛋白 5 个
- 柠檬汁 1 茶匙（5g）
- 细砂糖 50g

B 鲜莓覆盆子慕斯内馅

a 奶油奶酪 120g
- 新鲜蓝莓及草莓各 50g
- 牛奶 60cc
- 细砂糖 60g
- 吉利丁片 3.5 片（10g）
- 柠檬汁 1 大匙
- 草莓泥 150g

b 动物性鲜奶油（乳脂肪 35%）150g
- 细砂糖 15g

C 装饰
- 动物性鲜奶油 200g
- 细砂糖 20g
- 白兰地 1/2 大匙
- 新鲜蓝莓及草莓适量

A

B

C

一 事前准备工作

1 将冰鸡蛋的蛋黄、蛋白分开（冰蛋白不可以沾到蛋黄、水分及油脂）。

2 低筋面粉＋粘米粉＋无糖纯可可粉用滤网过筛。

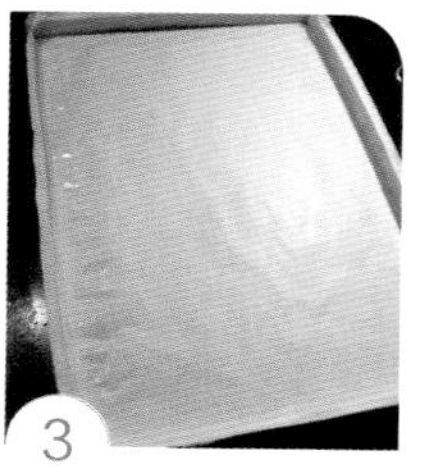
3 烤盘铺上一层烘焙硅油纸。

二 制作蛋糕体

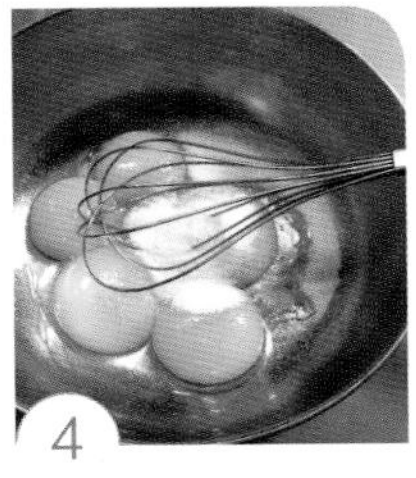

4 冰蛋黄加细砂糖20g用打蛋器充分混合均匀，稍微打至泛白的程度。

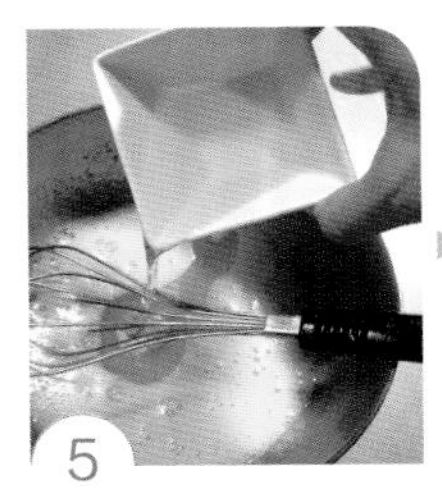

5 将橄榄油加入搅拌均匀。

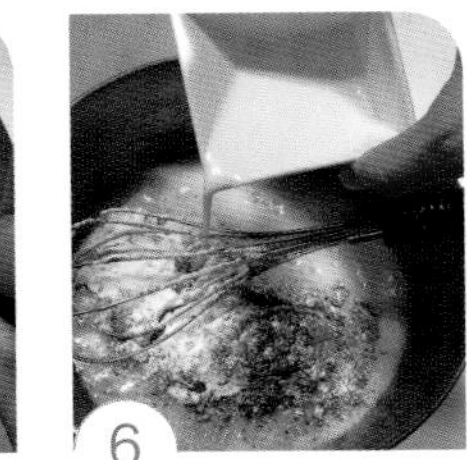

6 将过筛好的粉类与牛奶分两次交错混入，搅拌均匀至无粉粒的面糊。

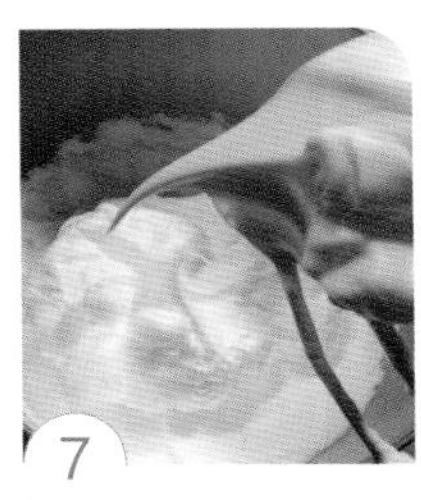

7 冰蛋白先用打蛋器打出一些泡沫，然后加入柠檬汁1茶匙及细砂糖50g（分两次加入），打成尾端稍微弯曲的蛋白霜（湿性发泡）。

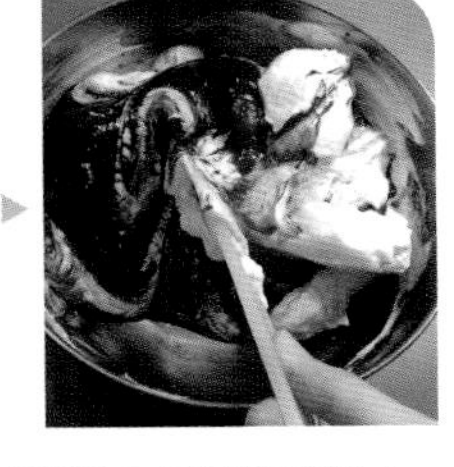

8 取1/3分量的蛋白霜混入蛋黄面糊中，以切拌的方式混合均匀。

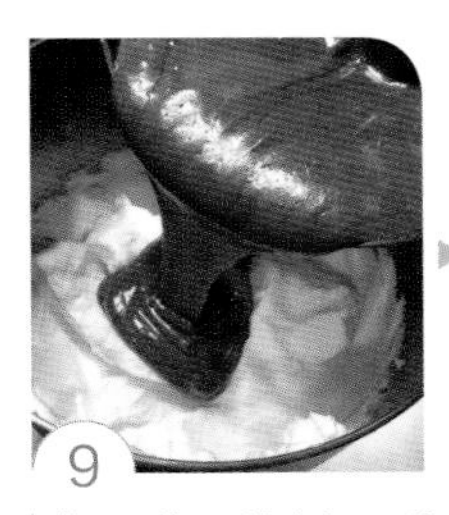

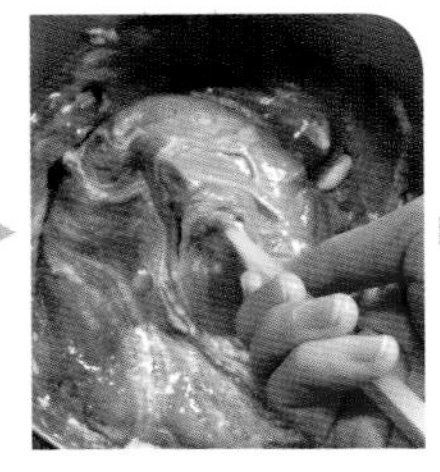

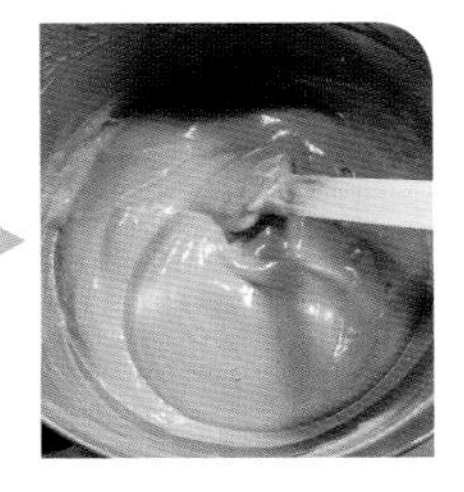

9 将蛋黄面糊倒入剩下的蛋白霜中，以切拌的方式混合均匀。

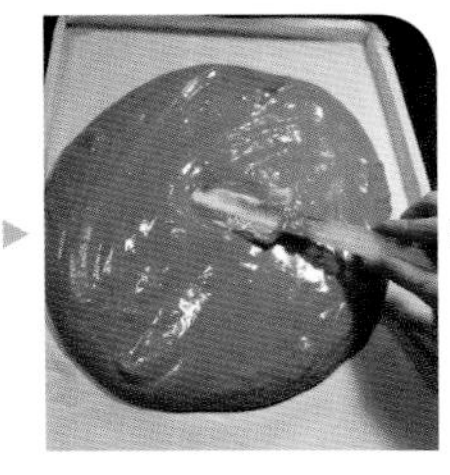

10 面糊倒入铺上硅油纸的烤盘中，用刮板抹平整，进烤箱前，在桌上轻敲几下，敲出较大的气泡。

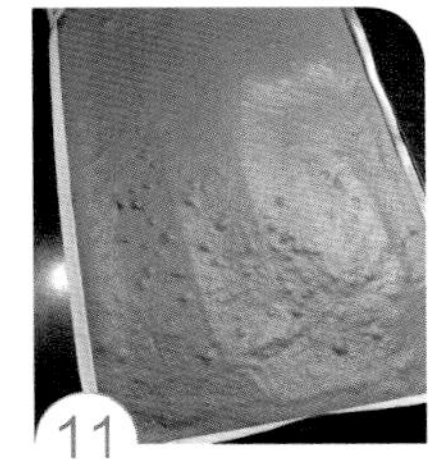

11 放入上下火已经预热至170℃的烤箱中，烘烤12～15分钟（时间到，用手轻拍一下蛋糕上方，如果感觉有沙沙的声音就是烤好了）。

12 出烤箱后，将蛋糕平移到桌上，将四周硅油纸撕开，散热放凉。完全放凉后，将蛋糕翻过来，底部硅油纸撕开。

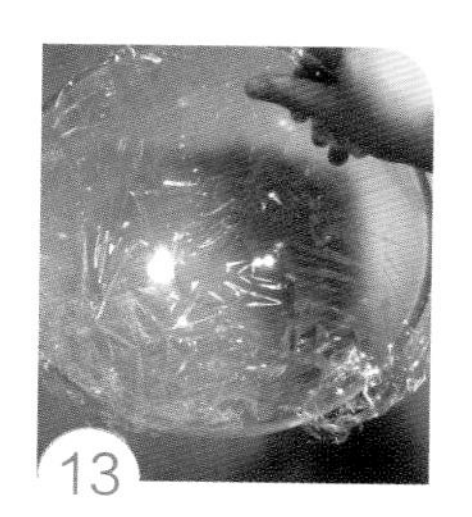

13 半圆玻璃碗中铺上一层保鲜膜。

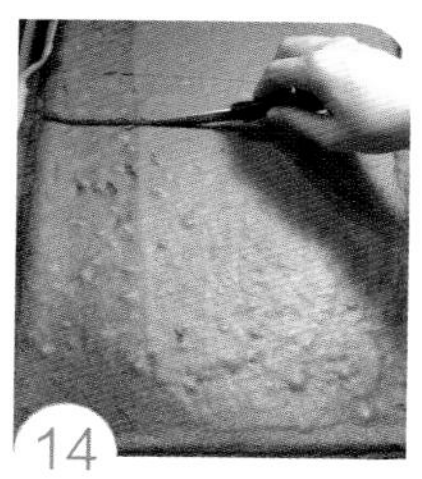

14 蛋糕切成两半，其中一半的大小要能够覆盖住玻璃碗。

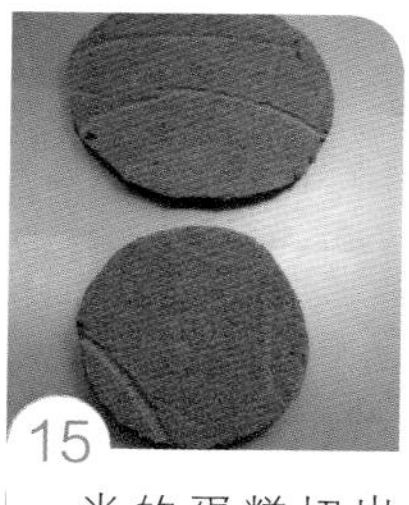

15 一半的蛋糕切出比玻璃碗直径小4cm及6cm的两个圆形。

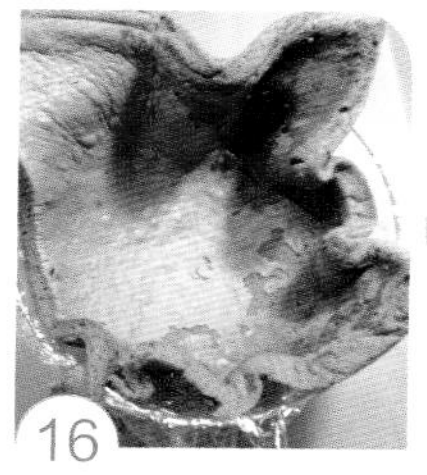

16 将另一半蛋糕直接压入玻璃碗中，有皱褶处剪开切除，边缘不整齐处切除。

三 制作鲜莓覆盆子慕斯内馅

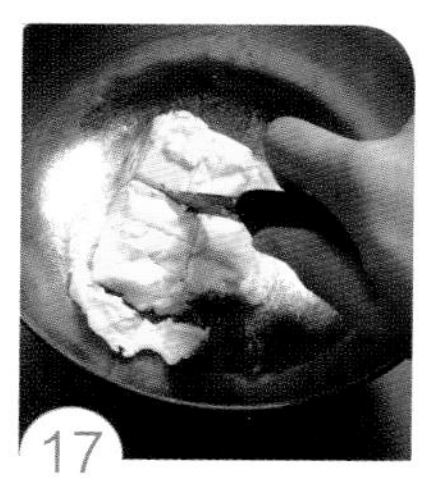

17 奶油奶酪完全回复室温，切小块。

18 内馅用新鲜蓝莓及草莓切小块，放冰箱备用。

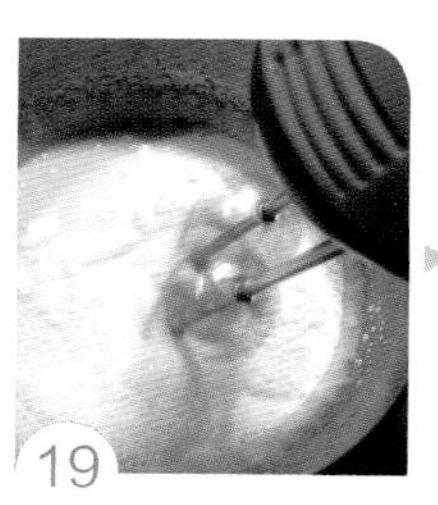

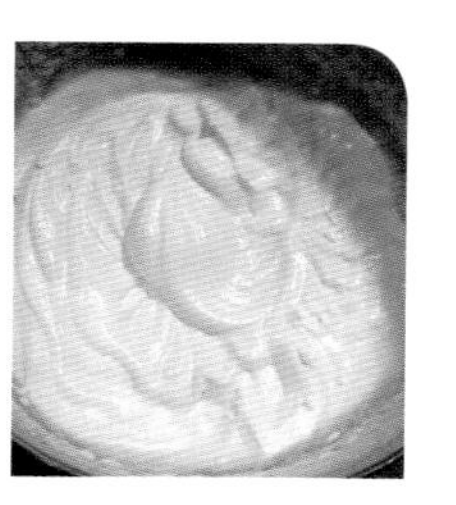

19 材料b中的动物性鲜奶油150g＋细砂糖15g打至八分发（不流动的状态，可以事先打好，放入冰箱冷藏）。

20 新鲜草莓取150g，用果汁机打成细致的泥状。

21 吉利丁片泡冰水约5分钟软化（泡的时候，一片一片放，完全压入水里）。

22 材料a中的奶油奶酪加入牛奶及细砂糖60g，以小火煮至熔化（边煮边搅拌）。

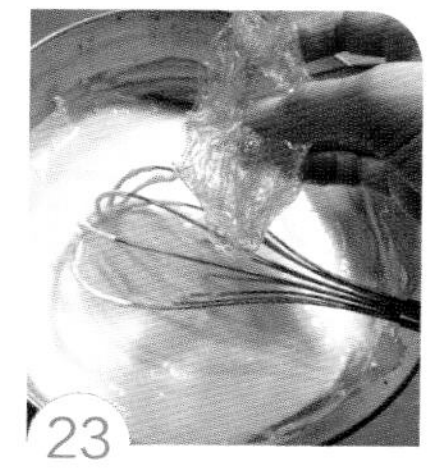

23 将软化的吉利丁片捞起，挤干水分，加入煮热的牛奶奶酪中，混合均匀放凉。

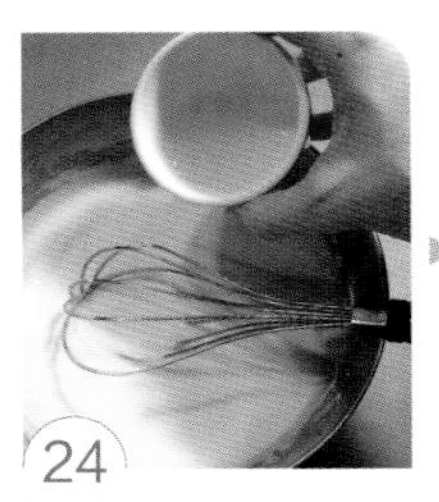

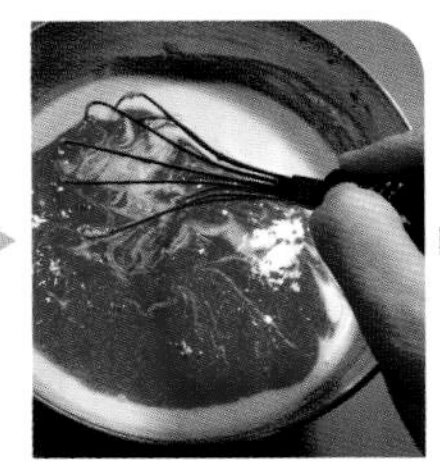
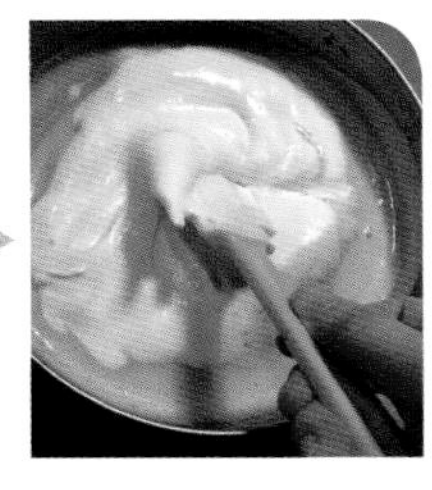

再将柠檬汁 1 大匙、草莓泥及事先打发的动物性鲜奶油加入混合均匀。

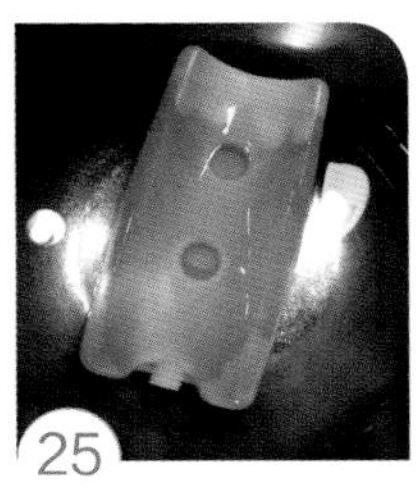

准备一个大盆子，其中放入冰块，然后将完成的慕斯馅放上，使得钢盆底部浸泡在冰水中。

浸泡过程中，一边搅拌使得慕斯馅变的比较浓稠即离开冰块水（此步骤可以防止慕斯馅太稀，造成中间夹层蛋糕浮起来）。

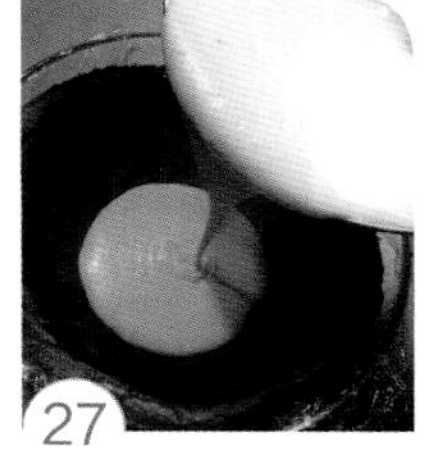

然后将慕斯馅的 1/3 分量倒入玻璃碗中，放入适量切块的莓果。

将一片较小的蛋糕片铺上，用手稍微压一下。

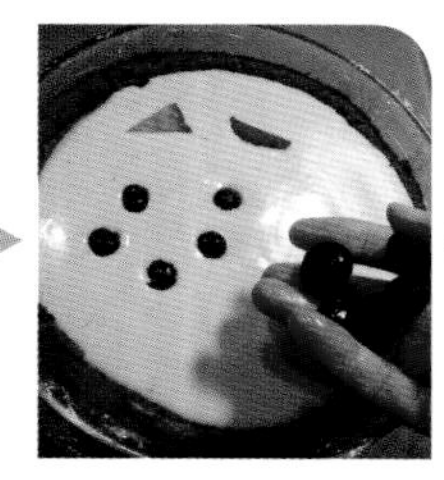
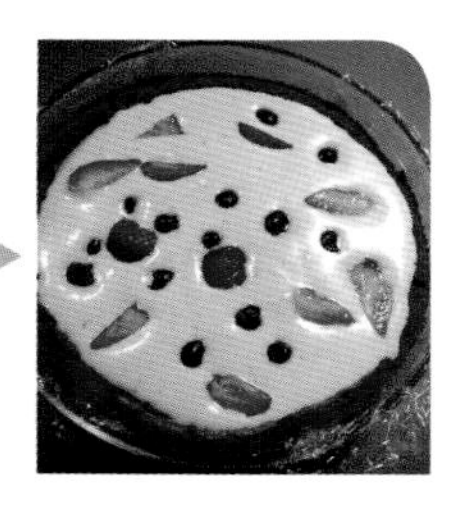

再将剩下的慕斯内馅适量倒入，放入适量切块的莓果。

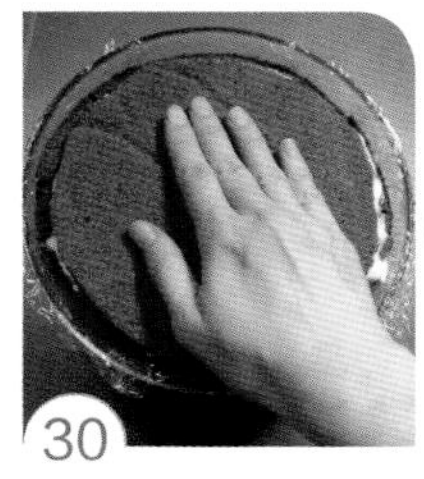

最后把另一片蛋糕片盖上，用手稍微压一下，表面封上保鲜膜，放入冰箱冷藏 5～6 小时至凝固。

四 装饰

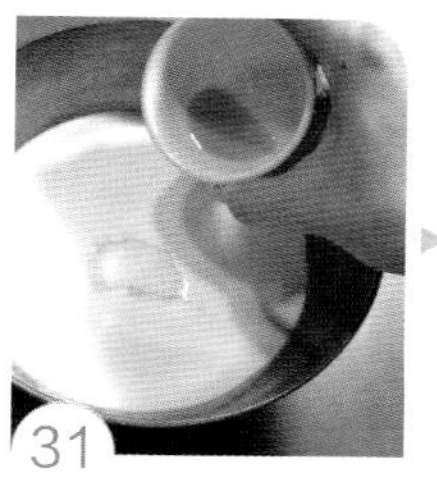
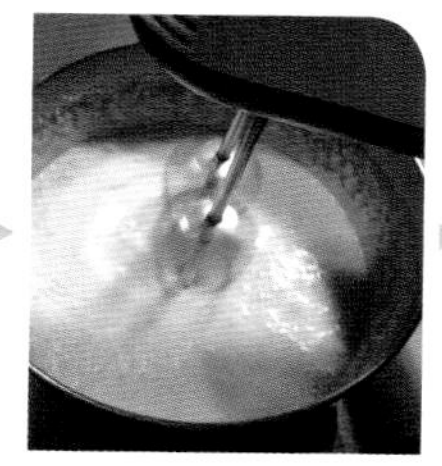
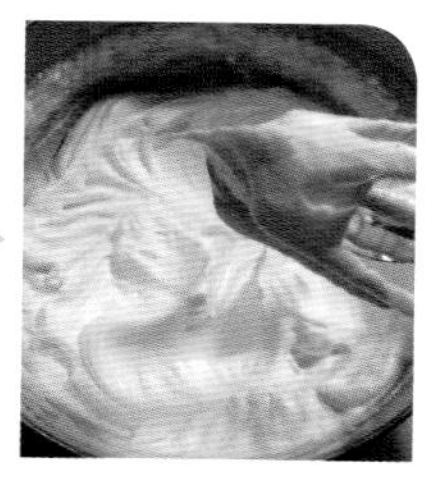

31 动物性鲜奶油 200g + 细砂糖 20g + 白兰地 1/2 大匙，用打蛋器低速打至九分发（不流动的状态，可以事先打好，放入冰箱冷藏至少 30 分钟以上再使用）。

32 冷藏完成的慕斯取出，拉出碗底保鲜膜边缘。

33 用一个大盘子覆盖，将蛋糕倒扣出来，撕去保鲜膜。

34 将打发动物性鲜奶油抹在蛋糕表面，用抹刀 + 转盘抹出螺旋状花纹。

35 最后装饰上新鲜蓝莓及草莓即可。

小叮咛

1. 圆形玻璃碗可以利用家中适合的容器来代替。
2. 装饰部分可以依照个人喜好发挥。
3. 动物性鲜奶油打发时，必须保冷（底部垫冰块），乳脂肪也要 35% 以上才好打发。
4. 若有剩下的慕斯内馅，可以使用其他玻璃容器盛装冷藏。

B 洛神酸奶慕斯

分量 6英寸烤模＋4英寸烤模各1个或8英寸烤模1个

材料

A 夹层洛神酸奶果冻

吉利丁片 6g

牛奶 70g

细砂糖 10g

原味酸奶 130g

洛神果酱 40g

B 抹茶水滴围边蛋糕（35cm×24cm平板烤模1个）

a 抹茶水滴面糊

抹茶粉 1/2 茶匙、低筋面粉 15g、无盐黄油 15g、糖粉 15g、蛋白 15g

b 原味蛋糕

冰鸡蛋 3 个（净重约 150g）、低筋面粉 55g、细砂糖 12g、液体植物油 20g、牛奶 30g、柠檬汁 1/2 茶匙（2.5g）、细砂糖 35g

C 洛神奶酱内馅

a 动物性鲜奶油 150g、细砂糖 10g

b 洛神果酱 100g、水 50cc

c 吉利丁片 6g、细砂糖 10g、牛奶 50g、蛋黄 2 个

D 表面洛神果冻

吉利丁片 5g、洛神汁 100cc、细砂糖 10g、柠檬汁 1 大匙

A

B–a

B–b

D

一 制作夹层洛神酸奶果冻

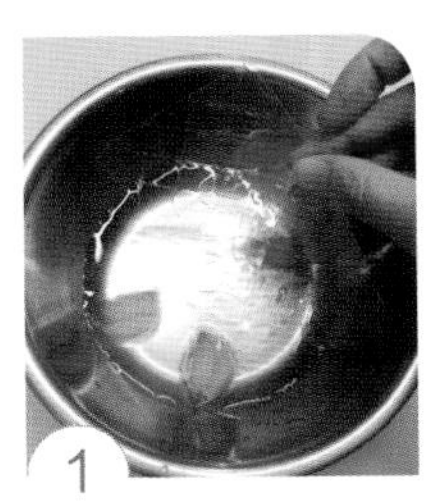

1 吉利丁片泡冰块水约 5 分钟软化（泡的时候一片一片放，且完全压入水里）。

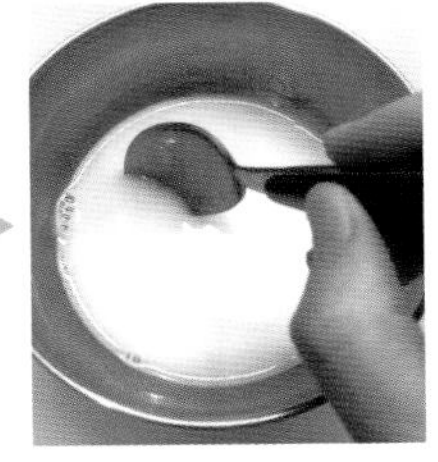

2 牛奶＋细砂糖 10g 煮至糖溶化关火，边煮边搅拌。

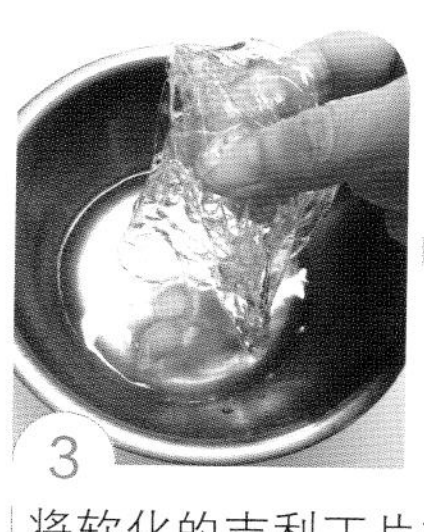

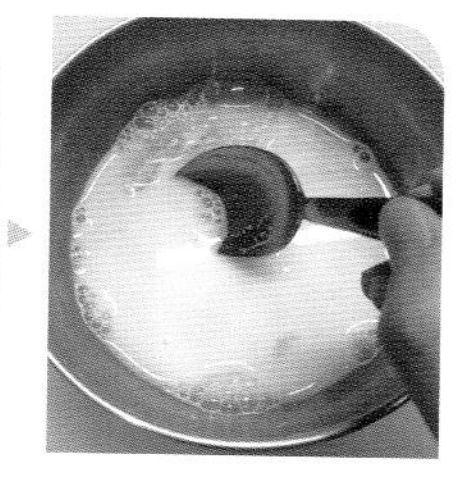

3 将软化的吉利丁片捞起挤干水分，加入煮热的牛奶中混合均匀，放凉。

4 将原味酸奶加入混合均匀。

5 将一半的酸奶倒入6英寸圆模中，放入冰箱冷藏2~3小时凝结。

6 在凝固的奶冻中央均匀铺上洛神果酱。

二 制作抹茶水滴围边蛋糕

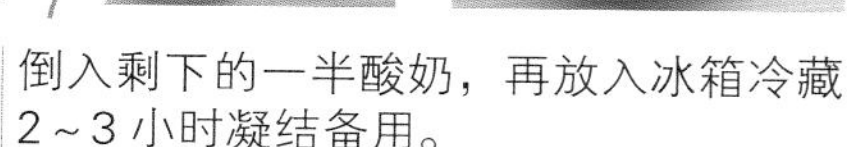
7 倒入剩下的一半酸奶，再放入冰箱冷藏2~3小时凝结备用。

8 烤盘铺上一层硅油纸。

9 抹茶粉+低筋面粉用滤网过筛。

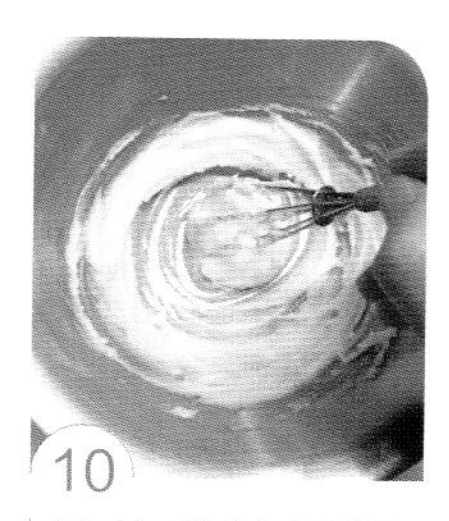

10 无盐黄油回温，加入糖粉，用打蛋器搅拌成乳霜状。

11 加入蛋白混合均匀。

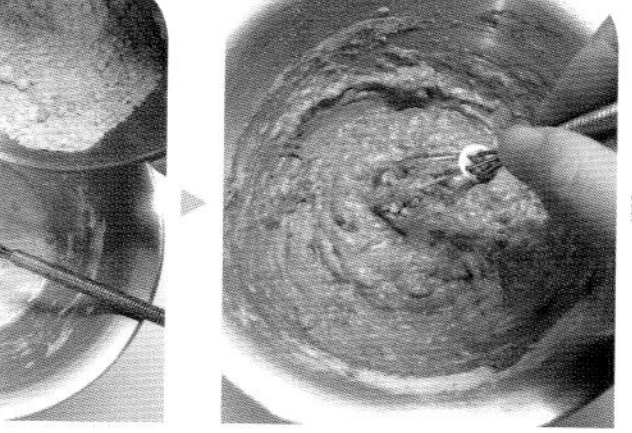

12 将过筛的粉类加入混合均匀。

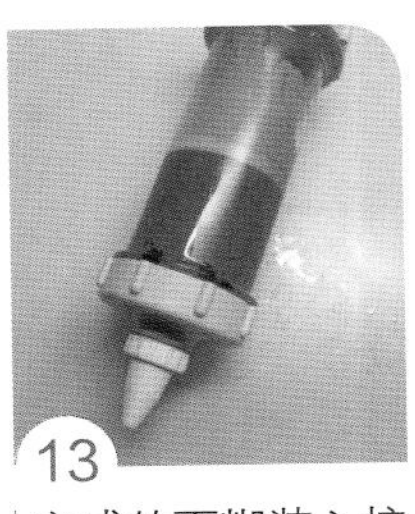

13 完成的面糊装入挤花筒，使用0.3cm圆形挤花嘴。

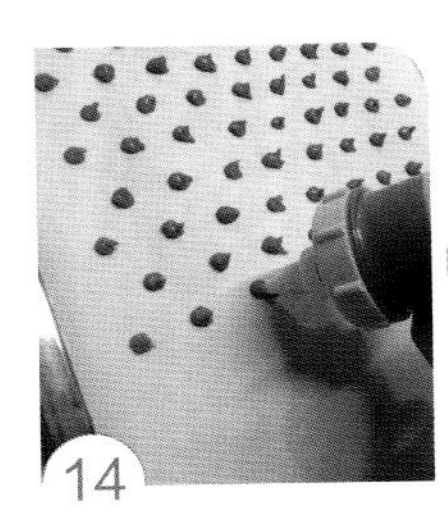

14 间隔整齐地在硅油纸上挤出约0.6cm的小圆点，放入冰箱冷藏备用。

15 将冰鸡蛋的蛋黄、蛋白分开（蛋白不可以沾到蛋黄、水分及油脂）。

16 低筋面粉用滤网过筛。

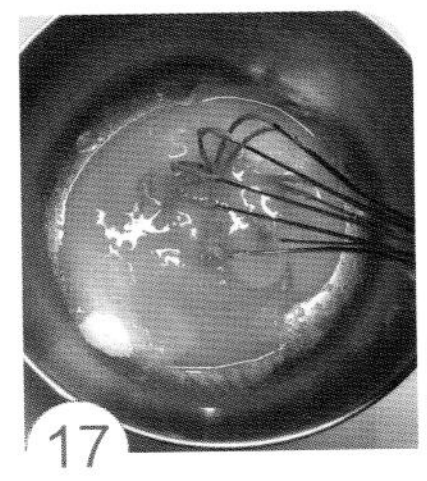

17 冰蛋黄3个+细砂糖12g用打蛋器搅拌均匀。

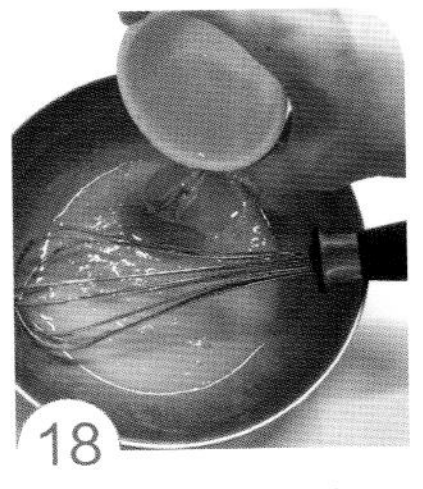

18 将液体植物油加入搅拌均匀。

19 将过筛好的粉类与牛奶分两次交错混入，搅拌均匀成为无粉粒的面糊（不过度搅拌，避免造成面粉产生筋性，影响膨胀）。

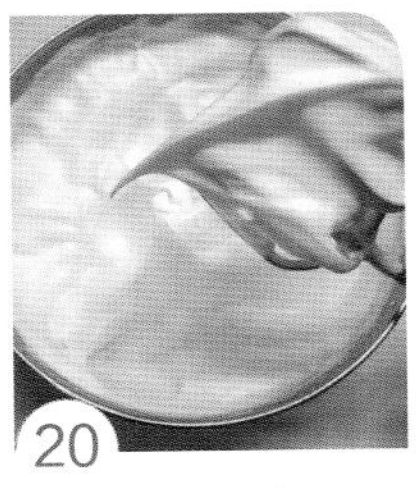

20 冰蛋白先用打蛋器打出一些泡沫，然后加入柠檬汁及细砂糖35g（分两次加入），打成尾端挺立的蛋白霜（干性发泡）。

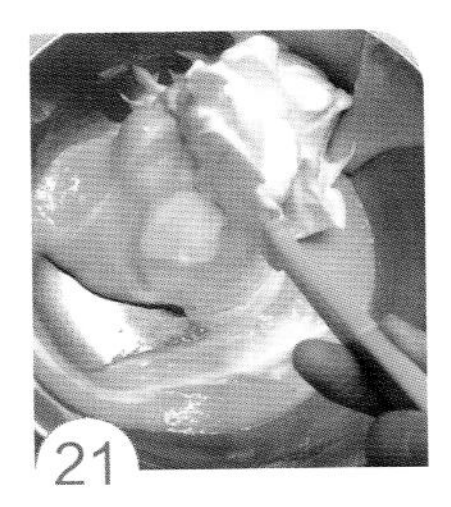

21 取1/3分量的蛋白霜混入蛋黄面糊中，以切拌的方式搅拌均匀。

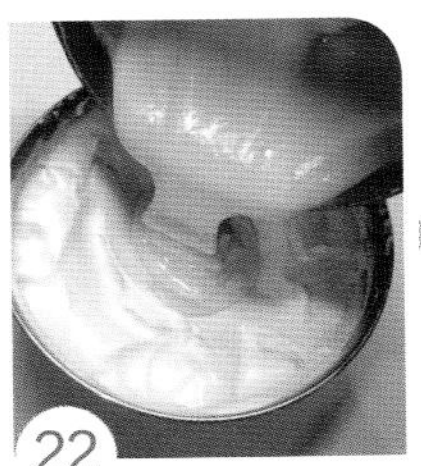

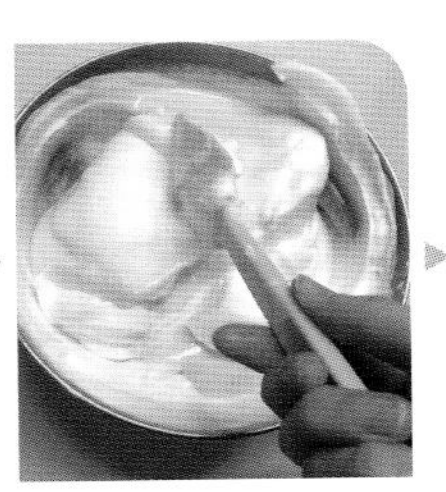

22 然后再将拌匀的面糊倒入剩下的蛋白霜中，以切拌的方式混合均匀。

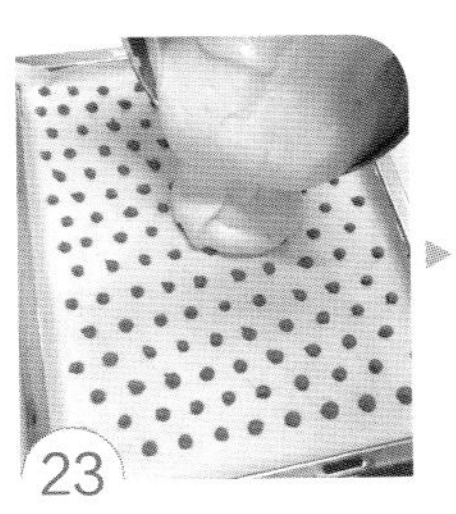

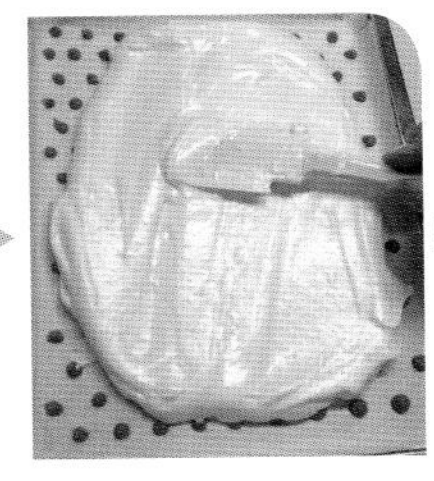

23 面糊倒入预先冷藏的烤盘中，用刮板抹平整，进烤箱前，在桌上轻敲几下，敲出较大的气泡。放入上下火已经预热至170℃的烤箱中，烘烤13～15分钟（时间到，用手轻拍一下蛋糕上方，如果感觉有沙沙的声音就是烤好了）。

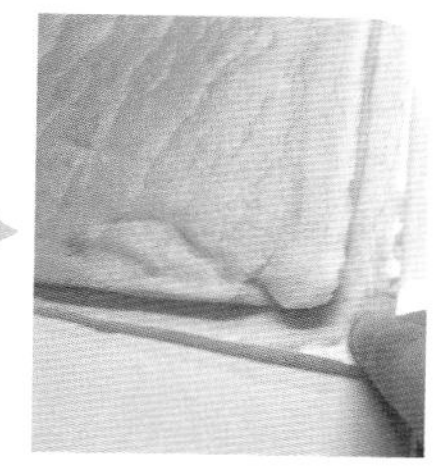
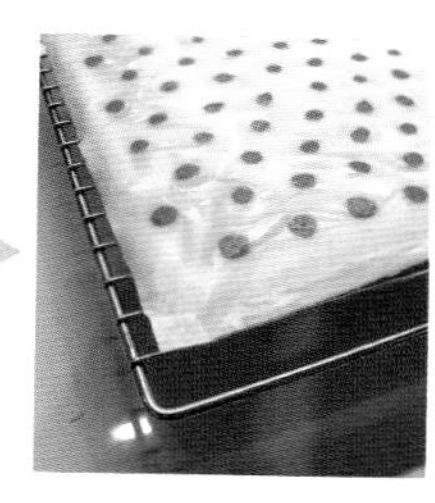

24 出烤箱后，移到桌上，将四周硅油纸撕开，散热放凉。

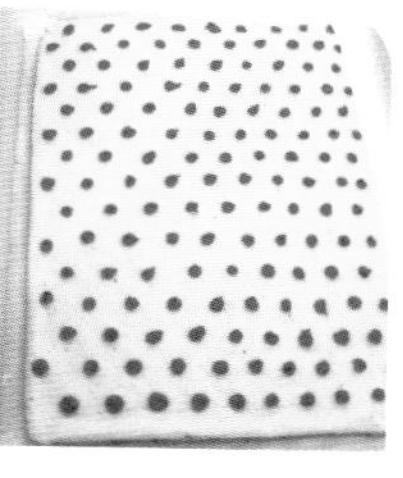

25 完全放凉后，将蛋糕翻过来，底部硅油纸撕开。

三 制作洛神奶酱内馅

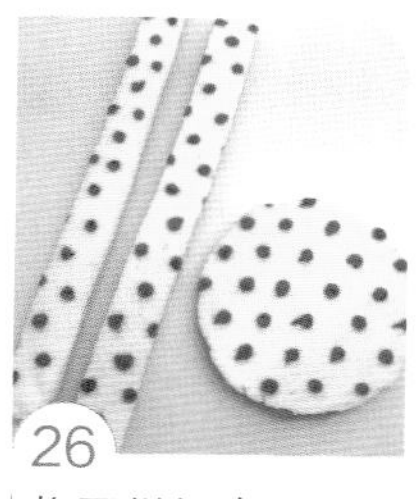

26 将蛋糕切出3.5cm宽同慕斯圈之圆周长的长条及1片圆形蛋糕备用（比慕斯底稍微小一点儿）。

27 动物性鲜奶油150g + 细砂糖10g打至九分发，再放入冰箱冷藏备用；洛神果酱+水用果汁机打成细致的泥状。

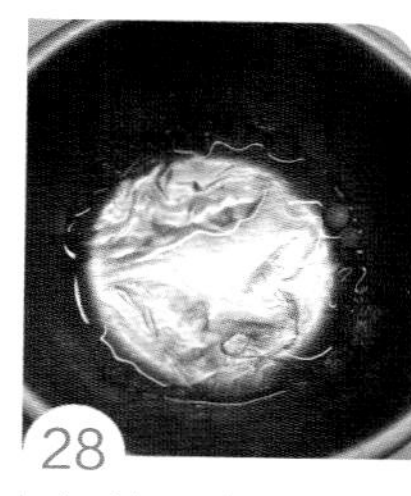

28 吉利丁泡冰块水软化（泡的时候，一片一片完全压入水里，泡到膨胀皱褶的状态）。

29 细砂糖10g + 牛奶搅拌均匀后，加热煮沸至细砂糖溶化离火。

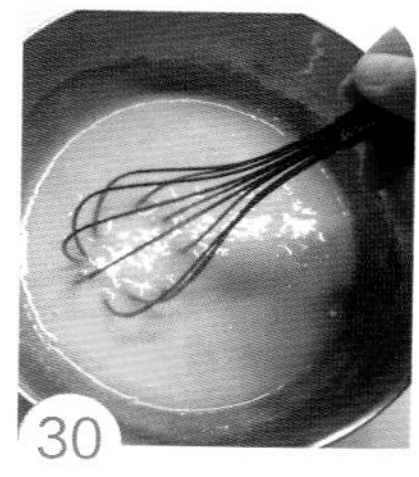

30 蛋黄2个打散，搅拌均匀。

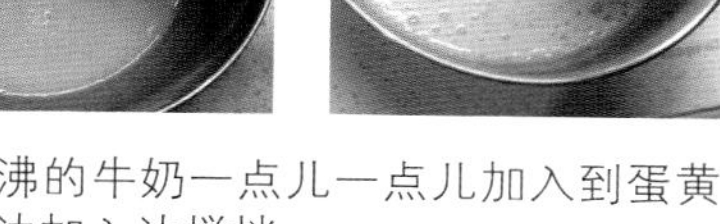
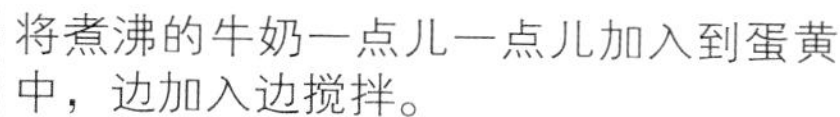

31 将煮沸的牛奶一点儿一点儿加入到蛋黄中，边加入边搅拌。

32 找一个比工作钢盆稍微小一些的钢盆，装上水煮沸。将钢盆放上已经煮至沸腾的锅中，上方用隔水加热的方式加温。

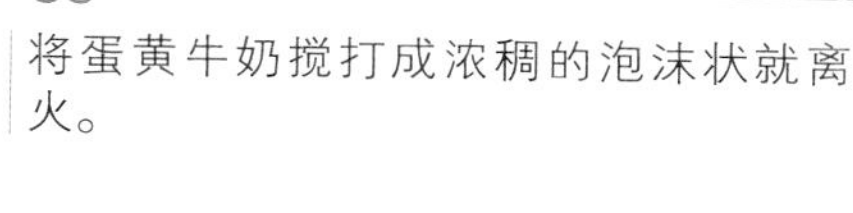

33 将蛋黄牛奶搅打成浓稠的泡沫状就离火。

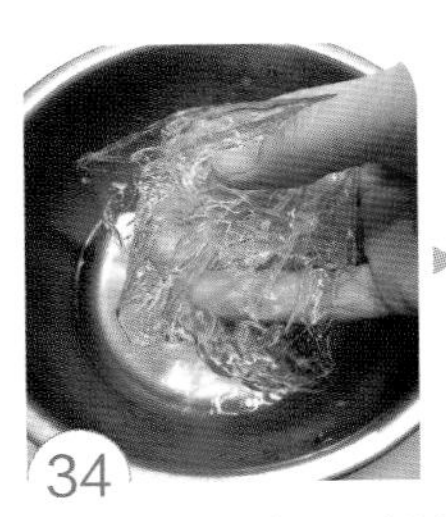
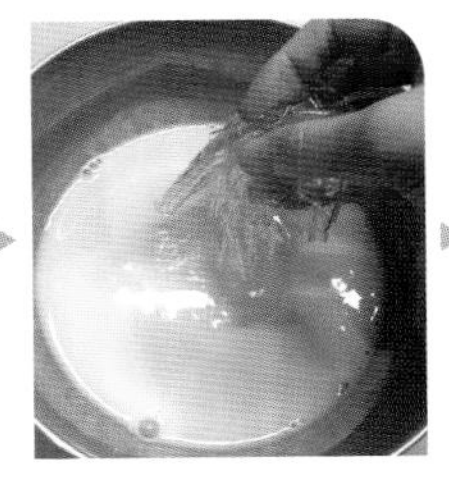
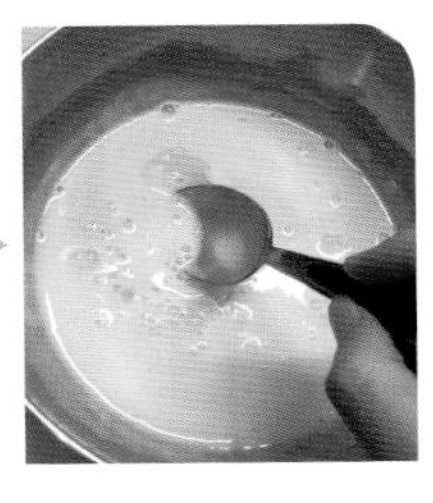

34 软化的吉利丁片捞起，水分挤干加入蛋黄酱中混合均匀放凉。

35 再将洛神果酱加入混合均匀。

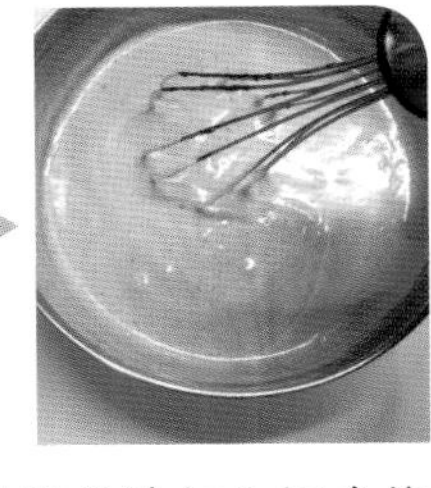

36 事先打发的动物性鲜奶油加入混合均匀。

37 钢圈底部包覆一层保鲜膜，用橡皮筋固定，放在平底的盘子上。

38 将事先裁好的围边蛋糕及底儿铺上。

39 倒入完成的洛神奶酱内馅（高度约到围边蛋糕即可）。

40 预先做好的酸奶奶冻边缘用小刀刮一圈，底部用温热的毛巾覆盖一会儿，脱模取出。将奶冻放在慕斯馅料中间。

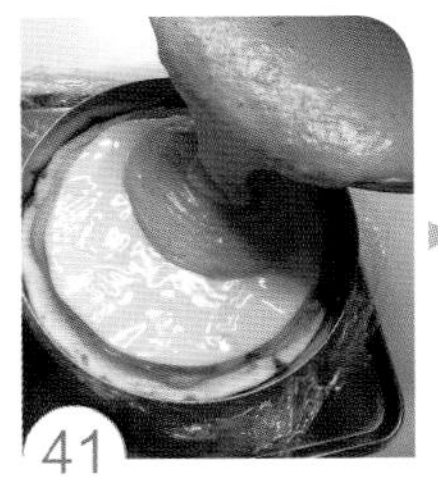

41 最后再将洛神奶酱内馅倒入整平，放入冰箱冷藏3~4小时至凝固（要预留一些倒果汁的空间，剩0.3~0.4cm）。

四 制作表面洛神果冻

42 吉利丁片泡冰水约5分钟软化（泡的时候，一片一片完全压入水里）。

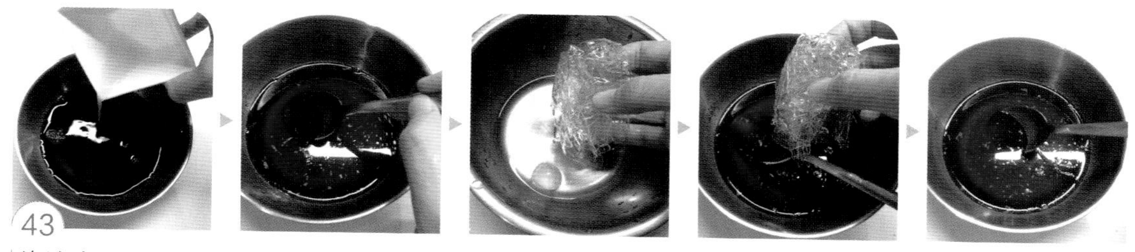

43 洛神汁＋细砂糖＋柠檬汁加热至糖溶化，放入软化的吉利丁片混合均匀。

44 将冷却的果汁倒入已经凝固的慕斯上，放入冰箱冷藏一夜至凝固。

45 用一把小刀，沿着冷藏好的慕斯边缘划一圈即可脱模。

46 表面用洛神蜜饯（分量外）及喜欢的新鲜水果（分量外）装饰。

小叮咛

1 剩下的材料还可以做一个4英寸的慕斯。
2 若没有洛神蜜饯汤汁，使用新鲜或干燥洛神5～6个＋水150cc熬煮5～6分钟即是洛神汁，配方请另外多加20g细砂糖。
3 洛神果酱可以用任何果酱代替。
4 洛神汁可以用蔓越莓汁代替。

C > 抹茶酸奶慕斯

分量 > 4英寸烤模2个或6英寸烤模1个

材料

A 抹茶蛋糕（20cm×20cm烤盘）
- 低筋面粉 25g
- 抹茶粉 3g（1/2 大匙）
- 无盐黄油 10g
- 鸡蛋 1 个（净重约 50g）
- 细砂糖 20g
- 牛奶 1 大匙

B 抹茶慕斯
- 抹茶粉 1 大匙
- 动物性鲜奶油 50g
- 吉利丁片 3g
- 蛋黄 1 个
- 细砂糖 10g
- 牛奶 40g

C 酸奶慕斯
- 吉利丁片 4g
- 牛奶 20g
- 动物性鲜奶油 75g
- 原味酸奶 45g
- 细砂糖 15g
- 水 1 茶匙
- 蛋白 1 个

A

B

C

小叮咛

成品必须冷藏保存，离开冰箱太久会溶化。

一 制作抹茶蛋糕

1 低筋面粉＋抹茶粉混合过筛。

2 无盐黄油熔化成液体。

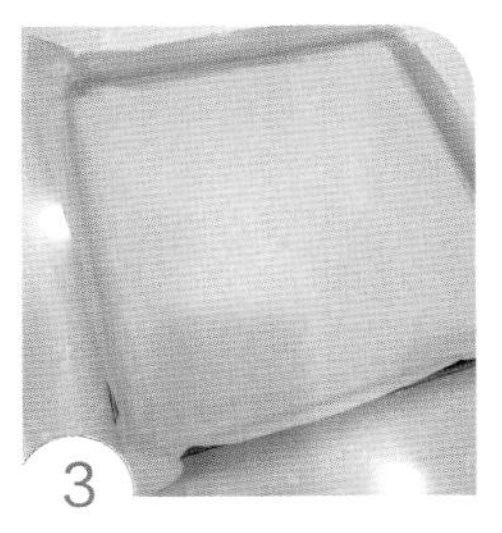
3 烤盘铺上硅油纸。

4 准备一个工作钢盆，装上水煮沸至50℃。

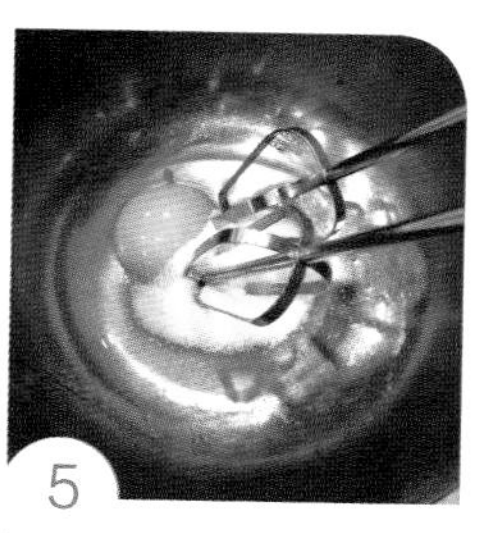

5 鸡蛋 + 细砂糖 20g 放入盆中打散。

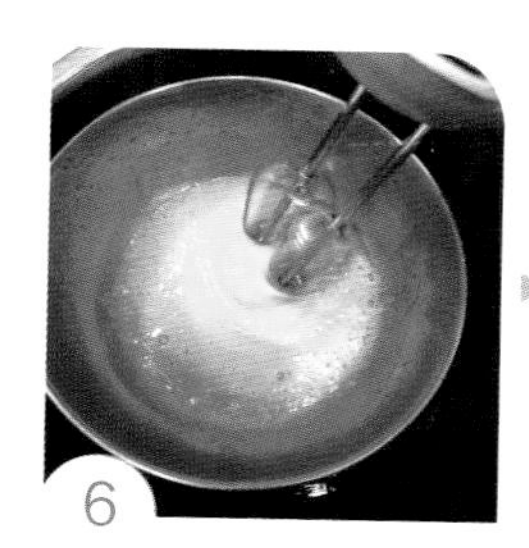

6 将钢盆放上已经煮至温热的锅上，用隔水加热的方式加温，使用高速将全蛋打发。

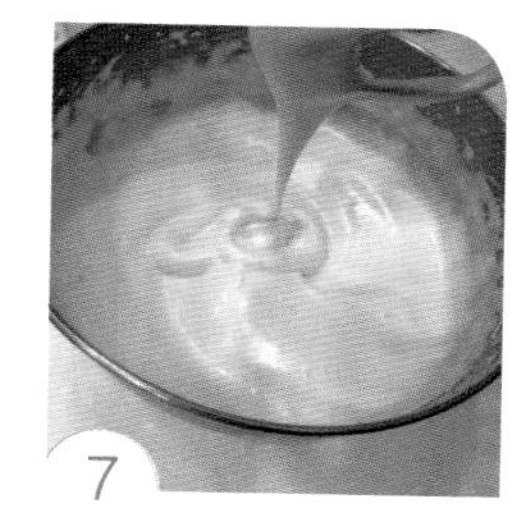

7 打到蛋糊蓬松，拿起打蛋器滴落下来的蛋糊能够有非常清楚的折叠痕迹就是打好了（全程 6～8 分钟）。

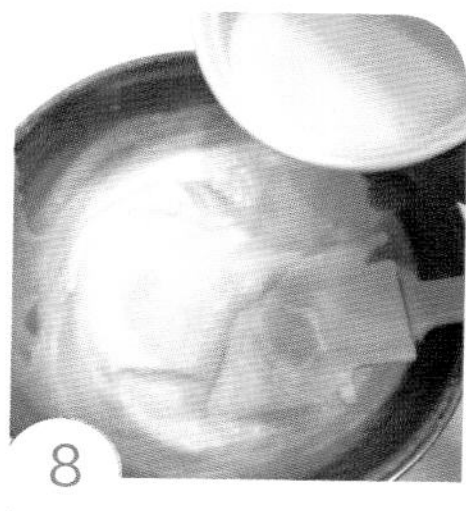

8 加入牛奶混合均匀。

9 再将已经过筛的粉类分两次加入，以切拌方式混合均匀（不要过度搅拌，避免面粉产生筋性，影响口感）。

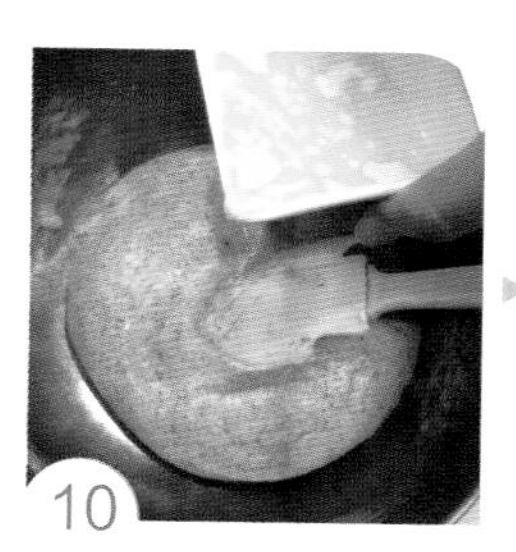
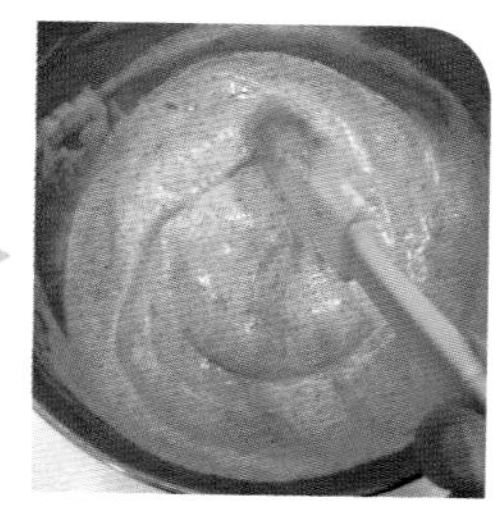
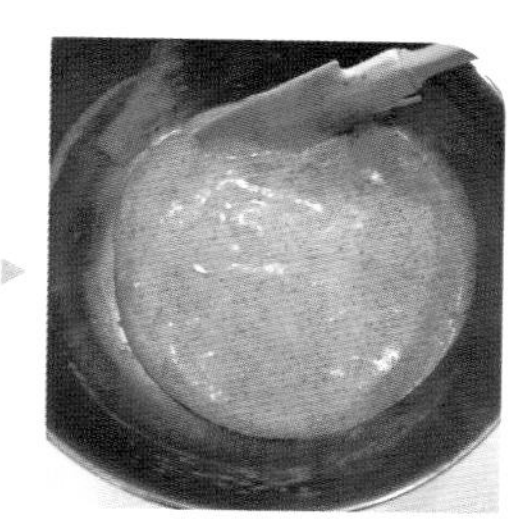

10 最后将熔化的无盐黄油加入，以切拌方式混合均匀。

11 面糊倒入铺上硅油纸的烤盘中，用刮板抹平整，进烤箱前，在桌上轻敲几下，敲出较大的气泡。

12 放入上下火已经预热至 170℃的烤箱中，烘烤 12～14 分钟（时间到，用手轻拍一下蛋糕上方，如果感觉有沙沙的声音就是烤好了）。出烤箱后，移到桌上，将四周硅油纸撕开，散热放凉。

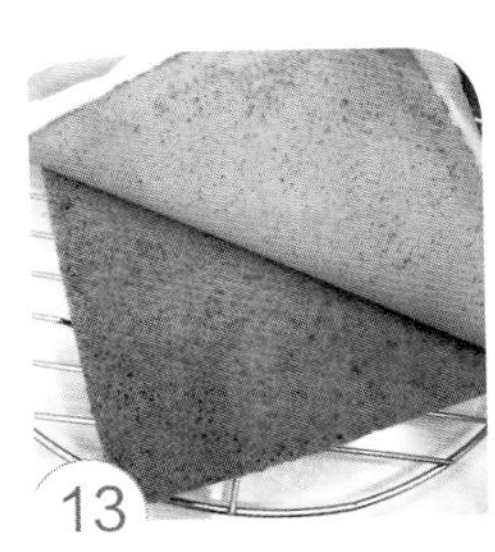

13 完全放凉后，将底部硅油纸撕开备用。

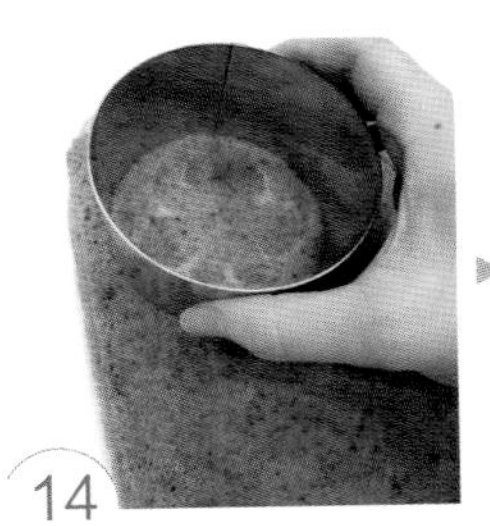

14 依照慕斯圈大小切割出蛋糕片。

15 慕斯模底部包覆保鲜膜。

二 制作抹茶慕斯

16 蛋糕片放入备用。

17 抹茶粉加入动物性鲜奶油搅拌均匀。

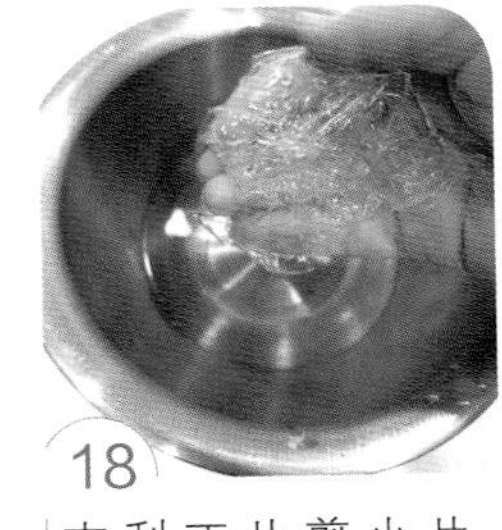

18 吉利丁片剪小片，泡在冰块水中软化（泡的时候，要一片一片完全压入冰水里，泡5~6分钟至完全柔软的状态）。

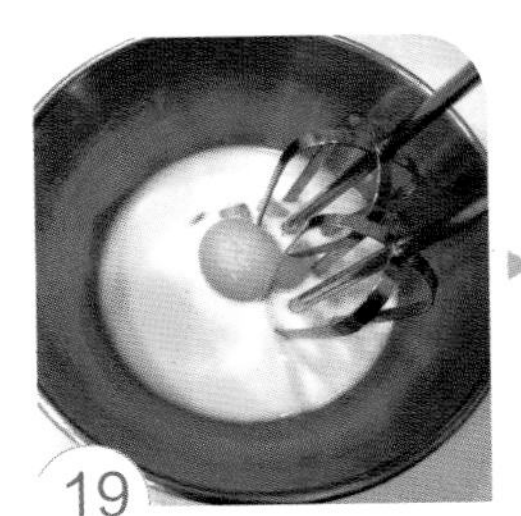

19 蛋黄＋细砂糖10g＋牛奶搅拌均匀后，放在一个盛水的盆上，将盆放电磁炉上加热，以隔水加热的方式，搅打成浓稠的泡沫状就离火（7~8分钟）。

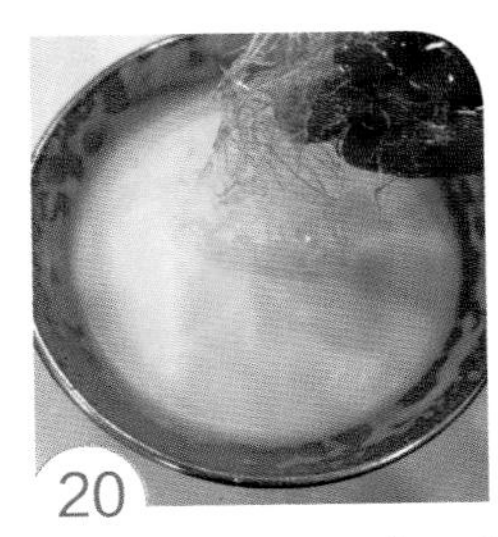

20 已经泡软的吉利丁片捞起，将水挤干，加入到煮热的蛋黄泡沫中溶化，搅拌均匀至放凉。

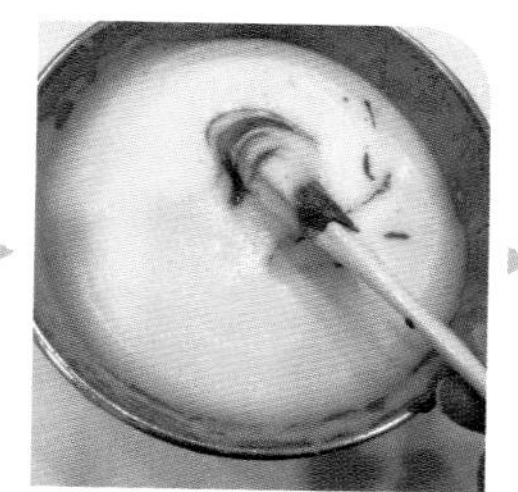

21 将抹茶牛奶用滤网过筛加入，混合均匀。

22 完成的抹茶慕斯平均倒入慕斯圈中约一半的高度。

23 放入冰箱冷藏 3～4 小时至凝固。

三 制作酸奶慕斯

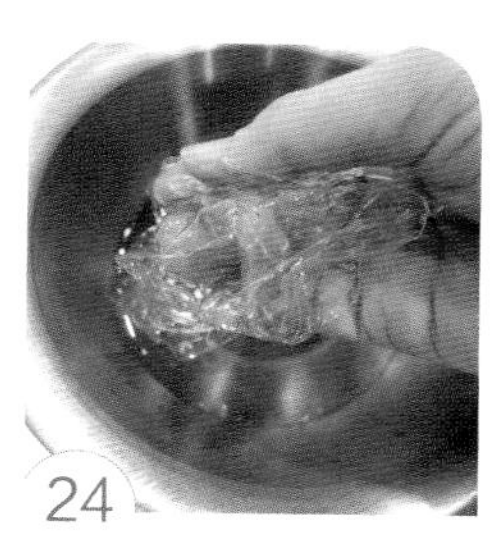

24 吉利丁片剪小片，泡在冰块水中软化（泡的时候，要完全压入冰水里，泡 5～6 分钟至完全柔软的状态）。

25 牛奶煮至 50℃，已经泡软的吉利丁片捞起，将水挤干，加入到煮热的牛奶中溶化搅拌均匀至放凉备用。

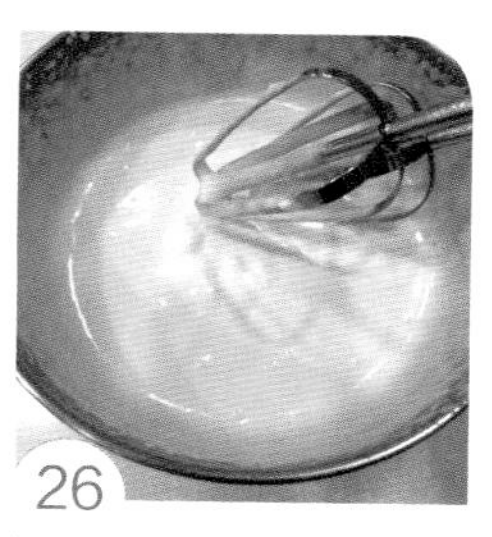

26 动物性鲜奶油打至六分发（稍微不流动的状态）。

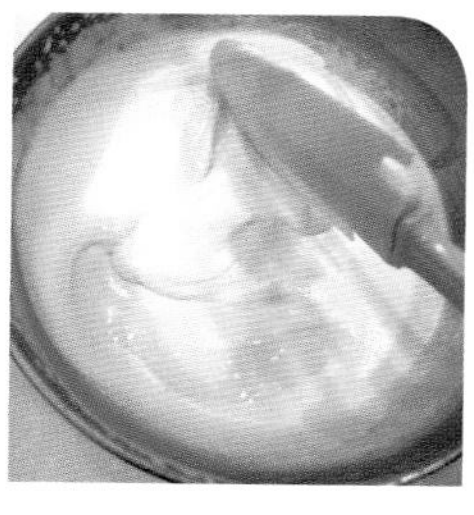

27 将原味酸奶加入混合均匀。

28 细砂糖 15g + 水 1 茶匙放入盆中，中火煮至沸腾冒大泡泡的程度。

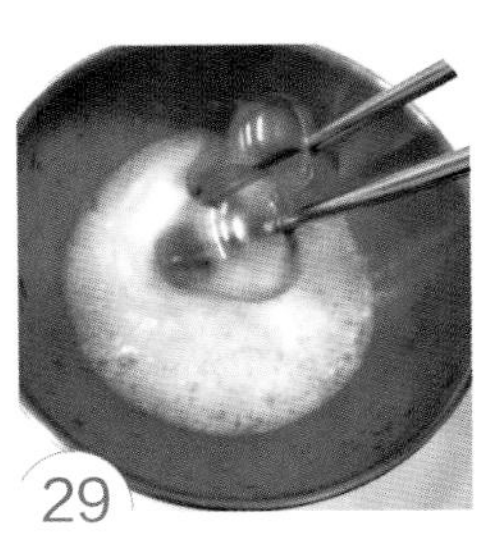

29 蛋白放入盆中先打至起泡。

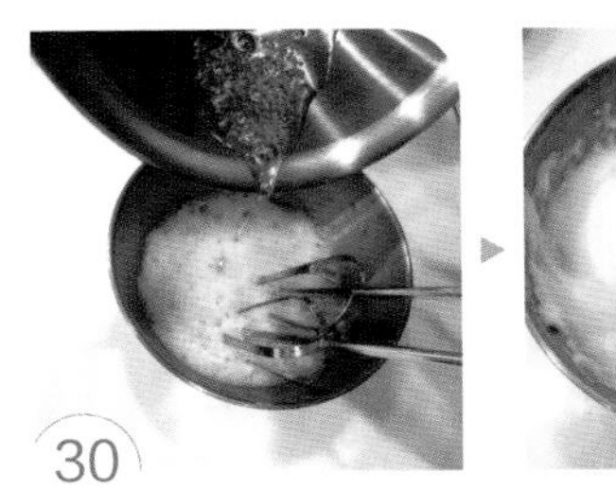

30 将煮沸腾的糖浆以线状倒入蛋白中，边加入边使用高速打发至尾端挺立的状态。

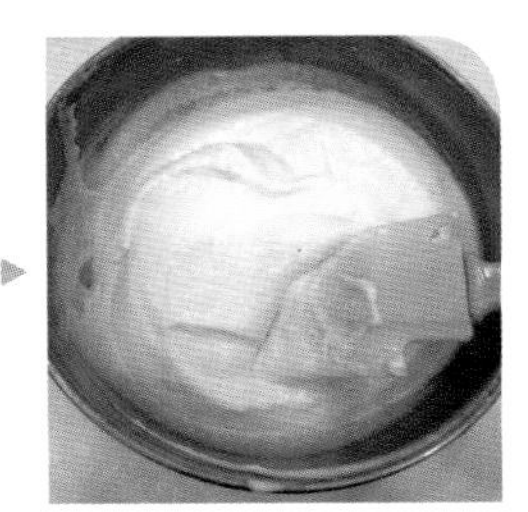

31 意大利蛋白霜加入酸奶中混合均匀。

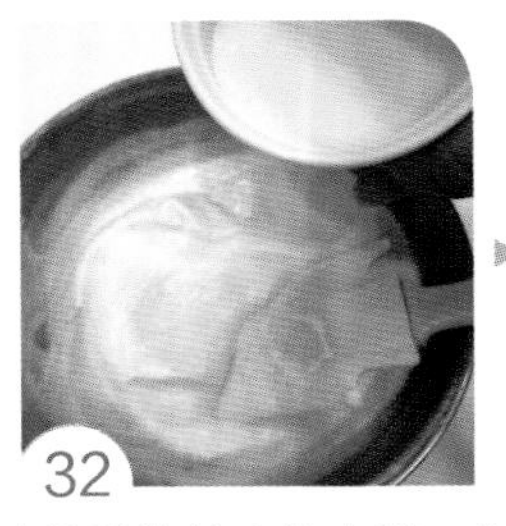

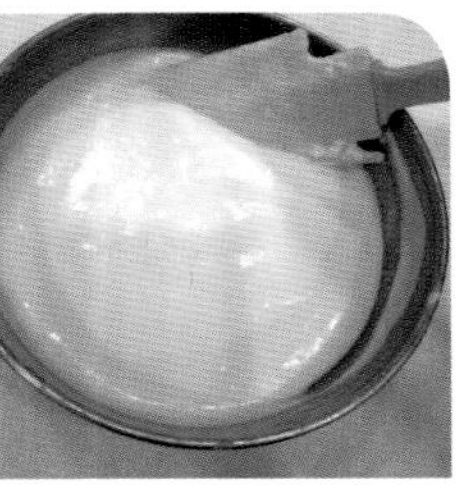

32 最后将放凉的吉利丁牛奶加入混合均匀。

33 倒入已经凝固的抹茶慕斯上方。

34 放入冰箱冷藏一夜至凝固。

35 用一条温热毛巾包覆慕斯边缘 1 分钟即可脱模。

36 表面可以撒上一层抹茶粉（分量外）装饰。

D > 覆盆子巧克力慕斯蛋糕

分量 > 1个（7英寸六角形慕斯模）

材料

A **蔓越莓果冻**
冷开水 18cc、吉利丁粉 6g、蔓越莓果汁 150g、细砂糖 15g、柠檬汁 10g

B **杏仁蛋糕（20cmx20cm正方形烤盘）**
鸡蛋 1 个（净重约 50g）、无盐黄油 10g、柠檬汁 1/4 茶匙（1.25g）、细砂糖 30g、杏仁粉 10g、低筋面粉 18g

C **巧克力慕斯**
动物性鲜奶油 200g、冷开水 12cc、吉利丁粉 4g、动物性鲜奶油 60g、苦甜巧克力砖 100g

D **覆盆子奶酪慕斯**
奶油奶酪 100g、动物性鲜奶油 120g、冷开水 24cc、吉利丁粉 8g、牛奶 60g、细砂糖 35g、朗姆酒 1/2 大匙、新鲜覆盆子（打泥）100g、新鲜覆盆子（切半加入）10 ~ 12 个

E **表面巧克力花瓣装饰**
白巧克力砖 30g、草莓巧克力砖 30g、新鲜覆盆子 12 ~ 15 个

A

B

C

D

一 制作蔓越莓果冻

1
准备一个 5 英寸圆模，铺上一层保鲜膜。

2
冷开水倒入吉利丁粉中混合均匀，静置 5 ~ 6 分钟，等待吉利丁粉完全吸水膨胀。

3 准备一个稍微大一点儿的锅，加上适量的水煮沸。使用隔水加热的方式溶化，将吉利丁粉完全溶解成液体。

4 蔓越莓果汁、细砂糖 15g 及柠檬汁 10g 放入锅中加热，至细砂糖完全溶化关火。

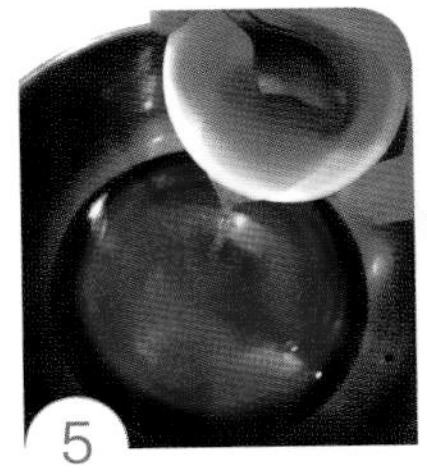

5 溶解的吉利丁液体倒入蔓越莓果汁中，混合均匀放凉。

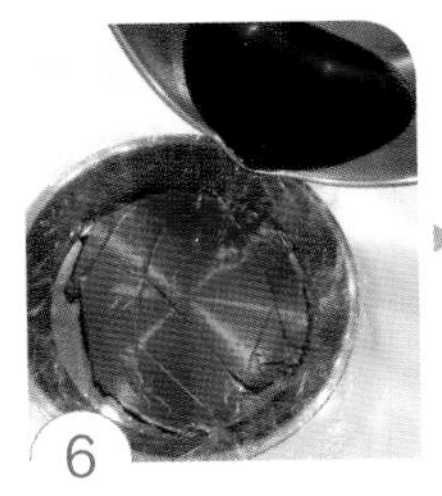
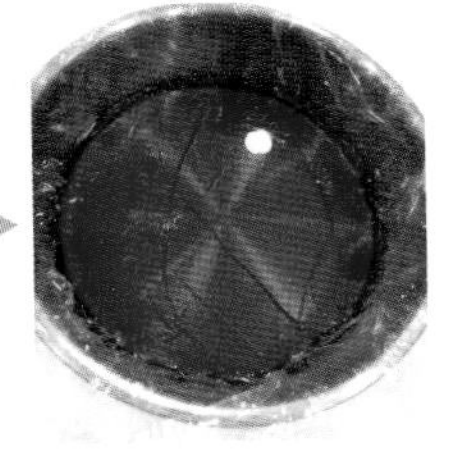

6 果汁倒入圆模中，再放入冰箱冷藏5～6小时凝固备用。

二 制作杏仁蛋糕

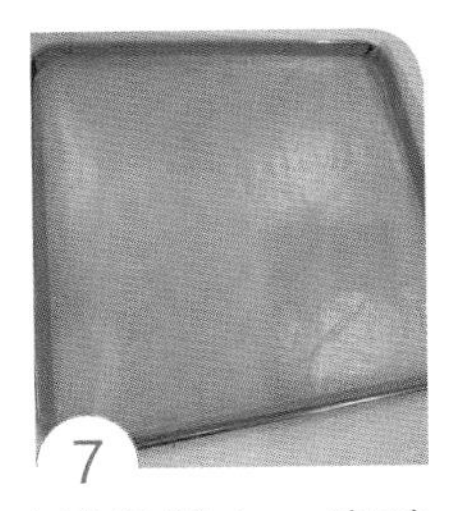

7 烤盘铺上一张硅油纸。

8 将鸡蛋的蛋黄、蛋白分开（蛋白不可以沾到蛋黄、水分及油脂）。

9 无盐黄油加温融化成液体。

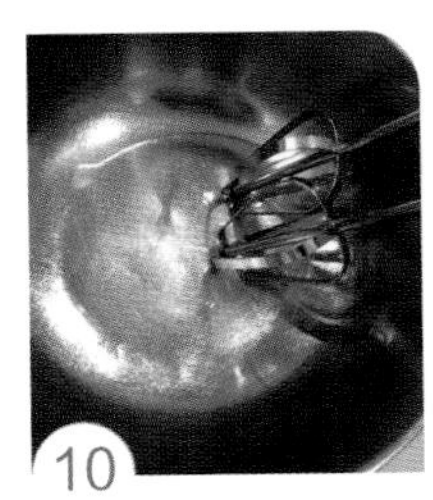

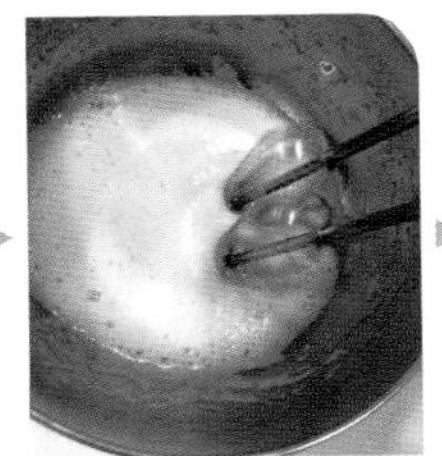
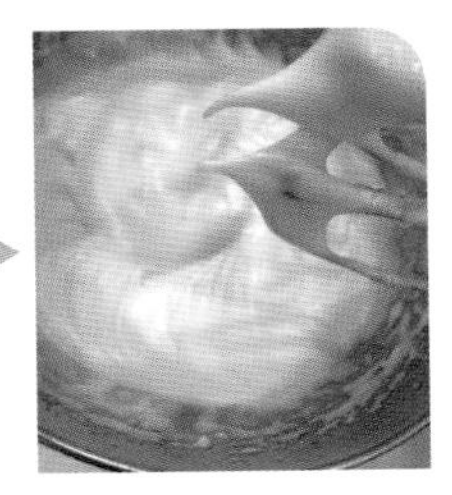

10 蛋白先用打蛋器打出一些泡沫，然后加入柠檬汁 1/4 茶匙及细砂糖 30g（分两次加入），打成尾端挺立的蛋白霜（干性发泡）。

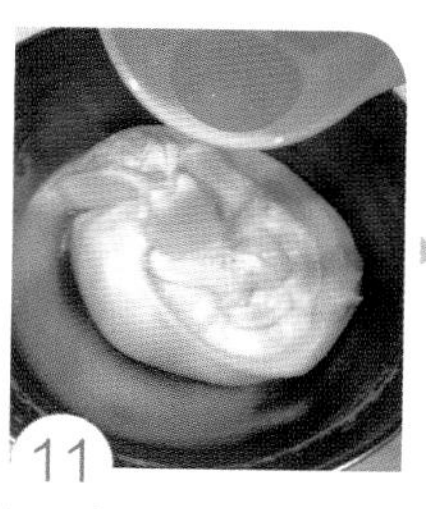

11 蛋白霜加入蛋黄快速混合均匀。

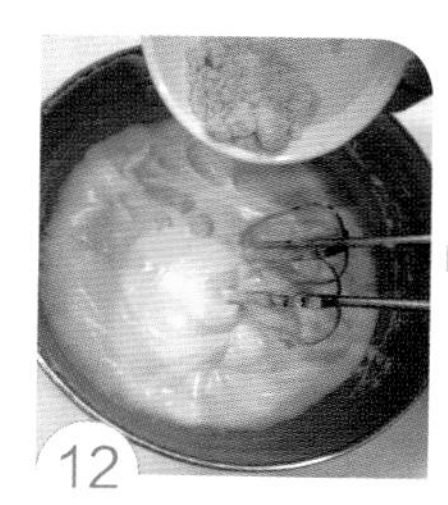
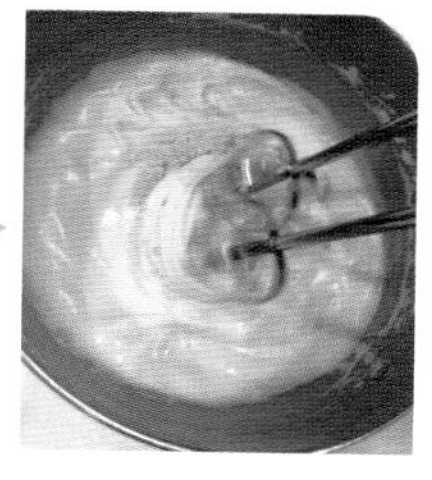

12 再加入杏仁粉快速混合均匀。

13 将低筋面粉过筛加入，以切拌方式混合均匀。

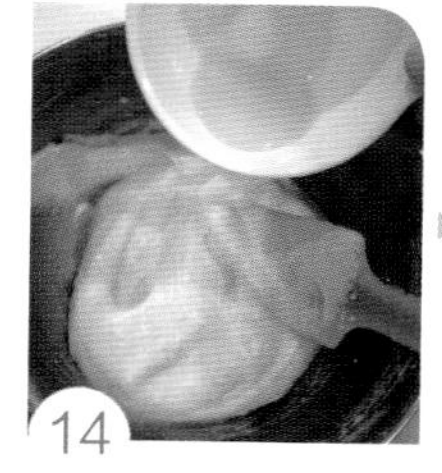

14 最后将融化的无盐黄油加入，以切拌方式混合均匀。

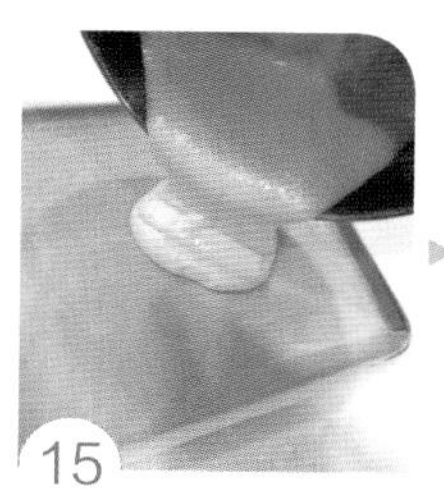
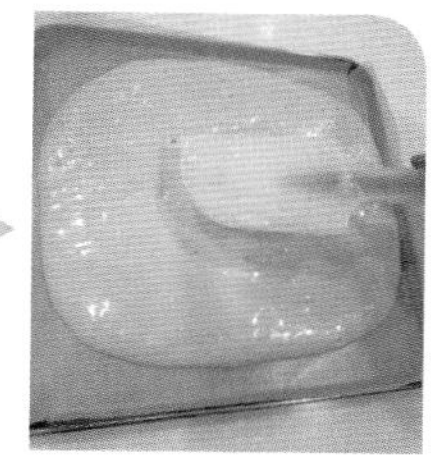
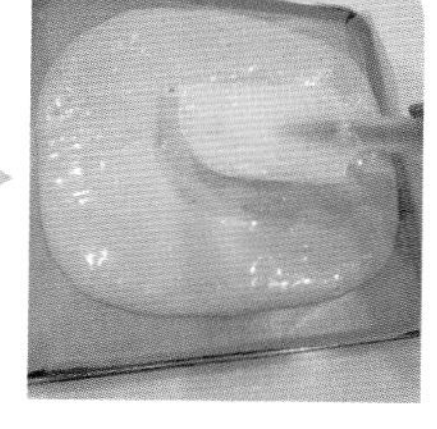

15 面糊倒入烤盘中摊平，放入上下火已经预热至 170℃的烤箱中，烘烤 12 分钟即可。

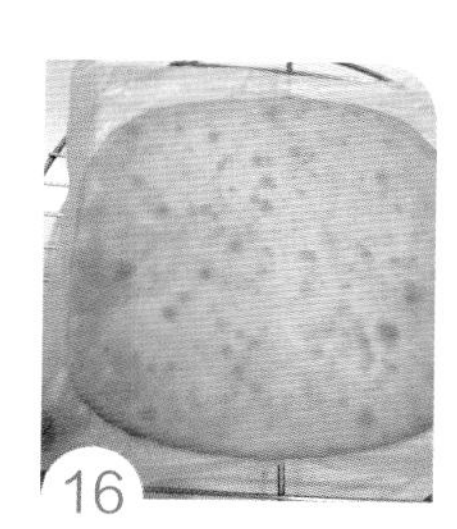

16 移出烤盘放凉。

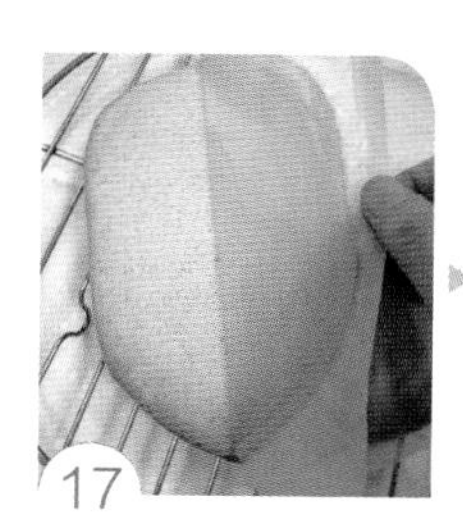
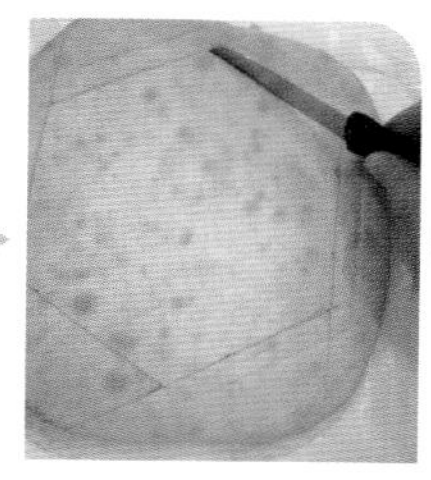

17 撕去硅油纸，裁剪出比六角形慕斯模内缩 1cm 大小的蛋糕片。

18 慕斯模底部包覆一层保鲜膜，用橡皮筋固定。

19 蛋糕片放入慕斯模中间备用。

三 制作巧克力慕斯

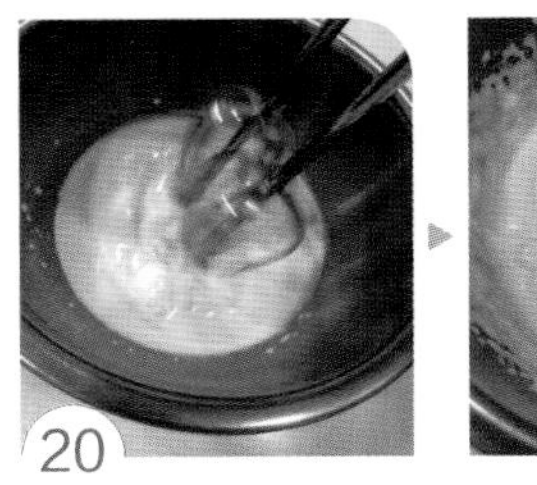
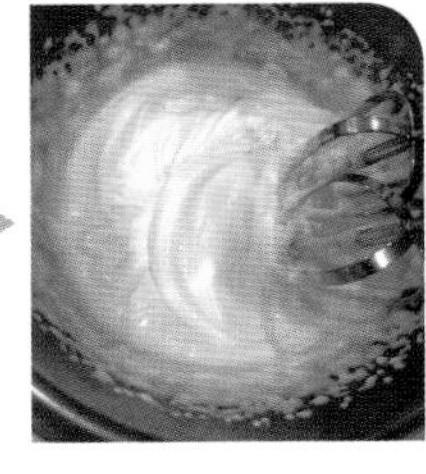

20 动物性鲜奶油 200g 使用电动打蛋器低速打至六七分发（不流动的状态）备用。

21 冷开水倒入吉利丁粉中混合均匀，静置 5~6 分钟，等待吉利丁粉完全吸水膨胀。

22 准备一个稍微大一点儿的锅，加上适量的水煮沸。使用隔水加热的方式溶化，将吉利丁粉完全溶解成液体。

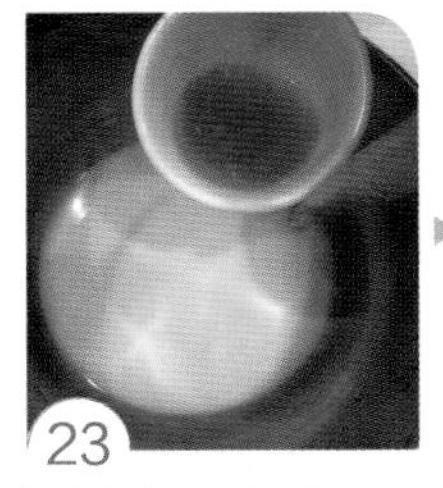
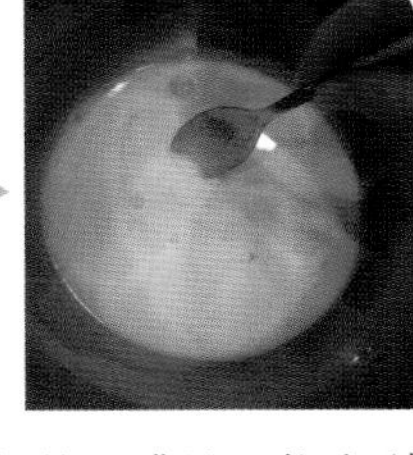

23 动物性鲜奶油 60g 加热至沸腾，将吉利丁液加入混合均匀。

24 苦甜巧克力砖切碎。

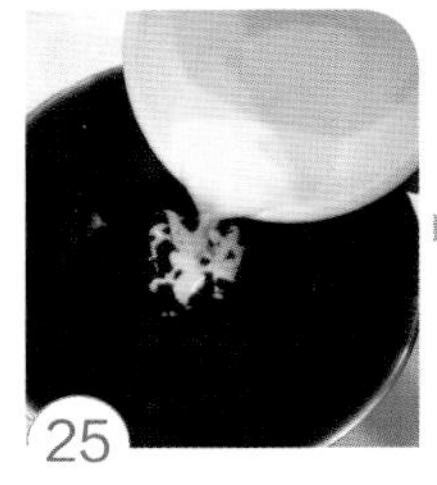

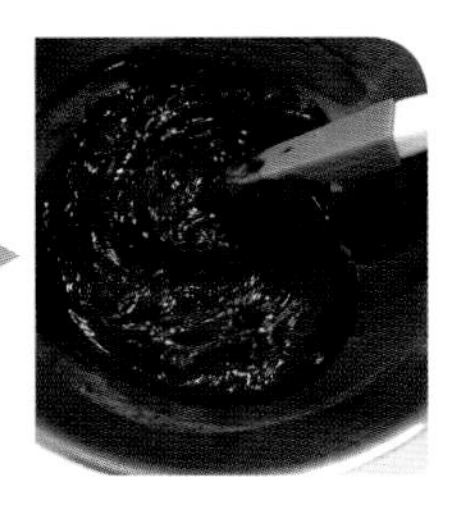

25 将煮沸的动物性鲜奶油倒入，慢慢溶化混合均匀成液态。

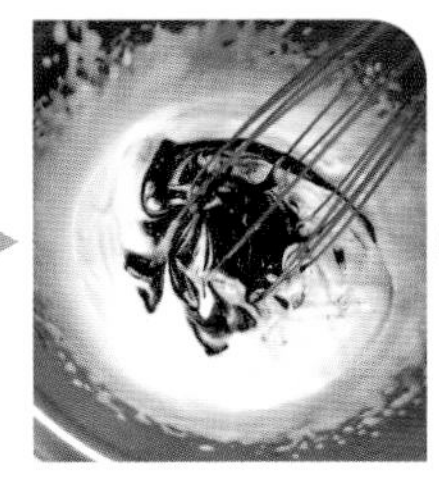
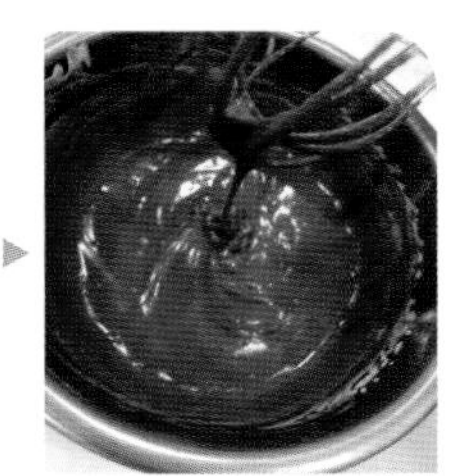

26 将巧克力酱倒入打发的鲜奶油中混合均匀。

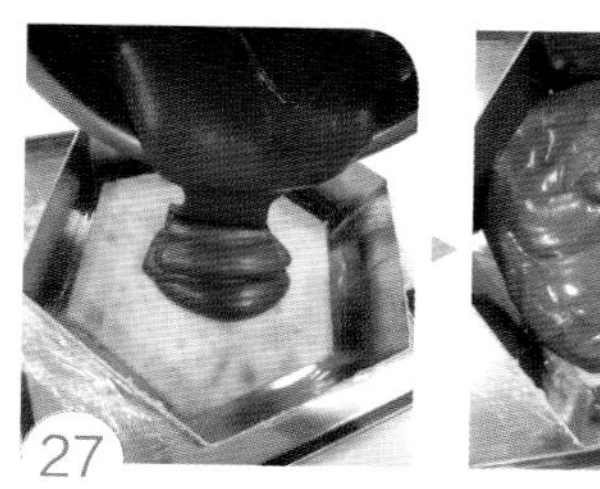

27

完成的巧克力慕斯倒入慕斯模中整平，放入冰箱冷藏 4～5 小时至凝固。

四 制作覆盆子奶酪慕斯

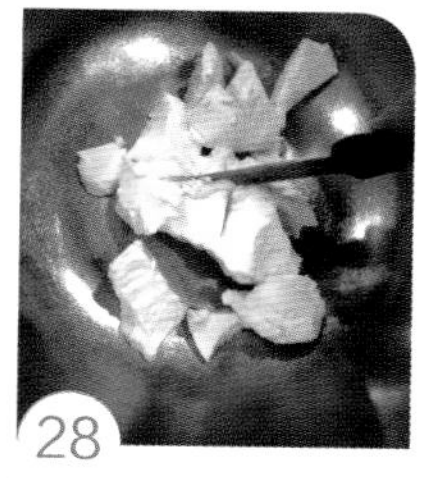

28

奶油奶酪完全回复室温，切小块。

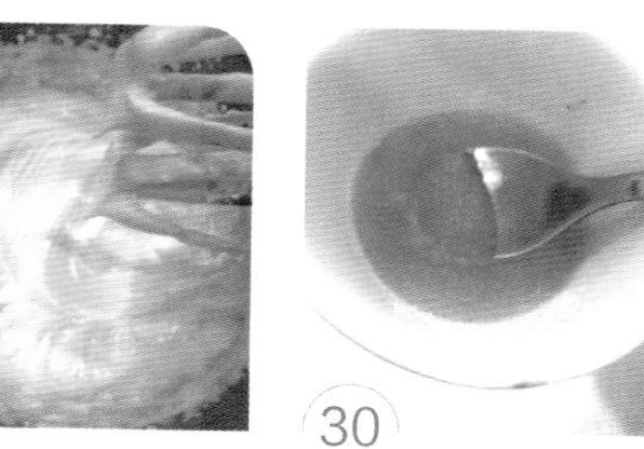

29

动物性鲜奶油 120g 使用电动打蛋器低速打至六七分发（不流动的状态），再放入冰箱冷藏备用。

30

冷开水倒入吉利丁粉中混合均匀，静置 5～6 分钟，等待吉利丁粉完全吸水膨胀。准备一个稍微大一点儿的锅，加适量的水煮沸。

31

使用隔水加热的方式溶化，将吉利丁粉完全溶解成液体。

32

牛奶 60g 加热至沸腾。

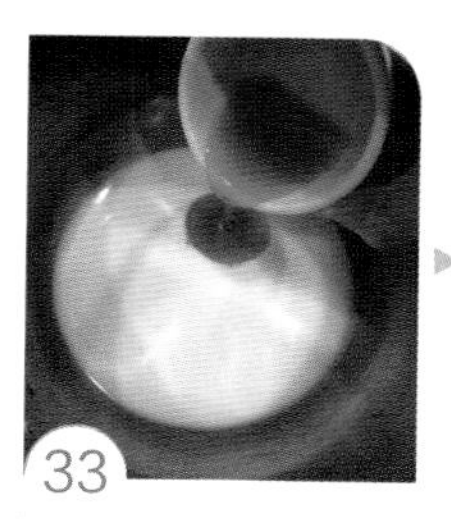

33

将吉利丁液加入混合均匀放凉备用。

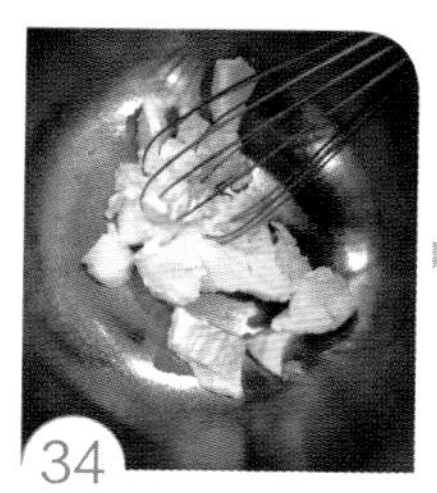

34

奶油奶酪用打蛋器搅拌成均匀的乳霜状。

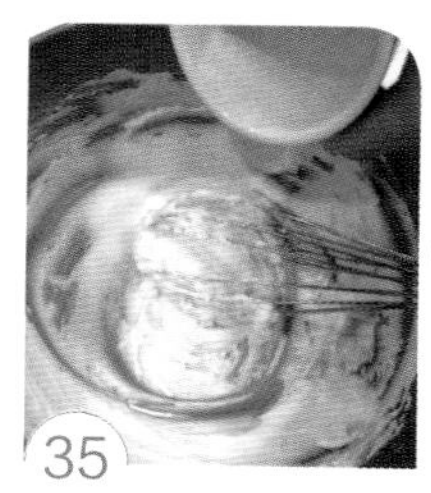

35

加入细砂糖 35g 搅拌均匀。

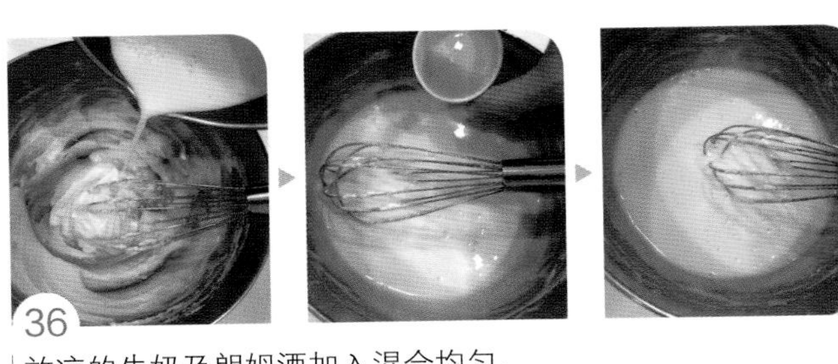

36 放凉的牛奶及朗姆酒加入混合均匀。

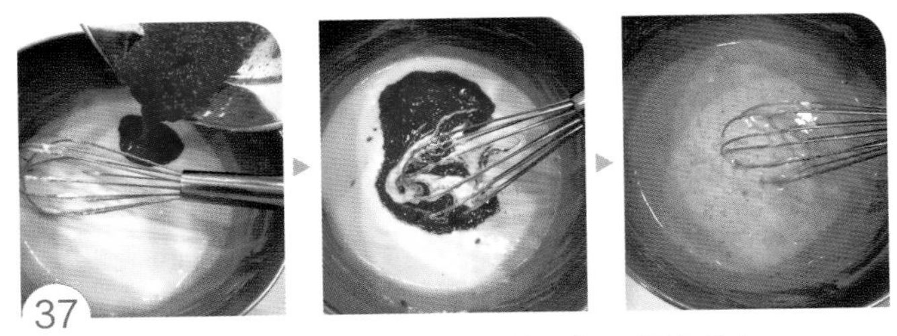

37 新鲜覆盆子 100g 用果汁机打成泥状，加入混合均匀。

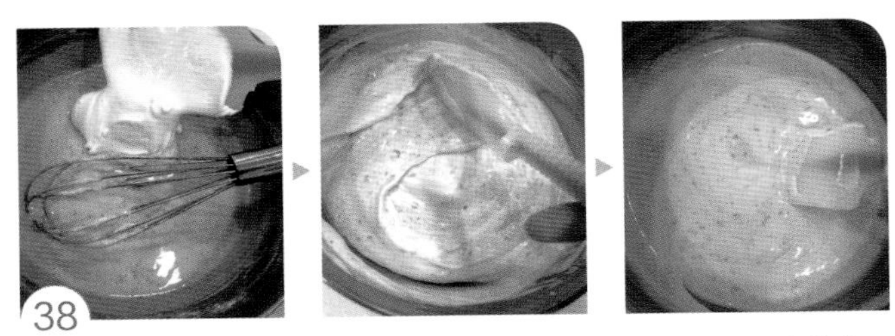

38 再将事先打发的动物性鲜奶油加入，以切拌的方式混合均匀。

39 事先完成的蔓越莓果冻由冰箱取出，拿取边缘保鲜膜将果冻取出。

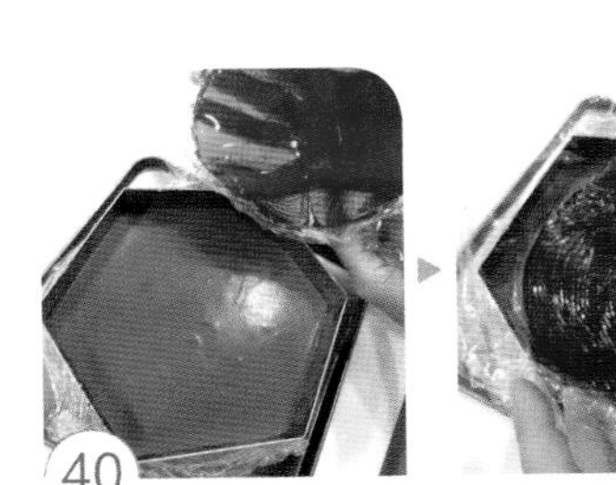

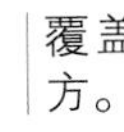

40 覆盖在已经冷藏凝固的巧克力慕斯上方。

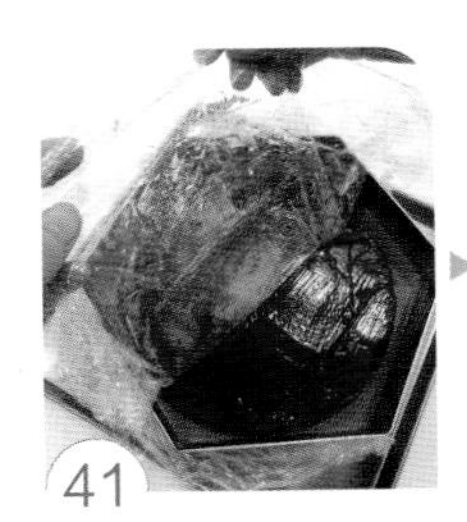

41 再将保鲜膜撕除。

42 撒上切半的新鲜覆盆子。

43 将覆盆子奶酪慕斯馅倒入至满模程度。

44 放入冰箱冷藏5～6小时至凝固。

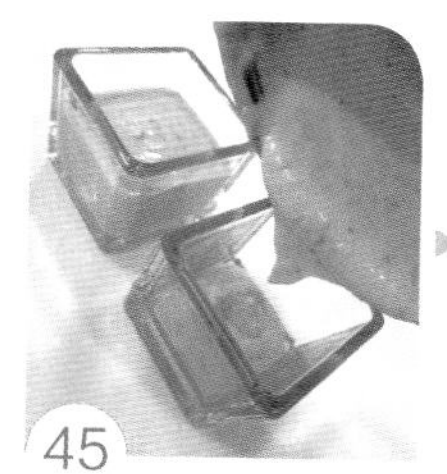

45 慕斯馅料有剩余的可以装入玻璃容器中，放入冰箱冷藏凝固。

46 表面再自行搭配做法6的蔓越莓果冻（制作蔓越莓果冻），放入冰箱冷藏凝固。

五 表面巧克力花瓣装饰

47 白巧克力砖和草莓巧克力砖切碎，放入工作盆中。

48 找一个比工作的钢盆稍微大一些的钢盆装上水，煮至50℃。

49 将分别装有白、草莓巧克力碎的工作盆，放上已经煮至50℃的水中，用隔水加温的方式熔化巧克力（熔化过程需7～8分钟，中间稍微搅拌一下，会加快速度，若水温变冷，可以再加温到50℃）。

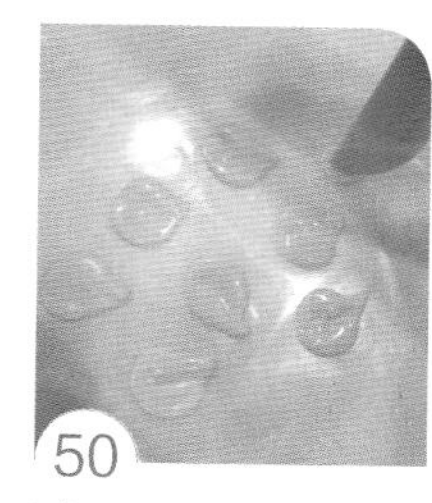

50 将融化的巧克力浆滴在透明塑料袋上，画出玫瑰花瓣图案。

51 画好后，将透明塑料袋放入冰箱5～6分钟。

52 冰硬取出，即成为玫瑰花瓣装饰片。

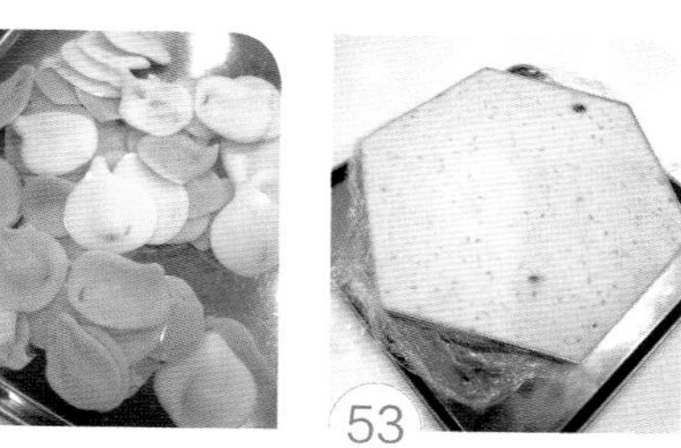

53 从冰箱取出冷藏凝固的慕斯蛋糕。

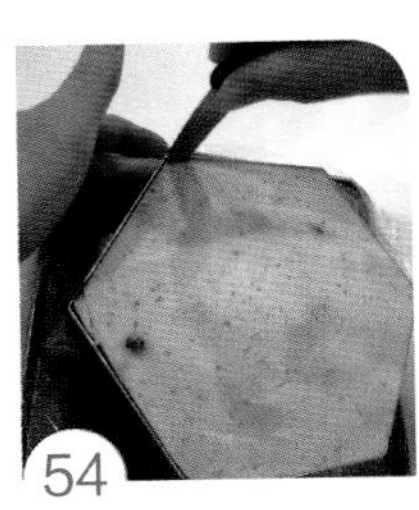

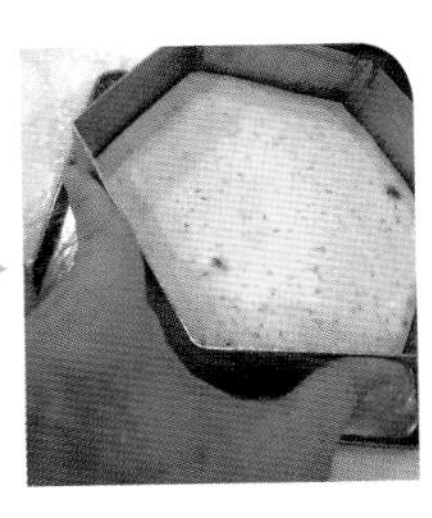

54
用一把扁平的小刀，贴紧沿着慕斯模边缘划一圈脱模。

55
覆盆子慕斯有沾到巧克力慕斯处，用刀背轻轻刮掉。

56
将蛋糕连着保鲜膜整个放到左手，右手慢慢将保鲜膜撕下，然后一边撕一边将保鲜膜慢慢移动到右手中，这样就可以移放到盘子上。巧克力玫瑰花瓣装饰片及新鲜覆盆子随意装饰在慕斯上方即完成。

小叮咛

新鲜覆盆子也可以使用草莓代替。

E > 万圣节南瓜慕斯蛋糕

分量 > 各1个（6英寸烤模＋4英寸慕斯模）

材料

A 双色围边（25cm×34.5cm平板烤模1个）
- 南瓜泥 45g
- 鸡蛋 3 个（净重约 150g）
- 低筋面粉 60g
- 柠檬汁 1/2 茶匙
- 细砂糖 50g
- 无糖纯可可粉 1/2 大匙
- 糖粉适量

B 南瓜慕斯馅
- 动物性鲜奶油 150g
- 吉利丁片 8g
- 牛奶 100g
- 细砂糖 30g
- 蛋黄 2 个
- 南瓜泥 250g
- 香草酒（或朗姆酒）1/2 茶匙

C 装饰
- 白巧克力适量
- 巧克力饼干适量
- 南瓜泥适量

一 事前准备工作

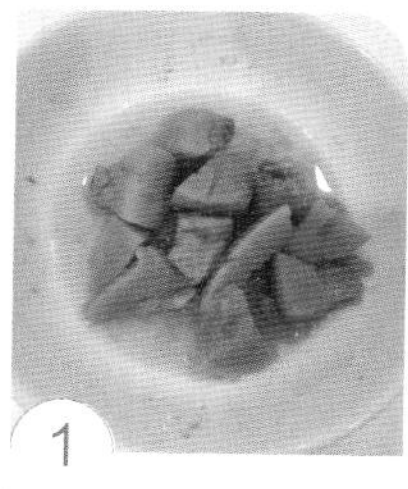

1 南瓜去皮切大块，蒸 10～12 分钟至熟软。

2 趁热压成泥状放凉，称取配方分量备用。

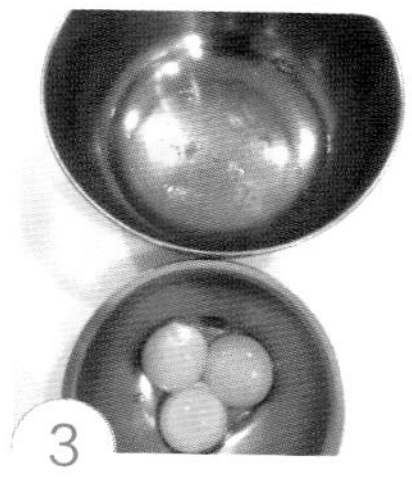

3 将鸡蛋的蛋黄、蛋白分开（蛋白不可以沾到蛋黄、水分及油脂）。

4 低筋面粉用滤网过筛。

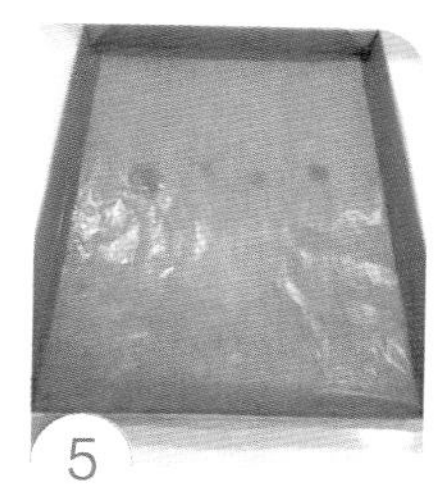

5 烤盘铺上硅油纸。

二 制作蛋糕体

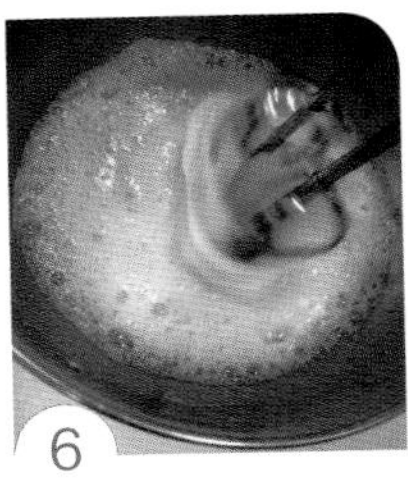
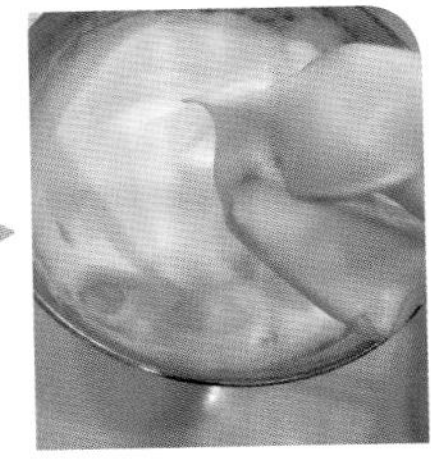

6 蛋白先用打蛋器打出一些泡沫，然后加入柠檬汁 1/2 茶匙及细砂糖 50g（细砂糖分两次加入），打成尾端挺立的蛋白霜（干性发泡）。

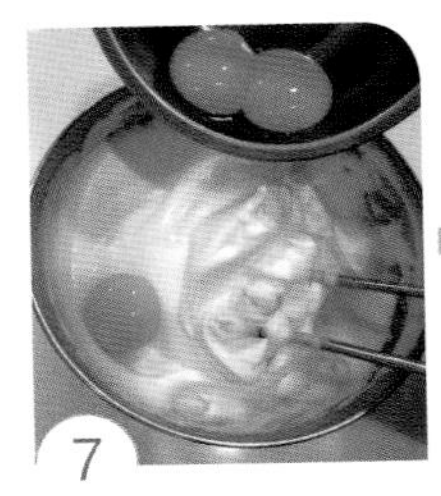
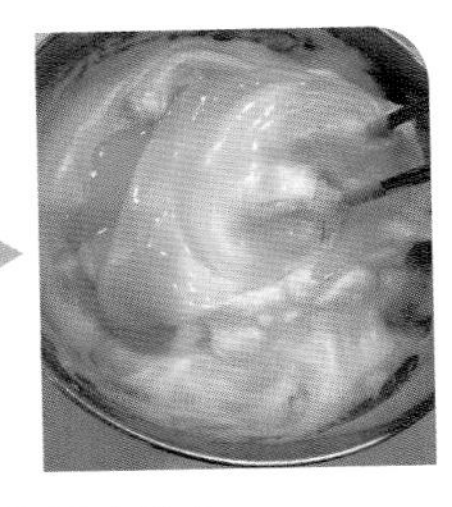

7 将蛋黄加入蛋白霜中混合均匀。

8 南瓜泥 45g 加入混合均匀。

9 低筋面粉分两次加入，以切拌的方式混合均匀。

10 混合完成的面糊平均分成 2 等份。

11 其中一份添加过筛的无糖纯可可粉。

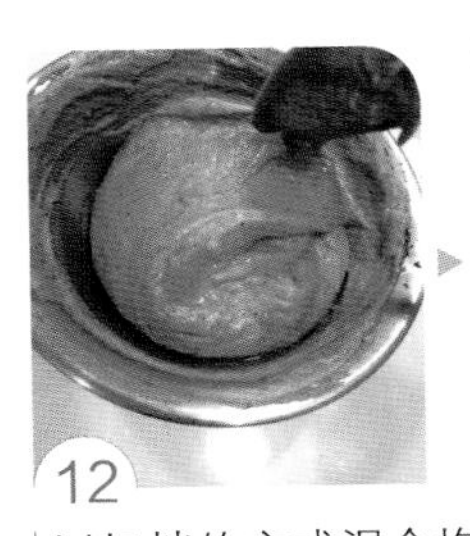

12 以切拌的方式混合均匀。

13 面糊分别装入挤花袋中，使用 1cm 圆形挤花嘴。

14 在烤盘上依序将两种面糊以 45° 角度挤入烤盘中。

15 表面筛上一层糖粉。

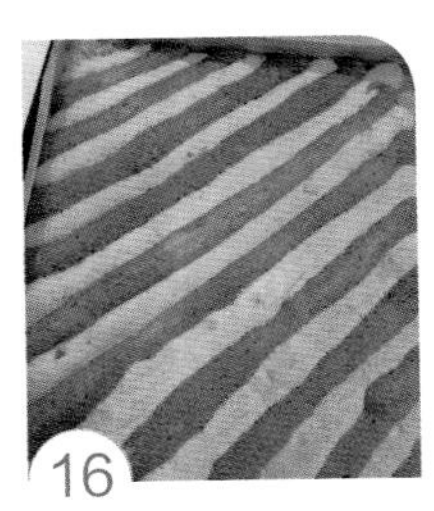

16 放入上下火已经预热至 170℃的烤箱中，烘烤 12～15 分钟取出（表面干燥，轻拍有沙沙声即可出烤箱）。

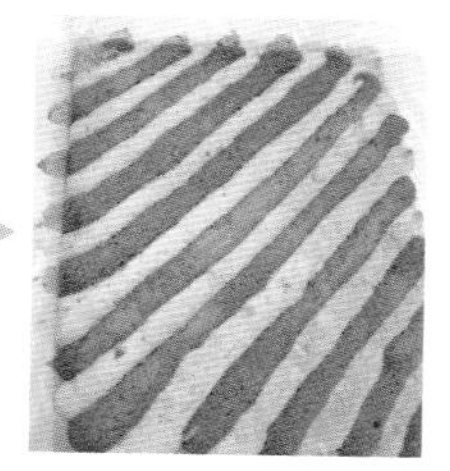

17 出烤箱后，移到铁网架上，将四周硅油纸撕开，放凉。

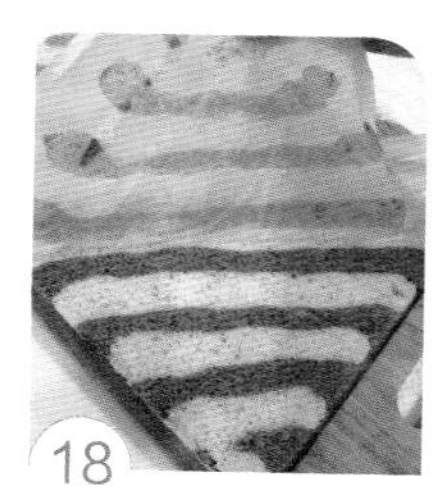

18 完全凉透后，将蛋糕翻过来，底部硅油纸撕开。

19 切出3.5cm宽同慕斯圈之圆周长的长条及两片圆形蛋糕备用（一片比慕斯底稍微小一点儿，另一片再小一些）。

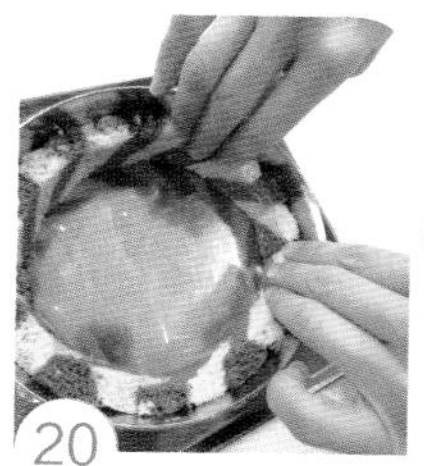

20 将蛋糕正面朝外摆入慕斯圈中，较大的蛋糕片放入备用（慕斯圈外围可以包覆一层铝箔纸或保鲜膜，防止慕斯液渗出）。

三 制作南瓜慕斯馅

21 动物性鲜奶油以低速打至八分发，放入冰箱冷藏备用。

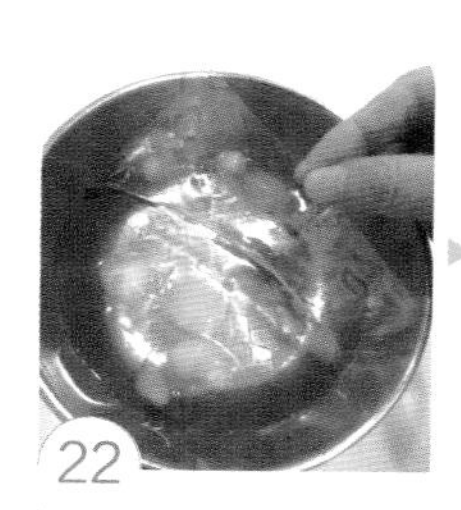
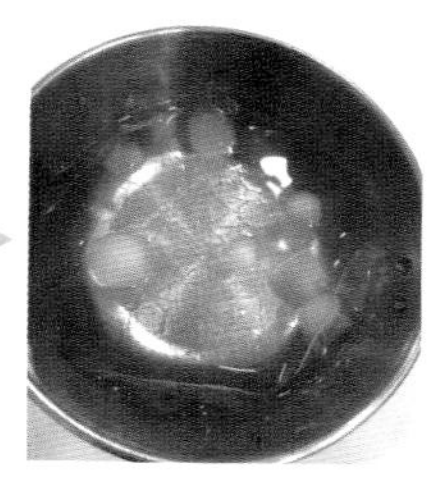

22 吉利丁片一片一片浸泡在冰水中约5分钟软化。

23 牛奶+细砂糖30g混合均匀，加温至糖溶化即离火。

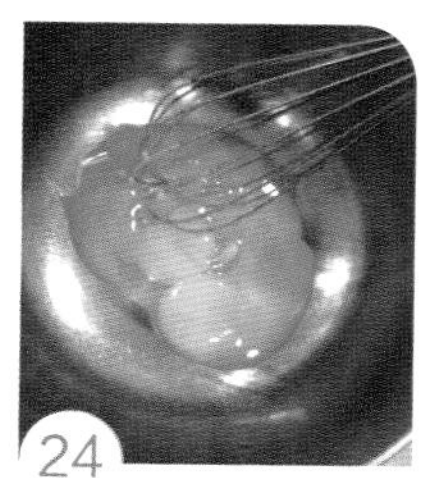

24 蛋黄打散、牛奶慢慢加入搅拌均匀。

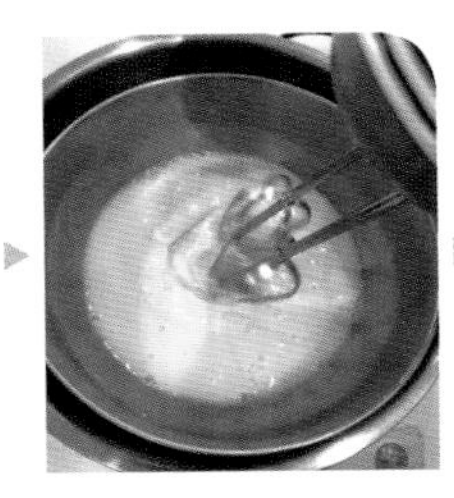

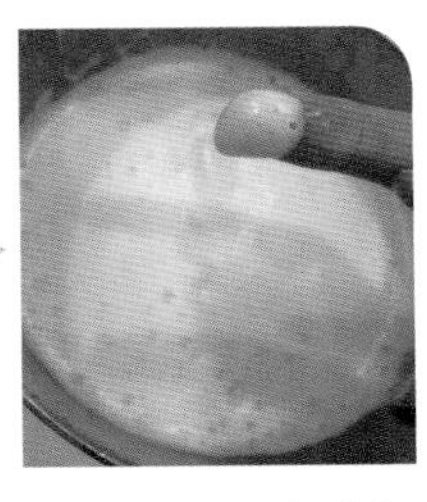

25

另外准备一锅水煮沸，将牛奶蛋液放上，以隔水加热方式（边煮边搅打），高速打发成浓稠泡沫状的蛋奶酱（此步骤需要耐心，全程 8～10 分钟）。

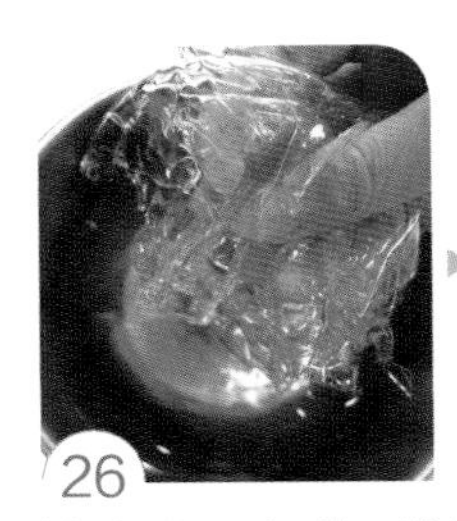
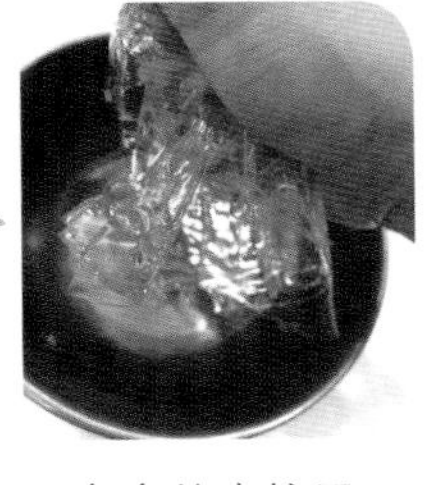

26

将软化的吉利丁捞起，多余的水挤干。

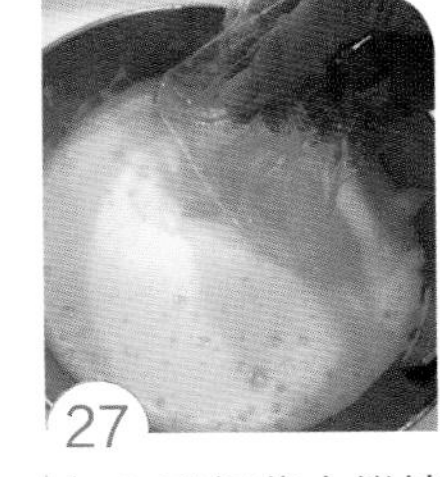

27

加入蛋奶酱中搅拌均匀，放凉。

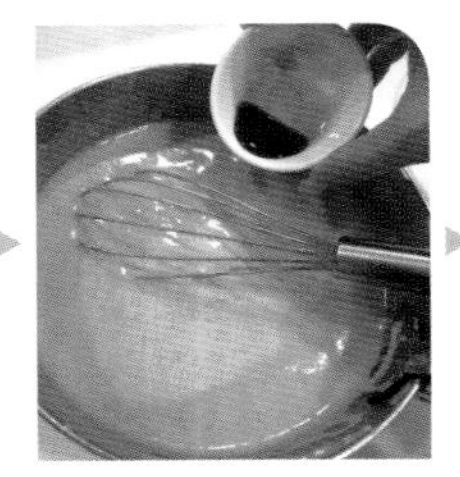

28

完全凉透，将 250g 南瓜泥及香草酒（或朗姆酒）加入混合均匀。

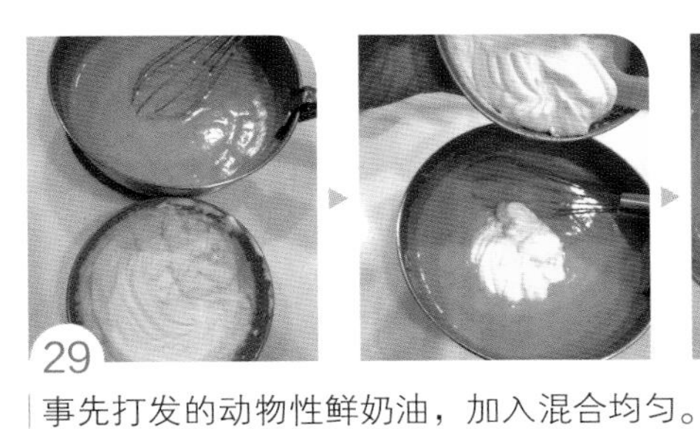

29

事先打发的动物性鲜奶油，加入混合均匀。

30

完成的南瓜慕斯馅倒入慕斯模中一半分量。

31

另一片较小的蛋糕铺上，用手稍微压一下。

32 再将慕斯馅倒满，放入冰箱冷藏5～6小时至凝固。

33 完全凝固后，从冰箱取出。

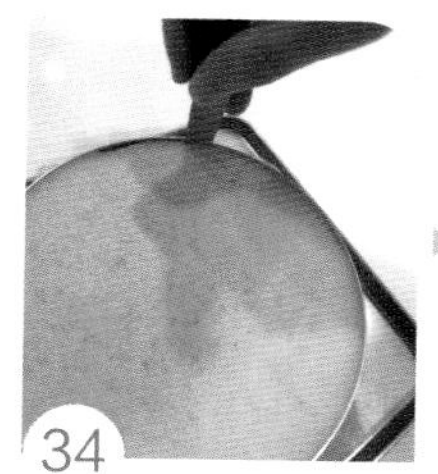

34 使用一把小刀沿着冷藏好的慕斯边缘划一圈即可脱模。

35 一手托着蛋糕底，另一手慢慢将底部保鲜膜撕开，即可移至盘子上。

四 装饰

36 表面可以装饰打发的动物性鲜奶油及造型饼干。

37 切的时候，刀稍微加温会切得比较漂亮。

38 将巧克力饼干切出造型，用熔化的白巧克力画出图案。

39 南瓜泥捏成圆形，压出南瓜造型。

40 把巧克力饼干造型、南瓜造型摆在蛋糕上即可。

小叮咛

1 若南瓜慕斯馅有剩余，可以另外倒入玻璃杯中冷藏。
2 香草酒做法，请参考《新手烘焙从入门到精通Ⅰ》41页。

慕斯专用模可以用其他器具代替吗?

慕斯专用模是由各个不同造型的不锈钢圈，再搭配一个平底盘组成（图1～图3）。底板要平整光滑，与垂直的不锈钢慕斯圈完全密合，做出来的成品才会光滑平整美观。若不是常做，平底盘不一定要买，可以用平整的铁盘代替即可（图4、图5）。通常为了方便作业，慕斯圈底部建议用保鲜膜或铝箔纸包覆起来（图6）。如果没有慕斯专用模，但又想尝试做慕斯成品，可以用以下方式代替：

一 分离式活动烤模

戚风烤模或其他分离烤模，底部活动板要能够密合，外层底部包覆一层铝箔纸，即可以防止慕斯液流出（图7～图9）。

7

8

9

二 不分离烤模

若要用不分离烤模来制作慕斯蛋糕，因为不分离烤模底部无法活动，会造成完成的慕斯蛋糕无法顺利脱模，所以可裁切两条较宽的铝箔纸，以十字形铺在不分离烤模底部，这样成品完成后，可以提起铝箔纸边缘将成品移出烤模（图 10～图 13）。

10

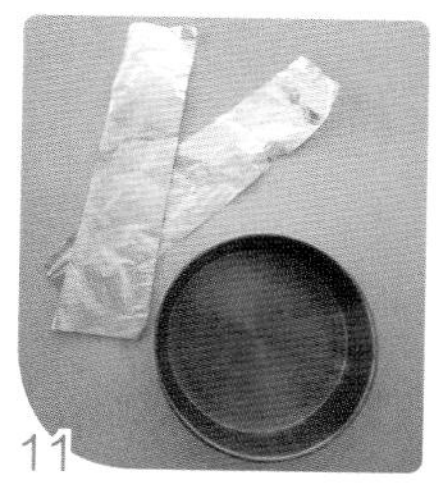
11

12

13

三 透明胶片

到文具店购买厚一点儿的透明胶片，剪成 5cm 宽，然后卷成圈状，接合处用胶带贴牢就可以代替慕斯圈，效果也不错（图 14～图 18）。

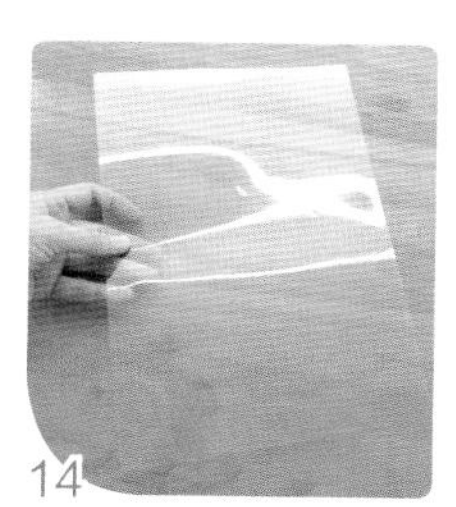
14

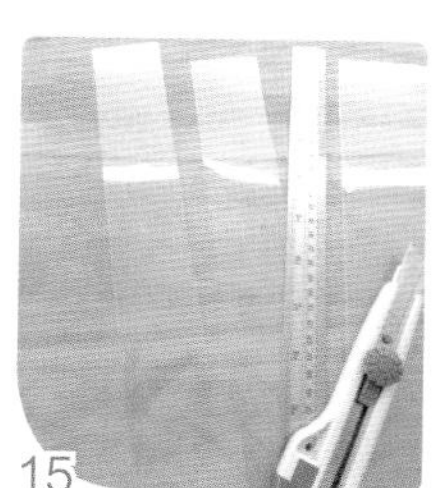
15

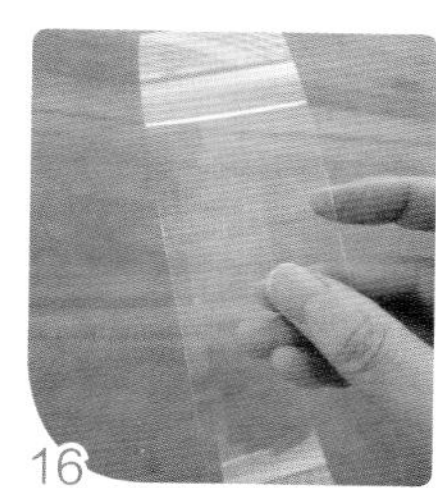
16

17

18

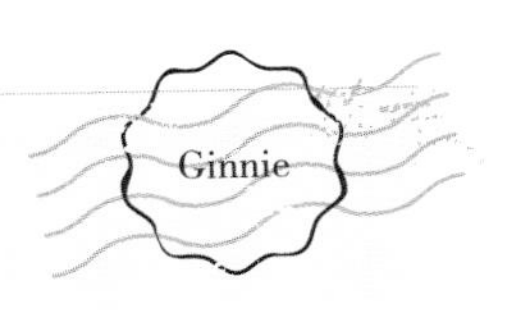

为什么制作慕斯夹层时，中间蛋糕却浮起？

慕斯蛋糕为了讲究美观与多层次，常常会在慕斯馅中间夹一层蛋糕片，但是有时候在中间放入蛋糕片再倒慕斯馅时，蛋糕片却浮起来，没有办法好好固定在中间。表面看起来就不平整，中央好像凸起一座小山，影响整体外观（图 1）。这样的原因就出在慕斯馅太稀不够浓稠，所以无法将蛋糕片压住，导致蛋糕片浮起。要避免这样的情形发生，慕斯馅完成时可以看一下浓稠度，若是流动如水的状态，表示太稀，就必须做以下处理：

1. 准备一个比装慕斯馅还要大的容器，盛装冰块（图 2、图 3）。
2. 将盛装慕斯馅的容器放在冰块上方（图 4、图 5）。
3. 用刮刀不停地搅拌（图 6）。
4. 直到慕斯馅变成浓稠状态就可以（图 7）。

因为慕斯馅中添加吉利丁，吉利丁在温度低的环境会慢慢凝固而变得浓稠，所以操作的过程要特别注意。慕斯馅也不能够凝结得太浓，不然倒入慕斯模中，没有办法自然摊平，反而影响美观。

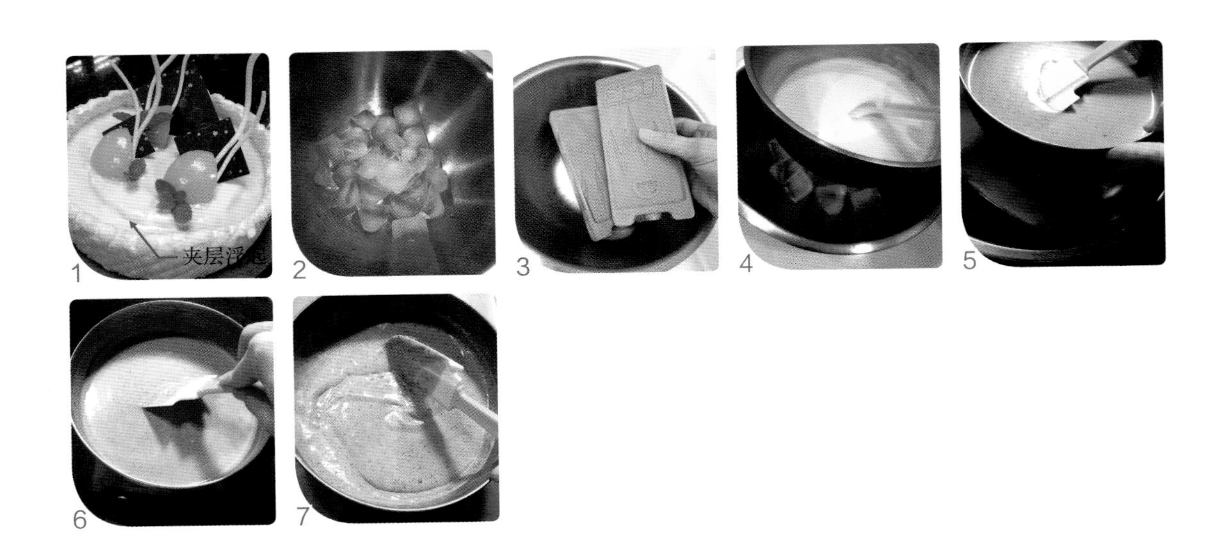

蓝莓慕斯

分量 > 1个（6角慕斯模或6英寸圆模）

材料

A 围边双色蛋糕

a 蛋黄面糊

蛋黄 4 个

低筋面粉 70g

细砂糖 20g

液体植物油 30g

牛奶 25g

无糖可可粉 10g

b 蛋白霜

蛋白 4 个

柠檬汁 1 茶匙（5g）

细砂糖 50g

糖粉适量

B 蓝莓慕斯馅

a 动物性鲜奶油 200g

细砂糖 20g

b 蛋黄 1 个

细砂糖 40g

低筋面粉 5g

玉米淀粉 5g

牛奶 100g（分成 30g 及 70g）

吉利丁片 10g

无盐黄油 20g

白兰地 1 茶匙

c 蓝莓 100g

冷开水 50cc

d 蓝莓 30g

C 表面果冻层

吉利丁片 6g

蔓越莓果汁 100g

柠檬汁 10g

A

B

C

一 制作围边双色蛋糕

1 将鸡蛋的蛋黄、蛋白分开（蛋白不可以沾到蛋黄、水分及油脂）。

2 低筋面粉用滤网过筛。

3 将蛋黄 + 细砂糖 20g 用打蛋器搅拌均匀。

4 再将液体植物油加入搅拌均匀。

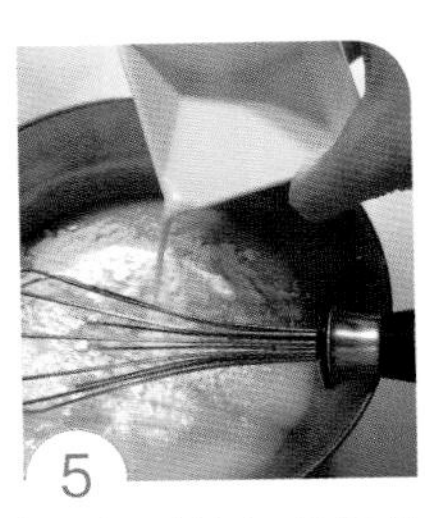
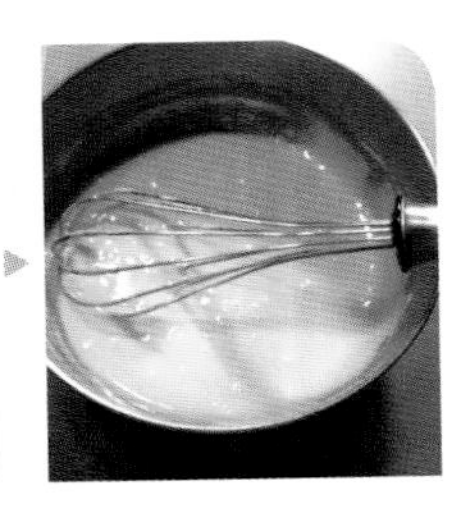

5 再将过筛好的低筋面粉与牛奶分两次交错加入，混合搅拌均匀成为无粉粒的面糊（搅拌过程尽量快速，避免面粉产生筋性，影响口感）。

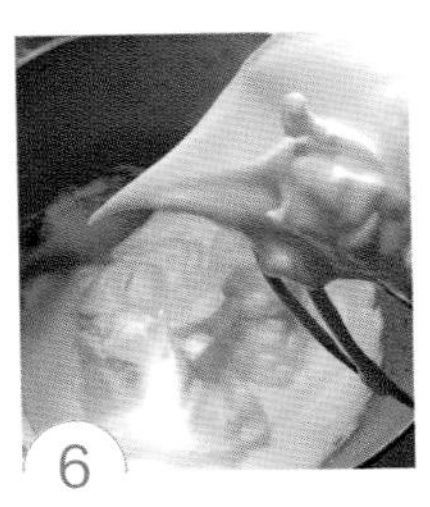

6 蛋白先用打蛋器打出一些泡沫，然后加入柠檬汁1茶匙及细砂糖50g（分两次加入），打成尾端挺立的蛋白霜（干性发泡）。

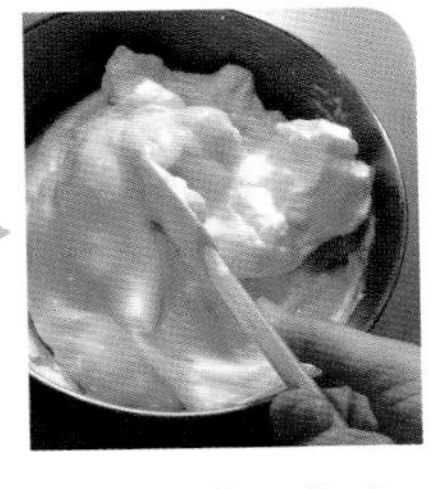

7 取1/3分量的蛋白霜混入蛋黄面糊中，用橡皮刮刀沿着盆边翻转，以切拌的方式搅拌均匀。

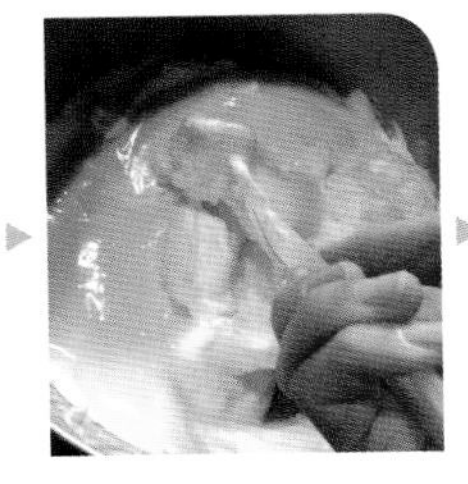
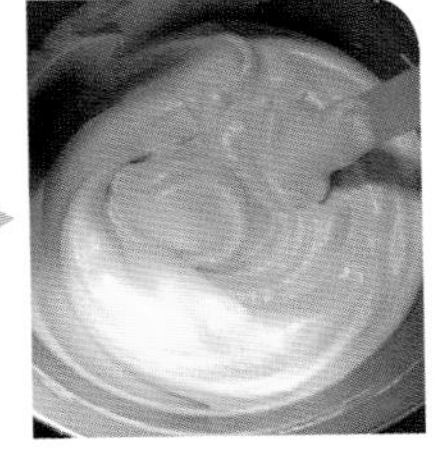

8 然后再将拌匀的面糊倒入剩下的蛋白霜中，混合均匀。

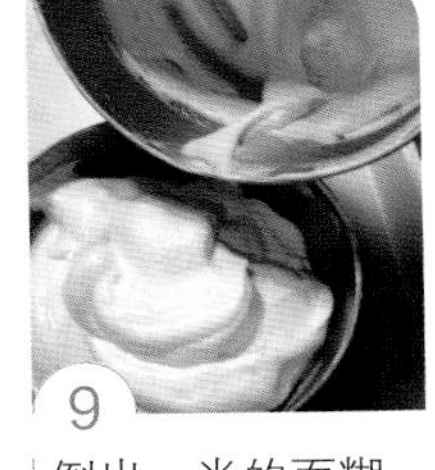

9 倒出一半的面糊。

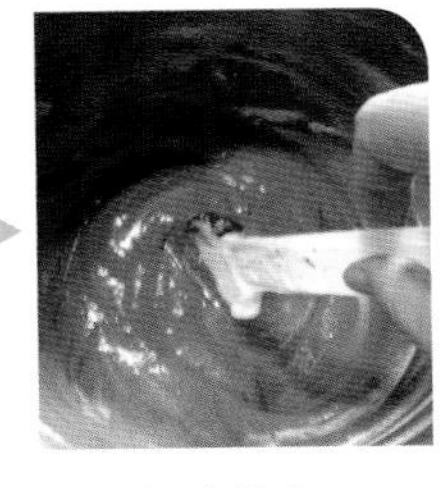

10 将过筛的无糖可可粉加入混合均匀。

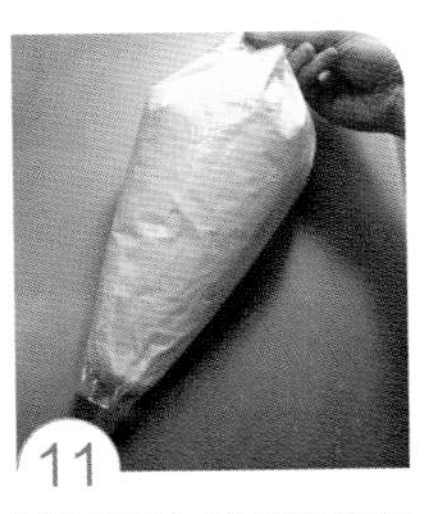

11 将原味及可可面糊分别装入挤花袋中，使用1cm圆形挤花嘴。

12 铺上烤布，再依序将两种面糊以45°角度间隔挤入烤盘中。

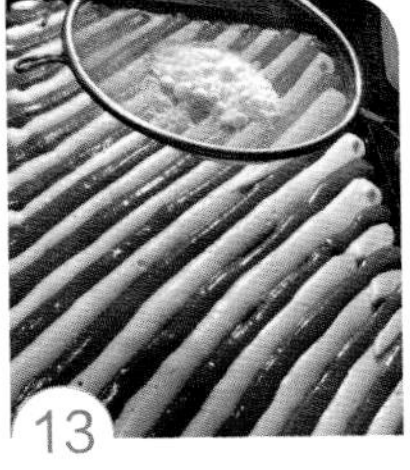

13 表面均匀筛上一层糖粉。

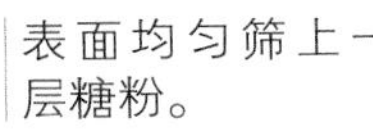

14 放入上下火已经预热至170℃的烤箱中，烘烤12～15分钟（至表面干燥，轻拍有沙沙声即可出烤箱），移出烤盘冷却。

15 冷却后撕开烤布。

16 切出3.5cm宽同慕斯圈之圆周长的长条及两片圆形蛋糕备用（一片比慕斯底稍微小一点儿，另一片再小一些）。

17 慕斯圈外围可以包覆一层铝箔纸或保鲜膜，防止慕斯液渗出。

18 将蛋糕背面朝外，摆入慕斯圈中，较大的蛋糕片放入备用。

二 制作蓝莓慕斯馅

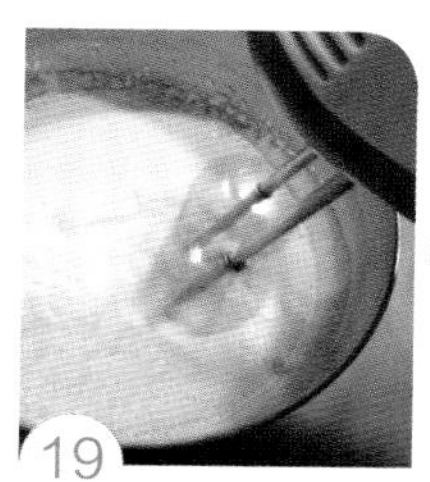
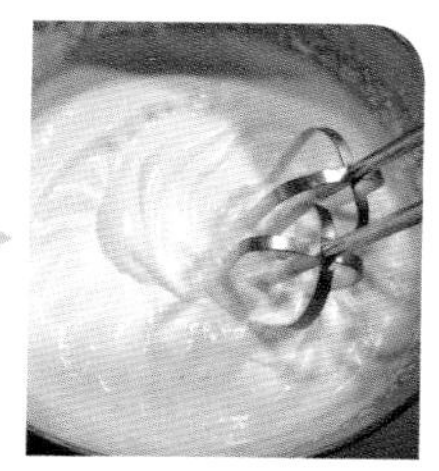

19 动物性鲜奶油＋细砂糖20g以低速打至八分发，放入冰箱冷藏备用。

20 蛋黄＋细砂糖40g混合均匀。

21 低筋面粉＋玉米淀粉过筛，倒入牛奶30g搅拌均匀。

22 加入蛋黄中搅拌均匀。

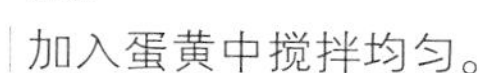

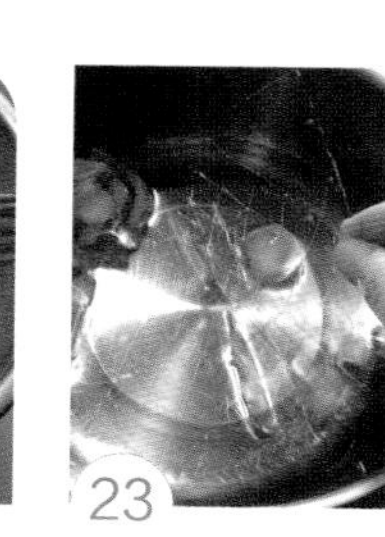

23 吉利丁片泡入冰水中（分量外）5分钟至软化。

24 剩下牛奶70g煮至锅边缘起泡泡的程度，加入蛋黄液中混合均匀。

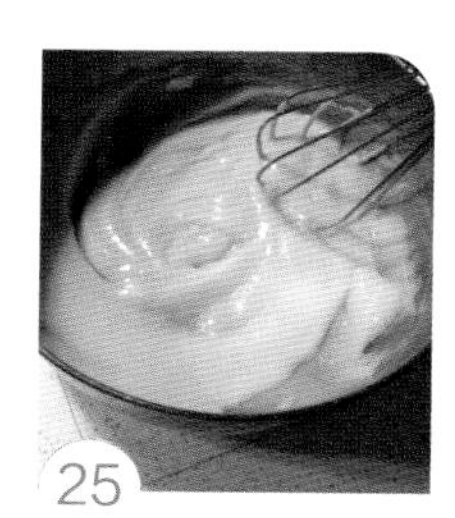

25 加热至浓稠离火。

26 将软化的吉利丁片捞起，多余的水挤干。

27 加入蛋奶酱中搅拌均匀。

28 最后加入无盐黄油及白兰地酒混合均匀，冷却备用。

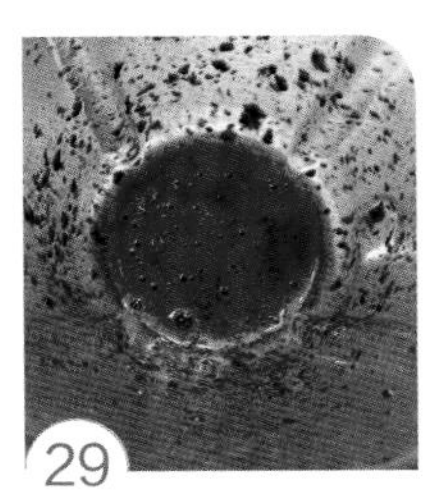

29 蓝莓100g＋冷开水50cc打成泥状。

30 泥状蓝莓加入蛋奶酱中混合均匀。

31 再加入事先打发的鲜奶油混合均匀。

32 慕斯馅底部垫冰块，一边降温一边搅拌。

33 直到慕斯馅变得浓稠状。

34 将慕斯馅一半倒入模中。

35 均匀撒上30g蓝莓。

36 另一片较小的蛋糕铺上，用手稍微压一下。

37 再将慕斯馅倒至九分满。

38 放入冰箱冷藏5～6小时至凝固。

三 制作表面果冻层

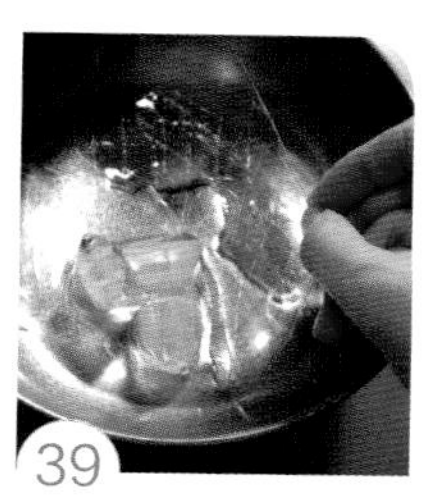

39 吉利丁片泡入冰水中（分量外）5分钟至软化。

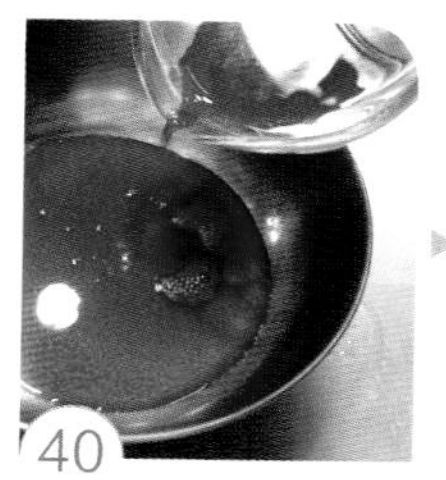

40 蔓越莓果汁煮热。

41 将软化的吉利丁片捞起，多余的水挤干。

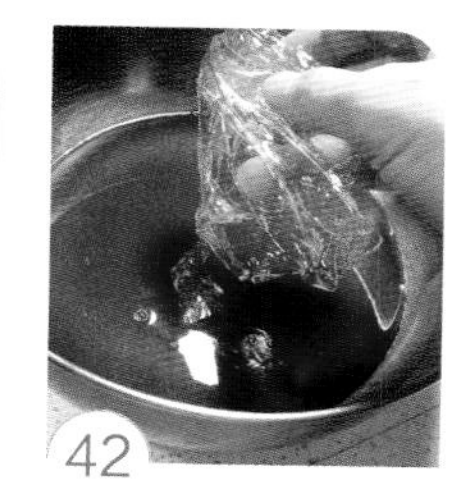

42 加入蔓越莓果汁中搅拌均匀。

43 加入柠檬汁 10g 搅拌均匀，冷却备用。

44 将冷却的果汁倒入已经凝固的慕斯上。

45 放入冰箱冷藏一夜到完全凝固就可以。

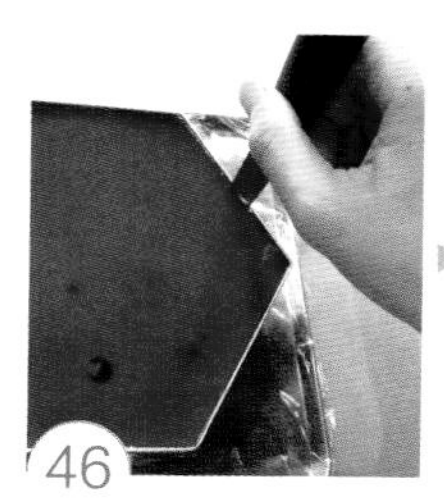

46 使用一把小刀沿着冷藏好的慕斯边缘划一圈即可脱模。表面用喜欢的新鲜水果装饰。

小叮咛

1 蓝莓可以用任何水果代替，如草莓、黑莓。
2 蔓越莓汁也可以用其他果汁，如葡萄汁、洛神汁代替。

为什么制作提拉米苏时出现颗粒，组织不滑顺?

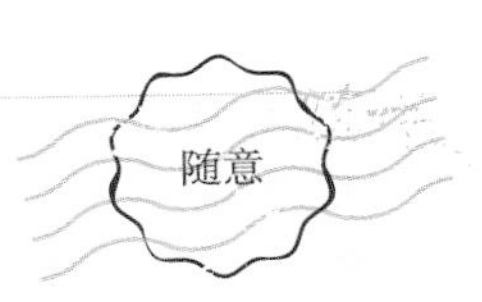

提拉米苏蛋糕主要的使用材料是马斯卡彭奶酪，马斯卡彭奶酪属于新鲜奶酪，比较容易出现油脂分离的状况。操作过程中，不要离开冰箱回温过久，而且搅拌的过程中，尽量使用低速勿用高速搅拌，就可以避免马斯卡彭奶酪出现颗粒，造成组织不滑顺。

提拉米苏慕斯（慕斯馅无蛋配方）

分量 1个（8英寸烤模）

材料

A 蛋糕体（35cm×24cm平板烤模1个）

a 蛋黄面糊
- 冰蛋黄 3 个
- 低筋面粉 50g
- 无糖纯可可粉 20g
- 细砂糖 15g
- 液体植物油 18g
- 牛奶 45g

b 蛋白霜
- 冰蛋白 3 个
- 柠檬汁 1/2 茶匙
- 细砂糖 45g

c 咖啡液
- 速溶咖啡粉 1 大匙
- 热水 150cc
- 细砂糖 1 大匙

B 马斯卡彭慕斯馅
- 吉利丁片 18g
- 动物性鲜奶油 400g
- 细砂糖 40g
- 牛奶 100g
- 马斯卡彭奶酪 500g
- 细砂糖 100g
- 酸奶 100g
- 香草酒 1 茶匙

C 表面装饰

a 表面装饰鲜奶油
- 动物性鲜奶油 100g
- 细砂糖 10g

b 表面装饰无糖纯可可粉适量

一 事前准备工作

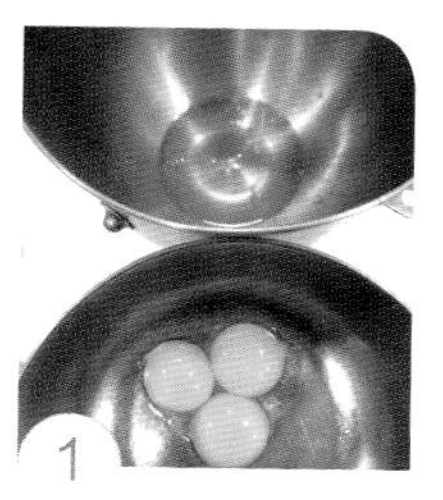

1 将冰鸡蛋的蛋黄、蛋白分开（蛋白不可以沾到蛋黄、水分及油脂）。

2 低筋面粉＋无糖纯可可粉混合均匀用滤网过筛。

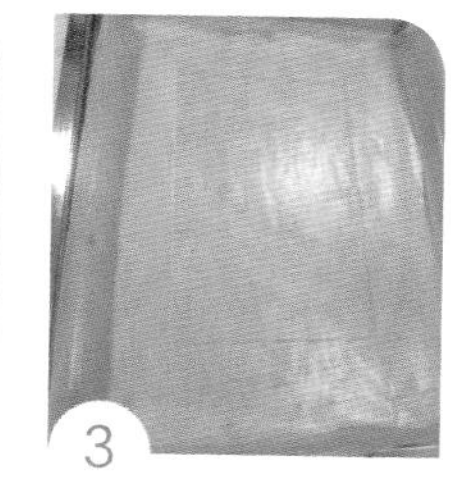

3 烤盘铺上硅油纸（烤盘可以喷少些水，或抹一些奶油固定硅油纸）。

二 制作蛋糕体

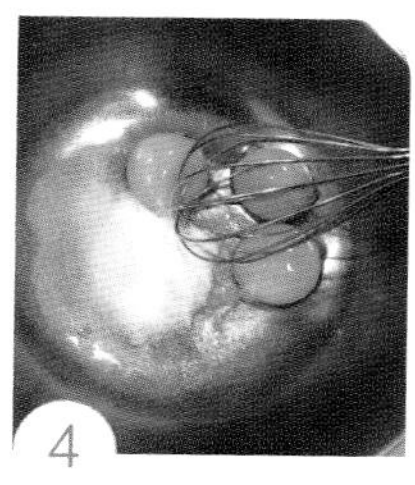

4 蛋黄＋细砂糖 15g 用打蛋器搅拌均匀。

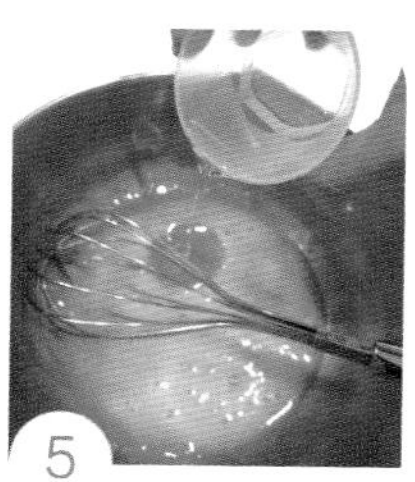

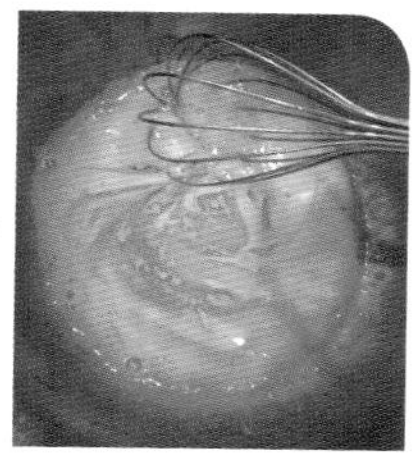

5 将液体植物油加入搅拌均匀。

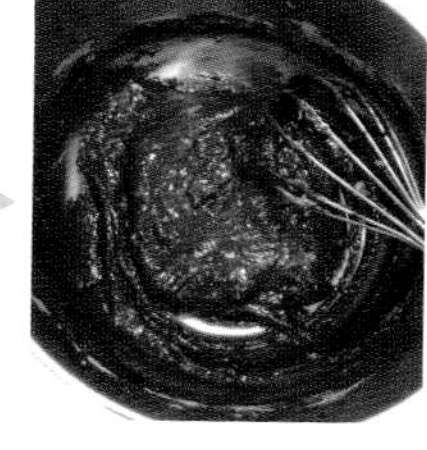

6 将过筛好的粉类与牛奶分两次交错混入，搅拌均匀成为无粉粒的面糊（不过度搅拌，避免造成面粉产生筋性，影响膨胀）。

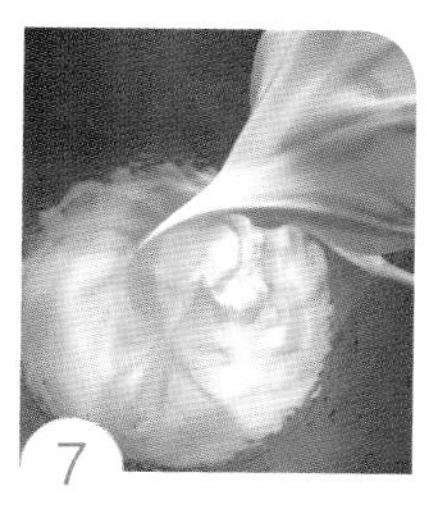

7 冰蛋白先用打蛋器打出一些泡沫，然后加入柠檬汁及细砂糖 45g（分两次加入），打成尾端挺立的蛋白霜（干性发泡）。

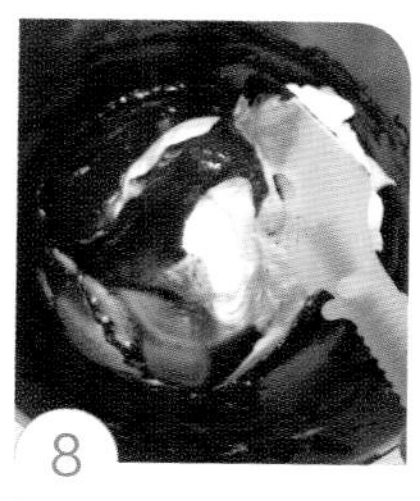

8 取 1/3 分量的蛋白霜混入蛋黄面糊中，用橡皮刮刀以切拌的方式，由底部翻转上来搅拌均匀。

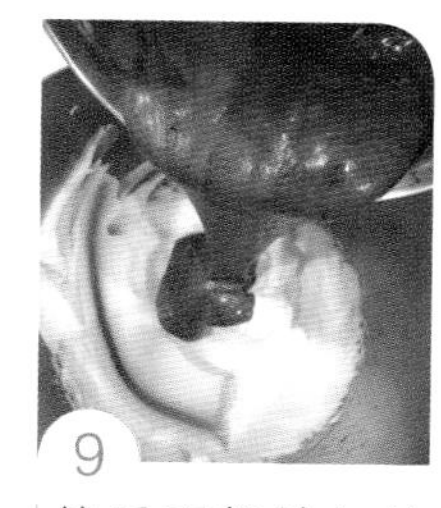

9 然后再将拌匀的面糊倒入剩下的蛋白霜中。

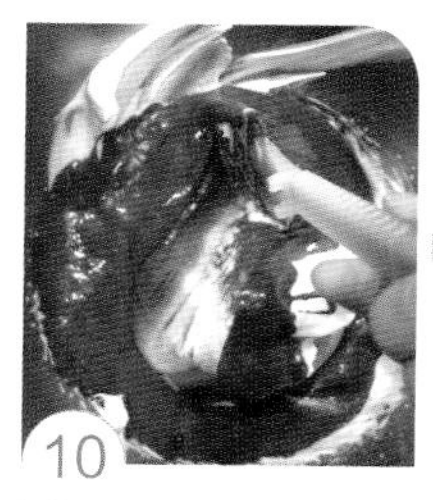

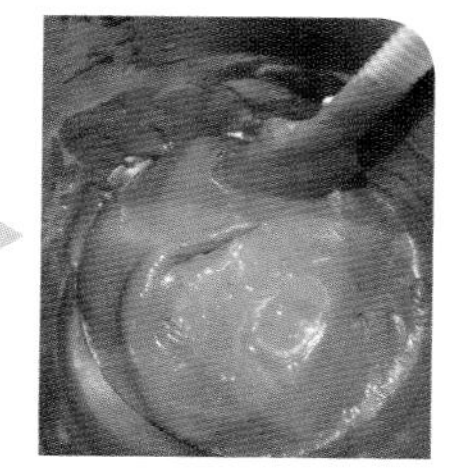

10 将面糊用橡皮刮刀以由下而上翻转的方式混合均匀。

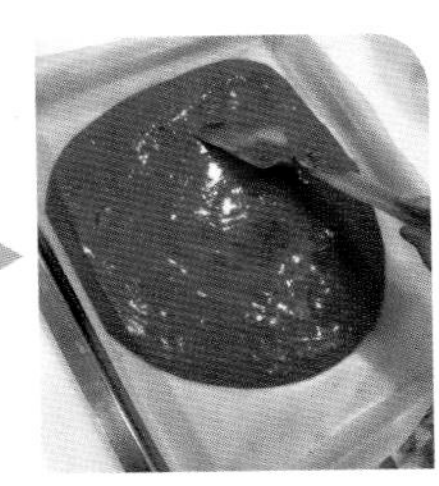

11
面糊倒入铺上硅油纸的烤盘中，用刮板抹平整，进烤箱前，在桌上轻敲几下，敲出较大的气泡，放入上下火已经预热至170℃的烤箱中，烘烤13～15分钟（时间到，用手轻拍一下蛋糕上方，如果感觉有沙沙的声音就是烤好了）。

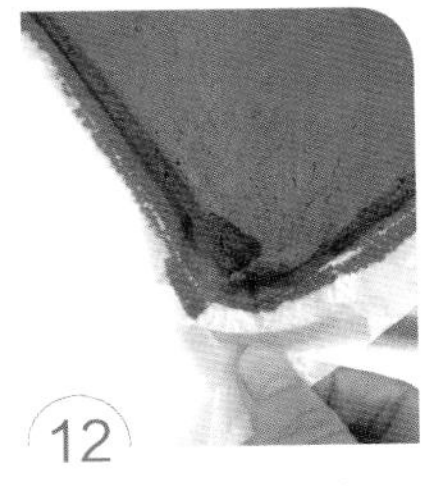

12
出烤箱后，移到桌上，将四周硅油纸撕开散热放凉（蛋糕一定要移出烤盘，避免烤盘余温将蛋糕闷至干硬）。

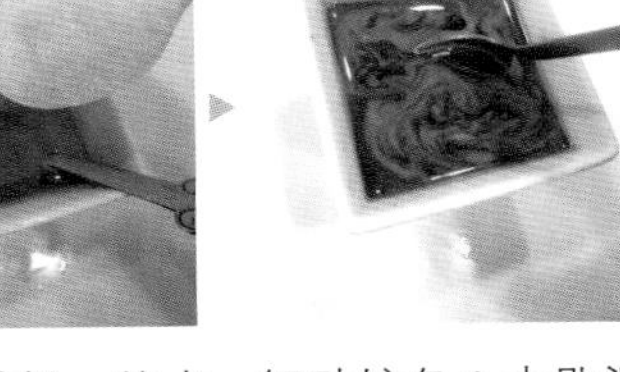

13
速溶咖啡粉、热水、细砂糖各1大匙混合均匀，放凉备用。

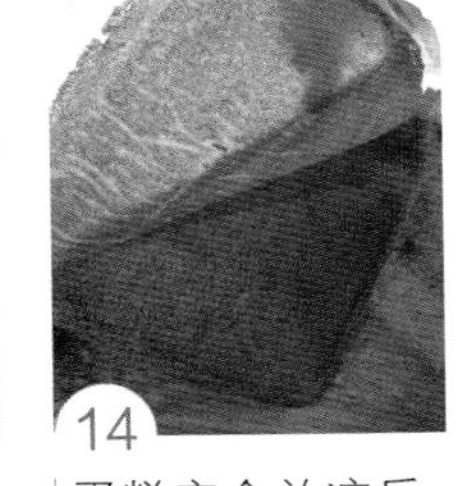

14
蛋糕完全放凉后，将底部硅油纸撕开备用。

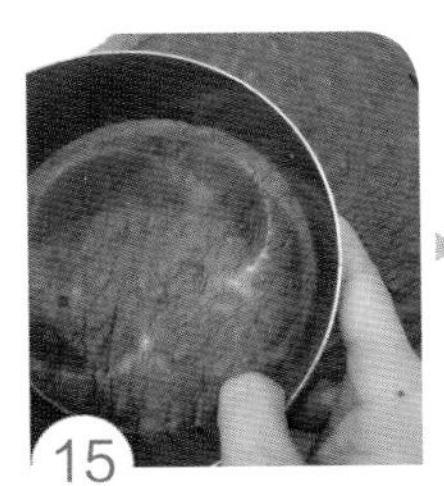

15
依照慕斯圈直径大小切割出两片蛋糕片（蛋糕片可以用拼的）。

16
慕斯模底部包覆保鲜膜。

17
蛋糕片刷上咖啡液。

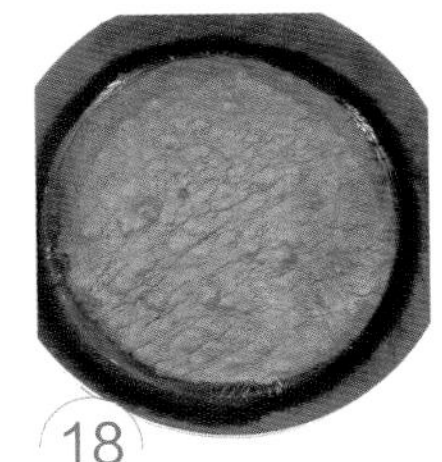

18
较大的一片蛋糕片放入备用。

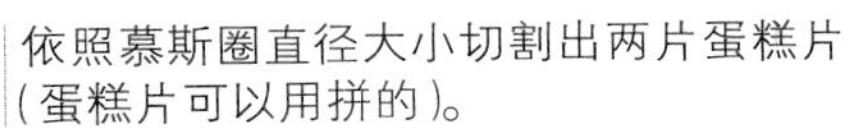

三 制作马斯卡彭慕斯馅

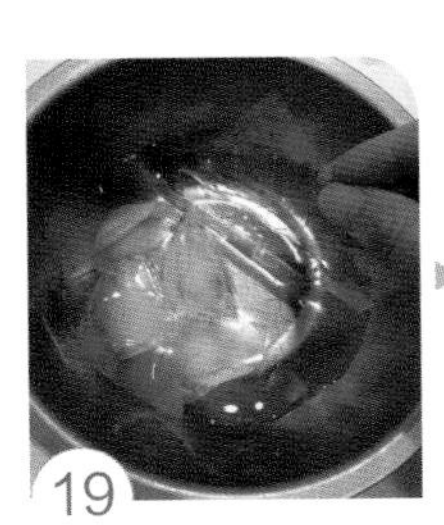
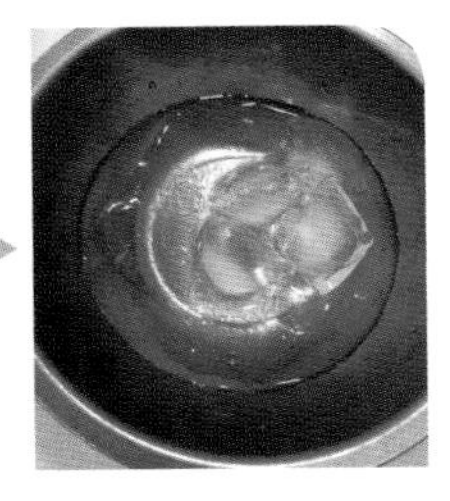

19
吉利丁片剪小片，泡在冰块水（分量外）中软化（泡的时候，要完全压入冰水里，泡5～6分钟至完全柔软的状态）。

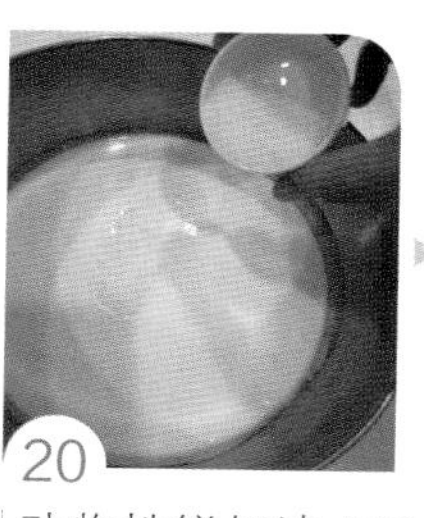

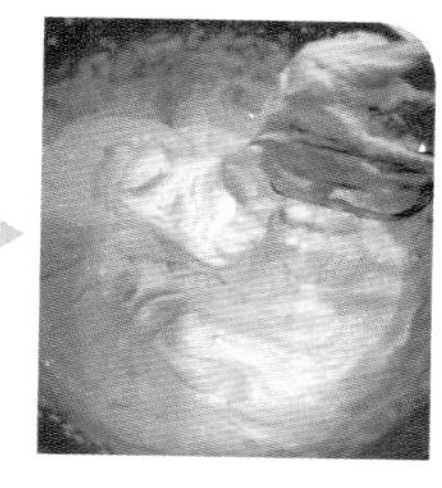

20 动物性鲜奶油 400g + 细砂糖 40g 用低速打发成挺立状态，放入冰箱冷藏备用。

21 牛奶加热至冒小泡泡的程度离火。

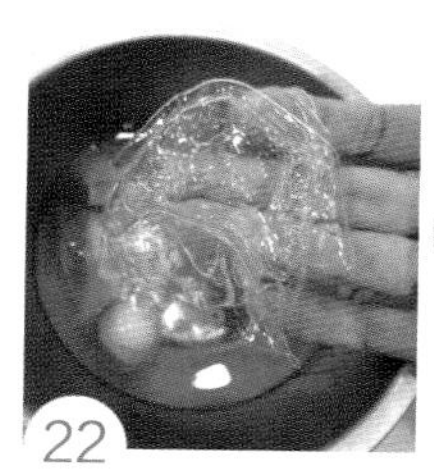

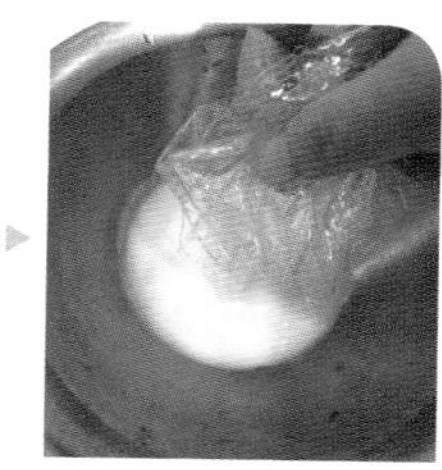
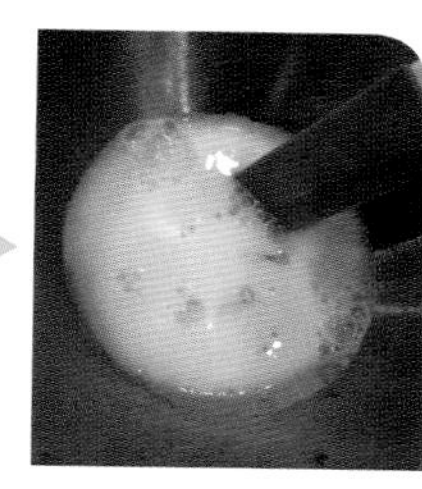

22 已经泡软的吉利丁片捞起，将水挤干，加入到煮热的牛奶中溶化，搅拌均匀至放凉。

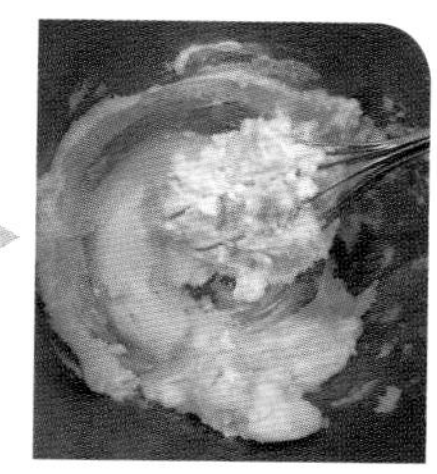

23 马斯卡彭奶酪 + 细砂糖 100g 搅拌成乳霜状。

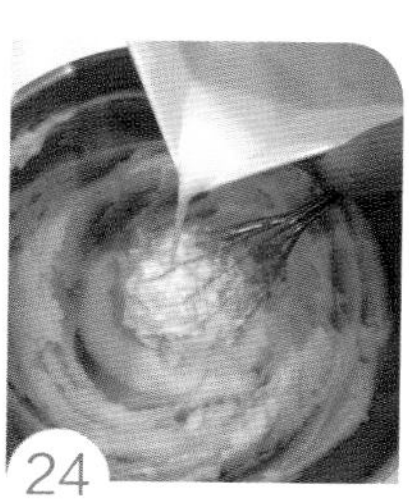
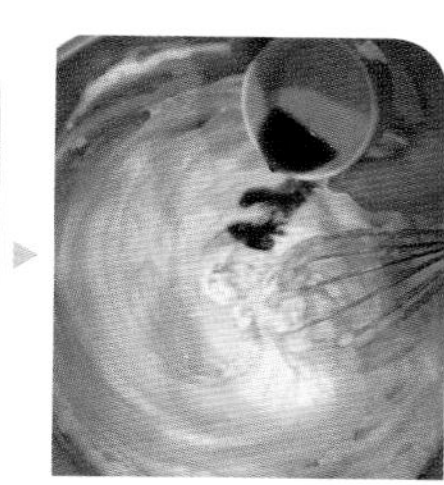
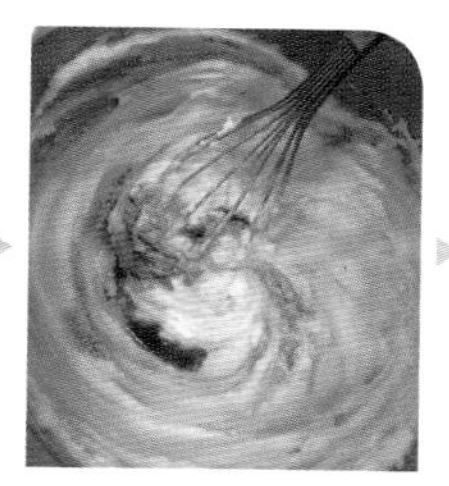
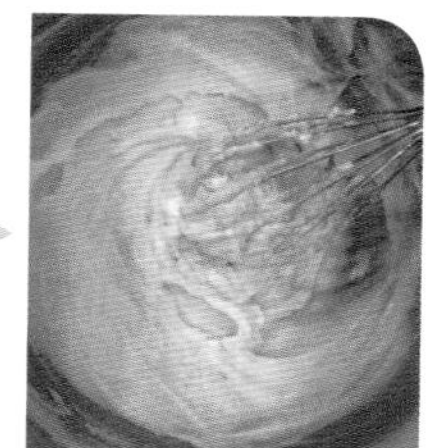

24 依序加入酸奶、牛奶吉利丁液及香草酒混合均匀。

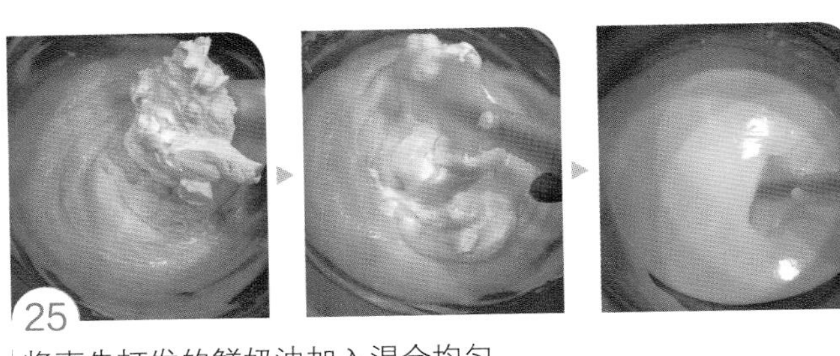

25 将事先打发的鲜奶油加入混合均匀。

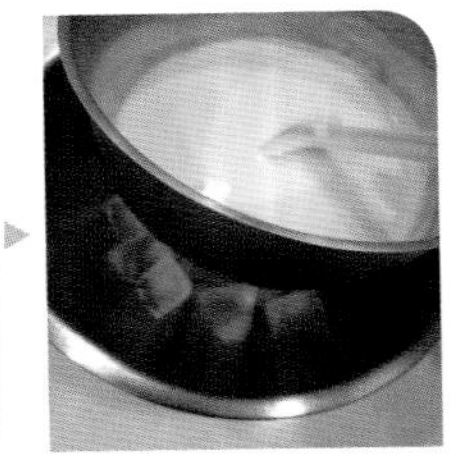

26 准备一盆冰块垫在钢盆下方，不停搅拌，让马斯卡彭慕斯馅变得较浓稠。

27 将马斯卡彭慕斯馅倒入慕斯模一半高度。

28 铺上另一片较小的蛋糕片。

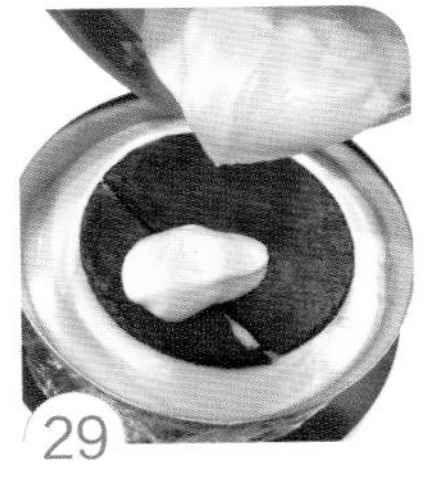

29 再倒入马斯卡彭慕斯馅至满模。

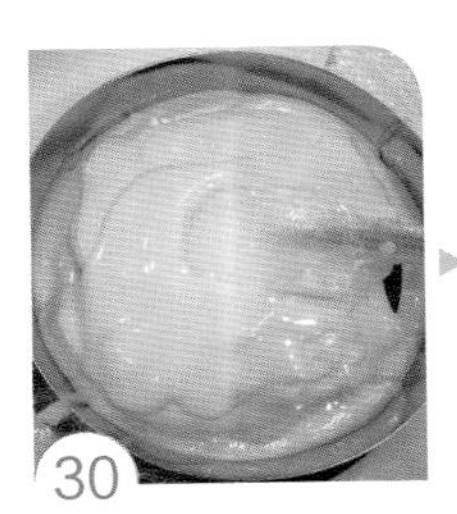

30 用刮刀抹平整。

31 放入冰箱冷藏一夜至完全凝固。

32 剩下的蛋糕放置室温干燥，可以用手搓成细屑备用。

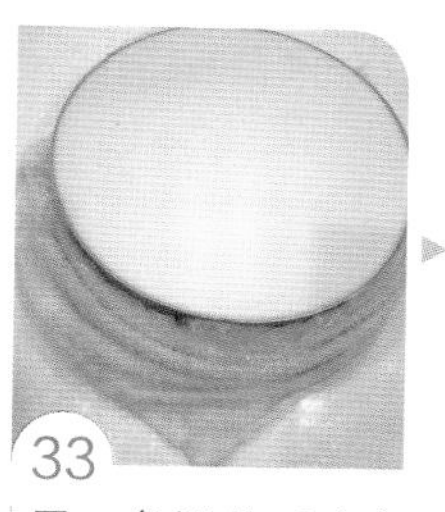

33
用一条温热毛巾包覆马斯卡彭慕斯边缘 1 分钟即可脱模（或使用吹风机吹热慕斯边缘）。

四 表面装饰

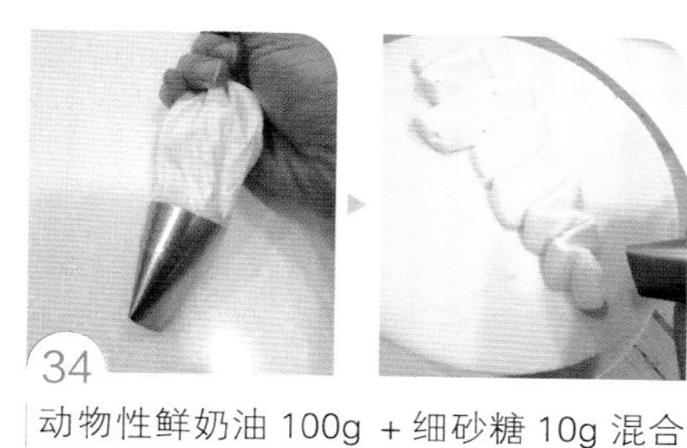
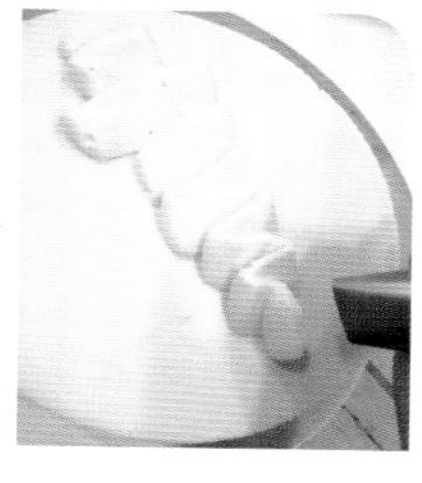

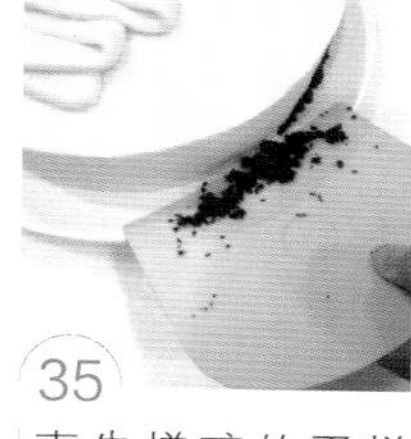

34
动物性鲜奶油 100g + 细砂糖 10g 混合打发好在表面做出装饰。

35
事先搓碎的蛋糕屑在蛋糕底部边缘做出装饰。

36
用筛网筛上无糖纯可可粉即完成，刀子稍微温热会切得比较漂亮。

小叮咛

1. 此分量约可以做 1 个 8 英寸的，若有剩下的马斯卡彭慕斯馅，可以装在杯子中冷藏，6 英寸可以将分量直接 ×0.6。
2. 此款蛋糕请勿离开冰箱冷藏超过 30 分钟，以免溶化。
3. 马斯卡彭奶酪搅拌过程中，使用低速或手搅拌，以免乳脂分离。
4. 香草酒的做法，请参考《新手烘焙从入门到精通 I》第 41 页。

THE BIBLE
OF BAKING FOR
BEGINNERS
BAKING SODA
VANILLA SUGAR

PART 7

何谓纯素与无麸质蛋糕

VEGETARIAN CAKE

如何做出纯素食甜点?

鸡蛋及牛奶是西点中非常重要的材料，鸡蛋可以经由搅拌打入大量空气，成品就能够达到蓬松柔软的目的。如果要制作不含蛋不含奶的蛋糕，其实是比较困难的，我们只能依靠膨大剂的帮助让蛋糕组织膨胀，如南瓜蛋糕、巧克力蛋糕、苹果蛋糕等的做法。或是利用煮豆浆产生的泡沫，来作为膨胀的材料，如豆浆蛋糕的做法，但此方式只能少量制作，较不符合经济利益。我们也可以用水果、蔬菜加上可可粉，做出简易的素食慕斯，这些都可以供纯素食朋友参考。

A > 南瓜蛋糕（无蛋、无奶、纯素）

分量 > 1个（8cm×17cm×6cm长方形烤模）

材料

- 南瓜泥 150g
- 低筋面粉 150g
- 泡打粉 1.5 茶匙
- 蔓越莓干 40g
- 细砂糖 40g
- 液体植物油 40g
- 豆浆 95cc
- 香草精 1 茶匙

1 南瓜去皮切块，以大火蒸 12～15 分钟至熟软。

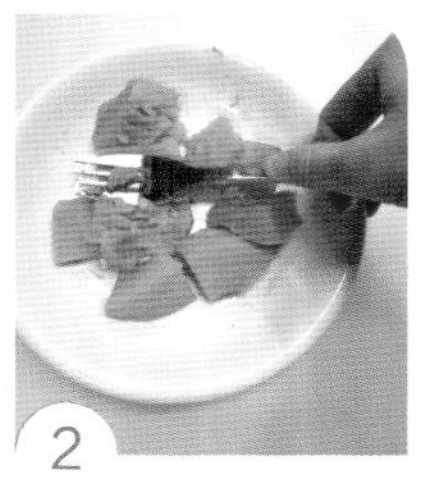

2 南瓜蒸好后，将盘子中多余的水分倒掉，趁热用叉子压成泥状，取 150g。

3 低筋面粉 + 泡打粉混合均匀，用筛网过筛。

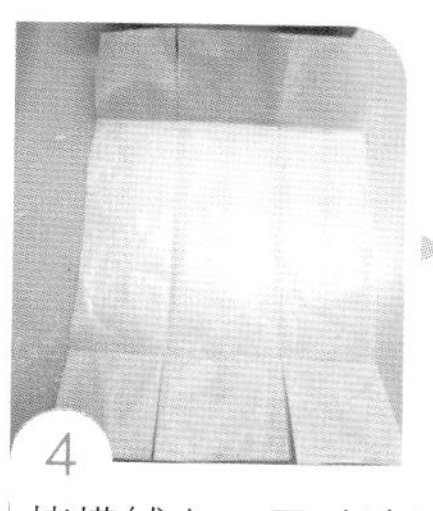
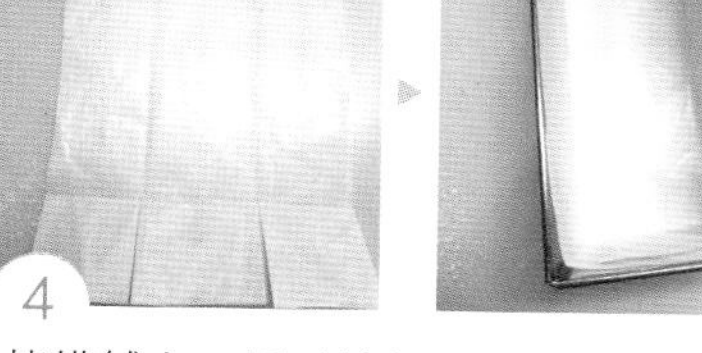

4 烤模铺上一层硅油纸。

5 蔓越莓干上，撒上 1 茶匙的低筋面粉（分量外）混合均匀，多余的面粉倒出。

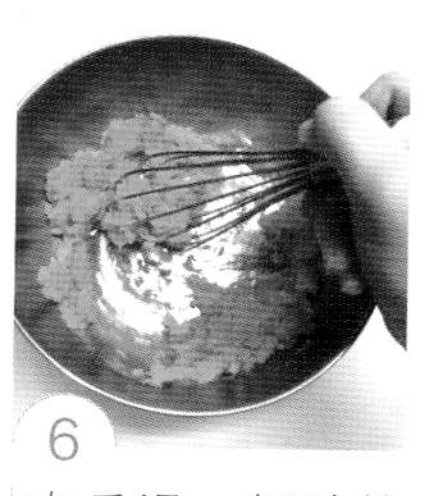

6 南瓜泥 + 细砂糖混合均匀。

7 再依序将液体植物油、豆浆及香草精加入搅拌均匀。

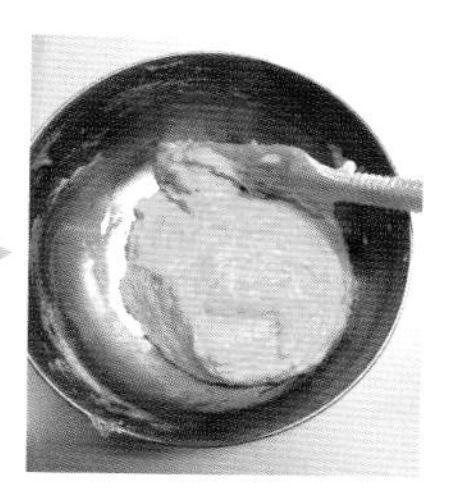

8 过筛的粉类分两次加入，以切拌的方式搅拌均匀（面粉不要过度搅拌，以免产生筋性，造成口感变差）。

9 最后将沾了面粉的蔓越莓干加入，以切拌方式混合均匀。

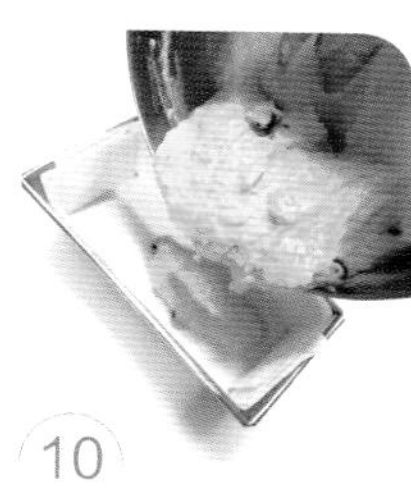

10 完成的面糊倒入烤模中。

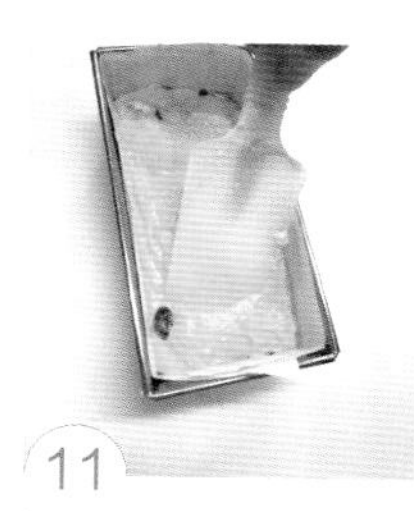

11 用刮刀把面糊抹平整。

12 放进上下火已经预热至 180℃的烤箱中，烘烤到 10 分钟拿出来，用刀在蛋糕中央划一道线，再放回烤箱中，继续烘烤 28～30 分钟（用刀划一下，中间才会膨胀得很漂亮，有一道自然的裂口）。

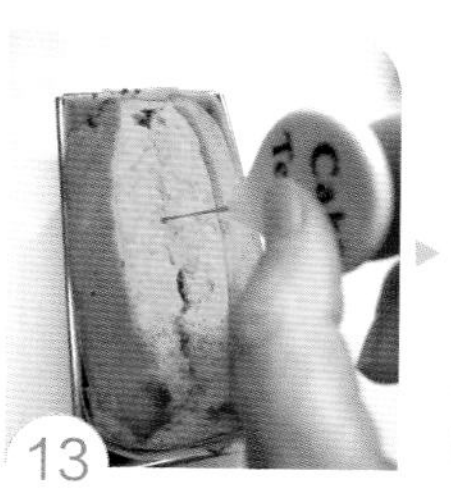

13 烘烤至时间到时，用竹签插入蛋糕中央，没有粘黏即可出烤箱。

14 出烤箱后，将蛋糕从烤模中倒出，放到铁网上放凉。

15
完全凉透后，把硅油纸撕开，切片即可。

小叮咛

1. 此蛋糕是供吃纯素的朋友参考，泡打粉可以选择无铝配方，本书提供的配方大部分是没有泡打粉的甜点，若不希望添加，请找无泡打粉的做法。
2. 此蛋糕因为没有鸡蛋，香气味道一定与有鸡蛋牛奶材料做出来的口味有差异。
3. 可以吃牛奶的朋友，豆浆也可以使用牛奶代替。
4. 这个蛋糕完全是利用泡打粉来膨胀，所以要确定泡打粉有无失效，泡打粉制作的产品烤箱温度必须足够，烤箱温度若太低也会影响膨胀。
5. 香草酒也可以直接用香草精代替，香草酒做法，请参考《新手烘焙从入门到精通 I》41 页。

B > 纯素巧克力蛋糕（无蛋、无奶、纯素） 分量 > 1个（8cm×17cm×6cm长方形烤盒）

材料

- 低筋面粉 65g
- 无糖可可粉 8g
- 泡打粉 3g
- 苦甜巧克力砖 40g
- 细砂糖 50g
- 液体植物油 30g
- 无糖豆浆 60g

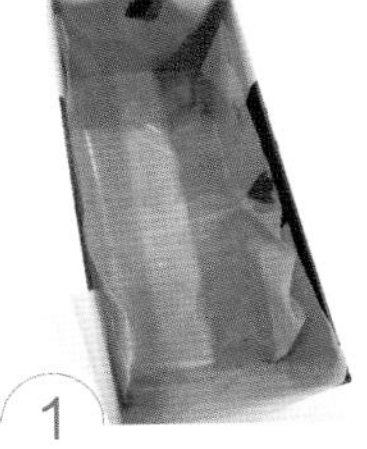

1
烤盒铺一张硅油纸（防粘或不防粘皆可）。

2
低筋面粉 + 无糖可可粉 + 泡打粉过筛两次。

3
苦甜巧克力砖切碎，钢盆装上水，煮至 50℃。

4
将装有苦甜巧克力碎的工作盆，放到水已经煮至 50℃的锅上，用隔水加热的方式加热熔化，然后离开热水。

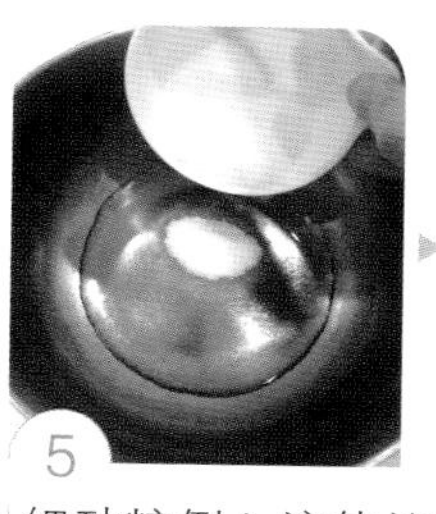
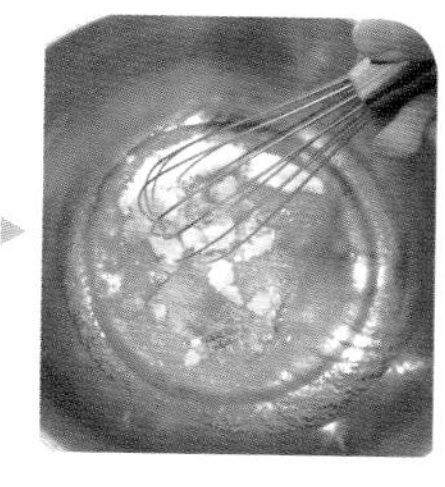
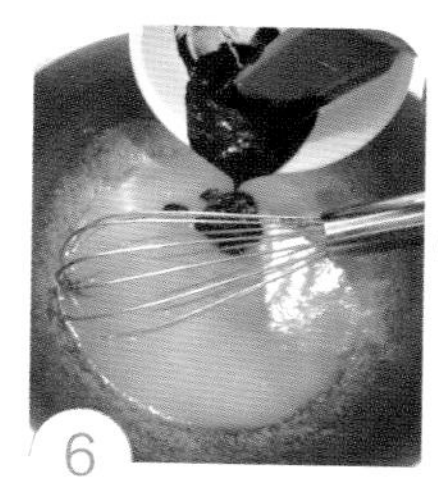
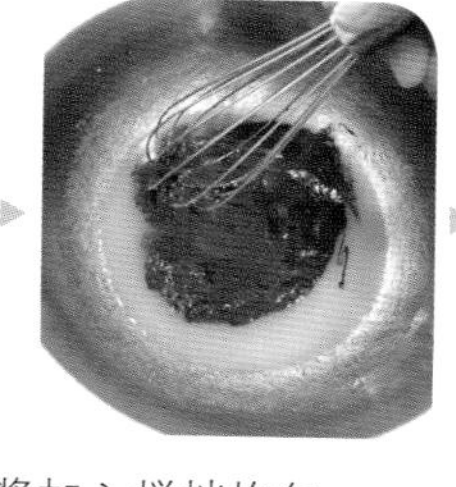
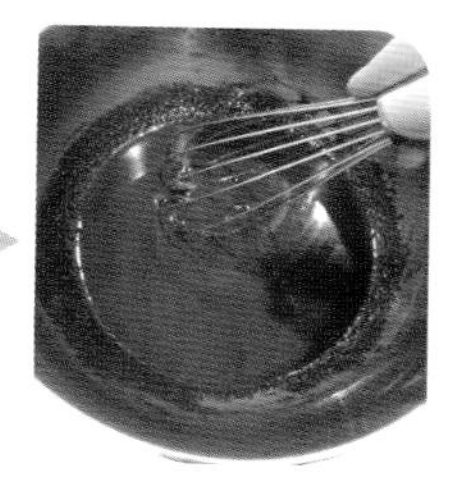

5 细砂糖倒入液体植物油中，搅拌 2～3 分钟至均匀。

6 再将融化的巧克力酱加入搅拌均匀。

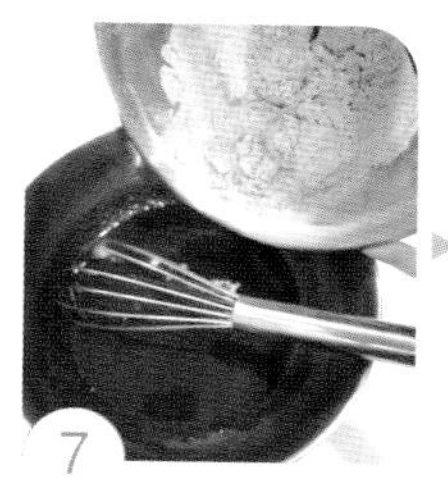

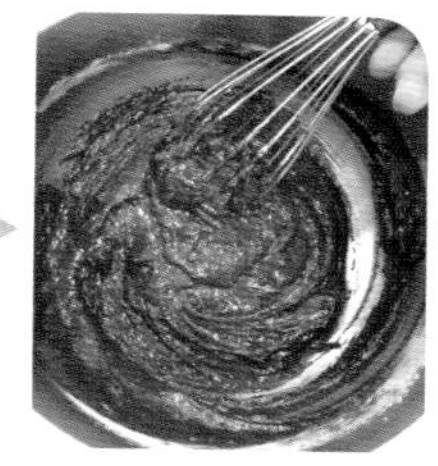
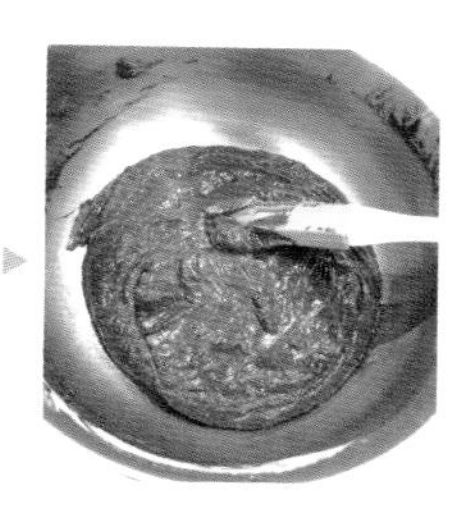

7 将过筛的粉类及无糖豆浆加入，以切拌方式混合均匀。

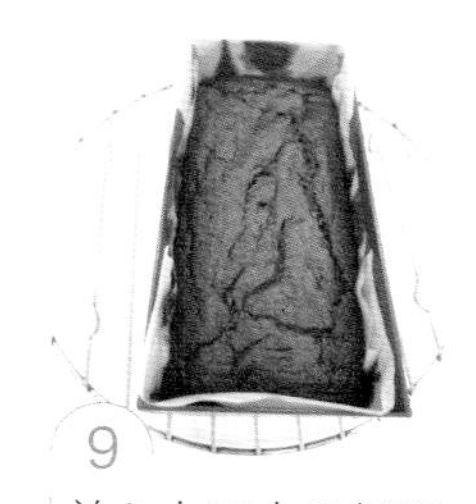

8 面糊倒入烤盒中抹平整。

9 放入上下火已经预热至 180℃的烤箱中，烘烤 22～23 分钟，至竹签插入，没有粘黏即可。移出烤模至铁网架冷却。

10 撕开硅油纸，切成自己喜欢的大小，撒上糖粉（分量外）装饰即完成。

小叮咛

1. 巧克力砖可以选择自己喜欢的口味，若使用牛奶巧克力，细砂糖可以减少 5g。
2. 液体植物油可以选择大豆油、玉米油、芥花油、橄榄油等。
3. 豆浆若含糖，细砂糖可以减少 5g。
4. 豆浆也可以使用同分量的水或咖啡液代替。

C > 纯素苹果蛋糕（无蛋、无奶、纯素） 分量 > 1个（8cm×17cm×6cm长方形烤盒）

A

B

材料

A 苹果馅

- 苹果1个（去皮去子取120g）
- 细砂糖15g
- 柠檬汁1茶匙

B 蛋糕面糊

- 泡打粉4g
- 低筋面粉100g
- 细砂糖50g
- 液体植物油15g
- 香草酒2.5g
- 豆浆100g

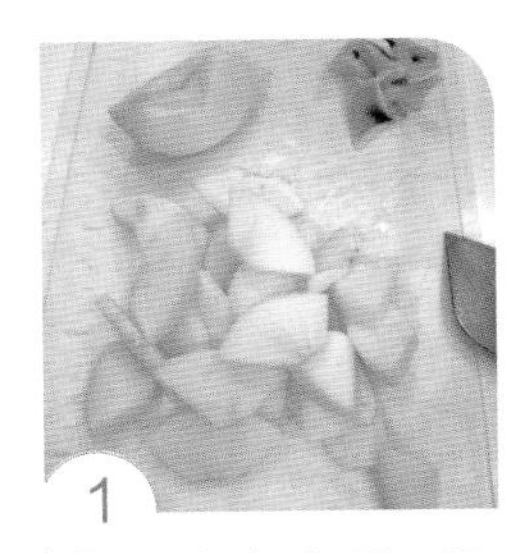

1 苹果去皮去子，取120g，切薄片。

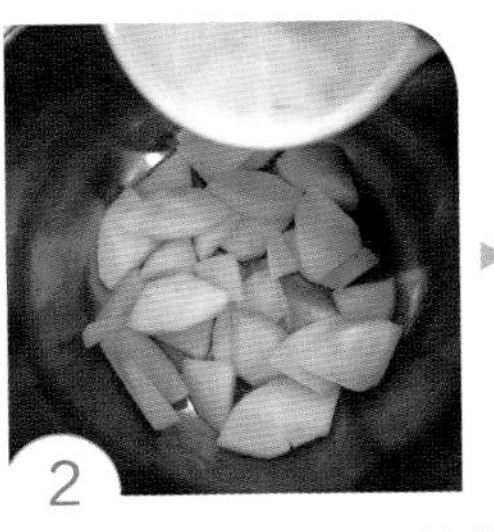

2 加入细砂糖15g及柠檬汁混合均匀。

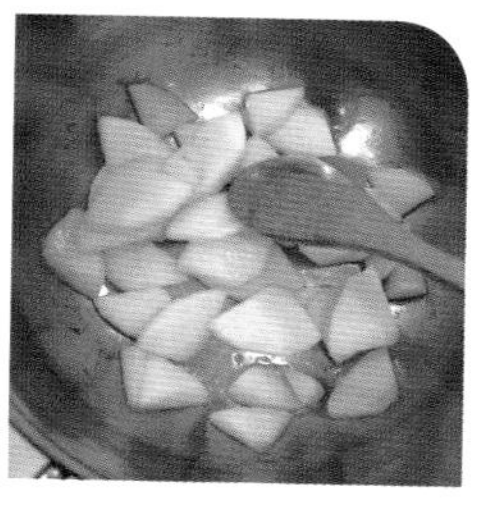

3 小火加热煮 6～8 分钟，至略微透明即关火。冷却备用（苹果片若有汤汁，要将汤汁滤掉）。

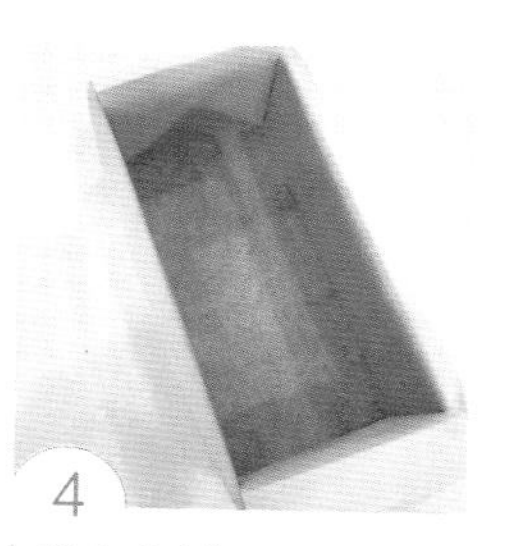

4 烤盒中铺一层防粘硅油纸。

5 泡打粉加入低筋面粉中，混合均匀过筛。

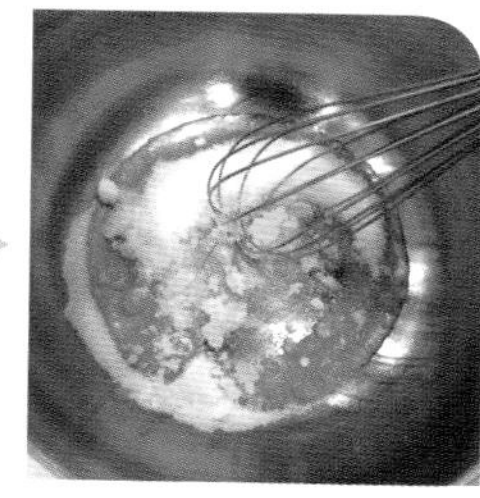

6 细砂糖 50g 加入液体植物油中搅拌均匀。

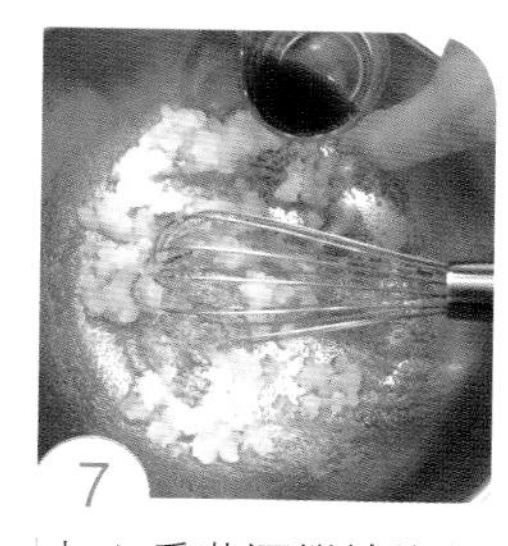
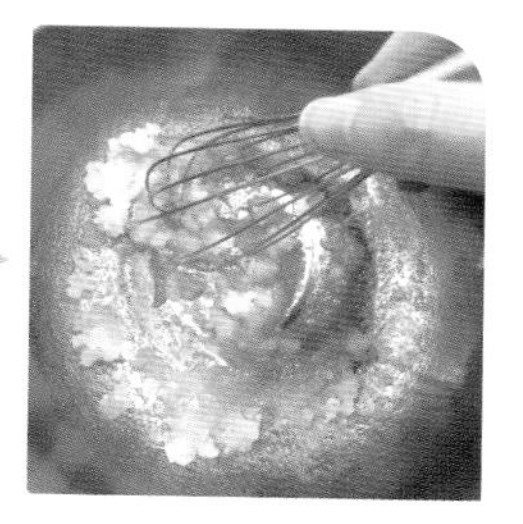

7 加入香草酒搅拌均匀。

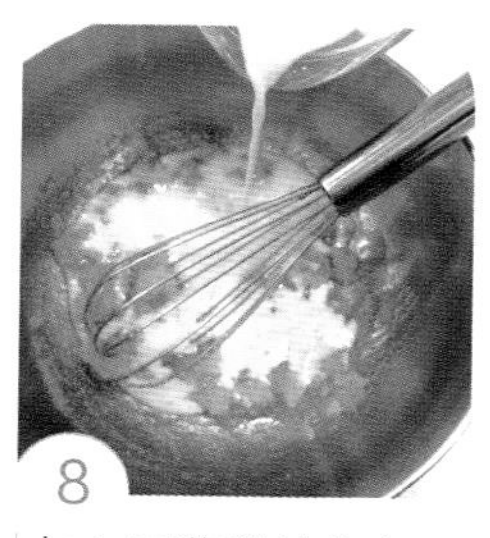

8 加入豆浆搅拌均匀。

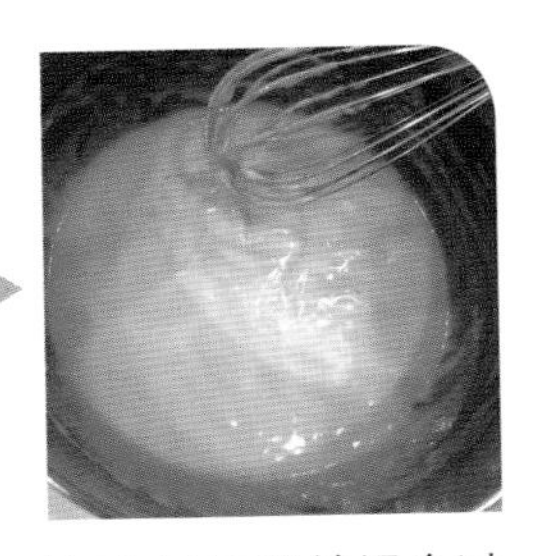

9

过筛的粉类分两次加入，以切拌方式混合均匀（切勿过度搅拌混合过久，以免面粉产生筋性，影响组织口感）。

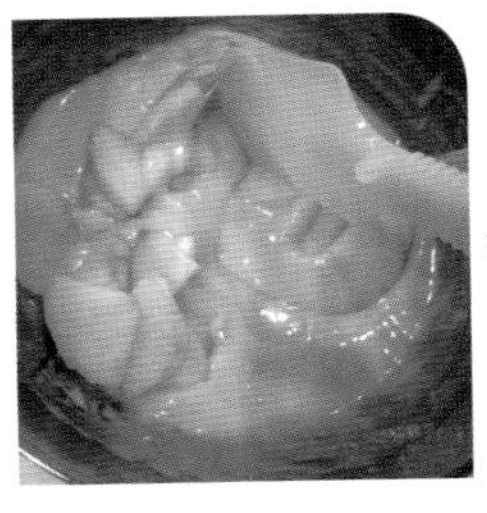
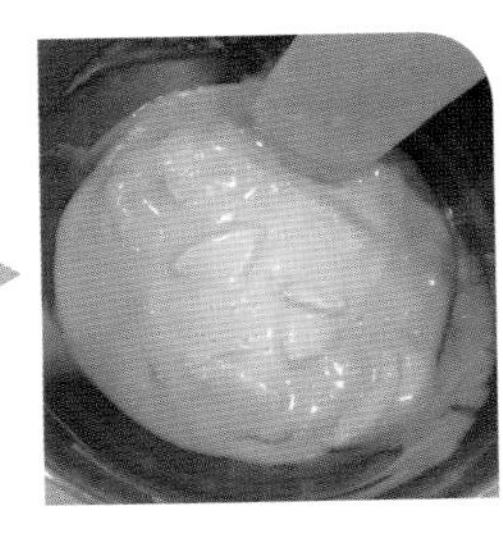

10

将苹果片（预留 8～10 片装饰表面）加入混合均匀。

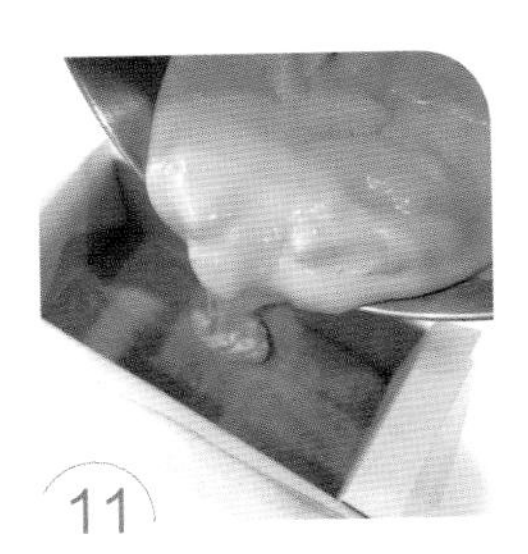

11

面糊倒入烤模中。

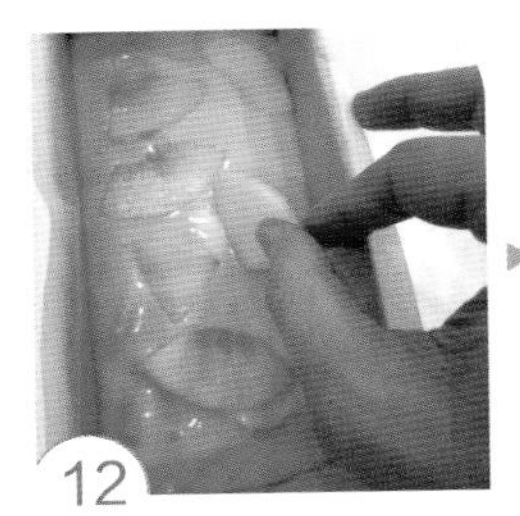

12

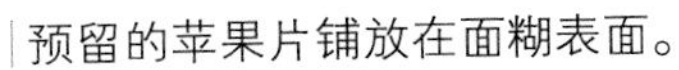

预留的苹果片铺放在面糊表面。

13

放入上下火已经预热至 180℃的烤箱中，烘烤 36～38 分钟，至表面呈现金黄色，移出烤模，放至铁网架冷却。

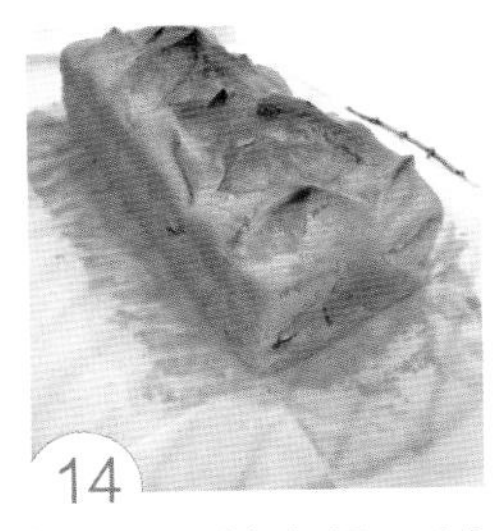

14

成品密封室温可以保存 2～3 天，放入冰箱冷藏可以保存 5～7 天。

小叮咛

1 豆浆也可以用水代替。

2 此蛋糕为简易做法，泡打粉可以选择无铝配方。本书中提供很多没有泡打粉的甜点，有不喜欢添加剂的朋友请找无泡打粉的做法。

3 香草酒也可以直接用香草精代替，香草酒做法，请参考《新手烘焙从入门到精通 I》第 41 页。

D > 纯素巧克力豆腐香蕉慕斯（纯素）

分量 > 3人份

材料

- 嫩豆腐 150g
- 熟香蕉 1 根（去皮净重约 150g）
- 细砂糖 15g
- 无糖纯可可粉 8g
- 装饰用熟香蕉切片若干

小叮咛

1. 糖的分量可以自行斟酌。
2. 熟香蕉也可使用熟软的酪梨代替。

1 嫩豆腐用重物压 30 分钟，去除多余的水分（用一个不锈钢盆盛 200～300cc 的水，然后放在豆腐上方，不锈钢盆底面积不要太小，以保证嫩豆腐不会被压垮，多余的水会慢慢渗出）。

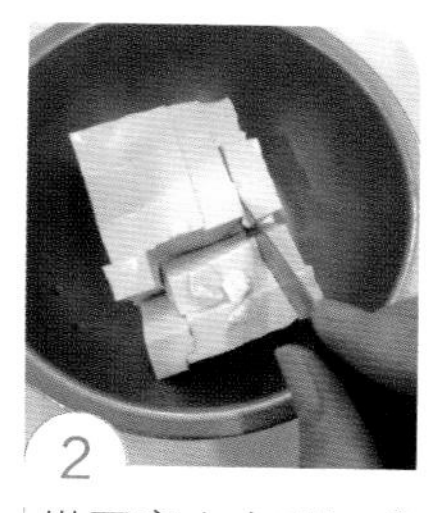

2 嫩豆腐去水后切成小块。

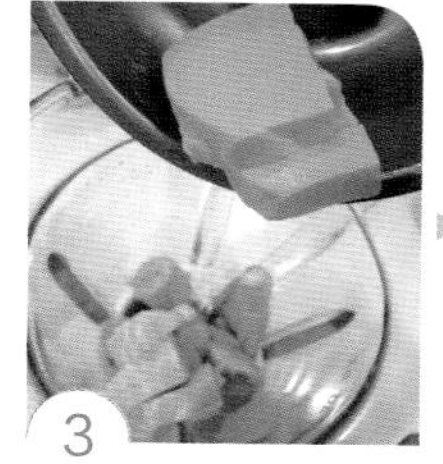
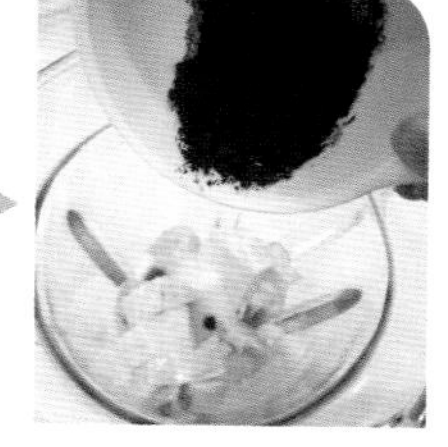

3 熟香蕉剥成小块，放入果汁机中，再倒入嫩豆腐、细砂糖及无糖纯可可粉。

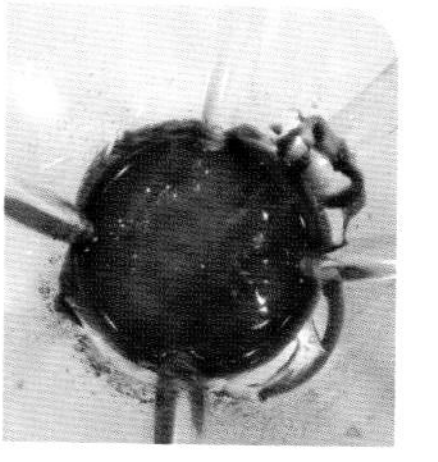

4 搅打 3～4 分钟至细腻均匀的泥状。

5 平均倒入杯子中。

6

放入冰箱冷藏一夜即可（5～6 小时），上方可装饰熟香蕉片。

E > 巧克力酪梨慕斯（无蛋、无奶）

分量 > 3～4人份

材料

酪梨 1 个 450g（去皮去子，净果肉约 360g）

无糖可可粉 50g

蜂蜜 60g、香草酒 1 茶匙

小叮咛

1. 甜度请依照个人喜好自行调整，蜂蜜也可以使用糖粉代替。
2. 香草酒也可以直接用香草精或朗姆酒代替。香草酒的做法，请参考《新手烘焙从入门到精通 I》41 页。
3. 酪梨又称鳄梨、牛油果，选择熟软的制作口感才佳。
4. 此慕斯可以搭配蛋糕或面包作抹酱，也可以直接食用。

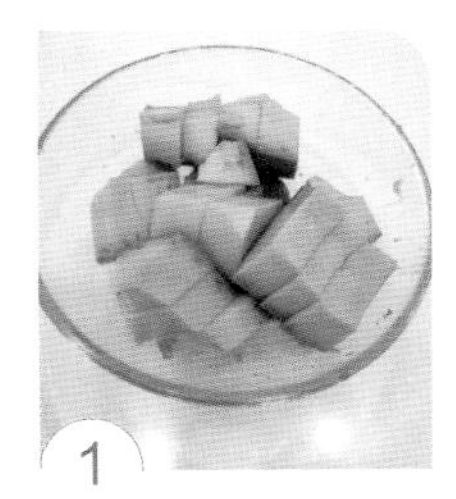

1

酪梨切成两半，去皮去核，果肉切小块。

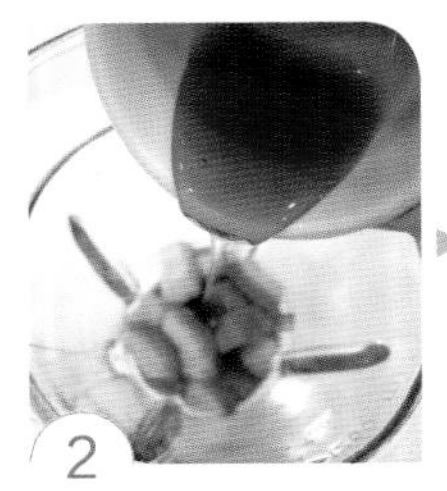

2

将酪梨、无糖可可粉、蜂蜜、香草酒放入食物搅拌机中，搅打成细致的泥状即可。冷藏过食用口感更好，冰箱冷藏保存 3～4 天。

F > 豆浆蛋糕（无蛋、无泡打粉）

分量 > 5个（油力士纸模）

材料

A 豆浆
- 干燥黄豆 200g
- 水 600cc
- 水 1200cc

B 蛋糕面糊
- 低筋面粉 30g
- 现煮豆浆泡沫 80g
- 细砂糖 20g
- 液体植物油 12g

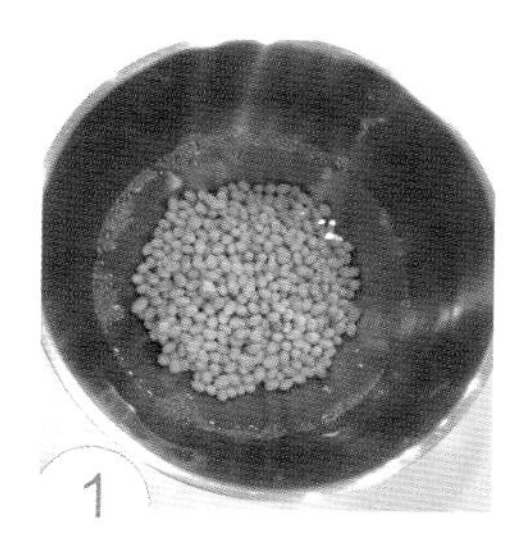

1 干燥黄豆加入水600cc浸泡一夜，将水倒掉。

2 然后加入水1200cc搅打成细致泥状。

3 低筋面粉过筛；烤箱上下火预热到170℃。

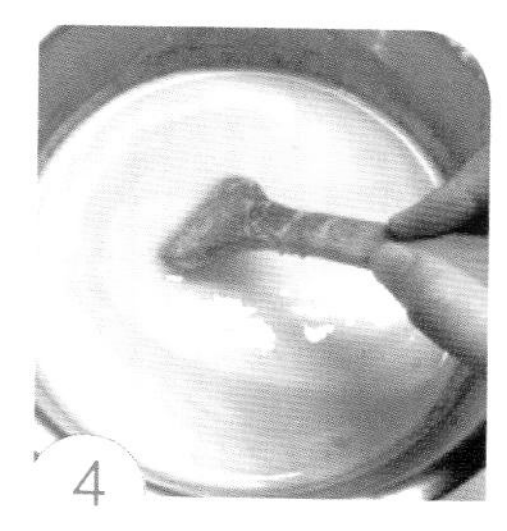

4 打好的豆浆用小火加热熬煮，边加热边搅拌。煮至沸腾后，马上关火。

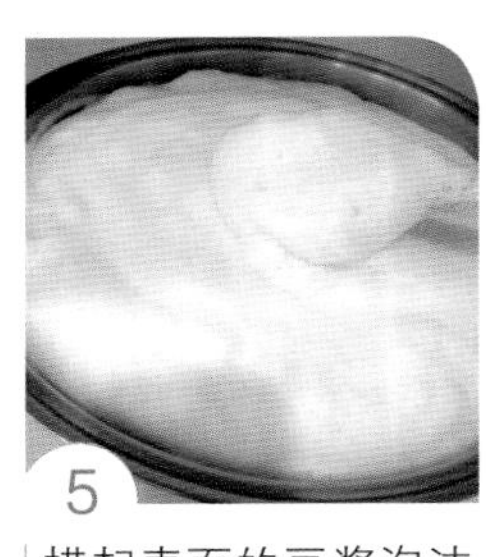

5 捞起表面的豆浆泡沫，称量出 80g。

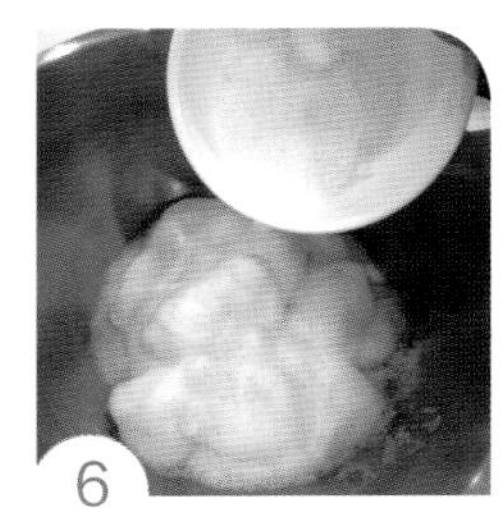
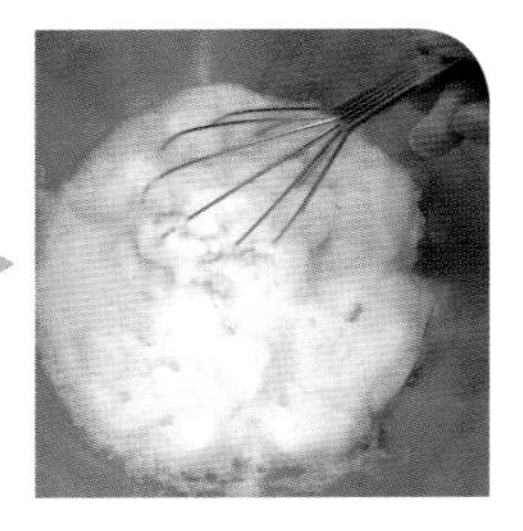

6 趁热倒入细砂糖，以切拌方式混合均匀。

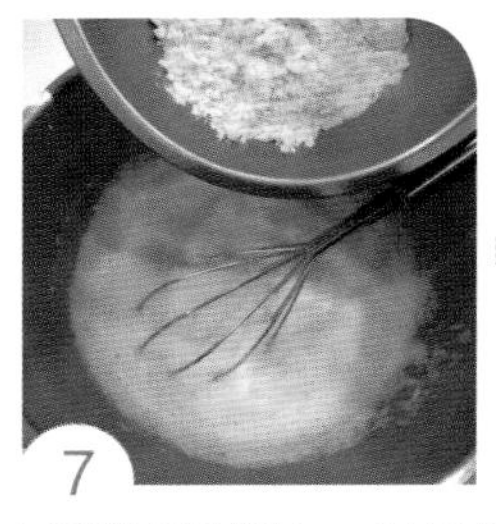
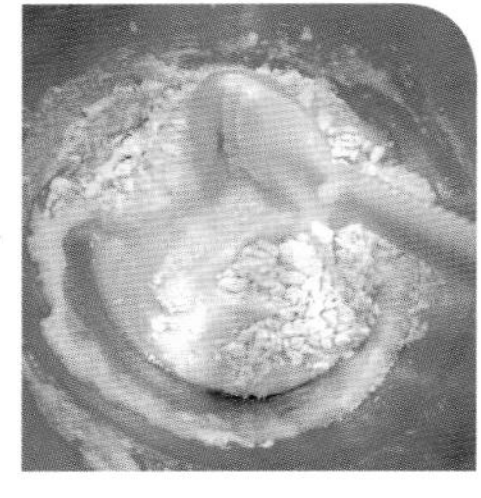

7 低筋面粉倒入，以切拌方式混合均匀。

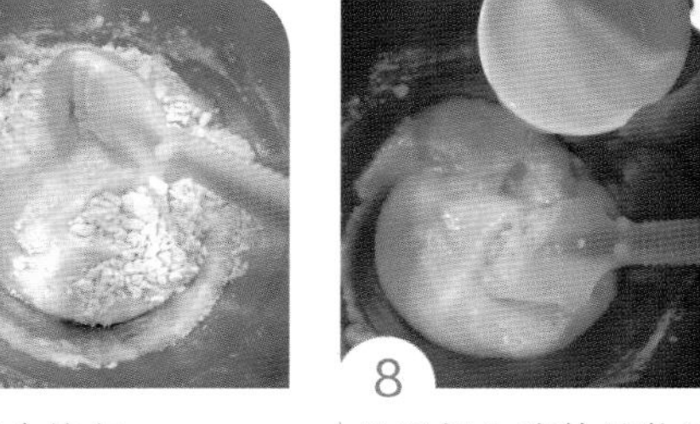
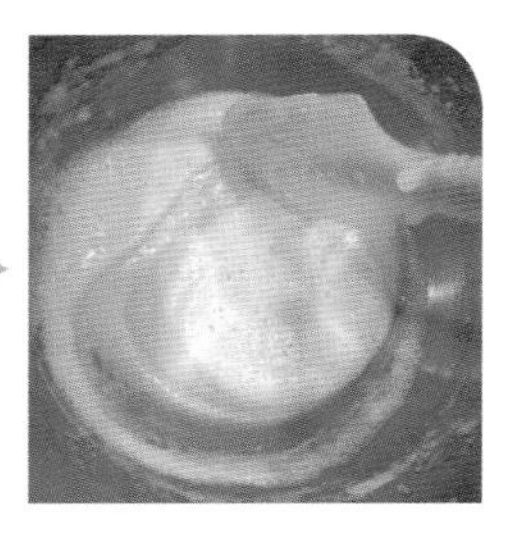

8 最后倒入液体植物油，以切拌方式混合均匀。

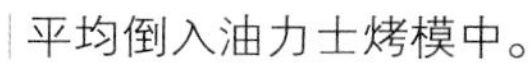

9 平均倒入油力士烤模中。

10 放入上下火已经预热至 170℃的烤箱中，烘烤 20～22 分钟，至竹签插入无粘黏。

11 倒出烤模置于铁网架上散热。

小叮咛

1 此做法必须现煮豆浆，利用豆浆上方出现的豆浆泡沫，作为蛋糕自然膨胀的材料。
2 此分量仅能够做出 3 个烤模分量，若希望多做一点儿，所有材料（包含煮豆浆）都必须加倍。
3 为了避免泡沫消泡，操作过程要快速，其余材料都要先准备好，烤箱也必须事前预热。
4 建议以我提供的分量做豆浆，这样的浓度分量比较容易成功。

如何制作无麸质蛋糕？

如果家人对面粉过敏，可以用其他的材料来代替低筋面粉制作甜点吗？当然可以！无麸质（Gluten Free）蛋糕是针对小麦、黑麦及大麦蛋白不耐受者所提供的替代性食品。如果不能够使用面粉，我们可以用其他无筋性的谷粉如米粉、黄豆粉、杏仁粉、玉米粉或豆渣来代替面粉制作甜点。但因为这些不同材料的谷粉性质不同，吸水性不同，制作出来的成品口感，也会和面粉制作的稍微有差异。若家中有对麸质过敏的朋友，可以尝试用以下其他材料来代替面粉制作甜点。接下来将分别介绍 4 种无麸质材料（米粉、豆渣、杏仁粉、豆粉）做的蛋糕：

A > 米粉杯子蛋糕

分量 > 6个（直径52mm×高30mm油力士纸杯）

材料

- 蜂蜜 10g
- 牛奶 10g
- 无盐黄油 20g
- 粘米粉 35g
- 鸡蛋 2 个（室温净重约 120g）
- 细砂糖 30g

小叮咛

粘米粉也可以使用玉米粉代替。

1 蜂蜜 + 牛奶混合均匀。

2 找一个比工作钢盆更大一些的钢盆装上水，加温到 50℃。

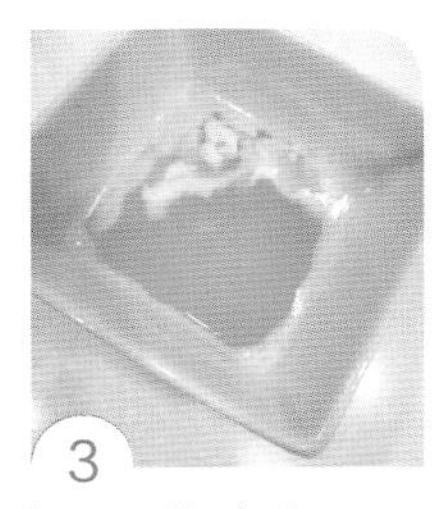

3 无盐黄油使用隔水加温方式熔化成为液体。

4 粘米粉使用滤网过筛。

5 鸡蛋 + 细砂糖放入钢盆中，再放入加温到 50℃的温水中。

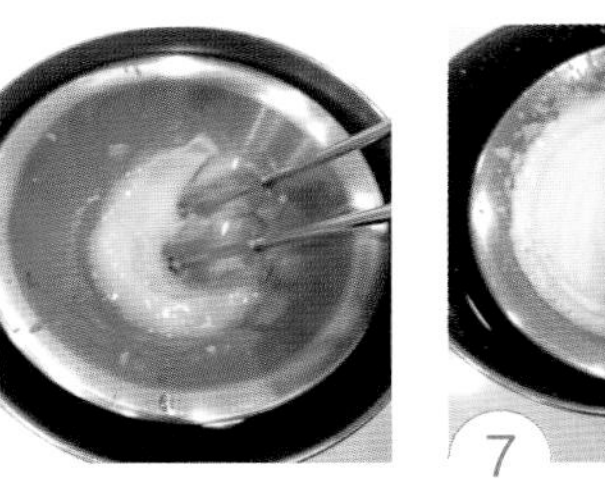

6 一开始用打蛋器低速将鸡蛋与细砂糖打散，并混合均匀。

7 打蛋器以高速将蛋液打到起泡且蓬松的程度。

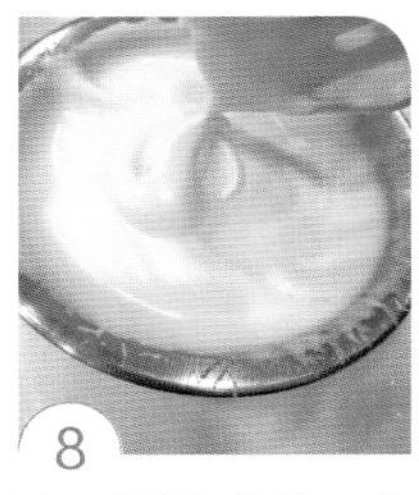

8 打到蛋糊蓬松，拿起打蛋器滴落下来的蛋糊，能够有非常清楚的折叠痕迹就是打好了。

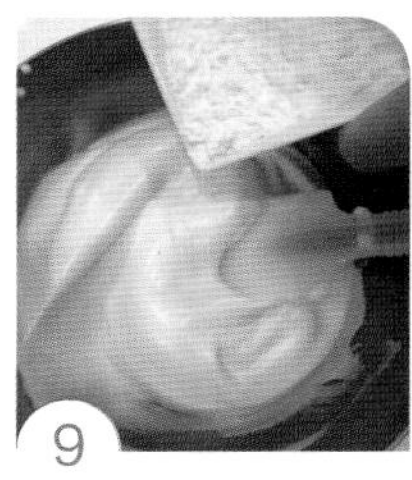

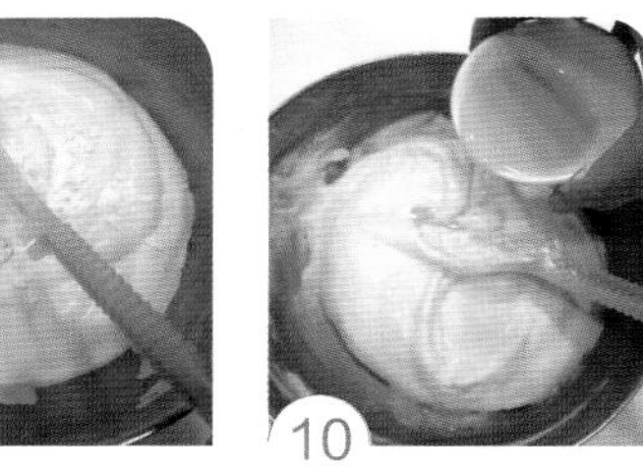

9 然后将已经过筛的粘米粉分两次加入，以切拌方式混合均匀。

10 再将牛奶蜂蜜混合液加入，以切拌方式混合均匀。

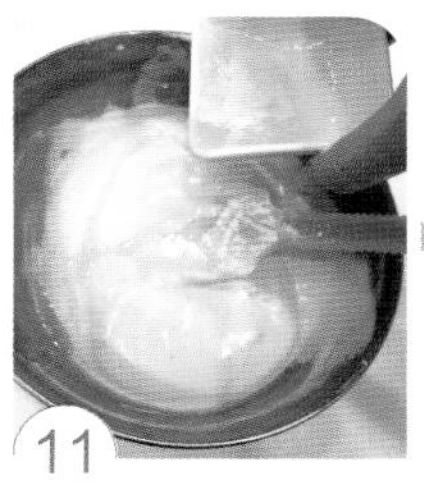

11 最后将熔化的无盐黄油加入，以切拌方式混合均匀。

12 油力士纸杯套上一个布丁金属杯。

13 完成的面糊倒入纸杯中约九分满，间隔整齐摆放在烤盘中。

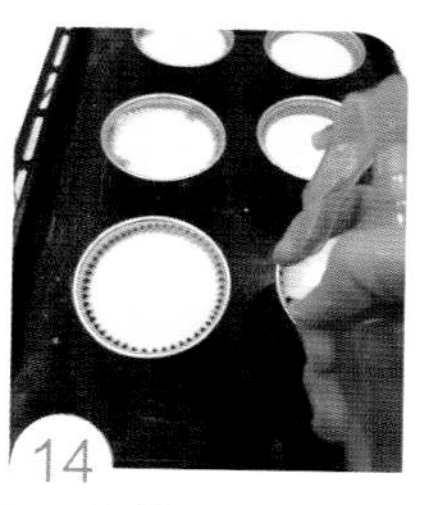
14 入烤箱前，朝向面糊表面喷水5~6下。

15 放进上下火已经预热至170℃的烤箱中，烘烤16~17分钟，至表面呈现金黄色。

16 出烤箱后，马上倒出烤模，放在铁网架上，放凉后密封，室温约可以保存两天。

B > 豆渣巧克力豆蛋糕（无筋性甜点）

分量 > 1个（8cm×17cm×6cm长方形烤盒）

材料

- 鸡蛋2个（净重120g）
- 苦甜巧克力砖30g
- 无盐黄油30g
- 无糖可可粉40g
- 细砂糖50g
- 牛奶2大匙（约30g）
- 朗姆酒1茶匙
- 豆渣100g
- 巧克力豆适量

小叮咛

1. 成品冷藏口感更佳。
2. 无盐黄油也可以使用液体油脂代替。
3. 此成品因为没有筋性，所以组织会比较松散是正常的。切的时候刀稍微温热一下会比较好切。

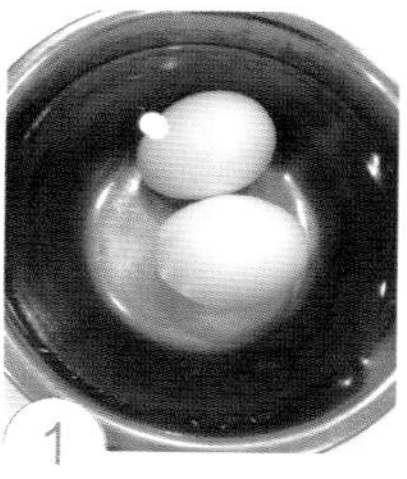
1 鸡蛋放入50℃的温水中，浸泡5~6分钟。

2 苦甜巧克力砖切碎，隔50℃温水溶化成液状。

3 无盐黄油微波10~15秒，熔化成液体。

4 无糖可可粉过筛。

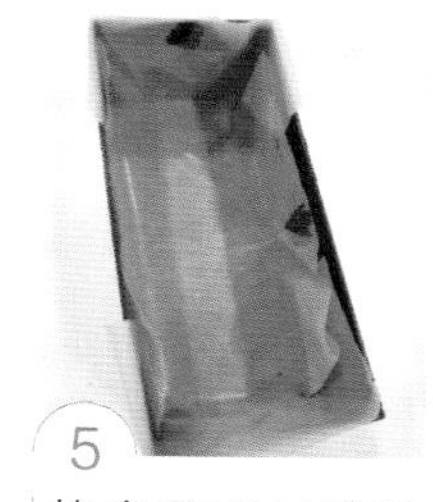
5 烤盒若不是防粘材质，请铺一层硅油纸。

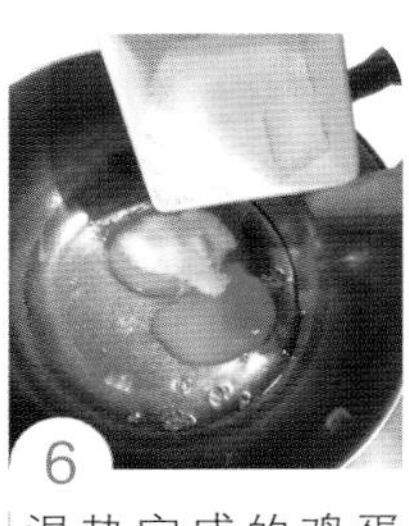

6 温热完成的鸡蛋放入盆中，加入细砂糖，用打蛋器打散混合均匀。

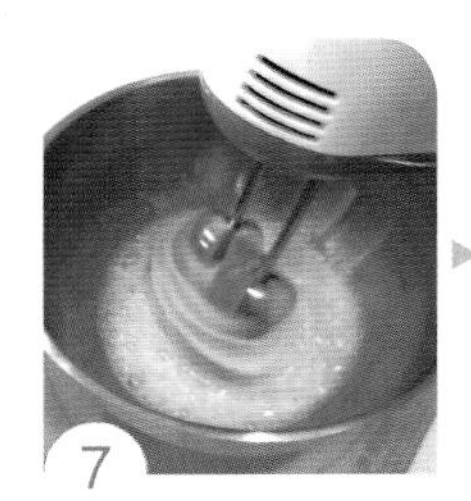

7 使用电动打蛋器高速搅打将全蛋打发。

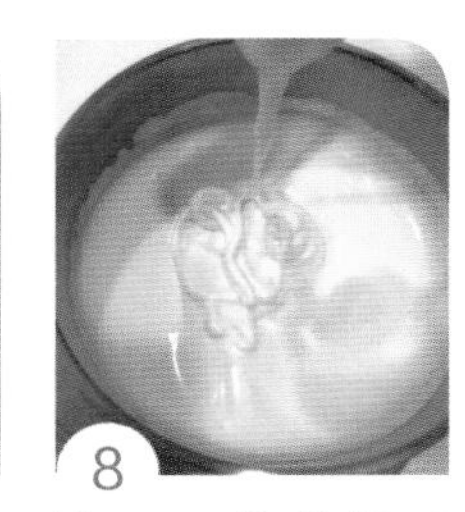

8 打到蛋糊蓬松泛白，拿起打蛋器滴落下来的蛋糊有清楚的折叠痕迹就是打好了。

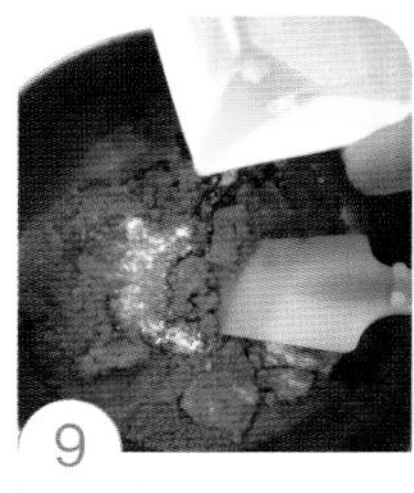

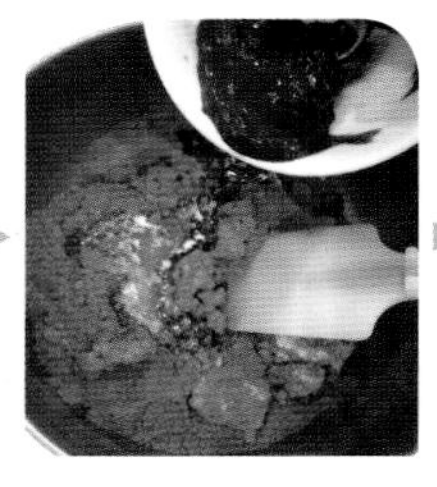

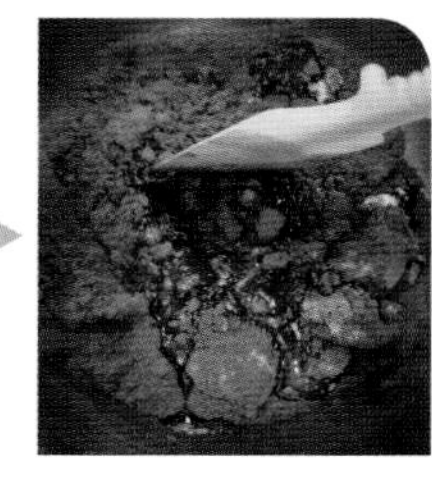

9 依序将无糖可可粉、无盐黄油、牛奶、巧克力酱、朗姆酒加入豆渣中，混合均匀。

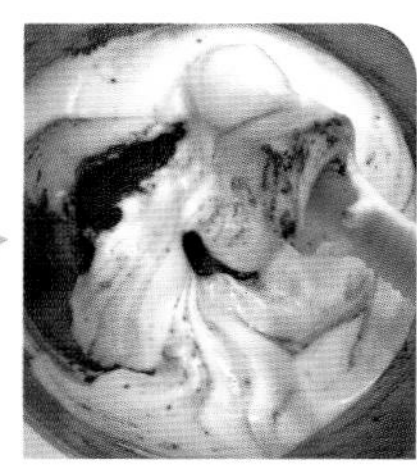

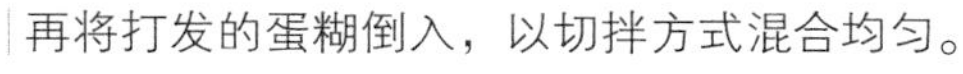

10 再将打发的蛋糊倒入，以切拌方式混合均匀。

11 完成的巧克力豆渣糊倒入烤模中。

12 表面抹平整，均匀撒上适量巧克力豆，放进上下火已经预热至180℃的烤箱中，烘烤30分钟。

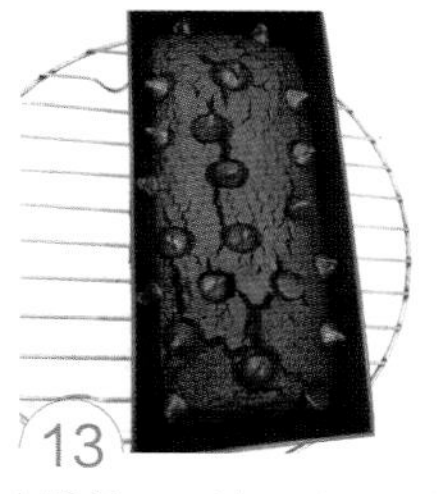

13 烘烤至时间到，用竹签插入中央，没有液状粘黏即可出烤箱。完全凉透后，密封放入冰箱中冷藏一夜。隔天再脱模倒出来，切成喜欢的大小食用。

C > 杏仁巧克力蛋糕（糖油打发无添加泡打粉） 分量 > 1个（14.5cm×14.5cm方形烤盒）

材料

- 无盐黄油 100g
- 鸡蛋 3 个（净重约 150g）
- 杏仁粉 125g
- 苦甜巧克力砖 100g
- 细砂糖 20g
- 盐 1/4 茶匙
- 威士忌 10g
- 牛奶 15g
- 细砂糖 40g

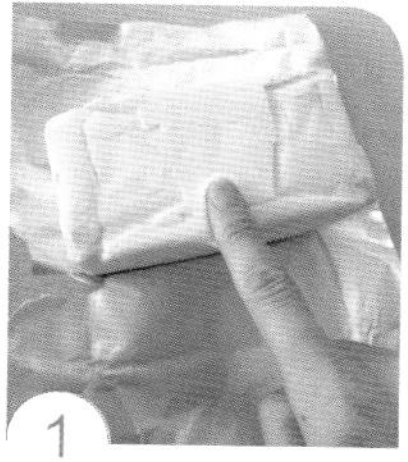

1 所有材料称量好，无盐黄油回复室温（手指按压有明显痕迹）。

2 将鸡蛋的蛋黄及蛋白分开（蛋白不可以沾到蛋黄、水分及油脂）。

3 杏仁粉结块部分压散。

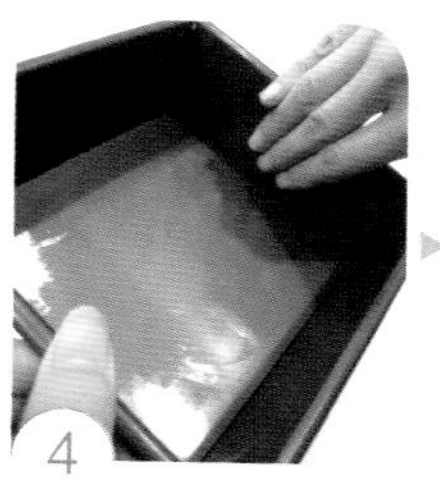

4 烤盒抹上一层薄薄的无盐黄油（分量外），铺上一层硅油纸。

5 苦甜巧克力砖切碎。

6 找一个比工作的钢盆稍微大一些的钢盆装上水，煮至 50℃。

7 将装有苦甜巧克力碎的工作盆放上已经煮至 50℃的水中，用隔水加温的方式熔化巧克力（融化过程需 7～8 分钟，中间稍微搅拌一下会加快速度，若水温变冷，可以再加温到 50℃）。

8 融化完成暂时放在 50℃温水中保温备用（苦甜巧克力熔化的温度不要超过 50℃，如果熔化的温度太热，苦甜巧克力会硬化）。

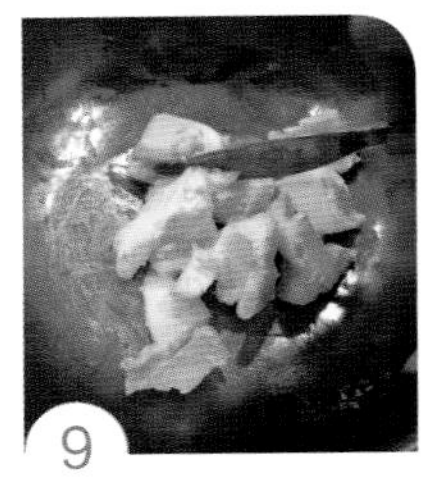

9 将回温的无盐黄油放入工作盆中，切小块，用打蛋器搅打成乳霜状。

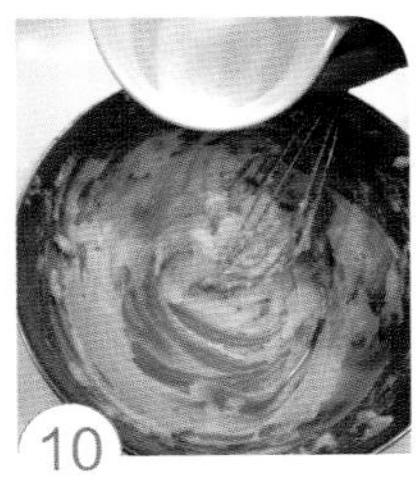

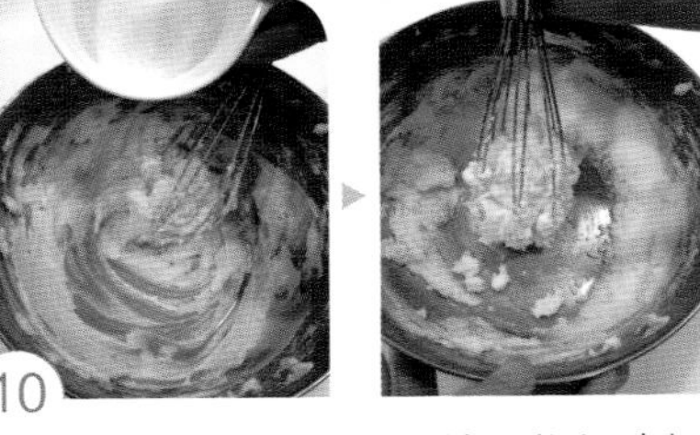

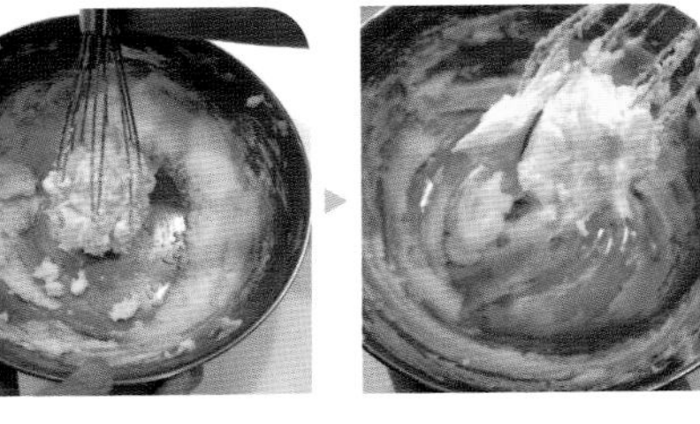

10 加入细砂糖 20g 及盐搅拌，将奶油打至蓬松状态且颜色呈现得较原来更淡即可。

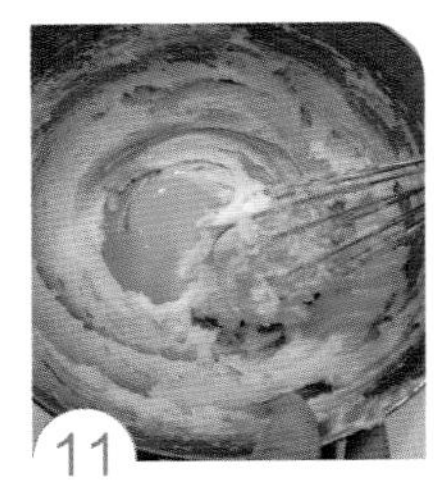

11 依序将蛋黄一个一个加入搅拌均匀。

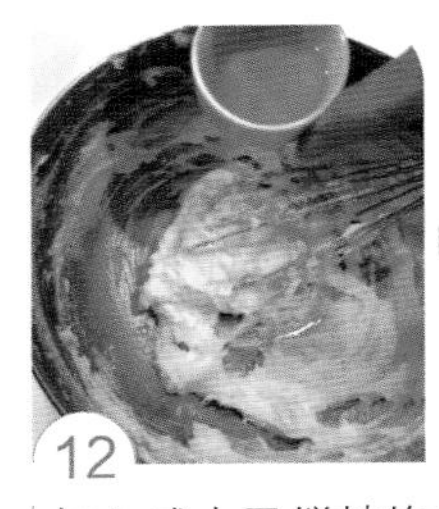

12 加入威士忌搅拌均匀。

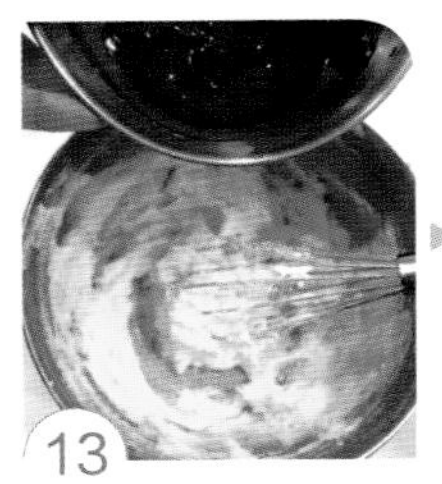

13 加入熔化的苦甜巧克力酱搅拌均匀。

14 最后将杏仁粉及牛奶加入搅拌均匀。

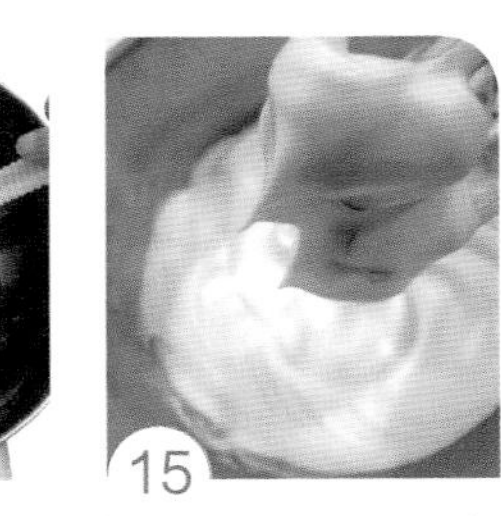

15 蛋白先用打蛋器打出一些泡沫，然后加入细砂糖 40g（分两次加入），打成尾端挺立的蛋白霜（干性发泡）。

16 取 1/3 分量的蛋白霜混入蛋黄面糊中搅拌均匀。

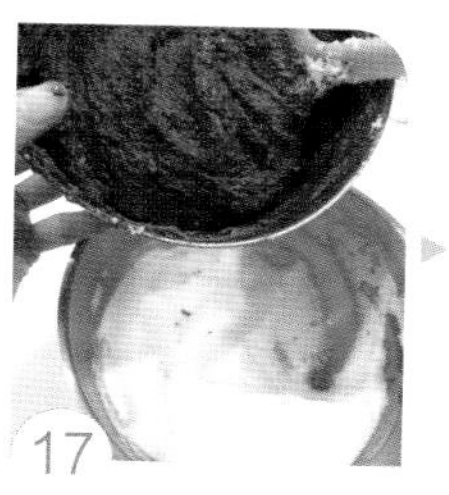
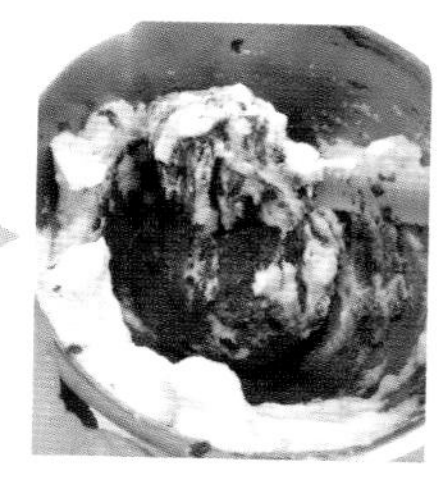

17 然后再将拌匀的面糊倒入剩下的蛋白霜中，混合均匀。

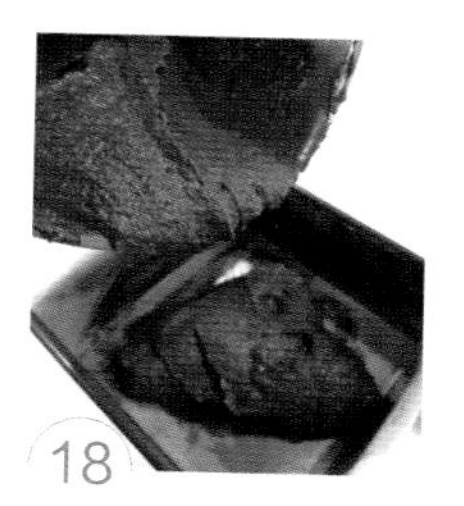

18 将搅拌好的面糊倒入烤模中。

19 面糊表面用橡皮刮刀抹平整。

20 进烤箱前，在桌上敲几下，敲出较大的气泡，放入上下火已经预热至170℃的烤箱中，烘烤25分钟，然后将温度调整为160℃，再烘烤25分钟。

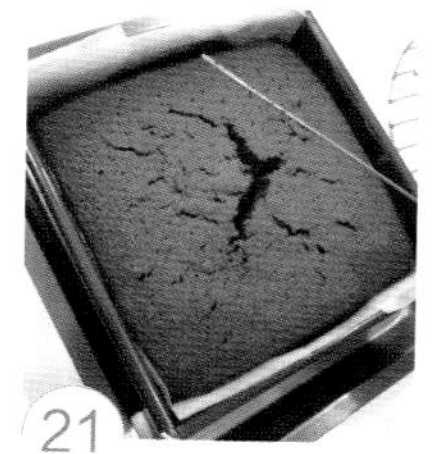

21 烘烤到时间后，用竹签插入蛋糕中心，若没有粘黏，就可以出烤箱。

22 出烤箱后，将蛋糕从烤盒中取出。

23 完全放凉后将硅油纸撕开。

24 吃之前可以撒上糖粉（分量外），切成自己喜欢的大小。

小叮咛

1 苦甜巧克力砖请选择可可成分60%～70%为佳。
2 威士忌也可以使用白兰地、君度橙酒或朗姆酒代替。
3 不喝酒请用牛奶或水代替。
4 此蛋糕不适合冷藏，冷藏会变硬，请室温保存尽快食用。
5 此分量也适用于6英寸圆模。
6 重奶油成品尽量不要放冰箱，室温可以保存3～4天。如果真要放冰箱，吃之前要回温，或是喷少许水用微波加温30秒即可。

D > 豆粉戚风蛋糕（无筋性甜点）

分量 > 1个（6英寸）

材料

- 鸡蛋3个（净重约180g）
- 熟黑豆粉30g
- 柠檬汁1/2茶匙
- 细砂糖40g

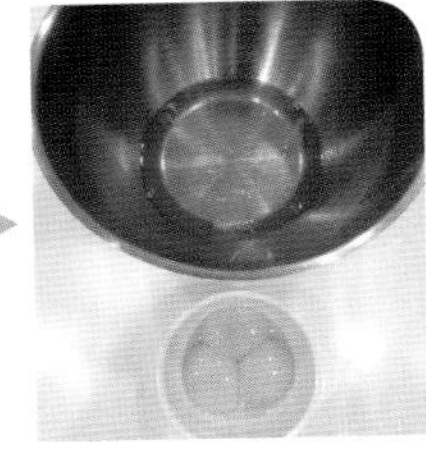

1 将鸡蛋的蛋黄、蛋白分开（蛋白不可以沾到蛋黄、水分及油脂）。

2 熟黑豆粉用滤网过筛。

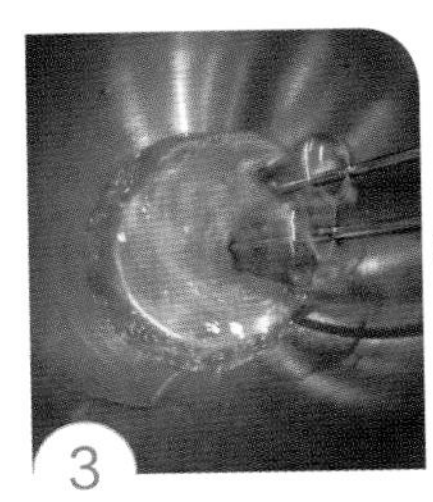

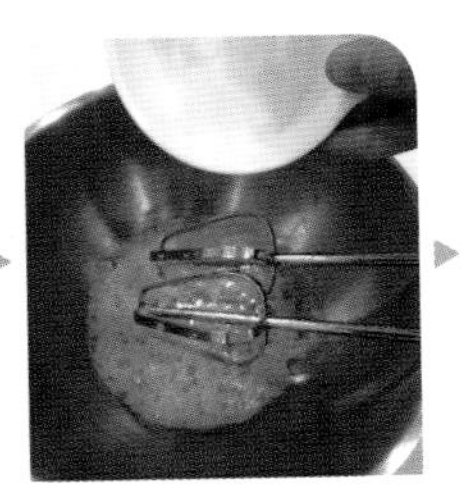

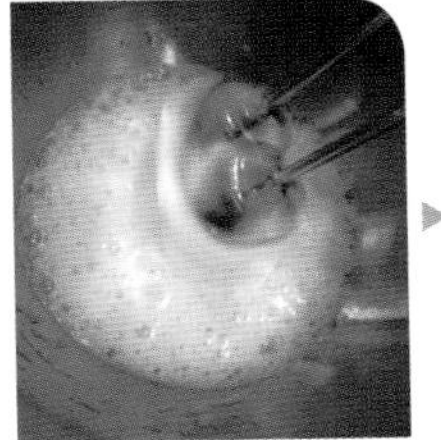

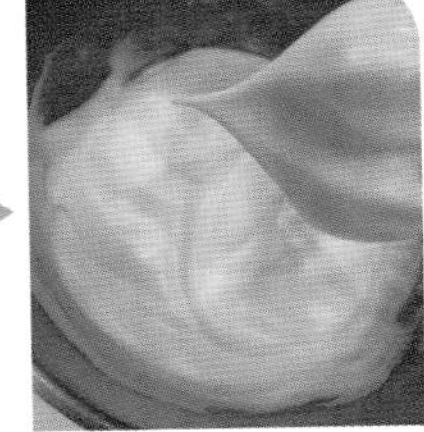

3 蛋白先用打蛋器打出一些泡沫，然后加入柠檬汁及细砂糖（分两次加入），打成尾端挺立的蛋白霜（干性发泡）。

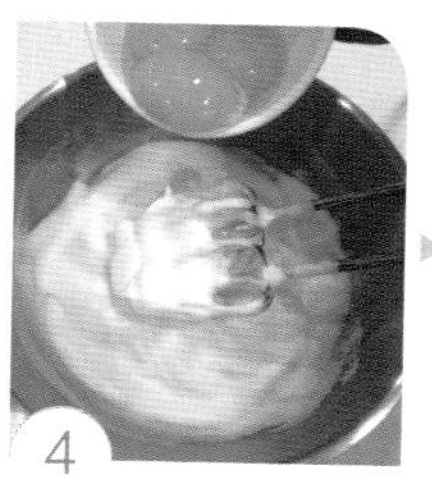
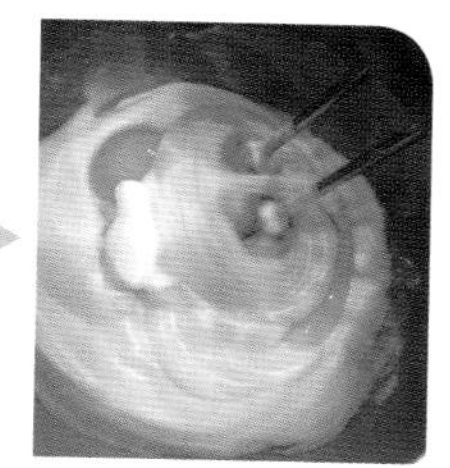

4 蛋黄加入混合均匀。

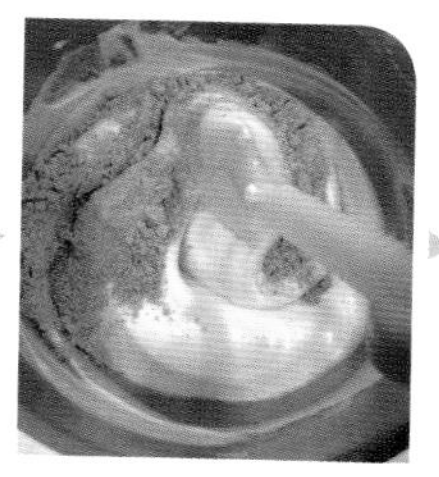

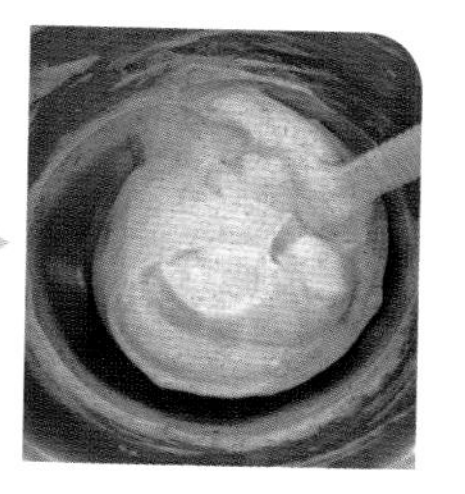

5 熟黑豆粉分两次加入，以切拌的方式搅拌均匀。

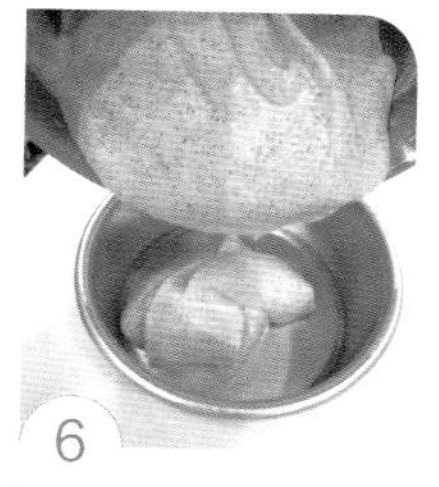

6 面糊倒入戚风蛋糕专用平板烤模中。

7 将面糊表面用橡皮刮刀抹平整。

8 进烤箱前，在桌上敲几下，敲出较大的气泡，放入上下火已经预热至160℃的烤箱中，烘烤10～12分钟至表面形成一层硬皮，从烤箱中取出。

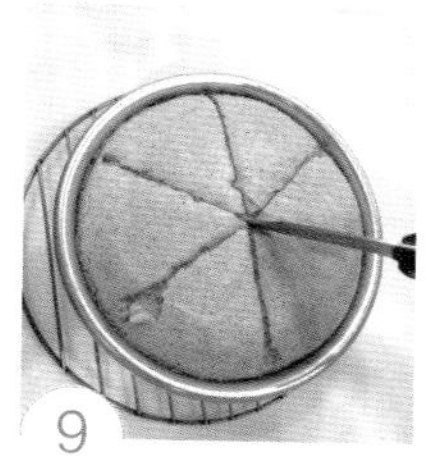

9 用一把小刀在蛋糕表面平均切出6道线（此步骤帮助蛋糕表面均匀膨胀）。

10 再放回烤箱中，将烤箱温度调整成150℃，继续烘烤20～22分钟（用竹签插入蛋糕中心，没有粘黏就可以出烤箱，若有粘黏，再烤2～3分钟）。

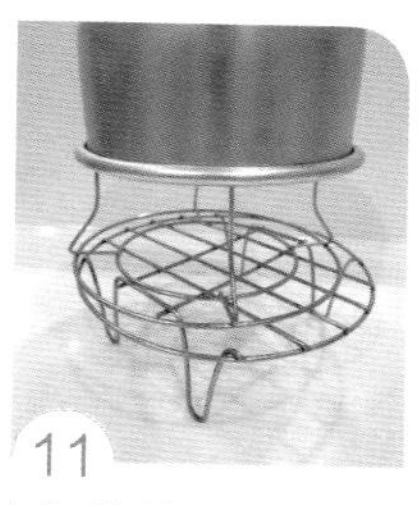

11 出烤箱后，马上倒扣放凉（3～4小时）。

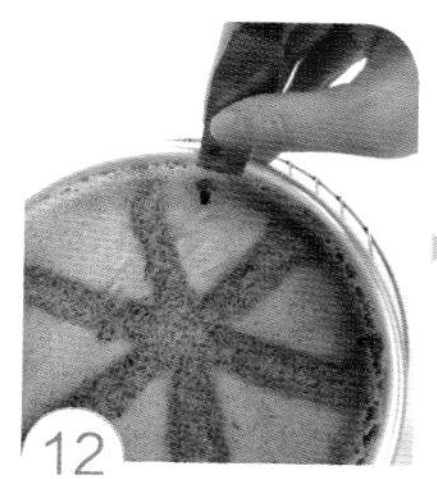
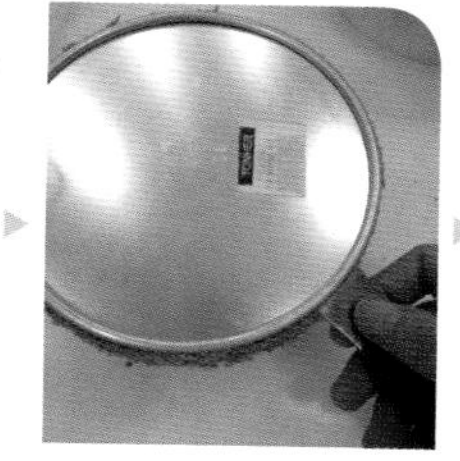

12 完全凉透后，用扁平小刀沿着边缘刮一圈脱模，底部也用小刀贴着刮一圈脱模即可。密封室温可以保存1～2天，冰箱冷藏可以保存4～5天。

小叮咛

熟黑豆粉可以用熟黄豆粉取代。

THE BIBLE
OF BAKING FOR
BEGINNERS
BAKING SODA
VANILLA SUGAR

PART 8

失败的蛋糕如何再利用？

NG CAKE

失败的蛋糕如何再利用？

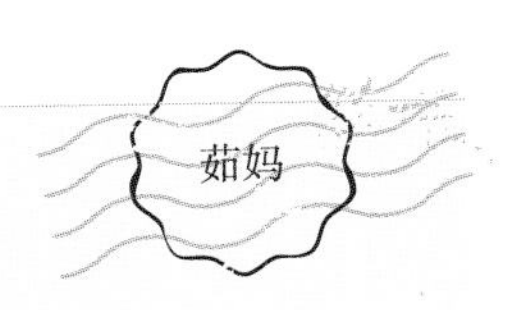

在烘焙的过程中，一定或多或少有做出失败成品的经验，可能是外观上的不完美，比如说没有烤透造成回缩，或是部分位置烤焦，组织不蓬松或出现大孔洞等状况。成品没有做好一定很失望，不只浪费材料和时间，也让原本开心期待的心情受到打击。其实我自己在制作这些甜点时也同样做出过很多失败品，这都是必经之路，有失败的经验才能够修正过程，得以做得更好。这一章节想介绍一些失败品或是围边剩下来的剩料再利用的方式，除了不浪费材料，也能够让原本不讨人喜欢的成品重新得到家人青睐，甚至变成更讨人喜欢的伴手小礼品。

如何利用失败的蛋糕来制作鲜奶油蛋糕百汇？

烘烤出外观不是非常完美的蛋糕，也许是因为回缩或是膨胀不完全。可以将外表比较不规则的部位切除，装盘挤上打发动物性鲜奶油及果酱，就变成美味的鲜奶油蛋糕百汇。

鲜奶油蛋糕百汇

分量 适量

材料

失败的蛋糕适量

打发的动物性鲜奶油适量

果酱及新鲜水果块适量

1 将失败的蛋糕外表比较不规则的部位切除。

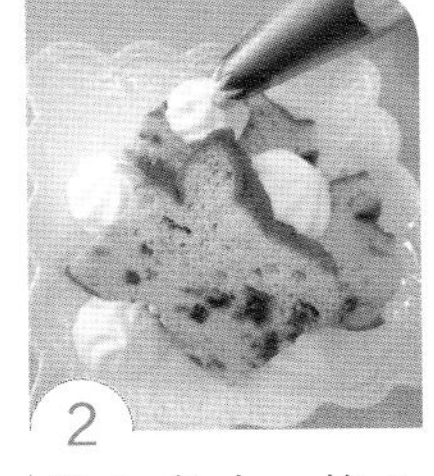

2 放入盘中，挤入适量打发的动物性鲜奶油。

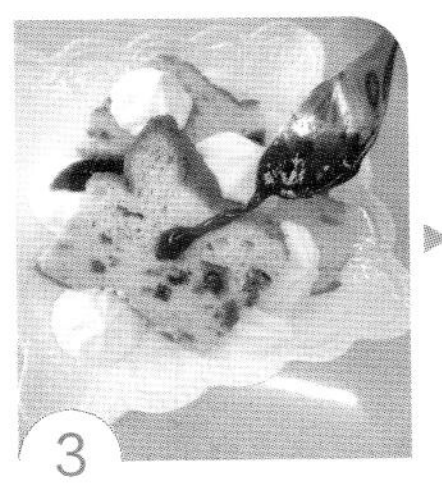

3 随意淋上果酱及新鲜水果块即完成。

如何利用剩余的蛋糕制作蛋糕生巧克力？

做甜点常常会有一些剩下的蛋糕边或切完造型不整齐的部分，稍微花点儿心思加工一下，就变身成为口感特别的蛋糕生巧克力。

蛋糕生巧克力

分量 10个

材料

剩余蛋糕 90 ~ 100g
综合坚果 20g
苦甜巧克力砖 50g
动物性鲜奶油 20g
朗姆酒 1 大匙
装饰用苦甜巧克力砖 100g
白巧克力 15g

小叮咛

1. 剩下的蛋糕：海绵蛋糕、戚风蛋糕、磅蛋糕、蜂蜜蛋糕皆可。
2. 苦甜巧克力可以用牛奶巧克力代替。
3. 朗姆酒可以用白兰地、威士忌、君度橙酒、白葡萄酒或牛奶代替。
4. 动物性鲜奶油可以用牛奶 15g 代替。
5. 坚果可以使用喜欢的种类或直接省略。
6. 成品请密封冷藏保存。
7. 自制挤花纸卷做法，请参考《新手烘焙从入门到精通 I 》115 页。

1 剩余蛋糕捣碎。

2 综合坚果切碎。

3 苦甜巧克力砖 50g 切碎 。

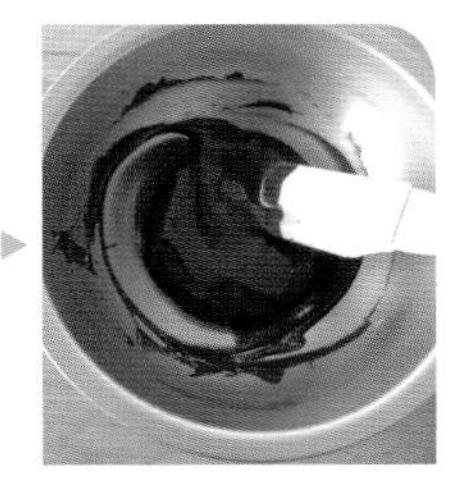

4 隔 50℃温水将苦甜巧克力融化成液态。

5 倒入蛋糕碎中混合均匀。

6 加入动物性鲜奶油及朗姆酒混合均匀。

7 最后加入切碎的综合坚果混合均匀。

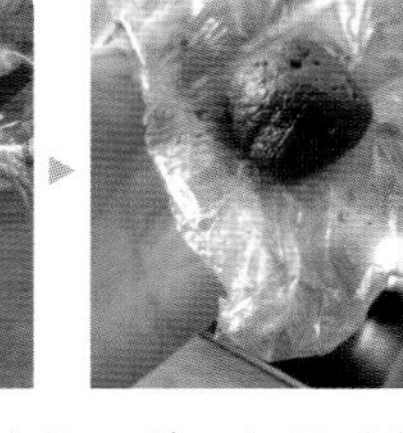

8 将馅料分成 10 等份，利用保鲜膜包起整成圆球状。

9 放入冰箱冷藏 60 分钟冰硬。

10 表面装饰用苦甜巧克力砖 100g 切碎。

11 隔 50℃温水将苦甜巧克力碎加热熔化成液态。

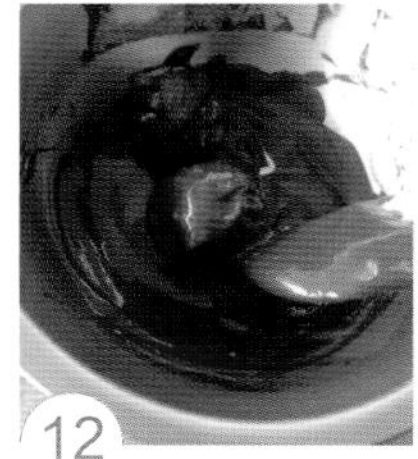

12 冰硬的蛋糕巧克力球均匀沾裹一层苦甜巧克力酱。

13 放入冰箱冷藏 10 分钟。

14 白巧克力切碎。

15 隔 50℃温水将白巧克力碎加热熔化成液态。

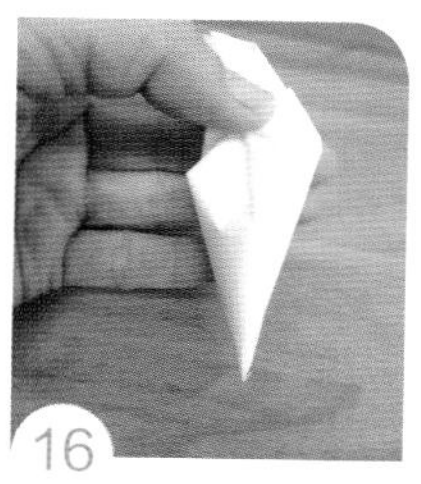
16
装入挤花纸卷中，前端用剪刀剪一个小孔。

17
在蛋糕巧克力球表面挤上白巧克力，再冷藏 10 分钟即完成。

如何利用失败的蛋糕来制作蛋糕脆饼？

蛋糕材料其实与饼干差不多，不同之处就是在含水分多寡，所以失败或吃不完的蛋糕，可以再度烘烤，将多余水分烘干成为饼干，蓬松酥脆得让人爱不释手。

蛋糕脆饼 分量 适量

材料

失败的蛋糕适量

1
失败的蛋糕切成厚约 1cm 的片状。

2
整齐摆入烤盘中。

3
放入上下火已经预热至 120℃的烤箱中，烘烤 20～30 分钟至酥脆即可。

4
完全冷却密封保存。

如何利用失败的蛋糕来制作蛋糕意大利脆饼?

喜爱做烘焙的人，一定常常会有做出失败蛋糕成品的时候，可能是外观不佳，或是出现大孔洞，或是塌陷回缩等。花费了时间、金钱，却没有做出满意的成品，这时候心情一定是很沮丧的。也有时候做了太多吃不完，或是做慕斯等成品有一些裁切剩下来的蛋糕边角，这些不完整的蛋糕材料该如何利用呢？将这些上不了台面的蛋糕剩料稍加利用，就变化出好吃的意大利脆饼，废料再也不用伤脑筋了。

燕麦黑糖意大利脆饼

分量 > 适量

材料

- 低筋面粉 100g
- 无盐黄油 30g
- 失败的蛋糕 100g
- 鸡蛋 1 个（净重约 50g）
- 黑糖 40g
- 盐 1/8 茶匙
- 即食燕麦片 30g
- 杏仁片 30g

1 低筋面粉过筛。

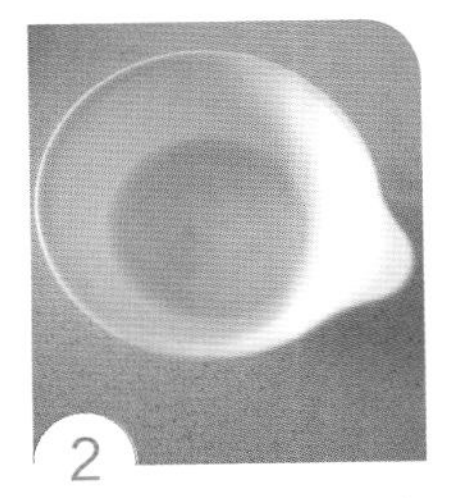

2 无盐黄油加温熔化成液体。

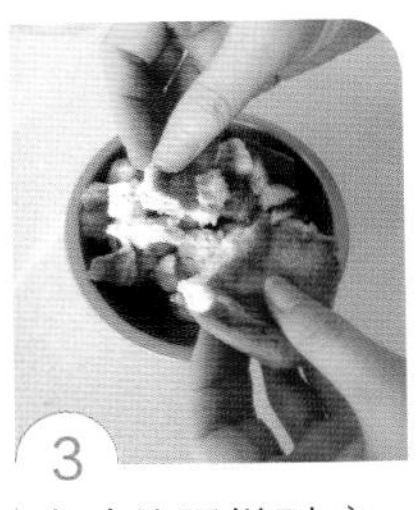

3 失败的蛋糕剥碎。

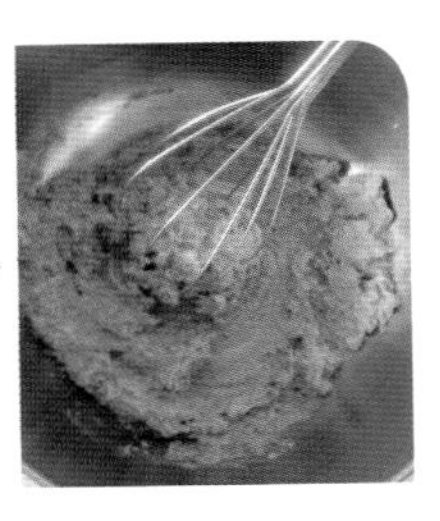

4 加入鸡蛋搅拌均匀。

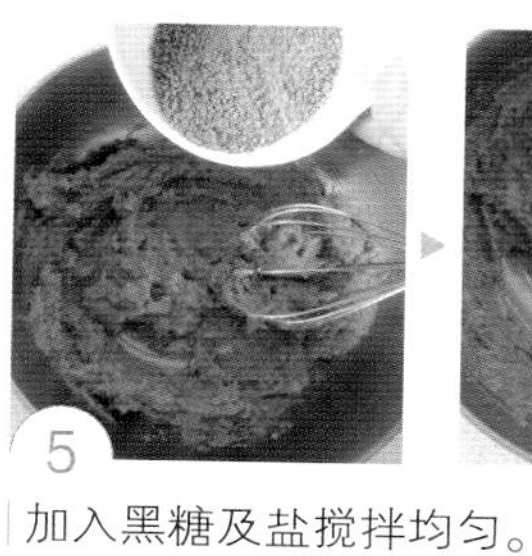
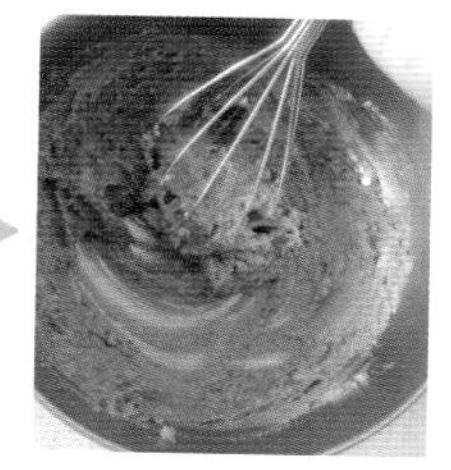

5 加入黑糖及盐搅拌均匀。

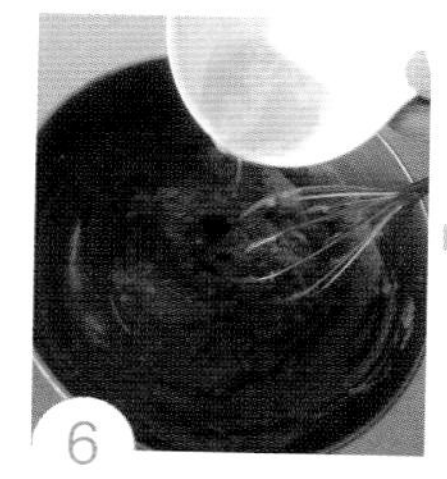
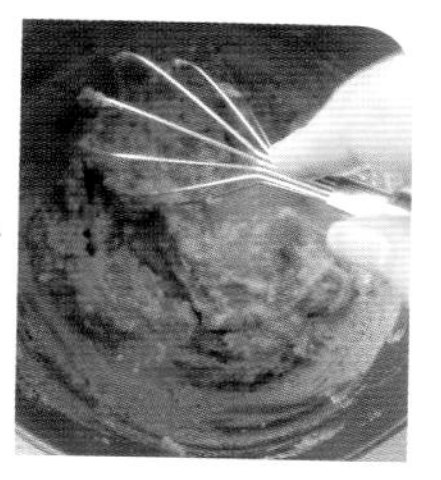

6 加入无盐黄油搅拌均匀。

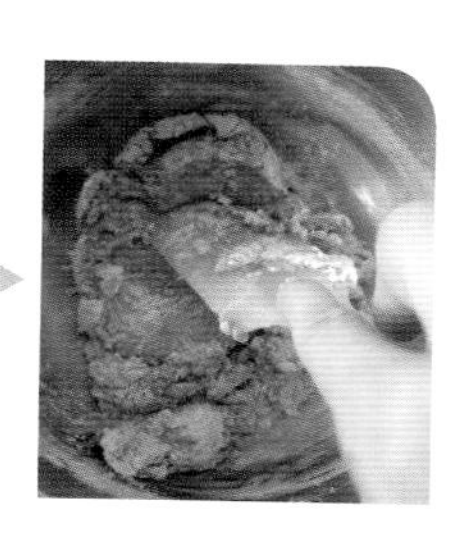

7 低筋面粉分两次加入，以切拌方式混合均匀。

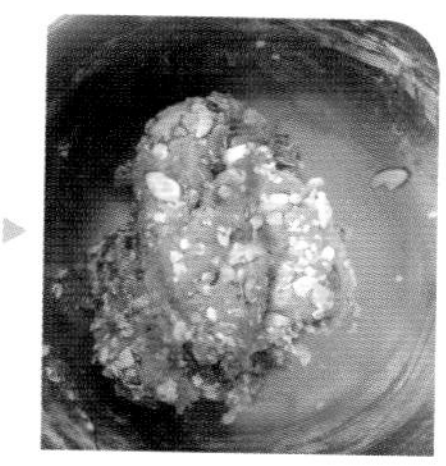

8 最后加入即食燕麦片及杏仁片，用手直接混合均匀。

9 面团移至烤盘。

10 手沾一点儿油（分量外），将面团整形成椭圆形。

11 放入上下火已经预热至 180 ℃的烤箱中，烘烤 15 分钟。

12 取出稍微冷却后，切成厚约 1.5cm 的片状。

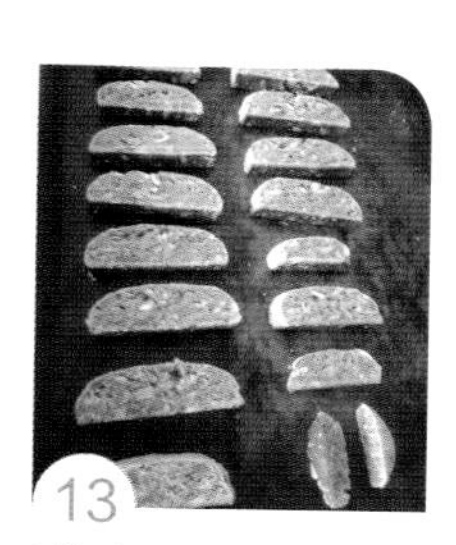

13 整齐摆放在烤盘中。

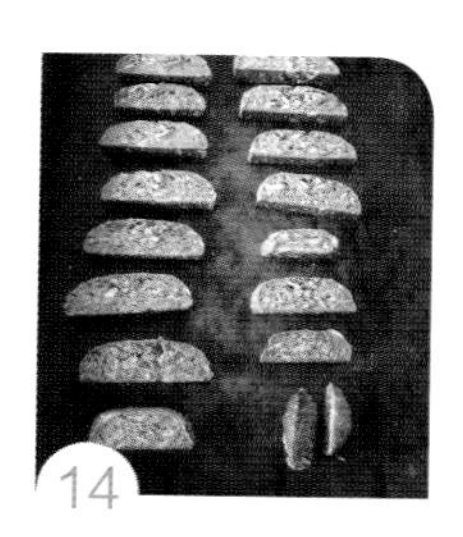

14 放入上下火已经预热至 120℃的烤箱中，烘烤 25 ~ 30 分钟至干燥脆硬。移出烤盘冷却，密封保存。

THE BIBLE
OF BAKING FOR
BEGINNERS
BAKING SODA
VANILLA SUGAR

PART 9

蛋糕的装饰与保存

DECORATION

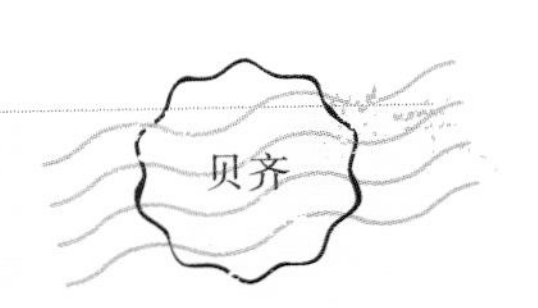

什么是蛋糕装饰?

我们熟悉了甜点的基本做法，烘烤出各式各样的蛋糕，更可以运用一些打发的动物性鲜奶油、卡士达酱、奶油酱料、新鲜水果及巧克力将成品装饰得更讨人喜欢。将自己的巧思及心意融入其中，这些装饰完成的蛋糕如艺术品般，除了美味可口，更能够为特殊的日子带来欣喜。蛋糕体可以依照个人喜好选择戚风蛋糕体、海绵蛋糕体、重奶油蛋糕体或奶酪蛋糕体。

若天气热，如何让打发动物性鲜奶油较不容易熔化?

动物性鲜奶油因为是由牛奶提炼，对温度的变化比较敏感，如果气温太高就很容易造成打发的动物性鲜奶油很容易熔化。如果希望打发的动物性鲜奶油能够比较耐久，可以在其中添加1%的吉利丁，这样就可以帮助鲜奶油维持较长时间。但是离开冰箱过久还是会熔化的。

动物性鲜奶油打发 分量 210g

材料

吉利丁粉 2g
冷开水 6cc（是吉利丁粉 3 ~ 4 倍分量）
动物性鲜奶油 200g
细砂糖 10g

小叮咛

可以依照个人喜好添加香草酒（或白兰地）1/2茶匙。香草酒做法，请参考《新手烘焙从入门到精通I》41页。

1 将吉利丁粉倒入3倍的冷开水中混合均匀。

2 浸泡5分钟，至吉利丁粉完全吸水膨胀。

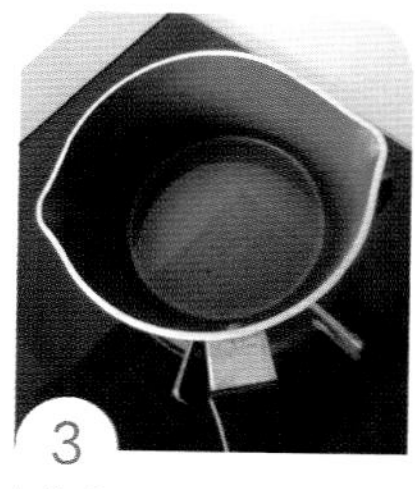

3 准备一个稍微大一点儿的锅，加上适量的水煮沸。

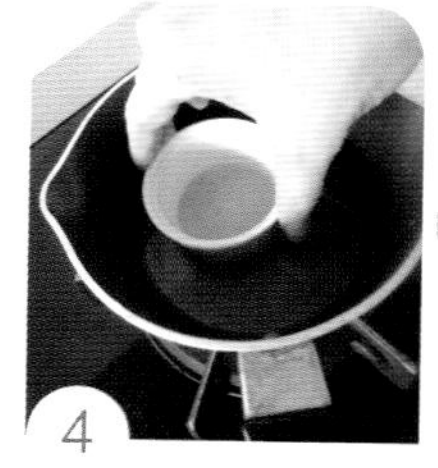

4 使用隔水加热的方式将吉利丁粉完全溶解，保温备用。

5 若天气热，建议工作盆底部垫冰块。

6 动物性鲜奶油+细砂糖放入钢盆中（若要加酒，此时加入）。

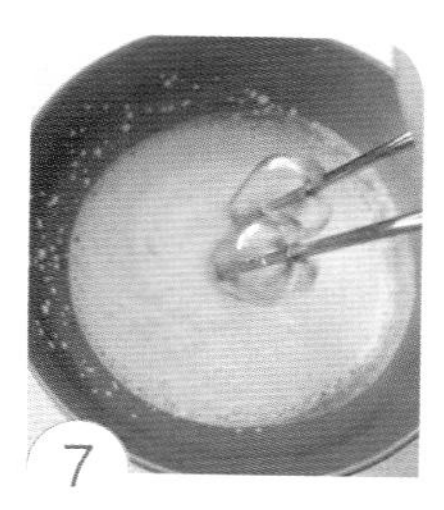

7 用打蛋器低速搅打至三四分发。

8 将溶化成液体的吉利丁粉倒入。

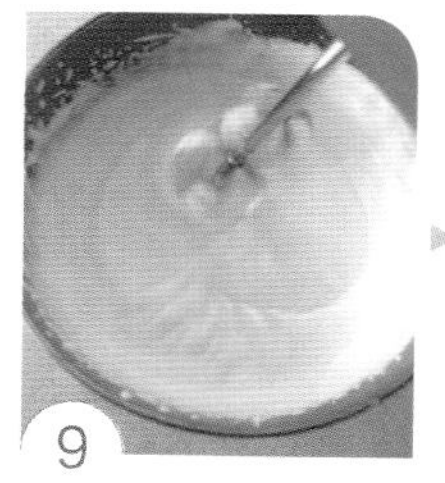

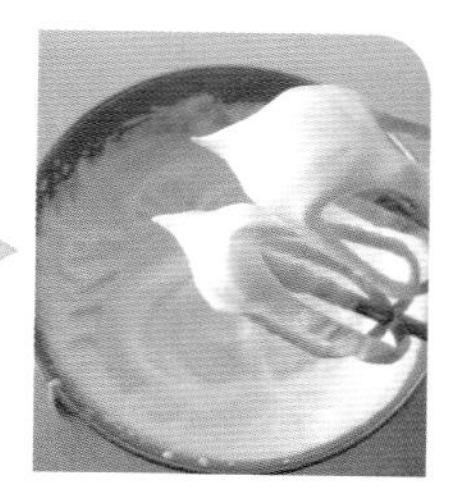

9 再继续以低速打发至九分发（尾端挺立的程度），即可装饰涂抹（用低速打发，就不容易产生油水分离的状况）。

10 完成的鲜奶油放入冰箱冷藏1～2小时再使用，比较不会太软。

鲜奶油挤花装饰如何操作?

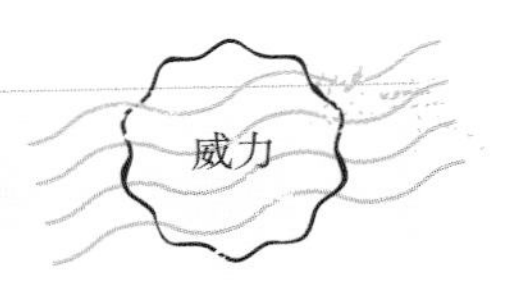

如何操作装饰挤花?装饰挤花需要的工具是挤花嘴及挤花袋,挤花嘴式样众多,并不一定全部都使用的到,只要选择几款好操作的就足够。挤花袋有布质及塑料两种材质,布质可以多次使用,塑料为抛弃式使用比较方便,有些材质较厚,清洗干净其实还能够使用多次。挤花的时候鲜奶油要确实打挺,不然太软无法操作,利用双手捏压挤花袋就可以控制强弱大小,多多练习就会越来越顺利(图1、图2)。

1

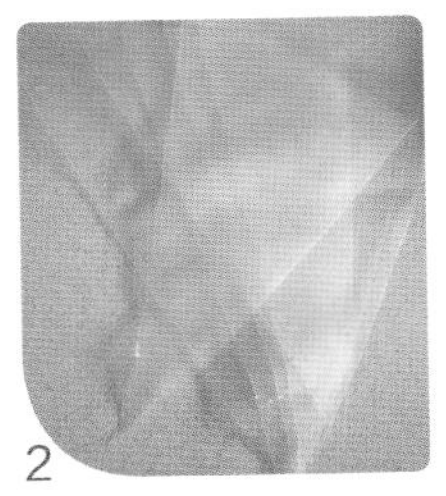
2

操作方式

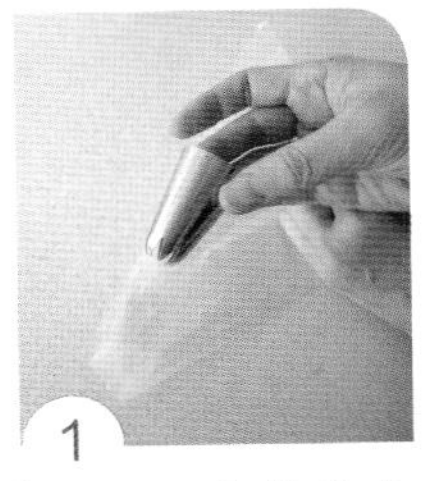
1 选取适合的挤花嘴及挤花袋。

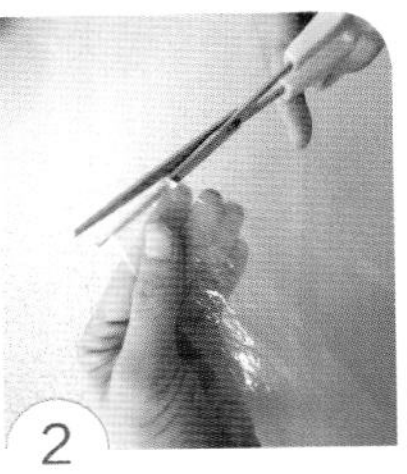
2 先依照挤花嘴大小,在前端剪一个开口(剪开的开口不可大于挤花嘴最大的开口)。

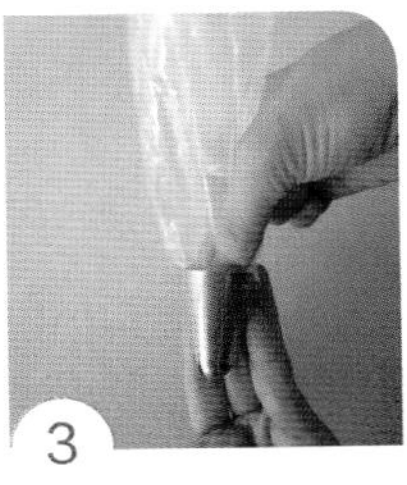
3 将挤花嘴放入挤花袋中,前端部位旋转几圈塞入挤花嘴中,避免装面糊的时候漏出来。

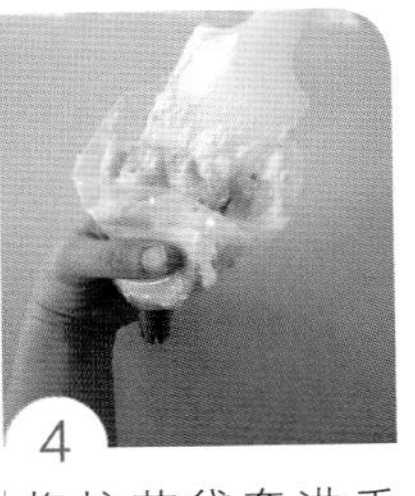
4 将挤花袋套进手中,周围袋子折下来,即可装入面糊或馅料。

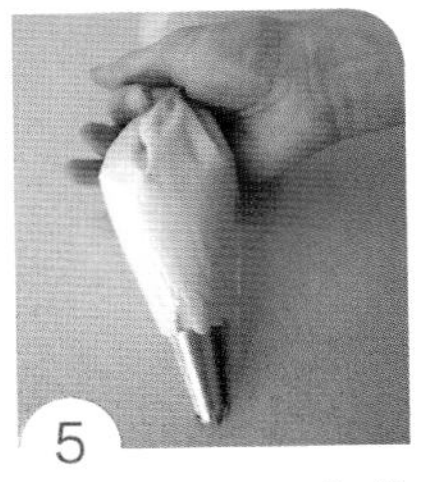
5 大约装入挤花袋中2/3即可,后方袋口捏紧。

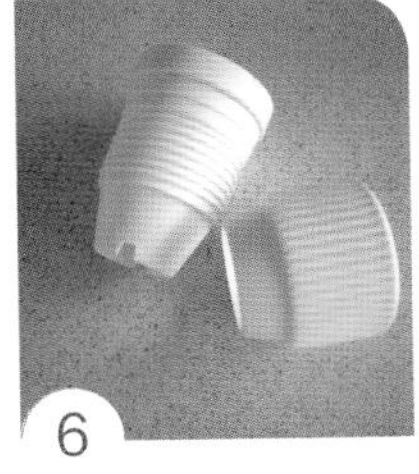
6 若需要操作一种以上的挤花嘴,可以事先装上转换接头。

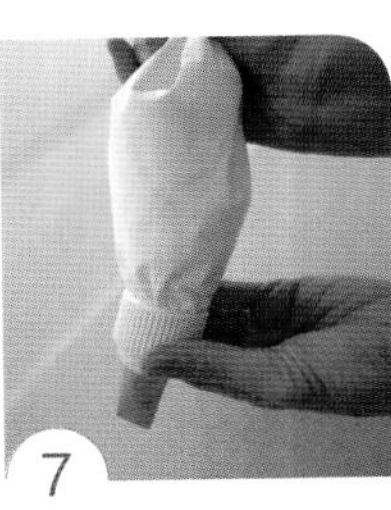
7 用手将馅料往前推。

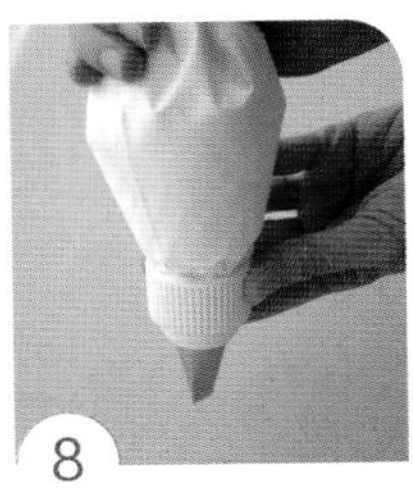
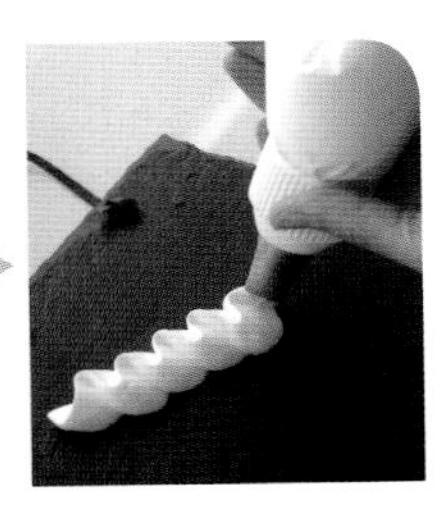
8 挤的时候两手握紧即可操作。

以下为几款比较常见的挤花嘴及示范运用：

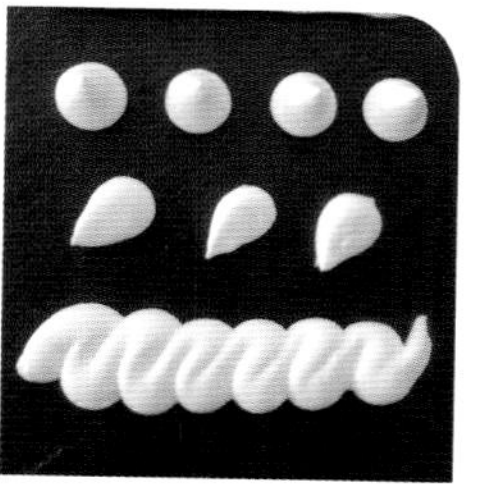

A 圆形挤花嘴

B 八齿挤花嘴

C 樱花挤花嘴

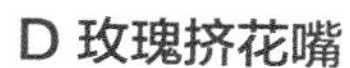
D 玫瑰挤花嘴

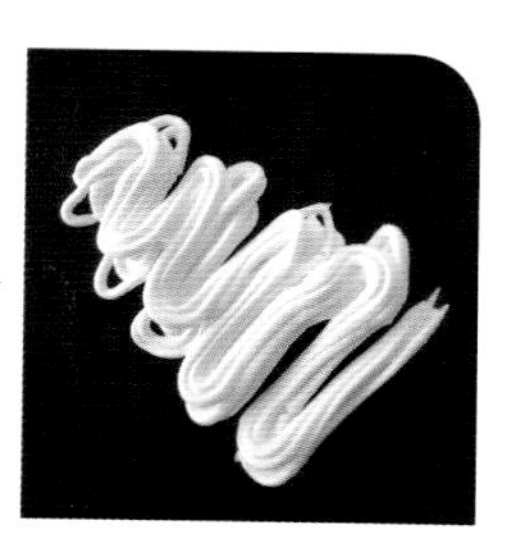

E 蒙布朗挤花嘴

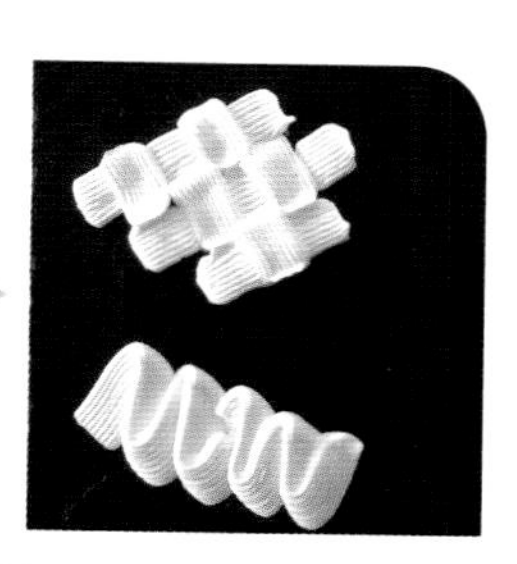

F 排齿挤花嘴

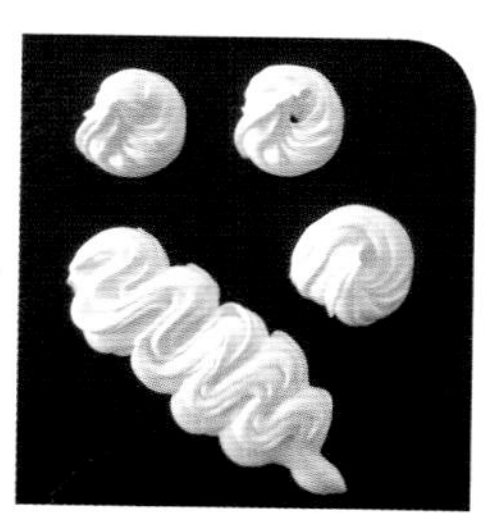

G 特殊挤花嘴

A > 鲜奶油水果蛋糕

分量 > 1个（6英寸烤模）

材料

A **蜂蜜海绵蛋糕**
- 低筋面粉 90g
- 无盐黄油 40g
- 蜂蜜 10g
- 牛奶 15g
- 鸡蛋 3 个（室温，净重约 150g）
- 细砂糖 60g

B **蓝莓鲜奶油**
- 蓝莓果酱（任何口味皆可）60g
- 动物性鲜奶油（乳脂肪 35%）350g

C **糖浆**
- 白兰地 2 大匙
- 蜂蜜 2 大匙

D **内馅**
- 新鲜草莓约 200g

E **表面装饰**
- 草莓、蓝莓、苹果、薄荷叶各适量

一 制作蜂蜜海绵蛋糕

1 低筋面粉用筛网过筛。

2 无盐黄油用微波炉微波 7~8 秒至融化。

3 蜂蜜 + 牛奶混合均匀备用。

4 烤盒刷上一层无盐黄油（分量外），边缘及底部铺上一层硅油纸。

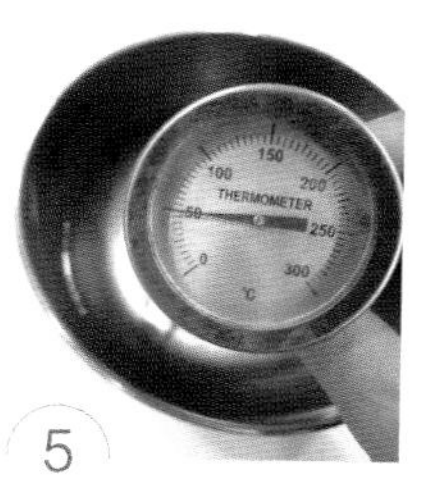

5 找一个比工作的钢盆稍微大一些的钢盆装上水，煮至50℃。

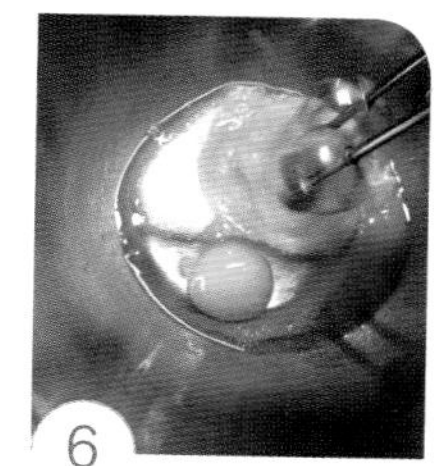

6 用打蛋器将鸡蛋与细砂糖打散并搅拌均匀。

7 将钢盆放在已经煮至50℃的温水上，用隔水加温的方式打发。

8 打蛋器以高速将蛋液打到起泡且蓬松的程度。

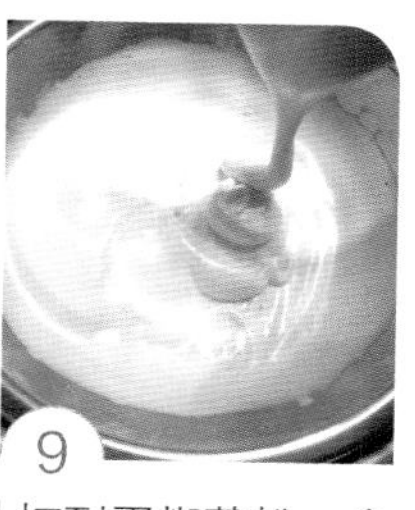

9 打到蛋糊蓬松，拿起打蛋器，滴落下来的蛋糊能够有非常清楚的折叠痕迹就是打好了。

10 将低筋面粉分2~3次过筛至蛋糊中。

11 以切拌混合的方式拌均匀。

12 再依序将蜂蜜牛奶及熔化的无盐黄油加入，以切拌混合的方式混合均匀。

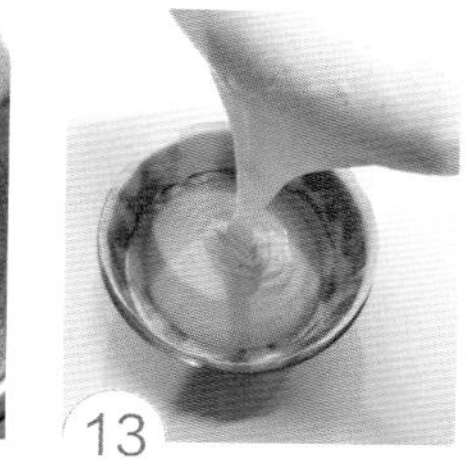

13 完成的面糊从稍微高一点儿的位置倒入烤盒中，在桌上敲几下，敲出大气泡。

14 进烤箱前，在面糊表面上喷一点儿水。

15 放入上下火已经预热至170℃的烤箱中，烘烤30~32分钟，至竹签插入蛋糕中心，没有粘黏即可。

16 出烤箱后，马上倒扣在铁网架上冷却。

17 冷却后，撕去底部及边缘硅油纸。

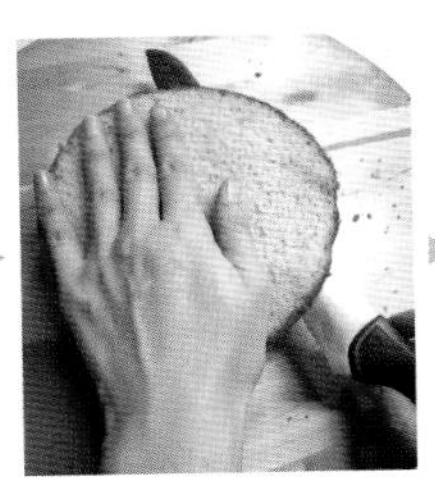
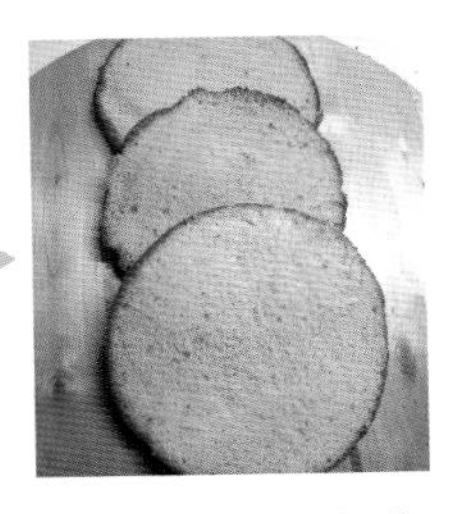

18
一手轻压蛋糕表面，使用长而薄的锯齿刀将表面不平整部位切除，再将蛋糕横切成 3 等份，密封防止干燥，备用。

二 制作蓝莓鲜奶油

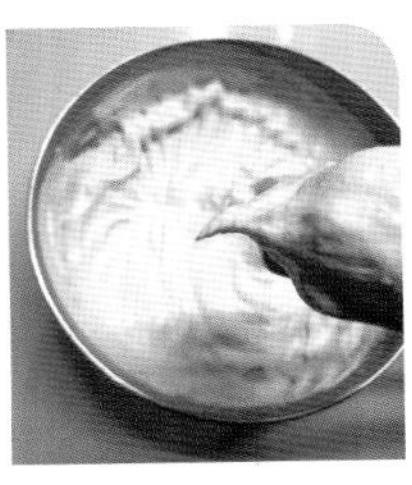

19
将蓝莓果酱加入动物性鲜奶油中，使用低速打至尾端挺立的程度，然后放入冰箱冷藏，冷藏 3～4 小时（气温高时钢盆底部要垫冰块，用低速慢慢打发，就不容易产生油水分离的状况）。

三 组合

20
白兰地、蜂蜜混合均匀制成糖浆；新鲜草莓洗干净，擦干水分切块。

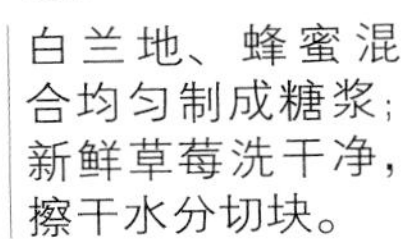

21
蛋糕片放在盘中，将混合好的糖浆均匀涂抹在蛋糕片上。

22
铺上适量蓝莓鲜奶油抹平。

23
铺放适量切片的新鲜草莓，抹上适量蓝莓鲜奶油抹平。然后盖上另一片蛋糕，使用同样方式做完两个夹层。

24
将最后一片放上，用手在蛋糕上压一压使得蛋糕平整紧密。

25
涂抹上糖浆，用抹刀将蓝莓鲜奶油抹在蛋糕上，表面及周围尽量整平。

26
剩下的蓝莓鲜奶油装入挤花袋中。

27
在蛋糕表面周围挤出放射状造型。完成的蛋糕先放入冰箱冷藏3～4小时。

四 表面装饰

28
冰硬的蛋糕移至干净盘子中。剩下的鲜奶油装入挤花袋中，使用星形挤花嘴。

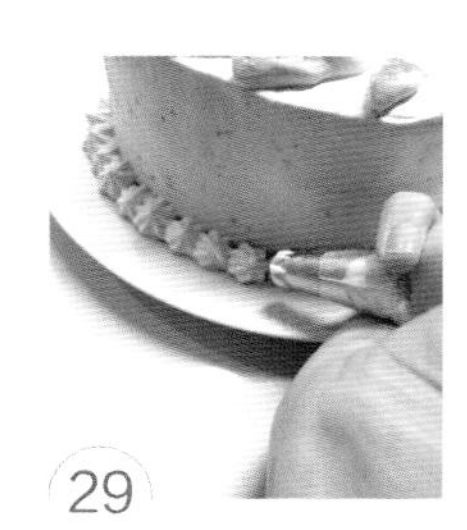

29
在蛋糕底部周围挤上一圈星状奶油。

30
装饰上草莓、蓝莓、苹果、薄荷叶。

31
水果上涂抹一层镜面果胶（分量外）增加光泽即完成。

小叮咛

1 糖浆中的白兰地可以使用朗姆酒代替，没有可直接使用冷开水代替。
2 水果可以依照自己喜欢选择。
3 涂抹蓝莓鲜奶油过程中若觉得蓝莓鲜奶油熔化，马上放入冰箱冷藏1～2小时冰硬，再继续操作。
4 镜面果胶可以到烘焙材料行购买，使用前加入等量的冷开水即可，也可以用杏桃果酱代替。

B > 沙哈蛋糕

分量 > 1个（9英寸圆模）

材料

A 巧克力蛋糕体
- 冰蛋黄 5 个（净重约 250g）
- 低筋面粉 110g
- 苦甜巧克力砖 100g
- 无盐黄油 100g
- 细砂糖 70g

B 蛋白霜
- 冰蛋白 5 个
- 盐 0.5g
- 柠檬汁 1 茶匙（5g）
- 细砂糖 60g

C 夹馅
- 杏桃果酱 100g

D 巧克力淋酱
- 苦甜巧克力砖 200g
- 鲜奶 90g
- 君度橙酒1茶匙（5g）

小叮咛

1 此蛋糕不适合冷藏，冷藏会变硬，请室温保存尽快食用（室温保存 4～5 天）。
2 气温冷热会影响巧克力酱的浓稠度，天气冷鲜奶可以斟酌多添加。

一 事前准备工作

1 将冰鸡蛋的蛋黄及蛋白分开（蛋白不可以沾到蛋黄、水分及油脂）。

2 低筋面粉用滤网过筛。

3 烤盒抹上一层薄薄的无盐黄油（分量外），铺上一层硅油纸。

4 苦甜巧克力砖及无盐黄油切碎，放入工作盆中。

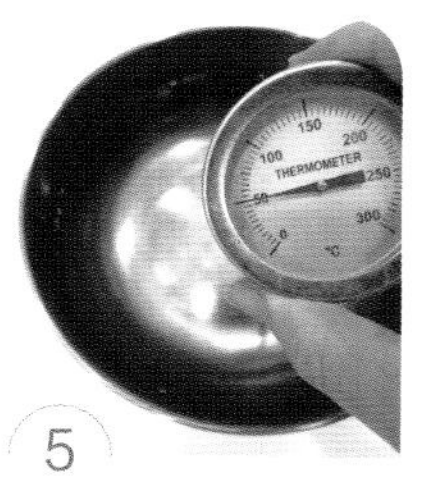

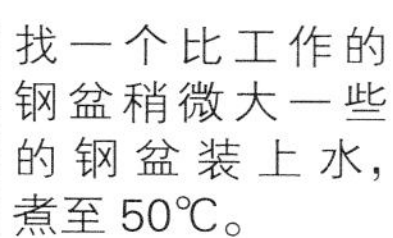

5

找一个比工作的钢盆稍微大一些的钢盆装上水，煮至50℃。

6

将装有苦甜巧克力碎的工作盆，放在已经煮至50℃的水中，用隔水加温的方式熔化苦甜巧克力及无盐黄油（熔化过程需7～8分钟，中间稍微搅拌一下会加快速度，若水温变冷，可以再加温到50℃。苦甜巧克力熔化的温度不要超过50℃，如果熔化的温度太高，苦甜巧克力会硬化无法使用）。

二 制作巧克力蛋糕体

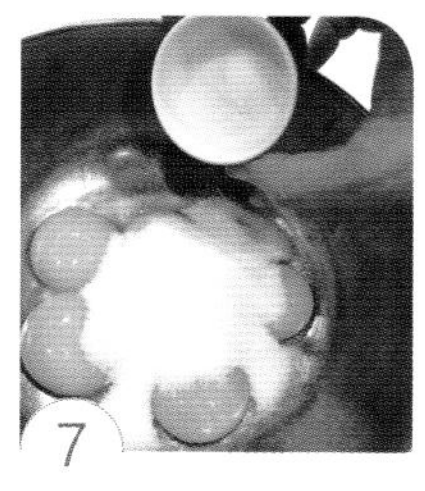
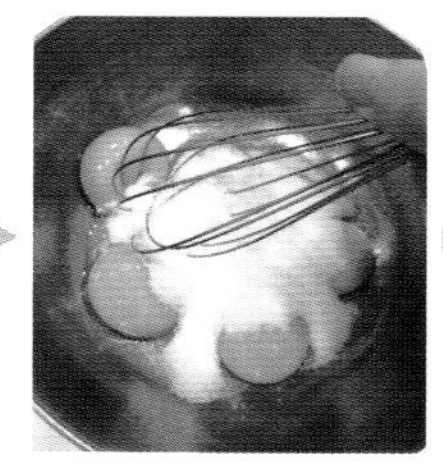
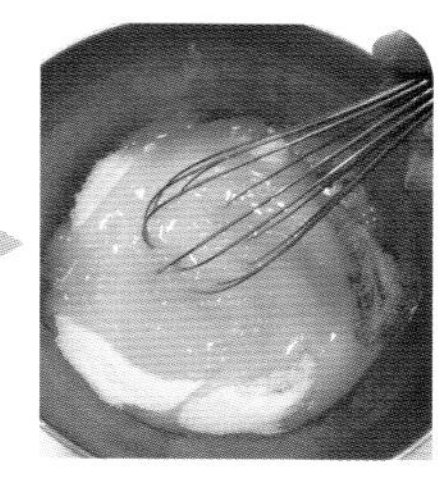

7

冰蛋黄＋细砂糖70g＋盐放入盆中，用打蛋器搅打至略微泛白浓稠的程度（3～4分钟）。

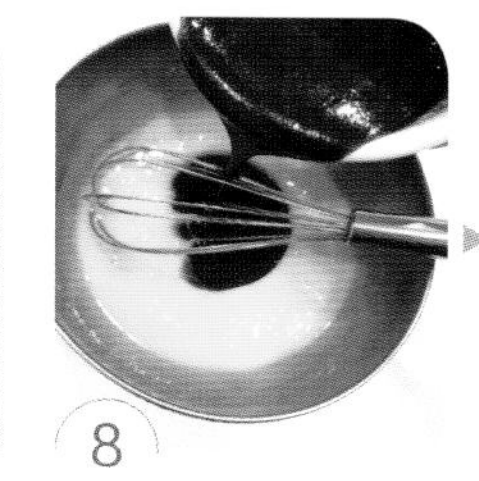
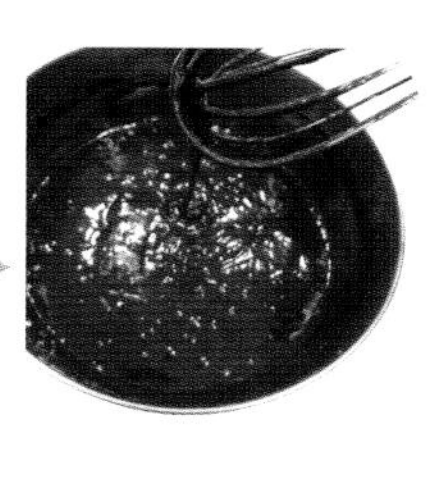

8

将熔化的巧克力酱加入，以切拌方式搅拌均匀。

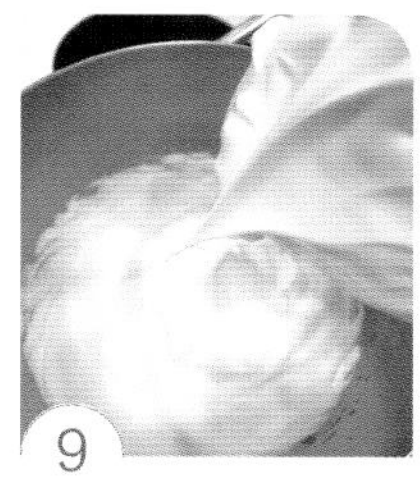

9

冰蛋白先用打蛋器打出一些泡沫，然后加入柠檬汁及细砂糖60g（分两次加入），打成尾端挺立的蛋白霜（干性发泡）。

10

取1/3分量的蛋白霜混入蛋黄面糊中，搅拌均匀。

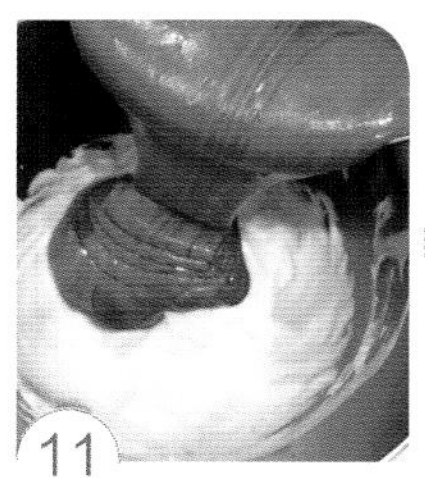

11

然后再将拌匀的面糊倒入剩下的蛋白霜中，混合均匀。

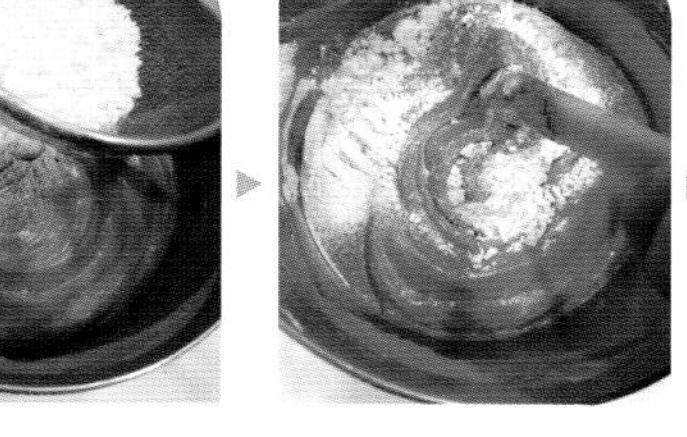
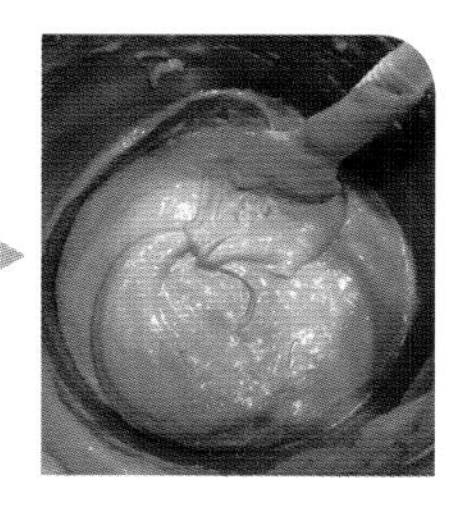

12

低筋面粉分两次过筛，以切拌的方式拌入巧克力蛋糊中，混合均匀成为无粉粒的面糊（搅拌过程尽量快速，避免面粉产生筋性，影响口感）。

13 将混合好的面糊从较高处倒入铺纸的烤模中。

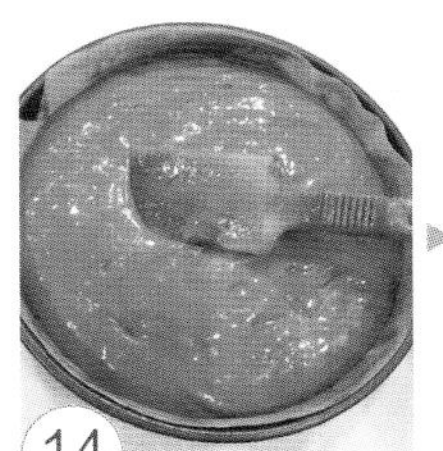
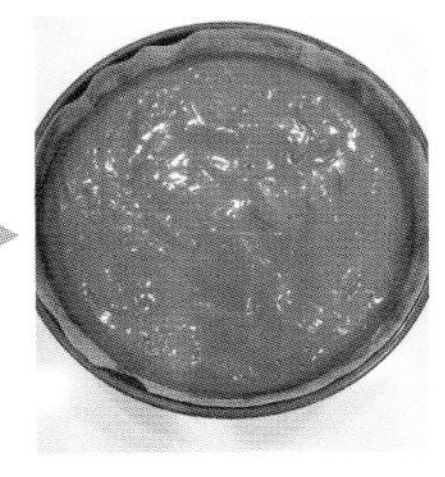

14 将面糊表面用橡皮刮刀抹平整。进烤箱前，在桌上敲几下，敲出较大的气泡，放入上下火已经预热至170℃的烤箱中，烘烤15分钟，然后将温度调整为160℃，再烘烤35～40分钟。

15 烘烤到时间后，用竹签插入蛋糕中心，没有粘黏就可以出烤箱，若有粘黏再多烤2～3分钟。

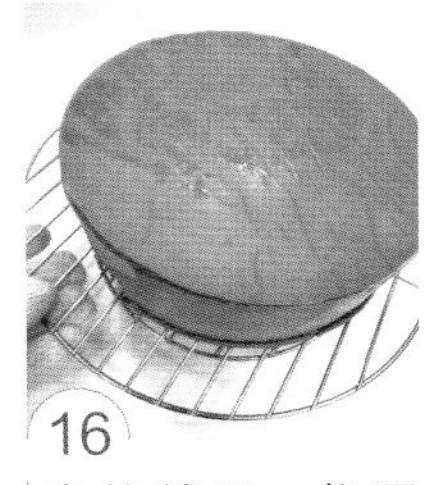

16 出烤箱后，将蛋糕从烤模中取出。

17 稍微放凉，就可以将硅油纸撕开。

18 完全凉透后，将蛋糕表面不整齐的面切除，再将蛋糕均分横剖成两片备用。

三 夹馅

19 将杏桃果酱用微波炉稍微加温软化。

20 适量的杏桃果酱均匀涂抹在巧克力蛋糕片上。

21 覆盖上另一片蛋糕。

22 表面也均匀涂抹一层杏桃果酱备用。

四 制作巧克力淋酱

23 苦甜巧克力砖用刀切碎。

24 将鲜奶加热至沸腾，倒入苦甜巧克力中碎，慢慢搅拌至完全均匀。

25 将君度橙酒加入混合均匀。

26 蛋糕移到铁网架上，底下衬一个盘子。将稍微放凉变较浓稠的巧克力酱，从蛋糕上方中央缓慢淋下，包覆整个蛋糕体。

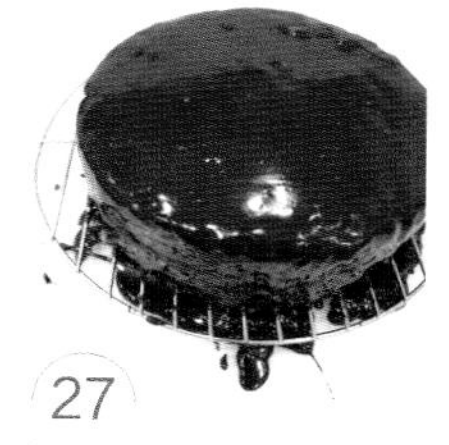

27 稍微放置一段时间，让巧克力酱凝固。

28 淋到盘子上的巧克力酱，用刮板铲起装入塑料袋中。

29 塑料袋前端剪一小洞，在蛋糕表面写字或画上装饰图案。

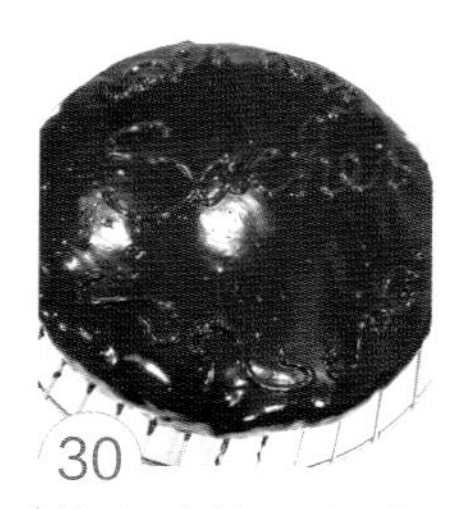

30 放入冰箱 1 小时，冰至巧克力酱凝固即完成。

C > 巧克力蛋糕条

分量 > 1个（35cm×24cm平板蛋糕）

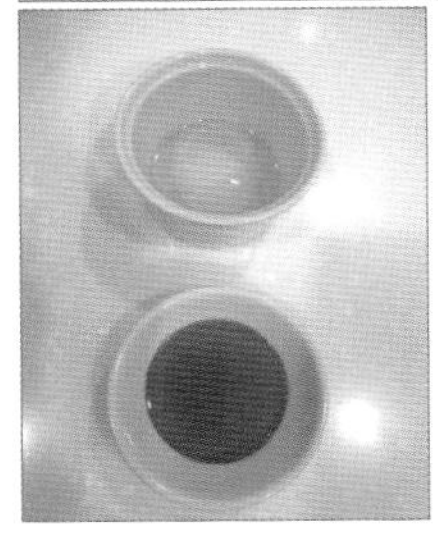

材料

A 巧克力蛋糕体
- 低筋面粉 100g
- 无糖可可粉 25g、无盐黄油 60g
- 鸡蛋 4 个（净重约 200g）
- 柠檬汁 1/2 茶匙、细砂糖 75g
- 牛奶 20g、杏仁粉 10g

B 糖浆
- 君度橙酒 3 大匙
- 蜂蜜 3 大匙

C 表面装饰巧克力酱
- 苦甜巧克力砖 120g
- 动物性鲜奶油 100g

D 围边装饰
- 杏仁粒 2 大匙

一 事前准备工作

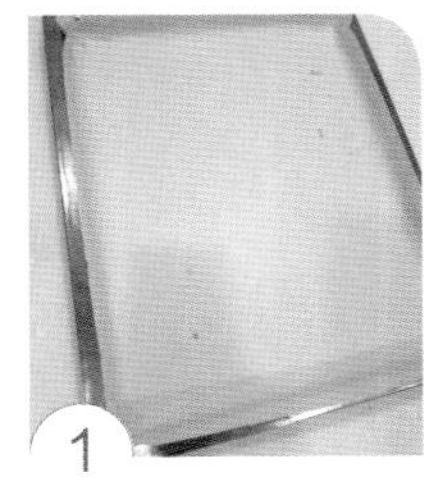

1 烤盘铺上一层硅油纸。

2 低筋面粉＋无糖可可粉用滤网过筛。

3 无盐黄油加温熔化成液体。

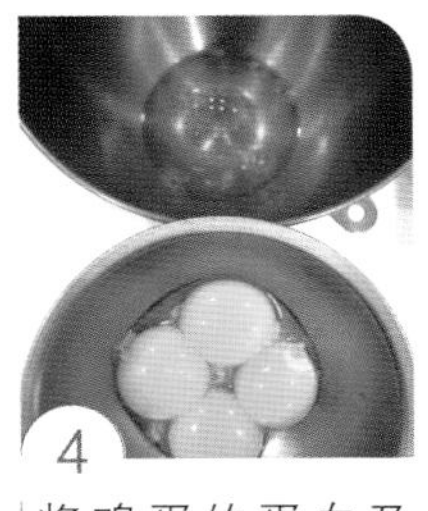

4 将鸡蛋的蛋白及蛋黄分开。

5 杏仁粒放入 170℃ 的烤箱中，烘烤 4~5 分钟取出，放凉备用。

二 制作巧克力蛋糕体

6 熔化的无盐黄油倒入蛋黄中混合均匀。

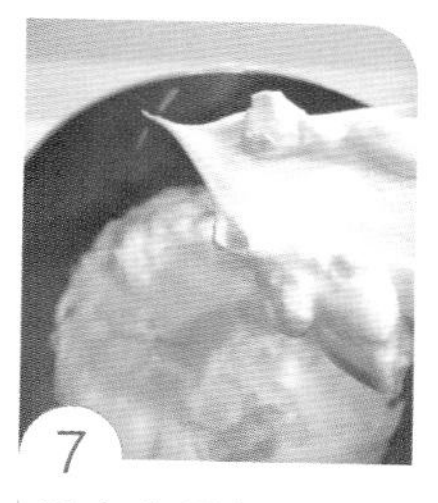
7 蛋白先用打蛋器打出一些泡沫，然后加入柠檬汁及细砂糖 75g（分两次加入），打成尾端挺立的蛋白霜（干性发泡）。

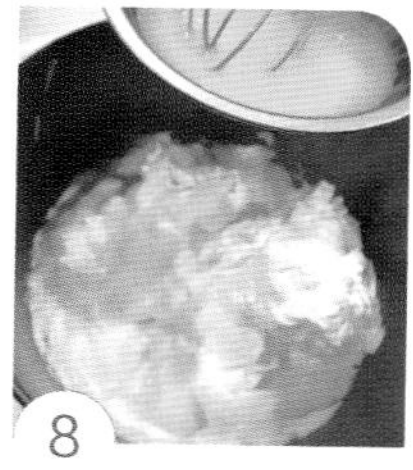
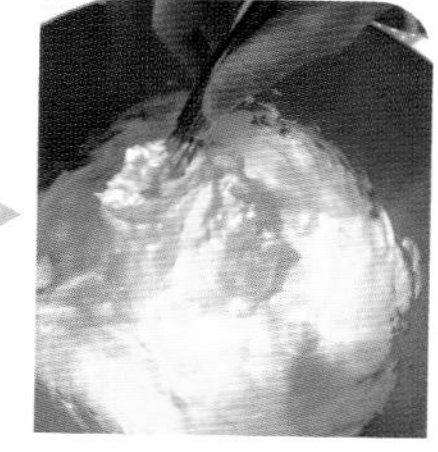
8 蛋黄奶油液倒入蛋白霜中，搅拌均匀。

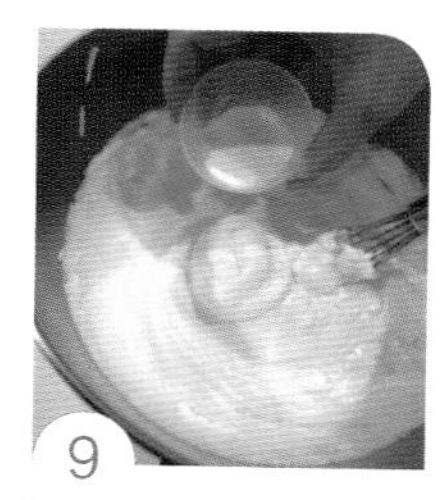
9 加入牛奶混合均匀。

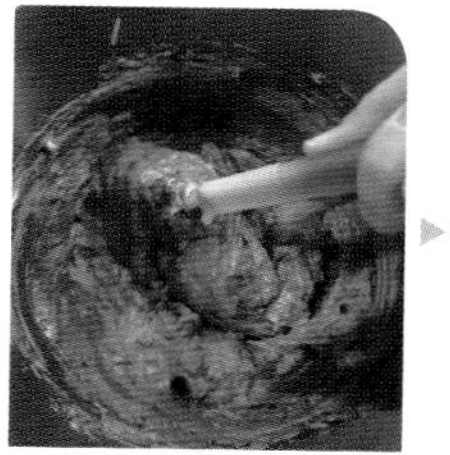

10 再将粉类及杏仁粉加入混合均匀。

11 面糊倒入烤盘中抹平。

12 放入上下火已经预热至 170℃的烤箱中，烘烤 12～14 分钟。

13 移出烤盘，将四周硅油纸撕开，冷却。

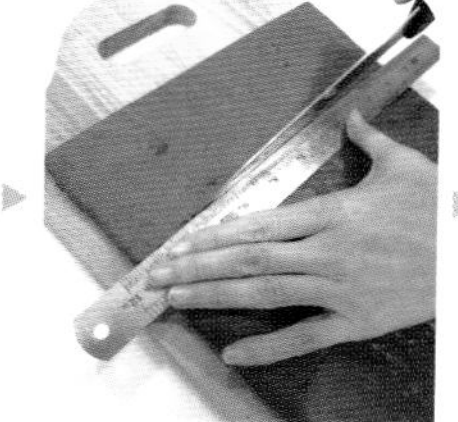

14 完全冷却的蛋糕片撕去底部硅油纸，切成宽约 12cm 的长条，共 3 片，备用。

三 制作糖浆及巧克力酱

15 君度橙酒 + 蜂蜜混合均匀制成糖浆。

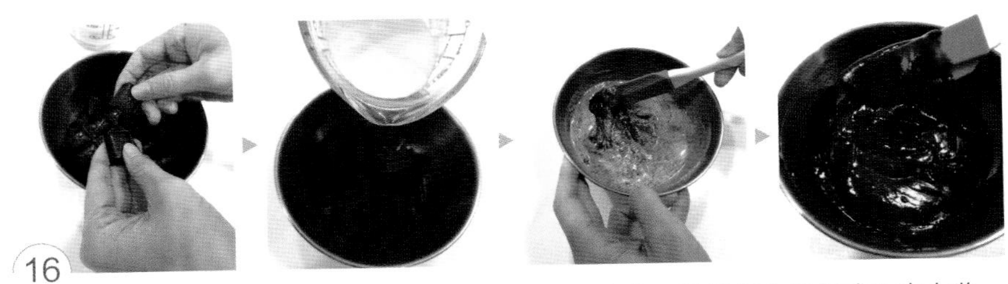

16 苦甜巧克力砖剥成小块，倒入沸腾的动物性鲜奶油中，慢慢混合均匀成巧克力酱。

四 装饰

17 蛋糕片均匀涂抹上糖浆。

18 再涂抹一层巧克力酱。

19 堆成三层。

20 表面均匀涂抹一层巧克力酱。

21 利用刮刀涂抹做出木纹。

22 利用刮板前端舀取杏仁粒，在边缘底部做出装饰。放入冰箱冷藏 10 ~ 15 分钟，让巧克力酱凝固。

23 头尾不整齐部分切除。

24 装饰喜欢的饰物即完成。

小叮咛

君度橙酒可以用白兰地、朗姆酒或香草酒代替。

D > 咖啡鲜奶油核桃蛋糕

分量 > 1个（6英寸烤模）

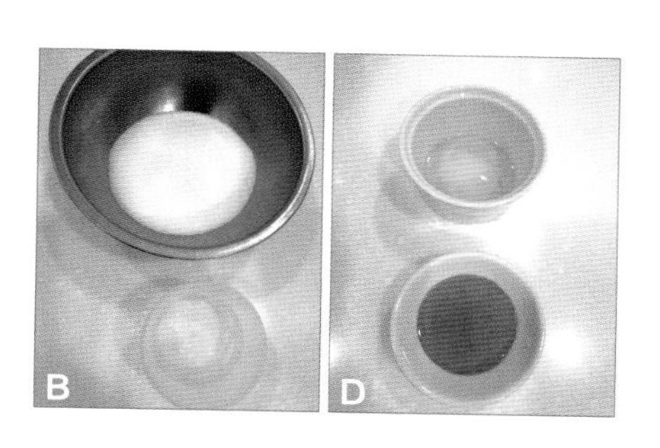

材料

A 海绵蛋糕
6 英寸蜂蜜海绵蛋糕体 1 个

B 咖啡鲜奶油
动物性鲜奶油 400g（乳脂肪 35%）
速溶咖啡粉 1 大匙
细砂糖 40g

C 糖核桃夹馅
核桃 60g
水 1 大匙
细砂糖 40g

D 糖浆
蜂蜜 1 大匙
白兰地 1 大匙（预先混合均匀备用）

小叮咛

1 6英寸蜂蜜海绵蛋糕体做法，请参考85页；咖啡鲜奶油做法，请参考《新手烘焙从入门到精通 I》67页。

2 蛋糕体也可以使用6英寸原味戚风材料（150℃烘烤45分钟）：a. 蛋黄面糊部分：蛋黄3个、细砂糖12g、液体植物油24g、牛奶30g、低筋面粉54g、香草酒1/2茶匙；b. 蛋白霜部分：蛋白3个、柠檬汁1/2茶匙（2.5g）、细砂糖36g。原味戚风蛋糕做法，请参考113页。

一 制作糖核桃夹馅

1 核桃放入上下火已经预热至150℃的烤箱中，烘烤7~8分钟取出放凉。

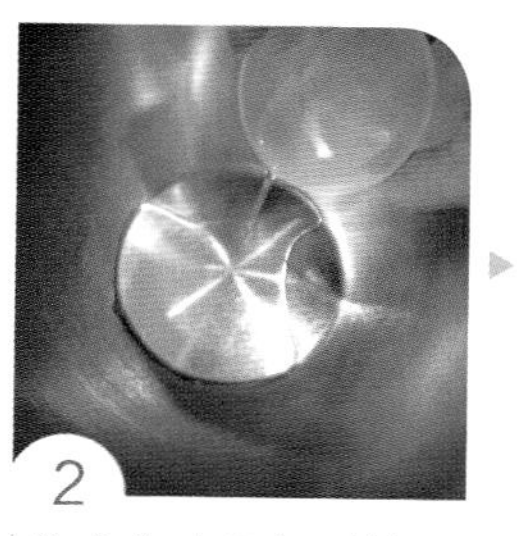

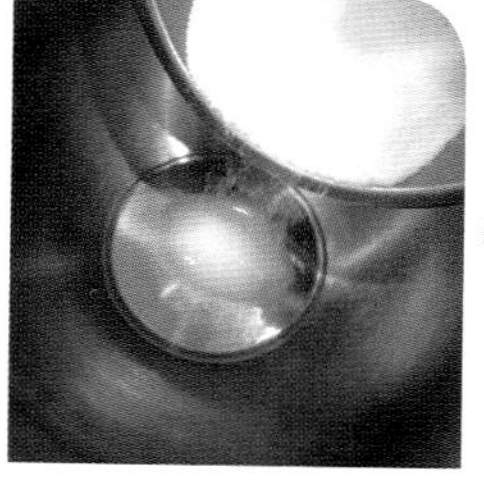

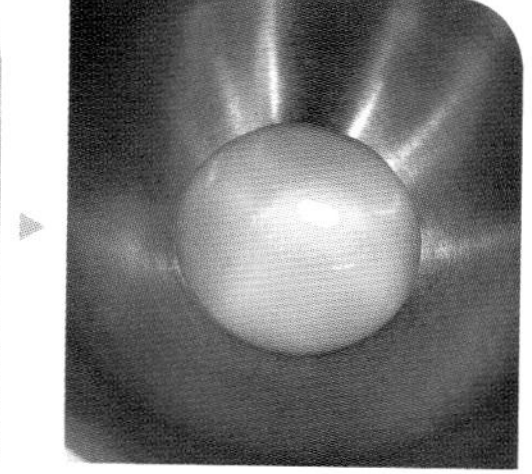

2 依序将水及细砂糖40g倒入盆中。

3

中小火加热，至细砂糖溶化（煮的过程不要搅拌）。

4

煮至开始冒大泡泡，就将核桃加入，快速混合均匀，离火。

5

倒出放凉，切碎备用。

二 蛋糕装饰

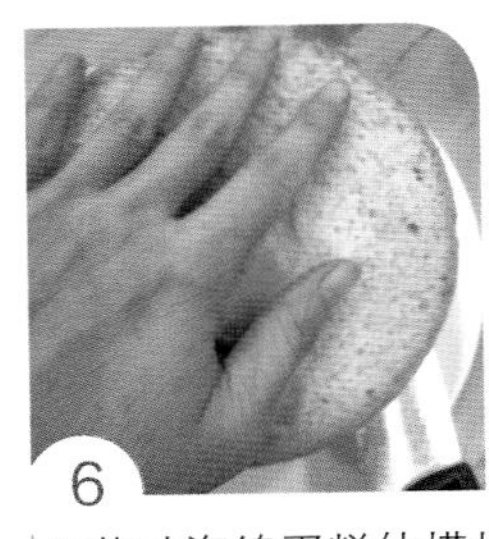

6

6 英寸海绵蛋糕体横切成 3 等份。

7

蜂蜜、白兰地预先混合均匀制成白兰地糖浆，再薄薄涂抹在蛋糕片上。

8

均匀涂抹一层咖啡鲜奶油。

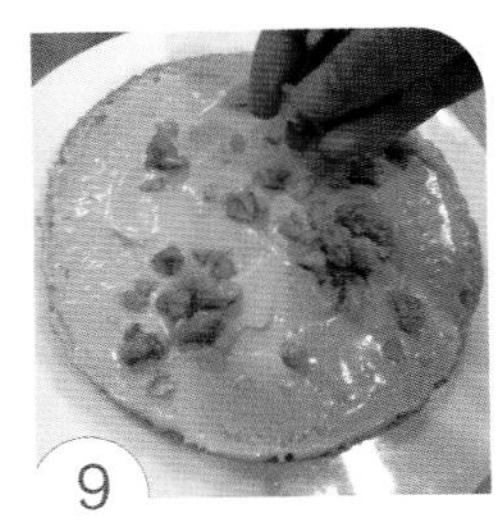

9

铺上一半的糖核桃。

10

再涂抹一层咖啡鲜奶油。

11

盖上另一片蛋糕片。

12 重复 8～12 的做法将蛋糕体完成。

13 蛋糕表面及周围均匀涂抹上一层咖啡鲜奶油。

14 用抹刀抹平整。

15 剩下的咖啡鲜奶油装入挤花袋中，使用星形挤花嘴。

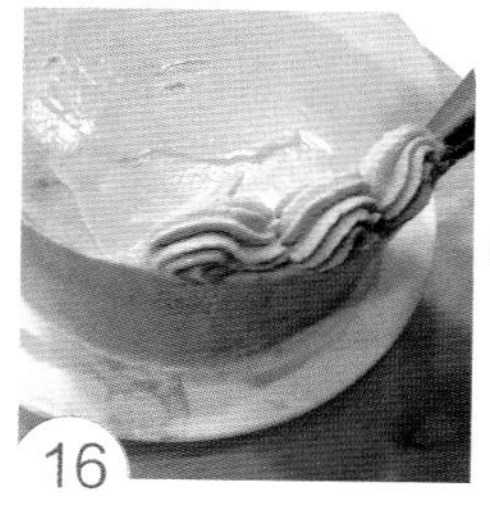
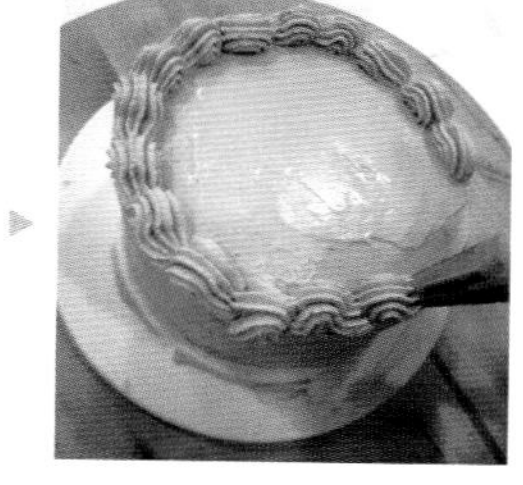

16 在表面挤出自己喜爱的图案装饰花样。

17 利用抹刀将蛋糕平移至干净的盘子中。蛋糕底部装饰一圈波浪形花纹即完成。放冰箱密封冷藏 5～6 小时，待咖啡鲜奶油冰硬即可。

E 〉草莓鲜奶油蛋糕

分量 〉1个（6英寸烤模）

材料

新鲜草莓 300 ~ 400g
6 英寸草莓戚风蛋糕体 1 个
打发动物性鲜奶油 300g

小叮咛

1 蛋糕体也可以使用 6 英寸蜂蜜海绵蛋糕做法，请参考 85 页。
2 草莓戚风蛋糕做法，请参考 134 页。
3 香草酒做法，请参考《新手烘焙从入门到精通 I 》41 页。

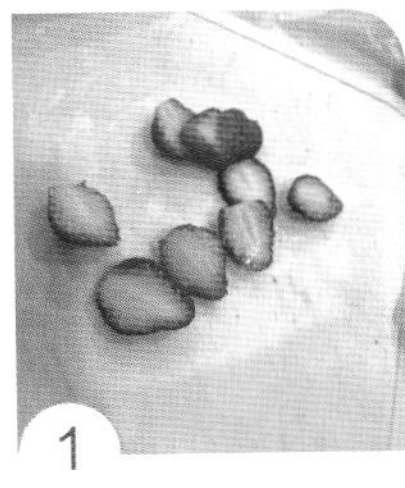

1 新鲜草莓洗干净，切除蒂头后切片，放入冰箱冷藏备用。

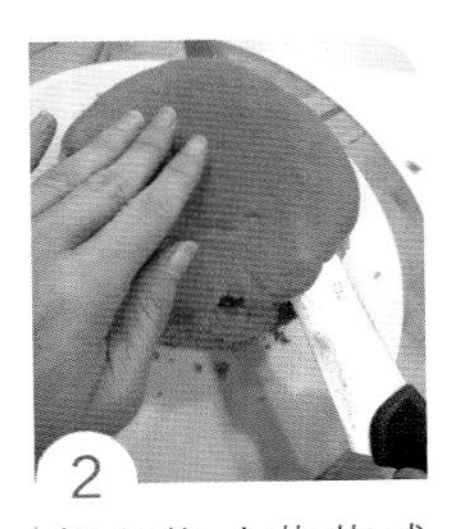

2 将 6 英寸草莓戚风蛋糕表面不平整处切除。

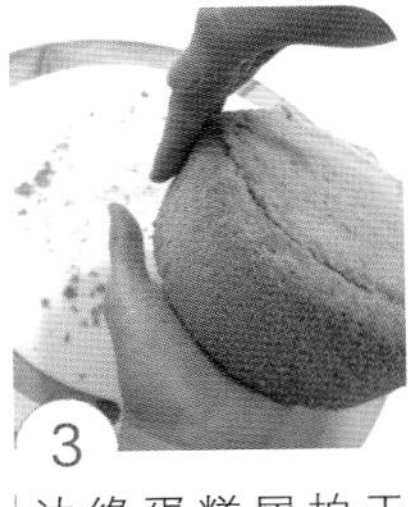

3 边缘蛋糕屑拍干净。

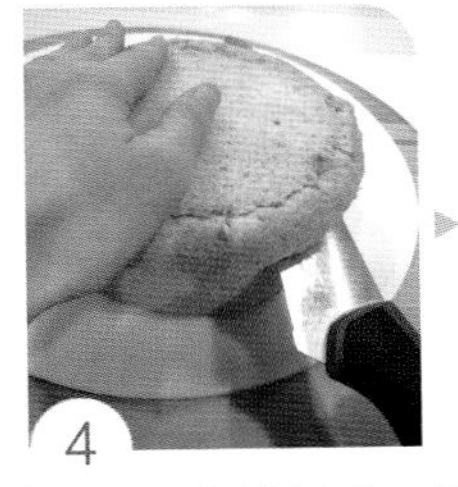

4 蛋糕平均横剖成 3 等份。

5
涂抹一层薄薄的打发动物性鲜奶油。

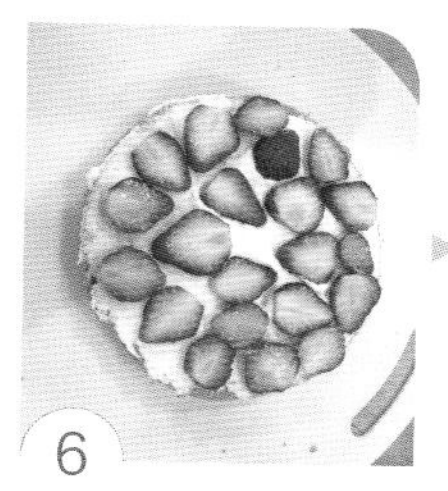

6
铺放一层新鲜草莓片。

7
再涂抹一层薄薄的打发动物性鲜奶油。

8
盖上蛋糕片。

9
重复5~8的做法将蛋糕体完成。

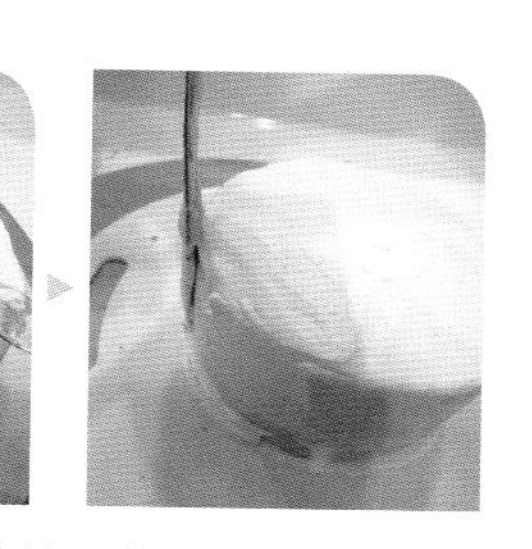

10
表面及周围覆盖一层打发动物性鲜奶油抹平整。

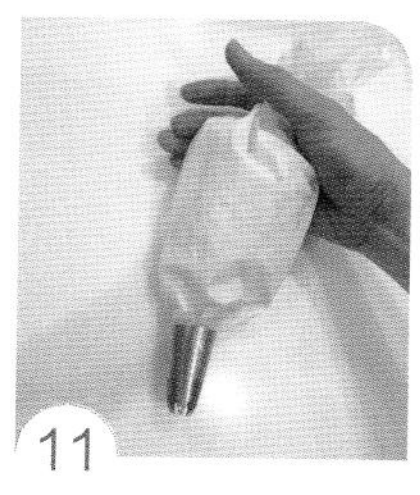

11
剩下的打发动物性鲜奶油装入挤花袋中，使用圆形挤花嘴。

12
在蛋糕表面做出自己喜欢的装饰。

13
放上新鲜草莓，涂抹一层果胶（分量外），利用抹刀将蛋糕平移至干净的盘子中。

14
蛋糕底部装饰一圈圆形花纹，装饰新鲜薄荷叶（分量外），放冰箱密封冷藏5~6小时，待动物性鲜奶油冰硬即可。

做好的蛋糕或甜点要如何保存？

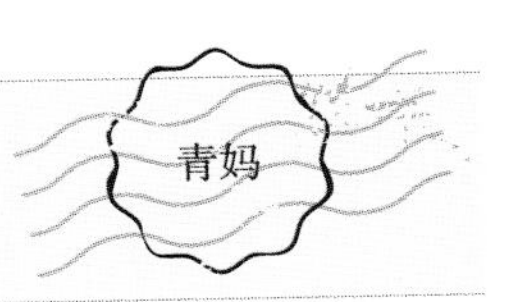

自己亲手完成的蛋糕饼干，能够带给家人及周围亲友喜悦与幸福。由于手制点心都是由天然新鲜的材料制成，保存期限也就相对较短，所以建议成品尽量少量制作，并尽快吃完以确保质量。以下为家庭自制常见的蛋糕、饼干甜点保存方式：

1 磅蛋糕与重奶油蛋糕类

磅蛋糕属于重奶油蛋糕，秋冬室温（20℃）可以保存7~15天，夏天室温（30℃）可以保存3~5天。磅蛋糕不适合冷藏，不然组织会变硬，如果真的吃不完，可以密封冷藏室或冷冻室保存，可保存2~3个月，冰箱取出直接解冻回温，或再微波稍微加热就会恢复口感。

2 戚风蛋糕类

秋冬室温（20℃）可以保存3~5天，夏天室温（30℃）可以保存2~3天，密封冷藏室保存7~10天，密封冷冻室保存2~3个月，吃之前解冻回温。

3 海绵蛋糕类

秋冬室温（20℃）可以保存3~5天，夏天室温（30℃）可以保存2~3天，密封冷藏室保存7~10天，密封冷冻室保存2~3个月，吃之前解冻回温。

4 轻奶酪蛋糕

轻奶酪蛋糕必须密封冷藏保存，时间为5~7天，密封冷冻可以保存2~3个月，吃之前放冷藏解冻即可。

5 重奶酪蛋糕

重奶酪蛋糕必须密封冷藏保存，时间为8~10天，密封冷冻室可以保存2~3个月，吃之前放冷藏解冻即可。

6 鲜奶油蛋糕

鲜奶油蛋糕必须密封冷藏保存，时间为3~5天，冷冻室可以保存1个月，吃之前放入冰箱冷藏室解冻。

7 慕斯类蛋糕

慕斯类蛋糕必须密封冷藏保存，时间为3~5天，冷冻室可以保存1个月，吃之前放入冰箱冷藏室解冻。

8 蛋糕卷

1. 蛋糕卷中间夹馅若是鲜奶油或卡士达酱，必须密封冷藏室保存（约3天），冷冻室可以保存1个月，吃之前放入冰箱冷藏室解冻。
2. 蛋糕卷中间夹馅若是奶油糖霜，秋冬室温（20℃）可以保存3~5天，夏天室温（30℃）可以保存2~3天，密封冷藏可保存5~7天，密封冷冻可保存2~3个月，吃之前放入冰箱冷藏室解冻。

9 奶油制成的饼干

奶油制成的饼干要烘烤到干燥，室温密封可保存15~20天，密封冷藏室可保存1~2个月，密封冷冻室可保存3~4个月。

10 液体植物油制成的饼干

液体植物油制成的饼干要烘烤到干燥，建议一律放入冰箱冷藏室，避免油耗味，密封冷藏室可保存1~2个月，密封冷冻室可保存3~4个月。

11 果冻类

密封冰箱冷藏室可保存7~10天。

12 奶酪与布丁

密封冰箱冷藏室可保存5~6天。

13 泡芙类

泡芙外壳完成后，密封冷藏可保存4~5天，密封置于冰箱冷冻室，可保存2~3个月，吃之前才将内馅填入。若冷藏冷冻后，成品不酥脆，可以再放回上下火预热至150℃的烤箱中，烘烤3~5分钟，移出烤箱冷却即可恢复酥脆的口感。

14 派皮

派皮建议现烤现吃口感才好，放久了，内馅浸润会造成派皮无法保持酥脆。

15 蛋白派与卡士达派

有添加卡士达馅或鲜奶油的水果挞及蛋白派，当天若没有吃完，建议一律放冰箱密封冷藏室保存，可保存3~4天。

16 蛋挞、奶酪挞、果酱派与坚果挞

内馅有奶酪馅、蛋馅、果酱及焦糖坚果，秋冬室温（20℃）可以保存1~2天，夏天室温（30℃）可以保存1天，密封冷藏室可保存5~7天。

17 派皮生面团

没有烘烤的派皮生面团，可以用保鲜膜包覆密封，放冰箱冷冻室可保存3~4个月，使用前，稍微解冻再擀开即可。

18 冷冻饼干面团

完成的饼干面团可以用保鲜膜包覆，整形成圆柱或方柱状，放冰箱冷冻室可保存3~4个月，使用前稍微解冻切片再烘烤即可。

19 果酱

果酱如果做到趁热倒入瓶中倒扣放凉蒸煮消毒的步骤，室温可以保存3~4个月，一旦开封，必须放入冰箱冷藏室，约可保存1年。

20 其他饼干与蛋糕类

自己手工制作的成品由于少糖、少油，也没有添加剂，建议少量制作，并且尽快趁新鲜食用完毕。

饼干成品冷却要马上密封扎紧，或装入保鲜盒中，可放入冰箱冷藏保存。

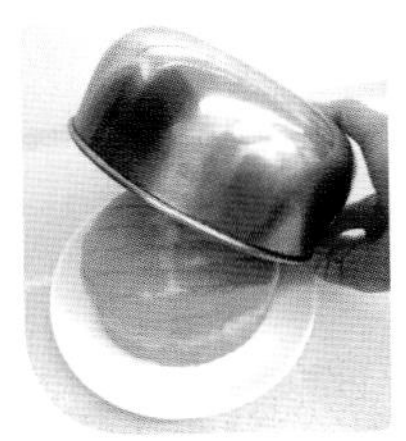

蛋糕类可以用大的容器倒扣覆盖，放入冰箱冷藏，避免干燥脱水影响口感。

工具图鉴

以下为本书中会使用到的器具，提供给各位参考。适当的工具可以帮助您在制作甜点的过程中，更加得心应手。先看看家里有哪些现成的器具能够代替，再依照自己希望制作的成品来做适当的添购。

一 基本工具

烤箱
Oven

是制作面包最基本的配备，购买烤箱建议选容积在25公升以上，且控温精准为佳，上图中为海氏C40电子式烤箱。

电子秤
Scale

准确将材料称量好非常重要，称量的时候要将装材料的容器重量扣除，所以有去皮功能、精确度高的秤为佳，上图为海氏HE62电子秤，精准到0.1g。

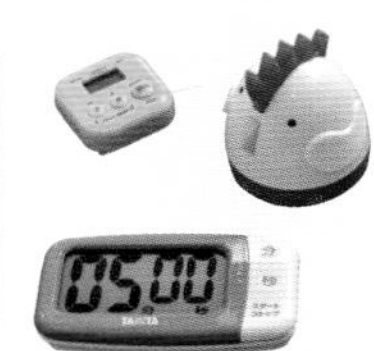

计时器
Timer

随时提醒制作及烘烤时间，可以准备两个以上，使用上更有弹性。

温度计
Thermometer

煮水测量温度使用。

量杯
Measuring Cup

量杯在计算液体材料时使用，材质为耐热玻璃为佳，可以微波加温使用较为方便。

量匙
Measuring Spoon

量匙用来舀取少量的材料时非常方便，一般量匙约有4支：1大匙（15cc）；1茶匙（5cc）；1/2茶匙（2.5cc）；1/4茶匙（1.25cc）。使用量匙可以多舀取一些，然后再用小刀或汤匙背刮平为准。

手持电动打蛋器
Hand Mixer

可以代替手动打蛋器，操作更省力。一般会有打蛋笼、搅拌钩两组配件，打蛋笼可以打发全蛋、蛋白、奶油等，搅拌钩可以用于混合材料等，功率大噪音小为佳，上图为海氏HM340静音打蛋器。

打蛋器
Whisk

简单的搅拌工具，网状钢丝头非常容易将材料搅拌起泡或是混合均匀使用。

厨师机
Stand Mixer

厨师机最主要的是揉面、搅拌、打发三大基本功能，尤其是揉面会真正解放双手。有的厨师机还有拓展配件，可以实现绞肉、压面、研磨等功能。图中为海氏HM780多功能电子式厨师机。

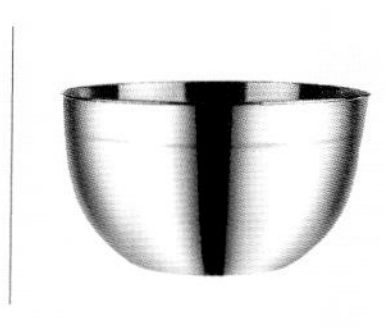

搅拌盆
Mixing Bowl

材质为不锈钢，耐用也好清洗，底部呈圆弧形最适合，操作搅打时才不会有死角。可以准备直径30cm大型钢盆1个，直径20cm中型钢盆2个，应用时更方便。

刮板
Scraper

可以帮助刮起粘黏在桌面的面团，也可以当成面团切刀使用。如果想均匀切拌奶油及面粉，最好选择底部是圆角状，可以沿着钢盆底部将材料均匀刮起的刮板。平的一面可以当面团切板及平板蛋糕面糊抹平使用。

分蛋器
Egg Separator

快速有效地将蛋白与蛋黄分离，避免蛋白沾到蛋黄。

橡皮刮刀
Rubber Spatula

混合面糊搅拌，也可以将钢盆中的材料刮取干净，软硬适中的材质比较好操作。

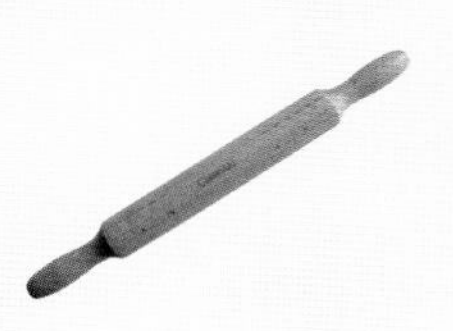

擀面杖
Rollong Pin

将面团压成片状或适合的形状，最好粗、细的尺寸各准备1支，以方便面团大小分量不同时使用。

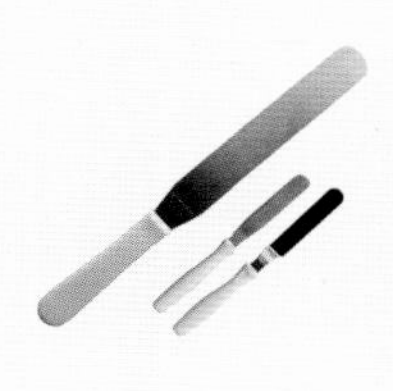

抹刀
Palette Knife

将鲜奶油、巧克力酱等装饰材料涂抹在蛋糕表面或蛋糕卷夹馅时使用。

防粘烤布
Fabrics

避免成品底部粘黏烤盘，依照烤盘大小裁剪。清洗干净就可以重复多次使用，但要避免尖锐器具刮伤。

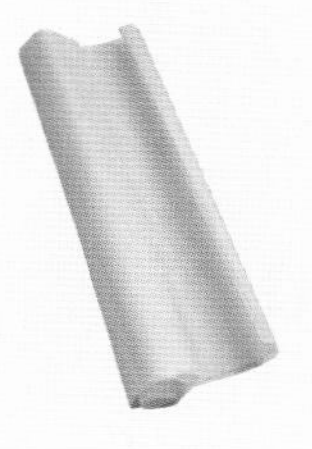

硅油纸
Parchment Paper

可以避免成品底部粘黏烤盘，多是卷筒式，一次性抛弃式，可以依照烤盘大小裁剪。

铝箔纸
Aluminum Foil

用来覆盖在面团表面，可防止烘烤时上色太深。

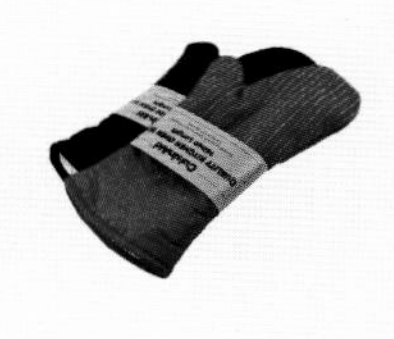

厚手套
Oven Glovers

拿取烤盘时使用，选择材质厚一点儿的才可以避免烫伤。

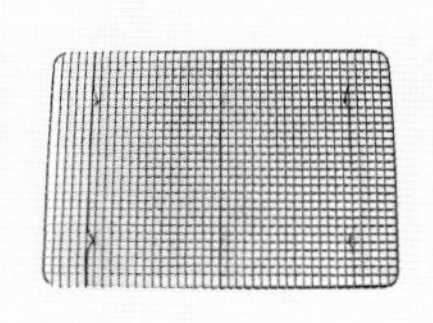

铁网架
Cooling Rark

成品烤好之后脱模要放网架上散热放凉。

喷水壶
Water Sprayer

用来喷洒水分在面团表面上，避免干燥。

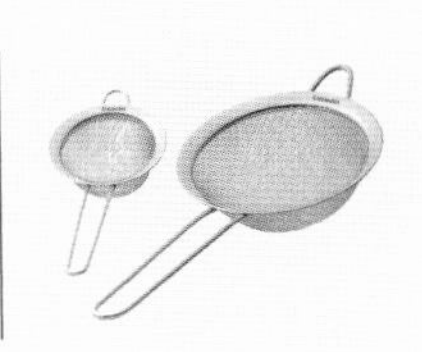

筛网
Strainer

将粉类或蛋液过筛，可以减少结块，也可以在成品上撒上糖粉，作为装饰。

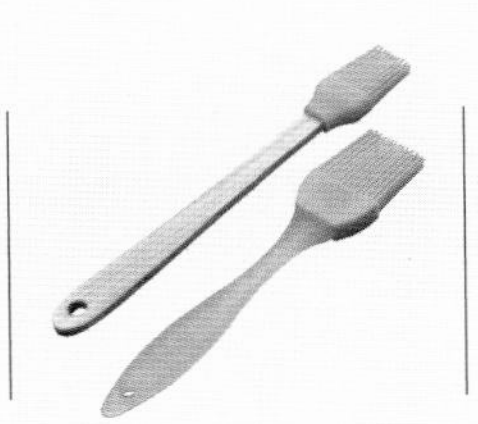

刷子
Brush

有软毛及硅胶两种材质，硅胶材质较好清洁保存，适用于面包表面刷糖浆或涂抹内锅奶油。

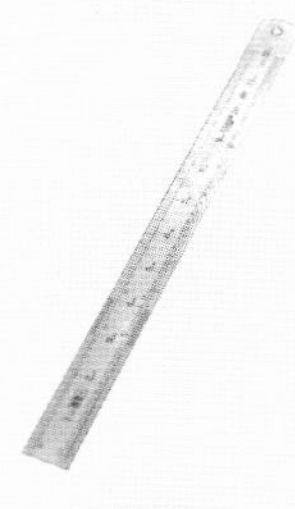

钢尺
Steel Rule

尺上有刻度，方便测量分割面皮使用，由不锈钢的材质制作而成，耐用又好清洗。

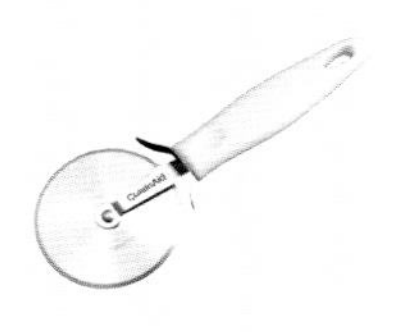

滚轮刀
Wheel Cutter

切割面皮或披萨使用，有锯齿形及标准形两种变化。

藤篮
Cane Basket

面团放入藤篮中发酵，成品形状固定，表面也会呈现藤篮一圈一圈的美丽图案。

木匙
Wooden Spoon

长时间熬煮材料使用，木质不会导热才不会烫伤，木质也不会刮伤内锅防粘材质。

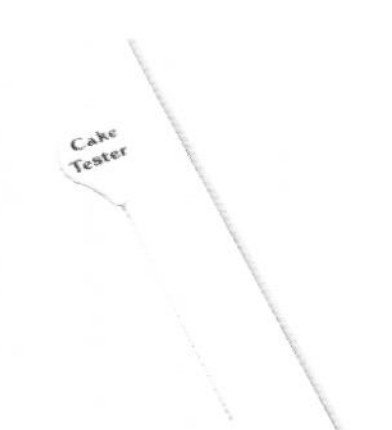

竹签
Bamboo Skewers

测试蛋糕中心是否烤熟，以竹签插入蛋糕中心没有粘黏面糊即可。

压派石
Pie Weights

烘烤派挞的时候在派皮上放上一些小石头，烘烤过程派皮才会平整。可以直接使用洗干净的小石头，也可以利用黄豆或红豆等谷物，烘烤完收起来，保持干燥，可以重复使用。

二 各式模具

不分离式烤模

适合用在制作重奶油磅蛋糕、海绵蛋糕，常见的有以下3种。

a.
圆形蛋糕模
Round Pan

b.
长方形烤模
Loaf Pan

c.
正方形烤模
Square pan

戚风蛋糕专用分离式烤模
Springform

不能用防粘烤模或抹油是因为戚风一出烤箱就必须倒扣，如果用防粘烤模马上就会掉下来，戚风会蓬松柔软就是因为倒扣之后内部水分可以蒸发，蛋糕才不会回缩。戚风蛋糕烤模底板有平板和中空两种，可以依照成品外观不同使用。

派盘
Pie Pan

甜咸派专用。

分离式挞盘
Tart Pan

挞类点心专用，小型挞模适合做蛋挞、水果挞类点心。

布丁模
Pudding Cup

除了烤布丁，也可以当作马芬模做杯子蛋糕使用，有不锈钢及瓷器等材质。

抛弃式烤模
Baking Cup

纸制或铝箔制，一次性使用。

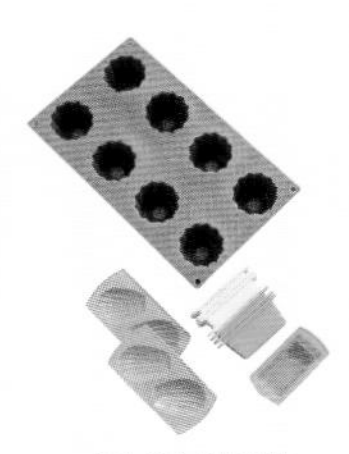

硅胶烤模
Silicone Baking Cup

硅胶制品，防粘耐高温，可以重复使用。

挤花袋和各式挤花嘴
Piping Bag & Nozzoe

挤花饼干面糊或装饰鲜奶油时使用，做出特殊的花纹。有塑料及帆布两种材质，塑料材质清洗保存较方便。挤花嘴较常使用1cm的圆形及星形，可以依照实际需要添购。

贝壳烤模
Seashell Cup

小型重奶油蛋糕烤模，玛德琳蛋糕专用。

油力士纸模
Baking Cup

杯子蛋糕等小型蛋糕使用。

饼干压模
Cookie Cutters

多种形状，可以快速做出形状可爱的饼干。

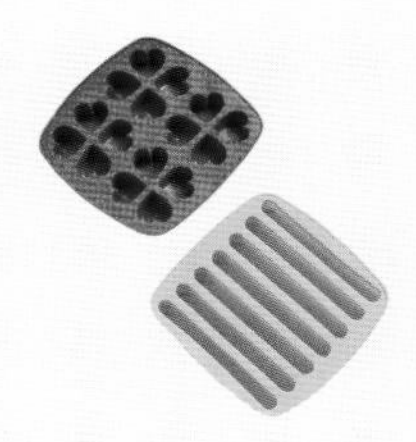

制冰盒
Ice Tray

制作冰块使用，因造型多变可以当作糖果模使用。

材料图鉴

制作甜点成功与否的关键都掌握在材料的特性与风味上，所以使用新鲜的材料是成品成功与否的关键。只要了解各材料的特性，就能降低烘焙失败的概率。

一 面粉谷类

低筋面粉
Cake Flour

蛋白质含量最低黏性最小，在5%～8%，所以适合所有点心，可制作出酥松绵密的产品。

中筋面粉
All Purpose Flour

蛋白质含量较高，在10%～11.5%，酥皮类面团使用，可以增加筋度弹性。

黄豆粉
Yellow Bean Powder

熟黄豆或熟黑豆干燥磨成粉而成，成品有特别的香味。

即食燕麦片
Instant Oatemal

即食燕麦片是将燕麦粒切成薄片再碾平，由于燕麦片较薄，水分含量低，烹煮时可更快速吸收水分，因此加入滚水后可实时食用，无须再烹煮。加入饼干面团中可以烘烤出口感特别的成品。

粘米粉
Rice Flour

粳米加工制成，不具黏性筋性较松散，一般适合制作萝卜糕、河粉等产品。糕点中添加适量可以降低整体筋性，帮助成品更酥松。

玉米淀粉
Corn Starch

由玉米提炼出来的淀粉，完全没有筋性，少量添加在蛋糕中可以让组织松软。与水混合加热会变浓稠，适合作为酱汁或卡士达酱勾芡使用。

豆渣
Okara

豆渣是做豆腐或豆浆剩下来的渣滓，营养丰富含有纤维。添加在蛋糕中可以代替面粉做出无麸质蛋糕。

二 甜味剂

细砂糖
Castor Sugar

比白砂糖精致度更高，可以快速均匀溶解在材料中，具有清爽的甜味，最适合做西点烘焙。打发全蛋及蛋白建议使用细砂糖。

红糖
Brown Sugar

含有少量矿物质及有机物，因此带有淡淡褐色。但因为颗粒较粗，若要添加在甜点中，必须事先加入配方中的液体溶化。

黑糖
Dark Brown Demerara Sugar

是没有经过精制的粗糖，颜色较深，呈现深咖啡色。具有香醇的甜味，风味特殊，矿物质含量更多。有粉末状及块状，块状使用前要先敲散。

糖粉
Powdered Sugar

细砂糖磨成更细的粉末状，适合口感更细致的点心。可以快速溶化在材料中，成品口感更细致。若其中添加适量淀粉可以作为蛋糕装饰使用，不怕潮湿。

蜂蜜
Honey

是昆虫蜜蜂从开花植物的花中采得的花蜜，浓稠状且有着特别香甜味，用于烘培中可以增加特殊风味，并帮助成品保湿。

枫糖浆
Maple Syrup

采收自枫树的汁液，具有特殊风味及香气，可直接添加或作为酱料使用。

三 油脂类

无盐黄油和有盐黄油
Butter

动物性油脂，由牛乳中的脂肪提炼出来，黄油分为无盐及有盐两种。有盐黄油含有1%～2%的盐。一般制作甜点多使用无盐黄油，但是特殊口味会使用有盐黄油制作，可以降低成品整体甜腻感。

液体植物油
Vegetable Oil

属于流质类的油脂，不含胆固醇，大豆油、玉米油、橄榄油、芥花油等都属于此类油脂。

四 乳制品

马斯卡彭奶酪
Mascarpone Cheese

脂肪含量高，属于天然未经熟成的新鲜干酪。口感细致清新，是意大利经典甜点“提拉米苏”的主要原料。

奶粉
milk powder

牛奶干燥制成，因为是浓缩材料，所以少量添加就可以达到奶香浓郁的效果。

酸奶
Yogurt

牛奶加入乳酸菌发酵而成，口感清爽带酸，很适合制作奶酪蛋糕。

牛奶
Milk

牛奶可以代替清水增加成品香气及口味，配方中的牛奶都可以依照自己喜欢使用鲜奶、保久奶或由奶粉冲泡，全脂或低脂都可以。最好是使用室温牛奶才不影响烘烤温度，如果使用奶粉冲泡，比例约是90g水 + 10g奶粉 = 100g牛奶。

奶油奶酪
Cream Cheese

由全脂牛奶提炼，脂肪含量高，属于天然未经熟成的新鲜干酪。质地松软，奶味香醇，略带酸味及咸味，适合制作各式奶酪蛋糕或慕斯类产品。开封后冰箱密封冷藏可以保存15～20天，冷冻容易油脂分离造成组织松散。如果制作量不是非常大，建议买小包装。

动物性鲜奶油
Whipping Cream

由牛奶提炼，风味浓郁香醇，选择乳脂肪含量35%左右产品最佳，乳脂肪含量越高越容易造成组织分离。动物性鲜奶油适合加热使用，加糖打发适合装饰蛋糕，保存期限较短，开封后要密封放冰箱冷藏。开口部分保持干净，使用完马上放冰箱均可以延长保存期限。不可以冷冻，否则造成油水分离无法打发。

五 膨大剂

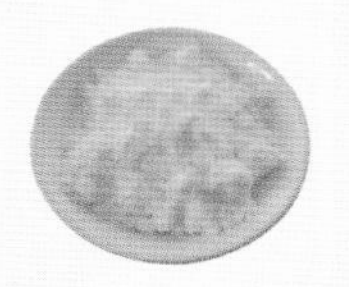

小苏打粉
Baking Soda

化学名为“碳酸氢钠”，是碱性的物质，有中和酸性的作用，所以一般会使用在含有酸性的面糊中。例如含有水果、巧克力、酸奶油、酸奶、蜂蜜等。当碱性的苏打与酸性的成分结合经过加热会释放出二氧化碳使得成品膨胀。巧克力的产品添加适量的小苏打粉，也会使得成品更黑亮。

泡打粉
Baking Powder

泡打粉的主要原料就是小苏打再加上一些塔塔粉而组成的，遇水即会产生二氧化碳，借以膨胀面团面糊，使得糕点产生蓬松口感。传统泡打粉含铝，现在有无铝配方可以选择。

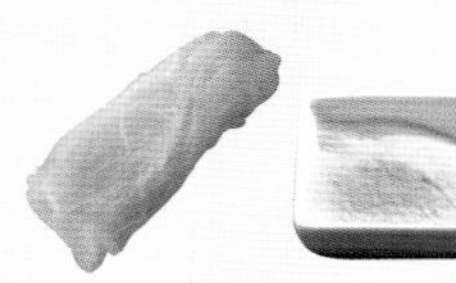

洋菜条、寒天粉
Agar

由海藻类提炼出来的黏性多糖体，再经过干燥而成的产品。含有大量膳食纤维，吸水性强，凝固力高，可以做果冻使用。

果冻粉
Jelly Powder

果冻粉为混合类的加工胶质，属植物性，口感介于吉利丁与洋菜之间。使用前不需要特别处理，直接加入液体中加热至溶化。果冻粉在40℃左右就开始凝固，一旦凝固之后，室温摆放不会溶化。

吉利丁
Gelatine

又称明胶或鱼胶，它是从动物的骨头（多为牛骨或鱼骨）提炼出来的胶质。加在甜点中可以制作慕斯类及果冻类产品，成品入口即化，口感很好。吉利丁有片状及粉状两种：片状使用前泡在冰水中软化；粉状要直接倒入少量冷水中膨胀后使用。一定要将吉利丁粉倒入冷开水中，若是将冷开水倒入吉利丁粉中会导致结块无法混合均匀。等到吉利丁粉整个泡涨后再用隔水加热的方式使之溶解，这样就可以混合到冷的果汁或奶酪中了。

七 坚果和果干类

椰子粉
Coconut Powder

椰子中白色果肉干燥打碎制成，香味浓郁，可以装饰糕点使用。

干燥水果干
Dried Fruit

蔓越莓、杏桃、桂圆、葡萄干、无花果干等，由天然水果没有添加糖干燥而成。

杏仁片
Almond

美国大杏仁去皮切成片，可以添加在饼干面糊中或作为糕点表面装饰使用。

杏仁粉
Almond

美国大杏仁去皮打碎成粉末状，是做马卡龙的主要材料。

杏仁粒
Almond

美国大杏仁去皮切成碎粒，大杏仁与中式南北杏不同，不会有特殊强烈的气味。大杏仁带有浓厚的坚果香，很适合添加在糕点中增加风味。要放冷藏保存。可以作为表面装饰。

坚果
Nuts

核桃、胡桃、杏仁等坚果类含有丰富单元不饱和脂肪酸和植物固醇。购买的时候注意保存期限，买回家必须放在冰箱冷冻库保存，避免产生臭油味。

八 巧克力类

无糖纯可可粉
Unsweetened Cocoa Powder

巧克力豆去除可可奶油后剩余的材料磨成的粉，适合糕点中使用。无糖纯可可粉密封室温可以保存1年左右。

巧克力砖
Chocolate Block

巧克力由可可豆制成，可可脂含量越高越苦。适合融化添加在甜点中，增加味道浓郁或是做装饰使用，加热时，温度不可以超过50℃及加热过久，以免巧克力油脂分离失去光泽。不需要冷冻或冷藏，室温密封可以保存1年左右。

九 香料类

香草豆荚
Vanilla Pod

是由爬蔓类兰花科植物雌蕊发酵干燥而成，具有甜香的气味。添加在西点中可以去除蛋腥，使得味道更为甜美。使用方式为先以小刀将香草豆荚从中间剖开将香草籽刮下来，然后再将整支豆荚与香草籽一起放入所要使用的食材内增加香味。

香草精
Vanilla Extract

由香草豆荚经由酒精蒸馏萃取制成，使用更方便，添加成品中去除蛋腥，可以直接加入材料中混合使用。

肉桂粉
Cinnamon powder

肉桂粉是由樟科植物天竺桂的树皮或枝干制成的粉末，具有特殊芳香的味道。

十 酒类

朗姆酒
Rum

甘蔗作为原料所酿制的酒，有微甜的口感，风味清淡典雅，非常适合添加于糕点中。

君度橙酒
Cointreau

又名康图酒，是以橙皮制出来的酒。味道香醇，适合添加在甜点中增添风味。

甘露咖啡力娇酒
Kahlua

带有浓郁咖啡香的甜酒，适合咖啡味成品或提拉米苏使用。

白兰地
Brandy

白兰地的原料是葡萄，是由葡萄酒经过蒸馏再发酵制成的。蒸馏出来的白兰地必须贮存在橡木桶醇化数年。将橡木的色素溶入酒中，形成褐色。存放年代越久，颜色越深越珍贵。

十一 其他

鸡蛋
Egg

鸡蛋是烘焙点心中不可缺少的材料，可以增加成品的色泽及味道。蛋黄具有乳化的作用，增加浓郁香醇的滋味。不论是全蛋或蛋白都可以经由搅打使得蛋糕体积蓬大。1个全蛋约含75%的水分，蛋黄中的油脂也有柔软成品的效果。

盐
Salt

盐在点心中的使用量较少，但适当地添加可以降低甜腻口感，让甜味更突出。

速溶咖啡粉
Instant Coffee

香气及味道较重，使用前先溶解于配方中的热水或热牛奶中来制作咖啡口味点心。

绿茶粉
Green Tea Powder

天然的绿茶研磨成粉末状态，微苦带着清新的茶香。可以加入成品中增添日式风味。

棉花糖
Marshmallow

是由玉米糖浆及胶质材料制成的糖果，具有棉花般柔软蓬松的口感。

果酱
jam

由新鲜水果加糖熬煮的成品，因为水分较少所以水果味道更明显，可以添加在糕点中或酱料中使用。

派馅罐头
Cocktail Fruit in Syrup

派馅专用水果罐头，可以直接使用。